AF551815

Alexander Ditze

Fertigmachen zum Absturz!
1000 Tage als Flugkapitän bei China Airlines.

Mauer Verlag
Wilfried Kriese
72108 Rottenburg a/N
Buchgestaltung: Wilfried Kriese
Titelbild: Str/EPA/picturedesk.com
2014
ISBN 9783868123395

www.mauerverlag.de

FSC
www.fsc.org
MIX
Papier aus verantwortungsvollen Quellen
Paper from responsible sources
FSC® C105338

Inhalt

Vorwort.

Die anderen Fluggesellschaften rund um das Pazifische Becken sind – mit Ausnahme von Cathay Pacific und Singapore Airlines – nicht viel besser als China Airlines. Aber erstens geben sich die anderen mehr Mühe, Lehren anzunehmen und zweitens fallen sie weniger häufig herunter.

In Europa wäre eine Fluggesellschaft wie China Airlines längst von der Bildfläche verschwunden; bereits nach den ersten spektakulären Abstürzen hätten Staatsanwälte in Zusammenarbeit mit den zuständigen Luftfahrtbehörden für eine nachhaltige Eindämmung der Katastrophen gesorgt und so Menschenleben gerettet. Gründe für ein derartiges Vorgehen wären in schier unbegrenzter Menge vorhanden gewesen: Fahrlässige Körperverletzung mit oder ohne Todesfolge, Transportgefährdung, Behinderung der Justiz, Urkundenfälschung, aktive Bestechung, Nötigung usw. usw. Selbst die allmächtigen Herren der Flugzeugindustrie und ihre politischen Verbündeten wären gezwungen gewesen zu passen – Arbeitsplätze hin oder her.

Die Auflistung aller dokumentierten Fehlhandlungen, die während der vergangenen Jahre entweder zu Totalverlusten oder zu Situationen mit stark überhöhtem Gefahrenpotential geführt haben, würde Bände füllen – und den Autor obendrein dem Verdacht aussetzen, maßlos zu übertreiben.

Allein die Erkenntnis, dass bei China Airlines in über 98% aller Unfälle und Zwischenfälle technische Mängel nicht einmal als beitragende Faktoren angeführt werden können, ist erschreckend. Mit anderen Worten: Normal funktionierende und technisch einwandfreie Maschinen werden von unfähigen und disziplinlosen Piloten gegen Berge gerammt, ins Meer geworfen oder in unkontrollierbare, absturzträchtige Flugzustände manövriert.

Noch erschrecklicher die Tatsache, dass weder die Taiwanesischen Luftfahrtbehörden noch die Firmenleitung von China Airlines selbst willens oder in der Lage sind, die untragbaren Zustände zu beheben. Taiwan ist weit, weit weg, und der politische Wille, den Laden einfach dichtzumachen, der wird sich nicht finden lassen: Im schnöden Schacher um Landerechte und ein paar Aufträge für die FlugzeugIndustrie hat der Passagier ganz einfach schlechte Karten.

In der Zeit zwischen dem Abschluss dieses Buches und seiner ersten Drucklegung hatte China Airlines zwei Totalverluste zu verzeichnen; acht schwere Zwischenfälle gingen insofern glimpflich aus, als keine Menschenleben zu beklagen waren. Die nächste Katastrophe kann sich schon morgen ereignen.

Jetzt geht's los!

Als ich nach 37 Jahren in der Fliegerei die ausgebeulte Uniform an den berühmten Nagel gehängt hatte, da war ich überzeugt, von nun an nur noch als Passagier zu reisen. Sollten sich die Jüngeren ärgern und abrackern, ich für meinen Teil hatte genug.

Mit Segelflug hatte es angefangen; genauer gesagt mit dem Schrubben des Hallenbodens und dem Jäten des mickrigen Blumengärtchens vor dem Klubhaus. 50 Pfennige für jeden Sprint an der Flügelspitze beim Schleppstart. Windendienst an Wochenenden. Erste Platzrunden. Dann neun aufregende Jahre in der Luftwaffe mit dem feinsten Spielzeug, das sich ein Pilot damals unter den Hintern binden konnte: Starfighter F-104. 25 Jahre Zivilfliegerei schlossen sich an. Rund um die Welt mit allen möglichen und unmöglichen Situationen. Und alles ohne größere Kratzer abgesessen – eine durchwegs runde Bilanz. Glück gehabt? Natürlich auch Glück – oder was auch immer man dafür halten mag; aber das braucht schließlich jeder, der sich einigermaßen anständig durchs Leben schummeln will.

Der Entschluss zur frühzeitigen Pensionierung fiel sicher nicht über Nacht. Freunde gaben Ratschläge, allesamt gut gemeint und begründet: Die Hälfte der Kollegen, besonders die jüngeren Jahrgänge meinten, sie würden lieber heute als morgen das Handtuch werfen und aufhören. In der Tat, die so genannten ‚Goldenen' Zeiten in der Fliegerei – wenn sie denn je golden waren – die gehörten längst der Vergangenheit an und den nostalgischen Tafelrunden tatsächlich ausrangierter Luftkutscher. Die Freiheit über den Wolken, wie sie der May Reinhard einmal besungen hatte, die war schon jahrelang nicht mehr grenzenlos. Auf dem Kurzstreckensektor verbrachte man mehr Zeit mit Warten auf dem Boden als in der Luft. Der Einzug von Elektronik und Automation im Cockpit hatte die Fliegerei zwar nicht sicherer gemacht aber immerhin ordentlich umgekrempelt. Als Captain einer angesehenen

Fluglinie kam ich mir zusehends als Flugbeamter vor, als Flugbeobachter, Logistiker, Hilfspolizist, Zollfahnder, ‚Hebammer' und Seelsorger, aber nicht mehr als Flugzeugführer. Ein Teil des Pilotseins war mit dem Verschwinden der altehrwürdigen Instrumente – die korrekt anzeigen konnten aber nicht unbedingt mussten – und mit dem Wegrationalisieren von Navigator und Flugingenieur abhandengekommen.

In den langen Nächten über den Weltmeeren, über den Weiten Sibiriens, zwischen Alaska und New York starren die Piloten auf Instrumente, die keine Ablagen mehr kennen. Sie haben nichts mehr zu tun, sieht man mal von einem gelegentlichen Frequenzwechsel und einem Funkspruch ab. Und dem verstohlenen Blick zum Kollegen, ob dessen Lidschlag noch irgendeinen beliebigen Wert über Null erkennen lässt. Alles läuft so, wie es im Katalog steht, d.h. in den kiloschweren Handbüchern. Doch wehe, wenn sich dann doch mal ein Aussetzer einstellt: Dann muss der Kerl mit den vier Streifen augenblicklich auf der Matte stehen, in wenigen Sekunden eine fundierte Analyse erstellen, einen zielführenden Entschluss fassen und diesen Entschluss tunlichst rasch umsetzen. Und wenn's der Teufel will, dann ist die aufgetretene Fehlfunktion nicht im Handbuch beschrieben, weil die Herren Entwicklungsingenieure einem einfachen Kurzschluss keine Relevanz beigemessen haben.

Doch nun endlich die Aussicht auf normale Nachtruhe. Ende Jetlag! Theater-Abos machen wieder Sinn. Fort mit der Gereiztheit der Familie gegenüber. Den Kindern bei einem schulischen Problem aushelfen können. Zu Hause sein und nicht fürchten zu müssen, zwischen Suppe und Hauptgang für eine Woche in den Busch geschickt zu werden, weil ein Kollege wegen einer Kolik ins Krankenhaus eingeliefert wurde. Freunde einladen können über das Monatsende hinaus. Wie konnten andere nur jammern, dass sie aus Altersgründen aufhören mussten!? Alles läuft in ungewohnt ruhigen Bahnen, überschaubar, planbar und vor allen Dingen nicht fremdbestimmt. Und zu tun gibt es überall genug – von wegen Langeweile!

„Na, juckt es Dich denn gar nicht, wenn Du den Hundertachter die Startkurve machen siehst?"

„Keine Spur! Ich habe beinahe schon vergessen, wohin der überhaupt fliegt. Und außerdem würde meine Familie unüberhörbaren Widerspruch einlegen, wenn ich wieder ins Kostüm steigen wollte."

Aber als ich dann den folgenschweren Anruf erhalten hatte, als ich so beiläufig wie möglich – mit ziemlich schlechtem Gewissen – anklingen ließ, dass man mich unter Umständen, tja, und dass ich unter bestimmten Voraussetzungen gegebenenfalls zu prüfen bereit wäre, ob… äh, da blieb zu meiner großen Überraschung jeglicher Widerspruch aus. Meine Lieben beschränkten sich darauf zu fragen, welche Strecken geflogen würden, und ob es auch Freiflüge für Familienangehörige gäbe; immerhin sei man ja noch nie auf Bali gewesen, ganz zu schweigen von Anchorage, Okinawa oder Honolulu. Offenbar war ich meiner Umwelt mit meiner Daueranwesenheit derart auf den Wecker gegangen, dass ich nun Zuspruch von allen Seiten erhielt.

Ursprünglich war ich von amerikanischen Kollegen angesprochen worden, die ich zum Teil noch von meiner Militärzeit her kannte. Sie waren Werkspiloten und Fluglehrer beim damals noch zweitgrößten amerikanischen Flugzeughersteller und wurden von ihrer Firma freigestellt, um den Kunden (d.h. deren Piloten) den sachgerechten Umgang mit dem neuen Gerät beizubringen. Von ‚Aushelfen' war da die Rede, von einer ‚interessanten Operation' im allgemeinen und einer ‚Unterstützung im Ausbildungsbereich' im Besonderen. Die Vergütung sei ‚den besonderen Umständen' angepasst und obendrein steuerfrei (drei Monate später wusste ich, was unter diesen ‚besonderen Umständen' zu verstehen war).

Und so unterzeichnete ich einen Vertrag, der mir gänzlich neue Aspekte eröffnen und mich mit einer Art der Fliegerei bekannt machen sollte, wie ich sie beinahe 40 Jahre lang nicht nur nicht erlebt, sondern schlichtweg nicht für möglich gehalten hatte. Um genau zu sein: Ich unterschrieb den Vertrag, nachdem ich bereits zwei Monate und vier Tage für China Airlines geflogen bin, unterrichtet habe, Überprüfungsflüge abgenommen und Beurteilungen erstellt hatte – und alles ohne Chinesische Lizenz, ohne offizielle Unterlagen. Die administrativen Belange wurden bei der Firma als ‚nicht produktiv' eingestuft, und dem entsprechend vernachlässigt; Bürodienst machten – unter der Aufsicht einer bärbeißigen, gelernten Sekretärin – Kopiloten, die entweder etwas ausgefressen hatten oder krank gemeldet waren.

Erste Eindrücke.

Amsterdam Flughafen. Der Schalter von China Airlines ist noch nicht besetzt, obwohl bereits einige Passagiere einchecken möchten. Auf der Tafel hinter dem Schalter ist neben der Flugnummer die Abflugzeit mit 00:00 angegeben. Alles wirkt ein wenig chaotisch. Ich soll zur Vorstellung nach Taipei fliegen, aber niemand auf der Station Amsterdam hat ein Ticket für mich vorbereitet. Ich kann kein verbindliches Schreiben vorweisen, kann keine Dienststelle benennen und weiß nur, dass mir eine Person mit unaussprechlichem Namen in fürchterlichem Englisch telefonisch zu verstehen gegeben hat, ich solle mich am 22.6. in Taipei melden. Schließlich finde ich Herrn Shju, der sich als der Verantwortliche für die Niederlassung in Amsterdam vorstellt.

„Also, dann kann ich ja wieder nach Hause fahren?“

„Nein, nein, warum denn?“

„Nun, wenn Sie mir kein Ticket ausstellen, dann kann ich doch wohl schwerlich nach Taipei fliegen, meinen Sie nicht auch?“

„Aber, aber, das ist doch gar kein Problem! Wenn Sie in Taipei erwartet werden, dann nehmen wir Sie natürlich auch mit. Wir sind heute zwar hoffnungslos überbucht, aber wir werden ganz sicher einen Platz für Sie finden.“

Und man findet einen Platz für mich, einen guten Platz. Nach einem unruhigen Flug durch den frühen, indischen Monsun mit Zwischenlandung in Bangkok findet mich auch Herr Kang auf dem Flughafen von Taipei, d.h. er fängt mich unmittelbar nach der Passkontrolle ab.

„Kommen Sie, schnell!“

„Und mein Gepäck?“

„Das werden wir Ihnen nachbringen. Aber nun kommen Sie, bitte!“

„Wie wollen Sie mein Gepäck identifizieren? Sie kennen ja nicht einmal meinen Namen! Und wohin wollen Sie meinen Koffer nachbringen?“

„Wenn alle Passagiere ihr Gepäck vom Förderband gepflückt haben, bleibt ja wohl nur noch Ihr Koffer übrig. Ich gehe mal davon aus, dass Sie keine Drogen mitgebracht haben. Also wird unsere Personalsekretärin am Flughafen anrufen und Ihr gutes Stück ins Hotel bringen lassen.“

Herr Kang steuert den Kleinbus mit hoher Geschwindigkeit vom Flughafen weg, am Luftwaffenmuseum vorbei auf die Autobahn. Der dichte Nieselregen scheint ihn nicht zu behindern, er drückt aufs Gas. An steil aufragenden, dicht bewachsenen Berghängen vorbei, über mehrere Brücken geht es der Stadt entgegen. Herrn Kang's Ziel ist aber nicht ein Hotel, vor dem ich abgesetzt zu werden hoffe, sondern ein schmuckloser Barackenbau in der Nähe des alten Flughafens, über dem ein überdimensioniertes Wappen von China Airlines prangt.

„Hier!“

„Wo?“

„Dort, die Türe neben dem Eingang zur Kantine.“

Und schon ist Herr Kang weg. Noch bevor ich ihn fragen kann, welche Türe nun zur Kantine gehört.

Beide Türen sehen gleich aus. Ich entscheide mich für die linke und betrete einen langen Gang, der vor einem Schreibtisch endet, hinter dem eine junge Frau ohne aufzusehen über ihre linke Schulter auf eine weitere Türe weist. Über dem Türrahmen sind vier große chinesische Zeichen angebracht. Ich zögere, blicke zurück zum Schreibtisch. Die junge Frau nickt mir energisch zu, ich klopfe an und trete ein. Ein Raum ohne Fenster. Neonbeleuchtung. Das Surren der Klimaanlage. Bevor ich mich vorstellen kann, teilt mir ein Mann, von dem lediglich der obere Teil des Gesichts hinter einem Computer sichtbar ist, in gutem Englisch mit:

„Ihr Vorstellungsgespräch findet morgen um elf Uhr statt.“

„Und wo, wenn ich fragen darf, wird das Vorstellungsgespräch stattfinden?“

„Man wird Sie rechtzeitig informieren.“

Die Vorstellung findet tatsächlich weder morgen noch übermorgen statt, sondern überhaupt nicht. Dafür werde ich zum firmeneigenen Schneider geschickt, der für die Uniform Maß nehmen soll. Ich frage beiläufig, was denn mit meiner neuen Uniform passiert, wenn man mich nicht anstellt, doch der Textilkünstler versteht offenbar nur Mandarin. Die Assistentin des Chefpiloten – als solche stellt sie sich vor – kommt aufgeregt in den Schneiderladen und teilt mir mit, dass ich im Simulator zum Vorfliegen erwartet werde, „es wird gerade etwas frei.“

„Aber ich habe keinerlei Unterlagen bei mir, keinen Syllabus, kein Programm, und die bei China Airlines gängigen Verfahren sind mir unbekannt.“

„Ich glaube, wir haben selbst auch kein Programm, d.h. so genau weiß ich das auch nicht. Jedenfalls habe ich den Auftrag, Sie sofort zum Simulator zu bringen. Also kommen Sie bitte mit!“

In einem Besprechungszimmer vor der SimulatorHalle erwartet mich ein junger Mann in Uniform. Sobald ich eingetreten bin, springt er auf und nimmt Haltung an, Hände an den Hosennähten.

„Guten Tag! Mein Name ist Peter Hsiu. Ich bin Ihr Kopilot und ich habe heute meinen Checkflug, d.h. Sie werden mich zu überprüfen und anschließend zu beurteilen haben. Captain Hsin wird wohl gleich kommen.“

Für einen kurzen Augenblick glaubte ich mich in meine Militärzeit zurück versetzt. Konnte es denn sein, dass China Airlines Luftwaffenpersonal einsetzte? Blödsinn!

„Guten Morgen! Ich freue mich, Sie kennenzulernen. Ich bin allerdings zum Vorfliegen eingeladen worden; man hat mir nicht gesagt, dass dies der Checkflug für einen Kopiloten sein soll. Zudem habe ich von der Taiwanesischen Luftfahrtbehörde weder eine Lizenz noch die Autorisierung, um Checks abzunehmen. Würden Sie mir freundlicherweise mal den Syllabus zeigen oder wenigstens das Checkprogramm?“

„Oh, ich habe leider kein Programm. Bei China Airlines gibt es nichts dieser Art. Die An- und Abflugverfahren bleiben bei uns unverändert, und bei den Notverfahren werden keine Neuerungen eingeführt, weil das angenehmer ist. Wir fliegen eigentlich immer noch nach dem Programm, das uns die Herstellerfirma des Simulators vor zwei Jahren eingespeichert hat.“

„Und technische Neuerungen werden nicht erfasst?“

„Meines Wissens nicht. Aber ich kann Ihnen sagen, was Captain Hsin macht, denn der hat sein eigenes Programm erfunden und er ist sehr stolz darauf.“

Diese lockere Darstellung der Zustände, wie sie ganz offensichtlich vorherrschten, ließ mich in etwa erahnen, was da so auf mich zukommen würde. Es würde jedenfalls sehr interessant werden.

„Na, dann lassen Sie mich mal hören, was uns Captain Hsin anbieten wird.“

„Also, Sie starten in Taipei auf Piste 05. Sobald Sie im Steigflug 2000 Fuß erreicht haben, stellt er Ihnen Triebwerk Nummer drei ab.“

„Nun, wenn Sie das so genau wissen, dann können Sie mir sicher auch verraten, welche Art Anflug wir dann in Taipei durchführen, oder nicht?“

„Wir fliegen nicht zurück nach Taipei, wir fliegen nach Hongkong.“

„Nach Hongkong? Aber das ist doch – mit Verlaub zu sagen – das ist doch Blödsinn! Kein Mensch düst mit einer lädierten Maschine vom Heimatflughafen fort!“

„Captain Hsin macht das aber so. Er versetzt Sie dann auf eine Position ungefähr 100 Meilen nordöstlich von Hongkong und stellt beide Navigationscomputer ab. Sobald wir dann die Checklisten abgearbeitet haben, macht er Feuer im Triebwerk Nummer zwei. Während des einmotorigen Anflugs auf die Piste 13 in Hongkong dreht er dann kurz vor dem Aufsetzen die Bodensicht auf Null; alle stürzen dann beim Versuch ab, doch noch zu landen, und dann freut sich Captain Hsin."

„Und warum stürzen alle ab?"

„Einfach so."

„Und wenn wir nun nicht abstürzen?"

„Dann versetzt uns Captain Hsin wieder zum Endanflug in Taipei und … Guten Tag, Sir!"

Captain Hsin war eingetreten. Ich stellte mich vor.

„Wie viele Stunden?"

„Ungefähr 18 000."

„MD-11?"

„Ziemlich genau 3 200."

„Luftwaffe?"

„Neun Jahre."

„Jäger?"

„Nein, Aufklärer."

„Hm. Typ?"

„F-104."

„Hm. Dienstgrad?"

„Hauptmann."

„Ach, nur Hauptmann! Warum nur Hauptmann, wenn Sie neun Jahre gedient haben? Bei uns hier wären Sie nach neun Jahren mindestens Oberstleutnant. Ha, nur Hauptmann!"

Aber Captain Hsin erwartete offenbar gar keine Antwort mehr. Übergangslos erklärte er dem Kopiloten, der auf seinem Stuhle Haltung angenommen hatte und gelegentlich mechanisch nickte, in der Landessprache das zu erwartende Programm. Damit war die Vorflugbesprechung abgeschlossen.

„Und was kommt nun?“

„Jetzt müssen wir warten, bis die Techniker den Simulator klar gemeldet und verlassen haben.“

„Und Captain Hsin? Ich meine, wird er noch auf Übungsschwerpunkte eingehen? Wird er die Beurteilungskriterien festlegen, wenn es schon keinen Syllabus gibt?“

„Nein.“

„Und warum nicht? Ich bin weder mit Ihren Verfahren noch mit Ihren CockpitGepflogenheiten vertraut.“

„Captain Hsin hat mir befohlen, Ihnen das zu sagen, was ich Ihnen bereits vorher erklärt habe. Sie wissen schon: Start, Triebwerksaussetzer, Hongkong mit Absturz und so weiter.“

„Und warum macht das Captain Hsin nicht selber?“

„Weil er nur sehr gebrochen Englisch spricht.“

„Ach, ist Captain Hsin denn nur SimulatorFluglehrer?“

„Nein, nein. Er fliegt schon bald zwei Jahre auf der MD-11, auch nach Amerika und nach Europa. Aber er muss eben immer einen Kopiloten im Cockpit haben, der die englische Sprache einigermaßen beherrscht.“

„Aha, ich verstehe.“

Die Simulatorsitzung verlief irgendwie gespenstisch. Herr Hsiu im rechten Sitz tat sein Möglichstes, um seiner Rolle als Kopilot und Dolmetscher, als Moderator der anstehenden Übungen und als Koordinator zweier völlig verschiedenen Verfahrens-Philosophien gerecht zu werden. Von hinten, d.h. von der im Dunkel liegenden Fluglehrerstation kam so gut wie gar nichts: Keine Startfreigabe, keine Streckenfreigabe, kein Platzwetterbericht. Einmal guckte ich über meine rechte Schulter nach hinten, um mich zu vergewissern, dass Captain Hsin nicht schon eingenickt war. Der Gute hockte auf seinem Drehstuhl und fütterte den Simulator-Computer mit Daten, die er einer Art Schulheft mit vielen handschriftlichen Eintragungen zu entnehmen schien. Er kümmerte sich scheinbar gar nicht um das, was wir beide da vorne ausführten.

Und so flogen wir das ab, was wir meinten abfliegen zu müssen. Wir wurstelten uns durch die verschiedenen Checklisten, die schon längere Zeit keiner Revision mehr unterzogen worden waren. Gelegentlich wurde unsere Arbeit dadurch unterbrochen, dass der gute Captain Hsin den Simulator mit absolut unsinnigen Eingaben überforderte: Plötzlich brach die gesamte Stromversorgung zusammen und es wurde zappenduster, weil der Meister im Hintergrund versehentlich die Überbrückung zu den Batterien abgeklemmt hatte. Dann wurde es auf einmal ganz still im Cockpit, weil die Treibstoffmenge auf Null gestellt worden war: Die Triebwerke funktionierten nur noch als Windräder.

Kopilot Hsiu wies sich über erstaunlich gute technische Kenntnisse aus. Hatte er mal einen Durchhänger, lachte er zu mir herüber und entschuldigte sich mit einem lausbübischen ‚Sorry'. In der Vorbereitung zum Anflug auf Hongkong unterlief ihm beim Setzen der Navigationshilfen ein Fehler, weil er das falsche Anflugkärtchen vor sich hatte. Als ich mich über die Mittelkonsole zu ihm hinüberbeugte, um ihm meine Anflugkarte mit der entsprechenden Anflugnummer zu zeigen, bemerkte ich, wie ihm der Schweiß von der Stirne perlte.

„Sind Sie OK?"

„Ja, warum?"

„Ach, nur so. Vergessen Sie doch bitte nicht, dass i c h überprüft werden soll. Also nehmen Sie das Ganze ruhig etwas locker!"

Dann kam der Endanflug in Hongkong: Mit nur einem heilen Motor steuerte ich auf das berühmtberüchtigte ‚Checkered Board' zu, jenen Felsen, dem man gegen Südwesten hin ein riesiges, rotweißes Schachbrettmuster aufgemalt hat. An diesem Punkt – rund 150 Meter über Grund – schnauft jeder Pilot nochmals tief durch, bevor er die Maschine in einer absinkenden Rechtskurve auf den Landepunkt, etwa 300 Meter nach dem Pistenanfang zu zwingen sucht. Guckt der Kopilot bei einem realen Anflug nach dem Einleiten dieser Kurve rechts aus dem Fenster (was er eigentlich zu unterlassen hat aber trotzdem manchmal tut), dann sieht er die Balkone der nahe stehenden Hochhäuser und die auf den Leinen flatternde Wäsche – allerdings von unten. Doch dazu kam es nicht: In etwa 45 Metern über Grund ging die Sicht auf Null zurück (Captain Hsin war also tatsächlich noch wach). Wir starteten – ohne abzustürzen – durch und wurden unmittelbar darauf zum Endanflug auf der Piste 05 in Taipei versetzt.

„Finish."

Dieses Wort kam aus dem hinteren Teil des SimulatorCockpits. Und dann war Captain Hsin auch schon aus demselben verschwunden.

„Und was kommt jetzt?"

„Jetzt gehen wir nach Hause."

„Ich meine mich, äh, ich meine den Überprüfungsflug. Ob ich den bestanden habe."

„Natürlich haben Sie bestanden! Andernfalls hätte sich Captain Hsin nicht mit einem ‚Finish' verabschiedet, sondern mit einem ‚No Good'. Da Sie in Hongkong nun mal nicht heruntergefallen sind, haben Sie ihm gewissermaßen eine kleine Niederlage beigebracht; deshalb ist er traurig und verabschiedet sich grußlos. Und ich möchte mich noch bei Ihnen bedanken, ich meine für den Checkflug. Beim Ausfüllen der Formulare für das Luftamt werde ich Ihnen natürlich behilflich sein."

„Moment mal! War das denn Ihr ganzer Checkflug? Sie haben doch nicht mal einen Anflug gemacht, keinen Start, keine Landung, nichts!"

„Oh, das macht nichts. Ich mache ja auch im Flugzeug keinen Anflug."

„Aber Sie sind doch ein komplett ausgebildeter Kopilot auf der MD-11. Oder etwa nicht?"

„Doch, doch, ich bin schon seit zwei Jahren auf diesem Schiff.

Aber eine Landung darf ich nur machen, wenn der Captain, der mit mir fliegt, ein Fluglehrer ist. Zudem gilt diese Vorschrift auch nur von März bis Ende November eines jeden Jahres."

„Entschuldigen Sie, aber jetzt wollen Sie mich wohl verarschen?"

„Aber nein! Sie müssen nämlich wissen, dass die Jahreserfolgsprämie für die Piloten zum ersten Februar des folgenden Jahres berechnet wird. Indem man die Kopiloten während der Monate Dezember und Januar nicht mehr landen lässt, glaubt man sicher zu sein, dass sich bis zum Zeitpunkt der Prämienberechnung kein Unfall oder Zwischenfall mehr ereignet."

„Kann ich Ihre Aussage – die ich keinesfalls anzweifeln möchte – dahin gehend interpretieren, dass Ihre Flugkapitäne nicht in der Lage sind, Fehlhandlungen ihrer Kopiloten vorherzusehen, bzw. rechtzeitig zu erkennen und zu korrigieren?"

„Es steht Ihnen frei, alles nach Ihrem Gutdünken zu interpretieren."

„Tja, dann nochmals Dank für Ihre Mitarbeit im Simulator. Ich hoffe, Sie bald einmal auf der Strecke als Assistent begrüßen zu dürfen, und dann werden Sie jeden Start und jede Landung machen, jedenfalls solange ich Captain auf dem betreffenden Fluge bin."

„Na, da wäre ich aber nicht so sicher!"

„Und warum nicht?"

„Oh, das werden Sie sehr schnell herausfinden. Und nun auf Wiedersehen!"

Das konnte ja heiter werden: Ich sollte den Ausbilder mimen, Beurteilungen erstellen und dann die Kopiloten nicht landen lassen dürfen!

Neues Land, neue Umgebung, neue Eindrücke: Wenn bei China Airlines alle so schnell und so fehlerfrei arbeiten wollten wie die Leute in der Schneiderei, hätte es nie auch nur einen einzigen

Unfall gegeben, die Fluggesellschaft wüsste gar nicht, was das ist: ImageSchaden. Aber so war ich nur Endverbraucher bei dem guten Schneidermeister. Alles passte ohne eine einzige Anprobe. Wir schüttelten uns die Hände. Ich bedankte mich mit einer ungelenken Verbeugung und einem Grinsen. Er grinste zurück. Nochmaliges Händeschütteln. Und zurück ging's ins Chaos, das sich im Wesentlichen zusammensetzte aus Inkompetenz, Konzeptlosigkeit, Kompetenzgerangel und bis an unerträgliche Arroganz reichendem Stolz.

Und etwa sechs Wochen später traf ich Peter Hsiu wieder. Er war mir für den Flug von Taipei nach Kuala Lumpur und dann weiter nach Frankfurt als Kopilot zugeteilt worden.

„Schön, Sie wieder einmal zu sehen!"

„Ganz meinerseits, Captain."

„So finde ich also endlich Gelegenheit, mich bei Ihnen für die gute Zusammenarbeit im Simulator erkenntlich zu zeigen. Wenn Sie möchten, können Sie bis Frankfurt und zurück alle Starts und Landungen machen. OK?"

„Tja, das möchte ich natürlich schon. Aber haben Sie denn die Erlaubnis, Kopiloten starten und landen zu lassen? Ich meine damit, ich möchte Sie nicht in irgendwelche Schwierigkeiten bringen."

„Sie bringen mich nicht in Schwierigkeiten. Da Sie ausgebildeter Kopilot sind, darf ich mich – mit Ihrem Einverständnis – Ihrer Fähigkeiten uneingeschränkt bedienen. Oder anders gefragt: Was machen Sie, wenn ich als Bordkommandant einfach wegkippe und meine Aufgaben nicht mehr wahrnehmen kann, sagen wir mal wegen einer Lebensmittelvergiftung oder eins über den Kopf von einem potentiellen Flugzeugentführer? Lassen Sie diese Blechbüchse dann wegen einer läppischen Vorschrift abstürzen?"

„Ich glaube nicht, dass wir in so einem Fall abstürzen würden. Das Problem ist vielmehr, dass der Chefpilot Ho befunden hat, jeder neu verpflichtete Flugkapitän müsse erst im Simulator unter

Beweis gestellt haben, dass er tatsächlich befähigt ist, seinen Kopiloten fliegen, das heißt seinen Job machen zu lassen."

„Davon steht nichts in den Vorschriften, davon steht nichts in den Handbüchern und davon steht auch nichts im Anstellungsvertrag."

„Das mag stimmen, aber bei uns stehen viele Dinge nicht in den Vorschriften. Diese Erfahrung werden Sie im Laufe der Zeit sicher noch machen."

„Na, dann machen Sie sich mal keine Sorgen! Wir düsen einfach los, Sie starten und landen, und ich habe ein breites Kreuz. Das wäre doch gelacht, wenn ich nicht durchsetzen könnte, dass sich die Stellvertreter des Chefs an Bord regelmäßig in Übung halten!"

Ich war beeindruckt von Herrn Hsiu's Arbeit. In Sachen Flugplanung und Wetter zeigte er sich sattelfest, die Checklisten arbeitete er sauber und ruhig durch, seine Steuerführung war fein. Beim Anflug auf Kuala Lumpur bewies er seine Übersicht durch sehr gute Höheneinteilung und frühzeitiges Zurücknehmen der Geschwindigkeit. Während des Endanfluges konnte ich beobachten, wie er gelegentlich zu mir herübersah, als wollte er sichergehen, dass ich noch nicht ‚weggekippt' war. Nach dem Flug auf diesen Punkt hin angesprochen meinte er:

„Sie hatten während des Anflugs Ihre Hand nicht am Steuer."

Erstaunt fragte ich zurück, warum ich denn ‚mitrudern' solle, wenn er, der Mann am Steuer, alles richtig mache.

„Nun, es ist das erste Mal seit langer, langer Zeit, dass mir keiner dazwischengefummelt hat. Vielen Dank!"

„Keine Ursache! Morgen fliegen Sie nach Frankfurt. Dort gibt es dann möglicherweise einen Anflug mit Vereisung und Seitenwind. Und nach dem Rückflug werden Sie in Taipei den Kahn im Griff haben wie ein alter Hase."

Er lachte. Und dann schob er nochmals seine Bedenken nach:

„Sehen Sie, die Sache hat einen Haken. Übermorgen fliegen wir zu viert. Wenn sich nun der andere Kopilot benachteiligt fühlen sollte oder gar herausfindet, dass Sie das vorgeschriebene Simulator-Programm noch nicht abgesessen haben, dann wird er gegen Sie eine Meldung erstellen, weil Sie mich fliegen ließen."

„Das ist dann mein Problem. Lassen Sie sich deswegen um Gottes willen keine grauen Haare wachsen! Wenn jemand an meinem Vorgehen etwas auszusetzen hat, dann soll er auch die Eier haben und seine Sicht der Dinge von Angesicht zu Angesicht darlegen. Immerhin wäre es das erste Mal in über 35 Jahren, dass ich hinter meinem Rücken angeschwärzt würde. Es fällt mir schwer zu glauben, dass derartige Kindergarten-Manieren von China Airlines gepflegt werden. Außerdem ist Schulung und Ausbildung nichts Ungesetzliches; immerhin haben mich die Verantwortlichen in dieser Bude für eben diesen Job eingekauft. Als ich erstmals mit dem Chef Ausbildung ein Gespräch bezüglich meiner Kompetenzen geführt hatte, da wusste der nichts anderes zu empfehlen als ‚machen Sie ganz einfach mal! Bei uns zählt in erster Linie das Ergebnis'."

Ich sollte mich getäuscht haben: Tatsächlich hatte der zweite Kopilot hinter meinem Rücken eine Meldung an unseren Chefpiloten verfasst, in der er auf die Tatsache hinwies, dass ich seiner Meinung nach noch nicht befugt sei, Kopiloten starten und landen zu lassen (ein Finnischer Kollege, der von eben diesem jungen Schnösel in die Pfanne gehauen worden war, hatte mir den Tipp gegeben, doch mal Einblick in meine – bis dahin eher dünne – Personalakte zu nehmen).

Das war ja ordentlich starker Tobak! So etwas hatte ich bis anhin einfach nicht für möglich gehalten. Also hin zum Chefpiloten Ho, um die Sache ein für alle Mal klarzustellen.

„...aber das ist doch kein Grund zur Beunruhigung!"

„Für mich schon. Wenn ich etwas veranlasse oder gar befehle, was nicht in Ordnung ist, dann erwarte ich von jedem meiner Mitarbeiter, dass er mich unverzüglich darauf aufmerksam macht. Solange ich im Cockpit bin, bestehe ich auf offener Kommunikation."

„Das klingt ja ganz gut, die Frage ist nur, ob es auch Sinn macht. Wie ich Ihrer Personalakte entnehme, waren Sie ziemlich lange in der Luftwaffe. Meinen Sie nicht auch, dass einer straff geführten Organisation wie der Armee mit liberalem Firlefanz wie ‚Offener Kommunikation' nicht sonderlich gut gedient ist? Als – wenn auch ehemaliger – Offizier sollte Ihnen geläufig sein, dass Effizienz auf Befehl und Gehorsam fußt, und gute Informationen gute Entscheide zeitigen; Kopilot Chie hat lediglich informiert. Und er hat sicher nicht g e g e n Sie berichtet, sondern ü b e r Sie."

„Wenn Herr Chie seine Meldung erst verfasst, n a c h d e m ich die Maschine in den Berg gerammt habe, n a c h d e m ich die vorgeschriebene Minimalhöhe unterschritten habe oder n a c h - d e m ich im Falle eines Triebwerkschadens versehentlich den funktionierenden anstatt des kaputten Motors abgestellt habe, dann dürfte das – sicherlich auch für ihn persönlich – ein bisschen zu spät sein."

„Ja, aber…"

„Verzeihen Sie, aber ich bin noch nicht ganz fertig: Sie haben sich meine Akte kommen lassen – Ihr gutes Recht. Sie sollten sich in diesem Zusammenhange aber lieber noch einmal die offiziellen Unfallberichte zu Unfällen von China Airlines aus den Jahren 1987, 1991, 1992, 1993 und 1994 zu Gemüte führen!"

„Sie scheinen in Ihrer Freizeit viel zu lesen. Und Sie mögen – aus Ihrer Sicht – durchaus Recht haben", meinte der Chef nach einer Kunstpause, „aber bei uns laufen bestimmte Dinge eben etwas anders ab."

„Das kann ich nur bestätigen: Aus jeder einzelnen der abgestürzten Maschinen, die ich vorhin erwähnte, konnte der Cockpit Voice Recorder geborgen werden. In keiner der Aufzeichnungen machen Kopilot bzw. Flugingenieur auch nur einen Piep. Wenn ein Mitglied der Cockpitcrew eine aufziehende Gefahr erkennt und auf eben diese Gefahr nicht hinweist, liegt ein Dienstpflichtvergehen vor. Und wenn sie eine zum Absturz führende Gefahr nicht erkennen, dann gehören sie nicht ins Cockpit. Sie waren also entweder schon acht bis vierzehn Minuten vor dem Aufschlag tot oder sie ließen sich – Schafen gleich – stumm zur Schlachtbank führen, d.h. in diesem Falle: zum Unfallort fliegen."

„Ihre Sicht der Dinge ist doch recht einseitig und räumt den Besonderheiten unserer Kultur keinerlei Raum ein."

„Captain Ho, ein toter Passagier ist ein toter Passagier – ob nun in Ihrem Kulturkreis oder in unserem, meinen Sie nicht auch?"

Chefpilot Ho schaute mich einen Augenblick lang stumm an, dann wandte er sich wieder seinen vor ihm liegenden Papieren zu. Das Gespräch schien beendet zu sein.

Ein koreanischer Kollege, dem ich diese Episode später erzählte, klopfte mir wohlwollend auf die Schulter und meinte:

„Sehen Sie, mein lieber Freund, das ist eben Teil der chinesischen Kultur. Oder vielleicht sollte ich etwas weiter ausholen und verallgemeinernd sagen, dass der Asiate jede offene Konfrontation vermeidet."

„Aber diese Art von Zuträgerei und anonymen Anschuldigungen ordnen wir in der Regel dem Kommunismus zu. Oder einem beliebigen, totalitären Regime. Derlei Dinge lassen mich an Verrat denken, an Hinterhältigkeit, Staatssicherheitsdienst, Gestapo oder Sippenhaft, wenn Sie so wollen."

„Dem halte ich entgegen: Meinen Sie denn, Mao und sein System hätten sich derart lange zu halten vermocht, wenn es der Bevölkerung im Grunde ihres Herzens zuwider gewesen wäre?"

„Na gut, da mag was dran sein. Aber bedenken Sie doch nur die Vehemenz, mit der sich ganz Taiwan dagegen sträubt, wieder in die chinesische ‚Großfamilie' eingegliedert zu werden. Die Menschen hier wollen doch sicher Anderes als Kommunismus, die verteidigen ihre Demokratie, ihre Werte!"

„Schön, was Sie da sagen. Und teilweise stimmt es auch. Teilweise! Mit Demokratie kann der Asiate allerdings nichts anfangen, und das mag vielleicht auch mit religiösen Aspekten zusammenhängen. Und die Werte, die verteidigt werden? Das sind Armani, Rolex und Mercedes, aber sicher keine Ideologien."

„Und Spitzeldienste sind dabei beförderlich?"

„Sicher doch! Sehen Sie: Dieser schäbige Stinker Chie, der Sie anschwärzte, hat ganz sicher nichts gegen Sie persönlich. Er nahm schlicht die Gelegenheit wahr, sich in s e i n e m Dossier einen Pluspunkt zu sichern. Die Logik dahinter ist einfach: Sie werden in ein paar Monaten oder Jahren Ihren Dienst bei China Airlines beendet haben und ausscheiden; niemand wird sich Ihrer erinnern – von ein paar Freunden abgesehen. Die angesammelten Punkte in der Personalakte jedoch, die werden Bestand haben bis zu des Judas Pensionierung."

„Aber das ist ja fürchterlich! Da kann ja keiner dem anderen trauen!"

„Es traut auch keiner dem anderen. Das Belauern seiner Umwelt, das Ansammeln von Informationen zu allem und über alle, das gehört zum Berufsleben wie die Reissuppe und das zerkrümelte Trockenfleisch zum Frühstück eines jeden Chinesen."

„Und diese – entschuldigen Sie – diese so genannte Kultur wird auch in der Führungsriege hochgehalten?"

„Na, gerade da! Wenn Sie nicht über genügend Informationen hinsichtlich Ihrer Vorgesetzten, Ihrer Kollegen wie Ihrer Untergebenen verfügen, ist Ihnen der Weg in die Führungsetage von Anfang an verbaut – Qualifikation hin oder her."

„Führen diese Zustände denn nicht zu einem Absturz in bodenlose, innere Vereinsamung?"

„Mein Lieber, sind Sie Psychoanalytiker oder Pilot? Sicher, ein paar halten dem Druck nicht stand, die bringen sich dann um. Die meisten kommen mit der Situation, in der sie leben, ganz gut zurecht. Und in der einen oder anderen Form nachzuhelfen ist ausdrücklich n i c h t verpönt."

„Das müssen Sie mir erklären. Sie meinen doch nicht im Ernst, dass…"

„Na ja, Mord und Totschlag kommen relativ selten vor. Ist mit ein wenig Phantasie auch gar nicht nötig – wenn Sie wissen, was ich meine."

„Nichts weiß ich!"

„Na, wenn z.B. ein älterer Herr aus der Geschäftsleitung mit Ihrer Frau rumbumst. Bei Ihnen zu Hause, d.h. in Ihrem so genannten Kulturkreis, da mag das zu Verwerfungen führen, vielleicht sogar zu Trennung oder Scheidung. Hier bedeutet das für Sie so viel wie ein Hauptgewinn in der Lotterie: Sie lassen ein paar gute Fotos machen, zeigen ihm eines davon, und schon frisst Ihnen der Kerl aus der Hand, Ihrem Aufstieg steht so gut wie nichts mehr im Wege."

„Ekelhaft!"

„So mögen Sie das empfinden. Aber wenn ich mir den Unterschied in der Gehaltsstruktur von dort oben bis hier unten anschaue – und wir verdienen weiß Gott nicht schlecht – dann finde ich so ein bisschen Ekel durchaus ordentlich bezahlt."

„Mich würde so etwas abstoßen. Vielleicht etwas altmodisch von mir, aber ich möchte Menschen vertrauen können. Alles andere machte mich krank."

„Möglich. Aber bedenken Sie: Sie sind dabei. Sie sind im ‚Club'."

„Und könnte diese ‚Clubmitgliedschaft' ein Grund dafür sein, dass sämtliche Entscheidungen ausschließlich nach dem Kollegialprinzip getroffen werden?"

„Ha, endlich beginnen Sie zu begreifen! Natürlich, das ist genau der Grund. Niemand wird seinen Kopf zu weit aus dem fahrenden Zug strecken und einen Entscheid fällen, für den er alleine die Verantwortung zu tragen hat. Alle hängen von allen ab. Die Clique gewährt den nötigen Schutz, auf dass der Einzelne nicht falle – solange er die Spielregeln der Gruppe genau einhält."

Na, Bravo! Und unter diesen Umständen sollte ich also versuchen, den Standard innerhalb der MD-11Flotte zu heben? Als Einzelkämpfer? Idiotisch! Das konnte nichts werden, solange sich die Geschäftsleitung nicht geschlossen hinter das Projekt stellte. Ohne fest angezogene Daumenschrauben würde sich keiner der Direktoren dazu bereitfinden, das zu unterschreiben, was unbedingt – und zwar sofort – unternommen werden musste. Direktoren, Chefs, Manager und Ausschussvorsitzende gab es haufenweise bei China Airlines. Die Frage war nur: Wie gelange ich an den Mann, der die stärkste Seilschaft vertritt, und – wichtiger noch – wo bekomme ich die Daumenschrauben her?

Da kam ein Zwischenfall, der sich in San Francisco ereignet hatte, gerade recht. Ein Captain von China Airlines hatte sich wieder einmal kräftig verschätzt: Er war wohl ein bisschen zu schnell angeflogen und auf der regennassen Piste zu lang gelandet (Aufsetzpunkt bei 900 Metern anstatt – wie vorgeschrieben – bei 300 Metern). Dass es auf nasser Landebahn etwas länger dauert, die Geschwindigkeit der Maschine herunterzubremsen, war ihm wohl glatt entfallen. Als er den Rollweg ‚D' erreicht hatte, der ihm vom Kontrollturm bereits vor der Landung zugewiesen worden war, betätigte er brüsk die Bugradsteuerung, um schwungvoll in eben diesen Rollweg einzuschwenken. Die Bugradsteuerung gehorchte, doch die gewünschte, große Richtungsänderung blieb aus. Die knapp 200 Tonnen Masse gehorchten nun mal Newton's Gesetz und nicht dem Willen eines stümperhaften Luftkutschers: Quergestellt rutschten die Bugräder über den nassen Beton. Das Flugzeug kam im Zwickel zwischen Piste und Rollweg im Gras zum Stehen.

Schaden: Ein abgerissenes Bugfahrwerk, schwere Beschädigungen am vorderen Rumpfteil, ein beschädigtes Triebwerk, ein beschädigtes Hauptfahrwerk, acht geköpfte Begrenzungsleuchten am Rollweg ‚D'. Die Hauptlandepiste musste für vier Stunden geschlossen werden. Die malträtierte Maschine stand für ganze neun Tage nicht zur Verfügung. Ansonsten aber war der Flug – nach Aussagen des guten Captain Feng – ganz normal verlaufen.

Das Amerikanische Luftamt stufte diesen Vorfall als gar nicht so normal ein, ordnete eine Untersuchung an und drohte mit Landeverbot für China Airlines in den USA: Immerhin waren die Flieger mit der Pflaumenblüte an der Heckflosse schon mehr als einmal unangenehm aufgefallen. Und der Hinweis, dass man schon seit Menschengedenken amerikanische Flugzeuge gekauft habe und auch weiterhin zu kaufen gewillt sei, der zog schon lange nicht mehr. Jedenfalls nicht mehr, seit ein Verhandlungsprotokoll von Airbus Industries seinen Weg nach Long Beach gefunden hatte.

Der große Knaller aber kam aus London: Die Manager der Versicherungsgesellschaft, die für den Schaden aufzukommen hatte, waren nicht ‚amused'. Sie reagierten auf diesen letzten, unnötigen Patzer der ChinaAirlinesMannschaft mit der Kündigung des Versicherungsschutzes zum 1.9.1995.

Dies aber bedeutete nichts Anderes als das AUS für China Airlines.

Sysiphus wird aktiv.

Drei Optionen standen mir offen. Ich konnte den Laden grußlos verlassen, wenn ich nicht bekam, was ich brauchte. Ich konnte auch den Kopf in den Sand stecken, den Weg des geringsten Widerstandes wählen, meine vertraglich vereinbarte Zeit im wahrsten Sinne des Wortes absitzen und einfach dafür sorgen, dass nichts passierte, solange ich Bordkommandant auf der mir zugeteilten Strecke war. Und drittens konnte ich – als geborener Optimist – zumindest versuchen, den Saustall wenigstens ansatzweise auszumisten.

Viel Feinde – viel Ehr? Es spielt nun keine Rolle mehr, ob mich falscher Ehrgeiz leitete, Eitelkeit oder maßlose Selbstüberschätzung: Ich war entschlossen, mich der Aufgabe zu stellen. Und was ich mir für Chancen ausrechnete? Diese Frauge stellte ich mir gar nicht, weil ich mich vor der Antwort fürchtete. Von außen betrachtet hatte ich sehr wohl die besseren Karten. Immerhin stand die klare Ansage der Versicherungsfritzen im Raum: Entweder es wird besser oder es wird Schluss. Es kam vielleicht nur auf die Vorgehensweise an, auf die Art der Verpackung, in der ich meine Vorstellungen verkaufen konnte und auf die Zahl derer, die sich bereit erklären würden zu helfen.

Verbal waren alle dabei, vom großen Zampano selbst bis hinunter zum Chefpiloten. Es habe sich ja bereits mehrere Male als vorteilhaft bewiesen, die Unterstützung von Freunden in Anspruch zu nehmen (das Wort ‚Fremde' wurde bewusst nicht benutzt), wie allgemein bekannt letztmals vor zwei Jahren. Als ich nachfragte, was damit gemeint sei, kam als Antwort: „Na, die Umschulung unserer Piloten auf die MD-11."

An und für sich ist die Umschulung auf ein anderes Flugzeugmuster weiß Gott keine Hexerei; im Laufe eines durchschnittlichen Pilotenlebens wird – je nach Größe der Flotte – etwa sechsmal umgeschult. Der Kandidat wird entsprechend der Senioritätsliste bestimmt, durchläuft einen technischen Theoriekurs, sitzt ein paar Übungen im Simulator ab (Flugtraining im herkömmlichen Sinne gibt es schon lange nicht mehr), und dann geht es mit dem Fluglehrer (vorne im Cockpit) und den Passagieren (hinten in der Kabine) auch schon auf Strecke. Nach insgesamt zwei bis drei Monaten ist der neue Pilot auf der alten Maschine ausgebrütet, bzw. der alte Pilot auf der neuen.

Aber eben: Bei China Airlines läuft alles etwas anders ab. Zunächst wird der PrestigeWert des neuen Fliegers beurteilt. Für einen so genannten ‚guten Kahn' stehen die potentiellen Kandidaten Schlange, um eine Umschulung zu ergattern. Verteilt werden die Plätze ‚von oben nach unten'. Sinngemäß werden weniger präsentierende ‚Hobel' von unten nach oben besetzt. Und eine Senioritätsliste? Noch nie gehört. Ham wa nich, brauchn wa nich, kriegn wa ooch nich mehr rein. Mein Onkel ist General beim Luftwaffenkommando, der wird's schon richten.

Die neue MD-11 kam im Pilotenkorps nicht gut an: Nur drei Triebwerke. Wer wollte schon auf so ein Ding umschulen, wenn sich die Chance bot, sich eine der brandneuen B-747400 – deren Auslieferung unmittelbar bevorstand – unter den Hintern zu binden? Bezeichnenderweise führten sich alle Flugkapitäne, die ich später auf der MD-11 begrüßen sollte, mit einer langen Liste von Gründen ein, die ihnen die Umschulung auf den Traumvogel vermasselt hatte. Sie setzten die zwangsweise Zuteilung zur MD-11-Flotte nachgerade einem Gesichtsverlust gleich. Mussten sie doch erkennen, dass ihre ‚Sponsoren', ihre Verwandten, ihre Abgeordneten nicht einflussreich genug waren, dass der verfügbare ‚Vitamin-B-Pegel' schlichtweg nicht ausreichte, um die Angelegenheit in ihrem Sinne zu steuern. Ich bin mir sicher, sie alle fühlten sich wie eine vergessene Truppe Aussätziger.

Der Geschäftsleitung war die Problematik bekannt. Die Personalakten wurden immer und immer wieder durchgekämmt: Kleinste Unbotmäßigkeiten, minime Fehlleistungen, bloße Vermutungen hinsichtlich innerfamiliärer Bodenwellen, alles wurde ausgewertet, um die paar Hansel für gerade mal vier ‚Dreilöchrige' zu finden. Aber es reichte nicht. Natürlich meldeten sich mehr als genug Captains von der B737-Flotte, aber man konnte ja wohl nicht einen jungen Schnösel, der gerade mal etwas mehr als 2000 Stunden abgesessen hatte, unbeaufsichtigt auf einem großen Schiff nach Europa düsen lassen. Auch vom Airbus A300 trafen Anmeldungen zu Hauf ein. Aber diese Männer durfte man nun überhaupt nicht berücksichtigen, weil sich mit Sicherheit niemand finden ließe, der dann freiwillig auf den Airbus wechseln würde.

Wie immer war es dann Lang Xi, seines Zeichens Chef Flugdienst, der mit einem ebenso einfachen wie sinnvollen Vorschlag aufwartete: Da zwei der altehrwürdigen Frachter vom Typ B-747-200 aussortiert würden, könnte man deren Kommandanten ja anstatt in den vorzeitigen Ruhestand, auf die MD-11 schicken. Tja, auf den guten Lang war einfach Verlass! Was auch immer aussah wie ein Problem: Lang fand eine Lösung.

Nur ausgerechnet diesmal hatte er sich verrechnet. Von den alten Knackern auf den alten Fracht-Jumbos wollte kein einziger umsatteln. Ihre – wenn auch etwas schräge – Argumentation: Das neue Ding hatte nur drei Motoren, das bedeutete – im Vergleich mit der 747 – entweder 25% weniger Sicherheit oder 25% mehr Risiko. Und Flugingenieur gab es auch keinen mehr! Dafür BildschirmCockpit. Und Computer. Satellitengestützte Navigation. Dazu kam, dass man für die Umschulung auch noch Englisch büffeln musste. Nee, Leute, kommt nicht in Frage. Wir sind keine Lückenbüßer! Ein paar, die es sich leisten konnten, reichten die Kündigung ein.

Die Umschulung auf die MD-11 aber kam. Die ersten Lehrgangsteilnehmer landeten in Los Angeles, um beim Hersteller in Long Beach die Theoriekenntnisse verpasst zu bekommen. Bedauerlicherweise sprachen die Kandidaten kaum Englisch. Und da die amerikanischen Theorielehrer kein Mandarin beherrschten, reisten die Schüler wieder zurück nach Taipei. Eine ausgewachsene Katastrophe!

Eine Katastrophe? Mitnichten! Allenfalls eine unbedeutende Verzögerung. Denn vier Tage später meldete sich schon wieder eine Handvoll Chinesen in Long Beach zum Training an. Doch diesmal waren es keine Piloten, sondern Dolmetscher. Diese fünf Herren sind nachweislich die einzigen Dolmetscher auf der ganzen Welt, die einen kompletten Umschulungskurs auf einem Großraumflugzeug absolviert haben. Dazu noch eine Schnellbleiche in Flugwetterkunde, Aerodynamik, Flugverfahren, Verfahrens- und Flugsicherungsterminologie. Man muss sich eben nur helfen wissen!

Acht Wochen später ging es dann richtig los. Die Piloten aus Taipei waren wieder in Los Angeles. Die für den Theoriekurs vorgesehenen amerikanischen Instruktoren verbesserten ihr Golfspiel (da nur einer von ihnen verfügbar sein musste für den Fall, dass ein Dolmetscher eine Frage hatte). Und die Werkspiloten von McDonnell Douglas drohten mit Arbeitsniederlegung: Sie lehnten die Verantwortung ab, Piloten zu schulen, mit denen man sich nicht verständigen konnte. Also Ende der Übung? Weit gefehlt! Wozu hatte man eigentlich diese verdammten Dolmetscher? Also rein in die Kiste! Zudem würden diese Kerle ihren Spaß haben, wenn sie für ein paar Stunden in einem richtigen Cockpit hocken dürften (auch wenn's zunächst nur im Simulator war).

Nun, den ‚Kerlen' ist der Spaß bald einmal abhandengekommen. Es hatte sich nämlich gezeigt, dass sich Verfahrensabläufe nicht so einfach übersetzen ließen wie Texte; kamen gar noch Korrekturanweisungen vom Fluglehrer dazu, die der Dolmetscher nicht einzuordnen vermochte, dann war das Ende der Verständigung schon erreicht. So blieb als Lösung nur übrig, jeden einzelnen Dolmetscher das ganze SimulatorProgramm mit dem Fluglehrer abfliegen zu lassen. Aber, Halt! Das waren ja keine Piloten, denen musste man erst mal ein paar Grundlagen beibringen, da würden die 28 Stunden für ein Umschulungsprogramm bei weitem nicht ausreichen.

„Hau'n Sie ruhig nochmals 20 Stunden Simulator-Zeit drauf, die Chinesen werden schon zahlen. Ach, was sage ich, die müssen ja zahlen, weil ihnen sonst die Bude zugesperrt wird", meinte Jake Ross, der in seiner Funktion als Manager für den Verkauf von Dienstleistungen zuständig war.

Im Nachhinein muss man bewundernd anerkennen, was da geleistet wurde: Die chinesischen Dolmetscher rissen klaglos ihre Sechzehn-Stunden-Schichten ab (tagsüber im Klassenzimmer, nachts im Simulator). Und die Fluglehrer, die so etwas noch nie mitgemacht hatten, brachten den fliegerisch völlig unbedarften Sprach-Spezialisten obendrein noch die unverzichtbare ‚PilotenDenke' bei. Jim Ligouri, der als Technischer Pilot von McDonnell Douglas den ganzen Zirkus mitgemacht hatte, sagte mir später einmal:

„Von den Dolmetschern waren viele besser als die Piloten, die wir später auszubilden hatten."

Natürlich wäre es unverantwortlich gewesen, im Falle der Piloten von China Airlines auf ein richtiges Flugtraining zu verzichten. Gut, die Herren aus Taipei hatten ihre Lizenz. Auch wenn Henk Jefferson steif und fest behauptete, manche dieser Luftkutscher hätten diesen Zettel in der Lotterie gewonnen – sie hatten ihn. Einige brachten auch eine ordentliche Anzahl an Flugstunden mit. Doch es haperte an den Grundlagen. Der Unwille, lieb gewonnene Marotten aufzugeben stand im Wege. Und besonders die Unfähigkeit, einen Fehler als solchen anzuerkennen.

Im Simulator ist in dieser Hinsicht alles einfacher: Von jedem Anflug, von jeder einzelnen Übung kann ein Computerausdruck angefertigt werden, der sämtliche Parameter aufzeichnet. Da gibt es keine Ausreden, da lässt sich nichts wegdiskutieren. Bezeichnenderweise hatte irgend so ein Clown die Sicherung für den Drucker des Aufzeichnungsgerätes gezogen und die Anlage im Bordbuch als ‚nicht funktionstüchtig' eingetragen. Um sicherzugehen, dass die Komponente auf ewig und drei Tage ‚nicht funktionstüchtig' bleiben würde, hatte er in dem für die Technikmannschaft ausgesparten Eintragungskästchen mit verstellter Handschrift – aber mit demselben Kugelschreiber – die Notiz hinterlassen: ‚Ersatzteil bestellt'.

Situationskomik:

Ein paar Wochen später hat sich der ‚Bastler' selbst entlarvt: Nach einer völlig inakzeptablen SimulatorSitzung mit zweimaligem Abrutschen von der Piste, einmaligem Verlust der räumlichen Orientierung und einem Anflug auf die falsche Piste, behauptete Captain Xi Tung, der Computerausdruck könne gar nicht stimmen, weil das Gerät stromlos sei.

Dieser Mann – und viele seiner Kollegen – haben den Sinn des Simulators nicht begriffen, sie halten ihn für ein Folterinstrument. Für eine Spielwiese, auf der komplexbeladene Sadisten ihrer Lust frönen und den armen Piloten den Angstschweiß auf die Stirne treiben dürfen. Das Gegenteil ist der Fall: Der Simulator ist eine Lernhilfe. Er erleichtert die Analyse von Fehlern, wie sie sich im Laufe einer Übung einstellen. Er gewährt Raum für eine Vielzahl von Demonstrationen, die sich hauptsächlich mit der Ursachenforschung befassen. Und wichtiger noch: Flugunfälle können mit erstaunlicher Genauigkeit in Echtzeit rekonstruiert, d.h. ‚nachgeflogen' werden.

Wünsche ich als Übungsleiter auf eine sich abzeichnende Entwicklung hinzuweisen, die der Flugschüler noch nicht erkannt hat oder deren Tragweite er nicht einzuschätzen vermag, dann halte ich den Simulator einfach an, um die Situation zu erklären. Im Simulator kann der Auszubildende die Mühle überziehen, abstürzen, neben, vor oder hinter der Piste landen – alles kein Problem. Ich wage zu behaupten, dass sich so gut wie alle beitragenden Faktoren herausarbeiten lassen, die bei einem Totalverlust eine Rolle gespielt haben – seien sie nun technischer oder rein handwerklich-fliegerischer Natur.

Im Gegensatz zum Simulator sieht die Sache im richtigen Flieger ganz anders aus. Weil sich der fliegende Untersatz mit ein paar hundert Stundenkilometern durch den Luftraum bewegt, ist progressives Training angesagt. Für Diskussionen bleibt keine Zeit.

Grobe Schnitzer werden notiert und kurz angesprochen, die betreffende Übung wird – wenn irgend möglich – sofort wiederholt. Seb Dickinson, der in seiner Funktion als Fluglehrer auf MD-11 insgesamt zehn Besatzungen (Captains plus Kopiloten) von China Airlines in Long Beach ausgebildet hatte, konnte ein Lied von der Vielfalt der Probleme singen, vor die er sich drei Monate lang gestellt sah. Das Schlimmste sei gewesen, dass er sich mit den Auszubildenden lediglich mittels Dolmetscher habe verständigen können.

„Wenn ich zu früh eingriff, wusste der Pilot meist nicht warum. Würde ich zu spät eingegriffen haben, hätte es geknallt."

Auf Grund meiner eigenen, späteren Erfahrung mit Piloten von China Airlines wunderte ich mich immer wieder, dass Seb doch noch eine bemerkenswert große Zahl an Haaren verblieben war.

Bereits vier Tage nach dem Zwischenfall in San Francisco (das ist für China Airlines erstaunlich schnell) wurden die Stäbe zusammengetrommelt, inklusive Piloten.

Der Stellvertreter des Präsidenten nahm sich des Themas an, der Präsident selbst thronte auf dem eiligst zusammengezimmerten Podium neben dem Pult des Vortragenden. Die Rede wurde in Mandarin gehalten. Ich verstand zwar kein einziges Wort, doch die Gestik des Redners, sein wildes Herumfuchteln mit den Armen und gelegentliche Schläge mit der flachen Hand auf den Pultdeckel vermittelten den Eindruck, dass hier etwas ganz Ungeheuerliches abgehandelt wurde. Da war nichts mehr Vornehm-Zurückhaltend-Asiatisches auszumachen, schon eher erinnerte sein Gebaren an die Ascher-Mittwoch-Reden des Franz Josef Strauss in einem niederbayerischen Bierzelt. Der Kerl rollte ja richtig mit den Augen. Donnerwetter, der zeigte Emotionen!

Eine halbe Stunde dauerte das Drama, dann durften wir gehen. Am Ausgang des großen Hörsaales verteilte eine Sekretärin die englische Übersetzung der Ansprache. Bei einem Tee in der Kantine las ich das Pamphlet durch – ich war platt. Ich las und las noch einmal und kam aus dem Staunen nicht heraus. Da hatte der Kerl die ganze Aufregung nur gemimt! Was da stand, das war in der Tat ungeheuerlich:

→ Da bekam der arme Mann auf dem Kontrollturm in San Francisco sein Fett ab, weil er dem Piloten der zu lang gelandeten Maschine nicht rechtzeitig einen anderen Rollweg zugewiesen hatte. Dass der Hanswurst im Cockpit 28 Knoten zu schnell angeflogen war, wurde mit keinem Wort erwähnt.

→ Das Amerikanische Luftamt wurde bezichtigt, den ‚lächerlichen Zwischenfall, bei dem es ja nicht einmal Tote gegeben hätte' maßlos aufgeblasen zu haben. Im Übrigen gestatte sich die Firma China Airlines den Hinweis, dass man notfalls auch in Toulouse neue Flugzeuge kaufen könne.

→ Und den Versicherungsmenschen in London, die bis anhin schon unanständig hohe Prämien nicht nur verlangten sondern auch erhielten, diesen Blutsaugern wurde unverhohlener Rassismus attestiert.

Und das war dann auch schon das Ende der Ausführungen. Vergeblich suchte ich nach einem Hinweis auf die firmeninterne Untersuchung des Vorfalls, bei dem sich Captain Feng nicht gerade als Meister seines Fachs erwiesen hatte. Dass auch die disziplinarische Würdigung der Sache unerwähnt blieb, ließ nur den Schluss zu, dass man sie schlicht und ergreifend vergessen hatte.

Die Kellnerin der Kantine kam zu mir und teilte mir mit, dass mich der Herr Chefpilot Ho sofort zu sprechen wünsche (woher zum Teufel wusste der Chef, dass ich mich in der Kantine aufhielt?). Im Büro des Chefs befanden sich außer ihm acht Herren in schwarzen Anzügen und auch die junge Frau, die die Übersetzungen der ‚Stellvertreter-Rede' verteilt hatte. Captain Ho begrüßte mich flüchtig – ohne mir die Herren vorzustellen – und fragte übergangslos, wann ich mit dem neuen Programm beginnen könne.

„Captain Ho“, sagte ich, „Sie haben mir bis anhin nicht einmal andeutungsweise zu verstehen gegeben, wie Sie vorzugehen wünschen. Ich kann Ihnen natürlich ein ganzes Bündel von Vorschlägen unterbreiten, doch die endgültige Entscheidung für das eine oder andere Projekt kann ich Ihnen beim besten Willlen nicht abnehmen.“

„Können wir Ihnen vertrauen?“

„Wie meinen Sie das, wenn Sie ‚wir‘ sagen?“

„Nun, ich meine diese Herren hier und natürlich auch Miss Dong.“

„Captain Ho, Ihre Frage nach dem Vertrauen befremdet mich. Ich habe diese Herren hier zwar noch nie gesehen, ich nehme Sie persönlich jedoch als Garant dafür, dass Sie nicht eine größere Verschwörung anzuzetteln im Begriffe stehen. Natürlich können Sie mir vertrauen.“

„Also, die Sache sieht so aus: Der Herr Präsident persönlich hat sich die Unterlagen über Captain Feng vorlegen lassen. An dessen Beurteilungen kann man nicht herummäkeln, die sind alle sehr gut, und…“

„Entschuldigen Sie bitte, wenn ich Sie unterbreche, aber ich kenne Feng’s Akte. Ich war so frei, mir die Erlaubnis zur Einsicht in diese Unterlagen beim Chef Operationen einzuholen, nachdem ich ein Gespräch mit dem Kopiloten hatte, der mit Feng im Cockpit war.“

„Was, Sie kennen…?“

„Ja, ich habe mir diese so genannten Beurteilungen angesehen: Die beiden letzten Überprüfungsflüge im Simulator wurden von ein und demselben Fluglehrer abgenommen, der auch den letzten Streckentest beurteilt hatte. Und unter der Gesamtbeurteilung betreffend Feng’s Beförderung zum Flugkapitän auf MD-11 findet sich Ihre Unterschrift.“

„Ja. Genau das ist es eben! Das ist mein Unglück. Aber ich hatte keine Wahl. Feng's Verwandte genießen in Politik und Wirtschaft hohes Ansehen. Sein Schwager gehört dem Stab der Luftwaffe an. Hätte ich mich weigern können? Wie hätte ich dem Druck standhalten können?"

„Sind Sie jemals mit Captain Feng geflogen?"

„Einmal. Auf seinem letzten Flug vor seiner Beförderung."

„Und?"

„Na ja, er hält nicht viel Vorschriften und er fliegt halt gern ab und zu ein bisschen zu schnell. Er kommt von der Luftwaffe."

„Captain Ho, Sie haben mich vor wenigen Augenblicken gefragt, ob Sie mir vertrauen können. Sind Sie sich bewusst, dass viele tausend Passagiere täglich ihr Leben China Airlines anvertrauen? Diese Leute bezahlen S i e mit ihrem guten Geld und erwarten eine gute Dienstleistung. Haben Sie sich je Gedanken darüber gemacht, dass die Sache in San Francisco auch einen anderen, schlimmeren Ausgang hätte nehmen können?"

„Ja, ich habe mir Vorwürfe gemacht. Im Nachhinein. Aber wer kann denn schon voraussehen, dass sich so etwas ereignet?"

„Nicht ‚so etwas' hat sich ereignet, sondern ein Flugkapitän von China Airlines hat sich mutwillig über die bestehenden Vorschriften seines Arbeitgebers hinweggesetzt und dabei 265 Passagiere und den Rest der Besatzung gefährdet."

„Sie wissen wie ich, dass man Geschehenes nicht rückgängig machen kann. Es ist nun mal so, der Kerl hat Mist gemacht. Doch nun hat sich die Situation grundlegend geändert: Feng hat nun keine Protektion mehr. Einer seiner Onkel sitzt wegen Korruption ein. Sie verstehen?"

„Und da meinen Sie – bitte korrigieren Sie mich, wenn ich Sie missverstehe – dass ich den Feng in den Simulator packe, ihn dort zur Schnecke mache und ihn anschließend in die Wüste schicke, nur damit Sie fein raus sind?"

„Tja, aber das wäre doch denkbar, meinen Sie nicht? Sehen Sie, diese Herren hier haben alle ein großes Interesse daran, dass die unangenehme Sache aus der Welt geschafft wird, und dass eben diese Herren Ihnen unter Umständen, ich meine vielleicht…"

„Verzeihen Sie, Captain Ho, wenn ich Sie ersuche, diesen Ihren Satz nicht zu Ende zu sprechen. Ich kenne diese Herren nicht, mich interessieren weder ihre Interessen noch ihre Absichten. Aber ich werde Ihnen sagen, was denkbar und vor allen Dingen was machbar ist: Jeder – ich wiederhole j e d e r – Pilot wird seinen Hintern in den Simulator bewegen und dort ein standardisiertes Programm abfliegen."

„Das ist gut. Das ist hervorragend! Ich werde zusammen mit dem Chef der Einsatzplanung dafür sorgen, dass die Übung in zwanzig Tagen abgeschlossen werden kann. Dann können wir dem Luftamt und den Versicherungsmenschen in London schon die ersten Ergebnisse vorlegen."

„Dreißig Tage sind das absolute Minimum. Sie überschätzen offenbar meine Leistungsfähigkeit. Ich kann nicht mehr als acht Stunden pro Tag im Simulator arbeiten. Vergessen Sie bitte nicht, dass zu jeder SimulatorSitzung eine Nachbesprechung gehört. Dann komme ich auf mindestens zwölf bis vierzehn Stunden – täglich. Ich gehe ja nicht dahin um zu pennen, ich muss mir Erkenntnisse schaffen für die weitere Arbeit."

„Aber Sie müssen ja nicht bei jeder Sitzung anwesend sein."

„Oh doch! Ich werde bei jeder einzelnen Sitzung anwesend sein. Und wenn Sie sich mit dem Chef der Einsatzplanung absprechen, dann sorgen Sie bitte dafür, dass für jede einzelne Minute im Simulator ein weiterer Fluglehrer abgestellt wird."

„Aber das können Sie doch nicht machen! Stellen Sie sich doch einmal vor… Das wird fürchterlich! Ich meine…"

„Ich weiß sehr genau, was Sie meinen. Wahrscheinlich fürchten Sie, dass ein paar Ihrer Kollegen versagen. Dass die Herren meinen, ihr Gesicht zu verlieren und Ihnen anschließend die Hölle heiß machen. Ist es nicht so?"

„Ja, ich fürchte, so wird es kommen. Und wenn gar Flüge ausfallen sollten, weil sich auf der MD-11 keine einsatzfähigen Piloten mehr finden lassen, können Sie das verantworten? Mein Gott, und meine Beförderung könnte ich sofort vergessen. Nein, das können Sie nicht machen, das ist völlig ausgeschlossen. Bedenken Sie doch…!“

„Habe ich bedacht. Und auch mit der obersten Führung abgesprochen. Und nun bedenken Sie einmal: Eine MD-11, die auf dem Vorfeld steht, die kann nicht abstürzen. Warum denken Sie, dass solch eine Übung nicht machbar sein sollte? Jeder Pilot wird so fair wie nur irgend möglich beurteilt: Durch einen chinesischen Fluglehrer, einen deutschen Fluglehrer und den Computerausdruck jeder einzelnen Übung. Einsprüche gegen die Beurteilungen sind gestattet und werden in einem Gremium, dem auch Sie und der Chef Flugdienst angehören werden, in Anwesenheit des betroffenen Piloten abgehandelt. Zudem gehen sämtliche Beurteilungsunterlagen gebündelt an den Präsidenten persönlich – und nicht an das Luftamt.“

„Warum nicht ans Luftamt?“

„Weil im Luftamt Akten – auch Gerichtsakten – zu verschwinden pflegen. Weil im Luftamt reihenweise ausgemusterte Piloten von China Airlines hocken, die ein über Gebühr inniges Verhältnis zu ihren früheren Kollegen pflegen. Und weil auch im Luftamt Herren in Schwarz ein und aus gehen.“

Und dann ging die Fahrt auf der Geisterbahn auch schon los. Als erstes ließ ich mir das SimulatorProgramm ausdrucken, das – nach Aussagen von Kopilot Hsiu – seit nunmehr zwei Jahren für alle Überprüfungsflüge ‚abgefahren‘ wurde. Die darin geforderten Manöver waren derart läppisch, dass der Ausbildungs und Trainingswert so gut wie Null war: Selbst meine Großmutter konnte einen Startabbruch bei einhundert Stundenkilometern meistern, und das Abstellen des mittleren Triebwerks machte aus der MD-

11 ganz einfach einen Airbus 300. ‚Zu Übungszwecken' wurde der Autopilot bei drei und zweimotorigen Anflügen so lange eingeschaltet gelassen, bis die Maschine vollständig auf dem Peilstrahl des InstrumentenAnflugsystems ausgerichtet war – die Luftkutscher mussten also nur noch dahocken und warten, bis die Piste in Sicht kam: Nun noch die automatische Steuerung ausschalten und landen. Bestanden!

Es war klar, dass die meisten Piloten enorme Schwierigkeiten haben würden, einen wirklichen Triebwerksaussetzer zu handhaben, dass sie sich beim Einfädeln in die Warteschleife ohne Hilfe des Autopiloten vertun und bei reduzierter Bodensicht – wie sie in Europa ja häufiger als nur genug angetroffen wird – die Landung verhauen würden. Und das nur, weil sie diese Sachen nie geübt hatten.

Besammlung der Fluglehrer. Darlegen der Tatsachen. Erarbeiten eines ordentlichen Programms mit Übungen, von denen der einzelne auch lernen konnte. Festlegen der Beurteilungskriterien. Captain Chiang wünschte einen Vorschlag zu machen:

„Während der Anfangsphase sollten wir einen Absturz pro Sitzung tolerieren, oder?"

„Captain Chiang, Sie wollen mich wohl auf den Arm nehmen?"

„Nein, nein, ganz sicher nicht! Aber Sie werden ja sehen, ich meine…"

„Captain Chiang, ich ersuche Sie, Folgendes zur Kenntnis zu nehmen: Wir sitzen nicht im Simulator, um Abstürze zu zählen. Und es ist auch nicht unsere Aufgabe, die Prüflinge zu quälen und ihnen zu zeigen, was für Armleuchter sie sind. Wer zu uns kommt, soll zeigen, was er kann. Er soll etwas lernen und nicht sein Gesicht verlieren. Haben Sie das begriffen?"

Da musste ich mich wohl im Ton vergriffen haben, denn Captain Chiang sagte nichts mehr. Die anderen chinesischen Fluglehrer hielten ihre Blicke gesenkt. Das war nicht gut. Ohne die Hilfe dieser Herren würde die ganze Übung zur Farce verkommen. Ein kanadischer Kollege sagte mir auf Französisch, dass die Captains Yoo und LiHan ein paar Ausarbeitungen mitgebracht hätten, die sie sich aber nicht vorzulegen getrauten; sie fürchteten, sich lächerlich zu machen.

„Meine Herren, bei uns macht sich niemand lächerlich, wir sitzen alle im selben Boot. Und am Ende des Tages müssen Sie sich fragen, ob sie Ihre Familie mit dem einen oder anderen Captain auf Reise schicken wollen. Sie sollten sich auch bewusst sein, dass die Versicherungsmenschen in London nicht zu spaßen pflegen; die wollen Ergebnisse sehen. Also heraus mit den Vorschlägen!"

„Wir haben uns das Programm von Thai International in Bangkok kommen lassen, ‚auf dem kleinen Dienstweg', wenn Sie verstehen", sagte Captain LiHan.

„Dann ist es gut, denn es stammt sicher von Captain Lekaporn, und der hat seinen Laden im Griff. Also nichts wie in den Simulator und ausprobieren!"

Das Programm war sehr gut aufgebaut. Die Übungen folgten einander dicht gedrängt, warteten mit einem realistischen Szenario auf; doppelte Aussetzer und komplexere Problemstellungen waren bewusst ausgeklammert worden. Jeder Fluglehrer absolvierte eine volle Sitzung. Manche Darbietungen rissen einen nicht gerade vom Stuhl, doch das Niveau sollte ausreichen, um das Mammutunterfangen durchzuziehen.

Und dann kamen die ersten ‚Kunden'. Alphabetisch. Darum hatte ich gebeten, um zu verhindern, dass sich die ersten Kandidaten als ausgeguckte Opfer vorkamen. Um es kurz zu machen: Von einem einigermaßen akzeptierbaren Standard konnte nicht die Rede sein. Da war überhaupt kein Standard. Da war nichts! Der überarbeitete Syllabus, der von allen Flottenchefs und von Vertretern der Geschäftsleitung abgesegnet worden war, hatte jede Bedeutung verloren. Von den ersten zweiundzwanzig Kandidaten hätten – nach europäischen Standards – vierzehn ihre Lizenz sofort abgeben müssen. Auf die gesamte MD-11-Truppe bezogen, d.h. nachdem alle Piloten den ersten Durchgang abgesessen hatten, zeichneten sich – neben anderen Unzulänglichkeiten – schwerpunktmäßig folgende Schwachstellen ab:

→ Startabbrüche, die einfachsten Übungen, endeten bei schlechter Sicht neben oder hinter der Piste.

→ Starts wurden abgebrochen, obwohl die Entscheidungsgeschwindigkeit weit überschritten war. Ergebnis: Überschießen der Piste um bis zu 600 Meter, gleichzusetzen mit einem Totalverlust.

→ Bei einem Triebwerksaussetzer unmittelbar nach dem Abheben stürzten (bei guten Sichtverhältnissen entlang der Piste) 41% sofort ab.

→ Bei einem Triebwerksaussetzer unmittelbar nach dem Abheben verloren (bei schlechten Sichtverhältnissen entlang der Piste) 64% die räumliche Orientierung und stürzten ab.

→ Bei einem Triebwerksaussetzer nach dem Einfahren des Fahrwerks stürzten (in simulierter Dunkelheit) 34% ab.

→ Nichteinhaltung der durch den Kontrollturm vorgegebenen Freigaben: Sage und schreibe 26%.

→ Nichteinhaltung der Grenzwerte in horizontaler Navigation: 21%.

→ Nichteinhaltung der Grenzwerte in vertikaler Navigation: 62%.

→ Fehlerhaftes Setzen der Navigationshilfen: 54% bei Captains, 18% bei Kopiloten.

→ Unzureichendes Cockpit-Management und völlig unzureichender Informationsfluss (seitens der Bordkommandanten): 89%.

→ 57% der Bordkommandanten griffen in die Manipulationen der Kopiloten ein, obwohl diese gerechtfertigt waren und sich als sinnvoll erwiesen. Sie verzichteten ganz oder teilweise auf die Kommunikation mit dem Kontrollturm bzw. dem Nahbereichsradar. Sie kamen der Aufforderung zum Setzen der Navigationshilfen entweder nur teilweise oder fehlerhaft nach.

→ Die Mehrheit der Kopiloten wies sich über sehr gute technische Kenntnisse aus und verfügte über handwerkliches (fliegerisches) Können, wie es in der Regel bei europäischen Fluglinien als Standard anzutreffen ist. Als Negativpunkt gilt zu vermerken, dass ausnahmslos alle Kopiloten sofort einknickten und sich das Steuer aus der Hand nehmen ließen, sobald der Captain eingriff; im Fortgang des Geschehens saßen sie dann stumm auf ihrem Sitz und waren nur noch Passagier.

Bereits vor dieser Feuerwehrübung war mir klar, dass ich nicht allzu viel erwarten durfte. Doch die Ergebnisse der Auswertung übertrafen die schlimmsten Befürchtungen – Chefpilot Ho lag mit seinen Ängsten, dass gegebenenfalls Flüge ausfallen würden – gar nicht so falsch. Abgründe von Inkompetenz hatten sich aufgetan.

Drei Grundübel ließen sich – mehr oder weniger stark ausgeprägt – bei ausnahmslos allen Kandidaten feststellen: Da war zunächst der Mangel an räumlichem Vorstellungsvermögen. Gleich dahinter zeigte sich eine erschreckende Unbedarftheit hinsichtlich aerodynamischer Grundkenntnisse. Am schlimmsten aber wirkte sich die Unfähigkeit aus, vorhandene Daten richtig zu interpretieren; dies wiederum führte zu falschen Entschlüssen mit fürchterlichen Folgen. Anhand eines einzigen Flugprofils soll hier dargestellt werden, wie es zu dieser unguten Anhäufung von Negativ-Faktoren kommt:

Die Maschine hat nach einem Triebwerksausfall unmittelbar nach dem Abheben Kurs aufs offene Meer genommen. Nachdem die Checklistenpunkte für den Motorschaden und die normalen Checklisten abgearbeitet sind, beantragt der Captain ein Gebiet, über dem er 60 Tonnen Treibstoff ablassen kann. Das Nahbereichsradar weist ihm eine Flughöhe von 10 000 Fuß sowie eine Zone zwischen 30 und 40 Meilen genau nördlich vom Flughafen entfernt zu. Kabinenpersonal und Passagiere sind informiert. Die Frage des Radarmenschen, ob die Feuerwehr für die Landung auffahren soll, wird verneint (richtiger Entscheid).

Anflugvorbereitung. Abarbeiten der Checkliste. Der Kopilot holt Platzwetter und Pisteninformation über ATIS (Automatic Terminal Information Service) ein: Wind aus 200 Grad mit vier Knoten. Sicht 1 500 Meter in Regen. Wolkenuntergrenze 400 Fuß. Temperatur 24 Grad. Landepiste 13.

Anflugbesprechung. Der Captain plant einen ILS-Anflug (Instrument Landing System) auf die Piste 13. Er bespricht das Setzen der Navigationshilfen, die Minimalhöhen und ein mögliches Durchstartmanöver für den Fall, dass der Anflug misslingt. Dann verlangt er beim Radar die Freigabe für den Anflug und die Freigabe zum Absinken auf die Minimalhöhe, die über der äußeren Funkbake vor der Piste vorgeschrieben ist. Der Radarmensch erteilt die Freigabe zum Anflug nicht, gibt jedoch den Sinkflug auf 2 000 Fuß frei und erteilt die Anweisung, auf Kurs 220 zu drehen. Der Captain dreht auf Kurs 220 und leitet den Sinkflug ein. Alles OK?

Nichts ist OK!

→ Der Captain verstößt gegen die Vorschrift, den Funkverkehr dem Kopiloten zu überlassen, solange e r die Maschine steuert; er drängt den Kopiloten aus dem Informationskreislauf.

→ Der Captain plant einen Anflug auf Piste 13. Diese Piste ist 2 400 Meter lang. Er verzichtet darauf, die Piste 22 zu beantragen, deren Länge 3 200 Meter beträgt. Er zieht die erhöhte Anfluggeschwindigkeit nicht in Betracht, mit der er ankommen wird; er wird schneller anfliegen m ü s s e n , weil er – zweimotorig – nicht volle Landeklappen setzen darf.

→ Er misst dem Wetterbericht zu wenig Bedeutung bei: Regen, der die Bodensicht auf 1 500 Meter schrumpfen lässt, muss relativ stark sein, d.h. der Bremskoeffizient nimmt ab, es muss sogar mit Aquaplaning gerechnet werden. Zudem steht die volle Schubumkehr nach der Landung wegen asymmetrischer Triebwerksleistung nicht zur Verfügung.

→ Der Captain legt seiner Anflugplanung die Netto-Distanz

zum Flughafen zugrunde, die ihm die Trägheitsnavigation mit 30 Nautischen Meilen anzeigt. In Wirklichkeit hat er noch mindestens 44 Nautische Meilen Weges vor sich, er sinkt also viel zu früh ab.

Der Captain scheint mit dem Fortgang des Fluges zufrieden. Die beiden intakten Triebwerke hat er auf Leerlauf zurückgenommen, die SeitenruderTrimmung auf Null gestellt. Mit 250 Knoten, der vorgeschriebenen Maximalgeschwindigkeit unter einer Höhe von 10 000 Fuß braust er auf den Peilstrahl des Instrumenten-Landessystems zu. Er verlässt sich ganz auf den Mann am Radar, auf dass der ihm den Befehl zum Eindrehen gebe. Eine Minute, bevor es so weit ist, meldet sich der Kopilot mit einem zaghaften ‚Geschwindigkeit'. Die Nadel des Platzfunkfeuers zeigt 140 Grad an, also nur noch zehn Grad Ablage bis zum Peilstrahl, doch der Captain reagiert nicht. Nun meldet sich der Radarmensch mit dem Befehl, auf Kurs 130 einzudrehen; gleichzeitig erteilt er die Erlaubnis zum Endanflug auf Piste 13 und ordnet den Frequenzwechsel zum Kontrollturm an. Der Kopilot quittiert und wechselt die Funkfrequenz.

Momentaufnahmen der nächsten (gestoppten) neunzehn Sekunden: Die Maschine erreicht die Höhe von 2 000 Fuß mit einer Sinkgeschwindigkeit von 1 800 Fuß pro Minute. Mit einer brüsken, reißenden Bewegung an der Steuersäule versucht der Captain ein Unterschießen der vorgeschriebenen Höhe zu verhindern. Dies gelingt. Er stoppt damit das weitere Absinken, realisiert aber nicht, dass die Korrektur zu groß war – die Maschine steigt wieder. Er hat die Anweisung zum Eindrehen gehört, verstanden und sofort die Linkskurve eingeleitet; dabei nimmt er eine Querlage von 38 Grad ein (vorgeschrieben sind maximal 25 Grad). Der senkrechte Balken, der den Peilstrahl im Fluglageinstrument symbolisiert, flitzt durch das Anzeigegerät wie ein Scheibenwischer, die Maschine überschießt den Sollkurs um 3,4 Nautische Meilen.

Nach weiteren sieben Sekunden meldet sich der Kopilot nochmals mit ‚Geschwindigkeit'. Nun realisiert der Captain, dass die beiden verbliebenen Triebwerke auf Leerlauf drehen, und dass sich die Geschwindigkeit rasant abbaut. Er stößt die Leistungshebel unkontrolliert nach vorne in Richtung ‚Volllast' und befiehlt: „Vorflügel!" Und dann: „Klappen!" Nach etwa vier Sekunden sprechen die Triebwerke voll an. Die Maschine giert mächtig nach rechts, da dem Flugzeuglenker die asymmetrische Schubverteilung nicht bewusst ist…

Dies ist der Augenblick, für den sich Medienleute im Falle eines tatsächlichen Absturzes folgenden Satz reserviert haben: „Um … Uhr …Minuten riss der Funkkontakt ab."

Ausgemachter Blödsinn! Mit zwei intakten Radioanlagen und einem Notsender, (die selbst dann noch funktionieren, wenn nur noch die Batterien Strom liefern) reißt gar nichts ab. Der Alleinunterhalter im linken Sitz sagt einfach nichts mehr. Ohne auch nur den Versuch einer Analyse unternommen zu haben, beugt er sich der vermeintlichen Erkenntnis, dass seine Befähigung nicht ausreicht, um aus der misslichen Situation herauszukommen. Er ist der Problemhypnose erlegen: Er kann das Problem nicht mehr in den Griff bekommen, das Problem hat i h n im Griff. Sein Gesichtsfeld verengt sich. Er erkennt, dass er sein Gesicht verloren hat und nimmt den Tod billigend in Kauf – das Schicksal der ihm anvertrauten Passagiere und Crewmitglieder berührt ihn nicht mehr.

Im oben dargestellten Fall hat die Maschine die Piste nach einer eindrücklichen Schlingerfahrt – mal links, mal rechts am Peilstrahl vorbei – doch noch am Stück erreicht. Leider fiel die Landung etwas lang aus, die Schubumkehr konnte ihren Job nur im Leerlauf verrichten. Das AntiblockierSystem tat sein Möglichstes, doch die roten Begrenzungslampen am Pistenende kamen näher und näher. Dann pflügte sich Flug ‚China Airlines Training 01' durch eine nicht näher bezifferbare Zahl Anflugleuchten (die eigentlich für die Piste 31 installiert waren) und kam nach ein paar hundert Metern zum Stehen…

Die Vorstellung, dass sich derartige Szenarien jederzeit und auf jedem Flug von China Airlines in dieser oder ähnlicher Form abspielen können, jagte mir die Gänsehaut über den Rücken. Hier und jetzt musste etwas geschehen!

Um sicherzugehen, dass sich die chinesischen Fluglehrer nicht übergangen fühlten, ersuchte ich jeden einzelnen von ihnen um sein persönliches Urteil zu meiner Sicht der Dinge. Zwei Kollegen meinten, ich hätte die Standards viel zu hoch angesetzt. Daraufhin fragte ich Captain Tsung: „Sie hatten mir anlässlich des Mondfestes Ihren Herrn Vater vorgestellt. Würden Sie ihn Flugkapitänen anvertrauen, die nicht einmal einen Motorschaden nach dem Start zu handhaben in der Lage sind?“

Captain Tsung blieb mir seine Antwort bis auf den heutigen Tag schuldig.

Wie vereinbart gingen die Unterlagen von der ersten ‚Bestandsaufnahme‘ direkt an die Geschäftsleitung. Zwei Sofortmaßnahmen wurden gleichentags abgesegnet:

→ Die schwächsten Kapitäne wurden ab sofort nur noch auf Strecken eingesetzt, die mit Doppelbesatzung geflogen wurden. Ihnen zugeteilt fanden sich Kollegen, die im oberen Drittel der Auswertung rangierten. Starts und Landungen durften sie nur dann machen, wenn ein Fluglehrer diesem Flug zugeteilt war und im rechten Sitz flog.

→ Ein Sofortprogramm für den Simulator wurde aufgelegt, das den augenfälligsten Schwächen Rechnung tragen sollte. Ich hatte durchgesetzt, dass all diese Übungen nicht beurteilt, sondern lediglich besprochen werden sollten, um Durchstechereien von Beginn an zu unterbinden.

Mit den anderen Fluglehrern war vereinbart worden, dass jeder ‚Wieder-Auszubildende' drei SimulatorSitzungen erhielt. Würde ein Kandidat nach Ablauf dieser Stunden von fünf Grundübungen immer noch eine verhauen, würden nochmals zwei Simulator-Einheiten angehängt.

So weit, so gut. Ich gestattete mir, dem Irrenhaus für ein paar Tage zu entfliehen. Chefpilot Ho hatte mir zugesichert, dass er sich für die nächsten zwei Wochen vom Flugdienst freistellen lassen würde, um die Aktivitäten im Simulator zu überwachen. Ich war gespannt, wie sich die Unternehmung entwickeln würde.

Zurück von einer einwöchigen Verschnaufpause wollte ich mir ansehen, wie die Lage ‚an der Front' war. Vor dem Simulator-Gebäude traf ich den Cheftechniker, der immer dann helfend einsprang, wenn die Übungskiste streikte.

„Na, Meister ChouLee, wie läuft's?"

„Hab schon mehr gelacht! Während der letzten vier Tage und Nächte ist die Steuerung für die Hydraulik mehrere Male ausgefallen."

„Nanu, seit wann arbeiten Sie während der Nacht? Hat die Geschäftsleitung Simulator-Zeit ausgemietet?"

„Nein, das nicht. Aber Ihre Hansel haben sich mächtig ins Zeug gelegt – jede Nacht war das Ding mindestens sieben Stunden in Bewegung."

„Jede Nacht?"

„Sage ich Ihnen doch! Zu dritt oder zu viert sind sie so gegen acht Uhr abends eingezogen. Mit Tee, belegten Brötchen und so weiter."

„Wer von den Fluglehrern hat denn da geschult?"

„Da waren keine Fluglehrer dabei, die kenne ich doch alle. Das waren normale Captains und Kopiloten."

„Hm. Das ist interessant. Ich werde der Sache nachgehen und Sie natürlich umgehend informieren, sobald ich Näheres weiß."

An derartigem Eifer musste etwas faul sein. Kein Mensch ging freiwillig in den Simulator. Und dazu noch nachts. Klauen? Im Simulator kann man nichts klauen. Die Kiste manipulieren, Komponenten funktionslos machen wie damals das interne Datenaufzeichnungsgerät? Auch das machte keinen Sinn, andernfalls wären sie nicht wiedergekommen. Eine Stunde später wusste ich, was sich während meiner Abwesenheit abgespielt hatte: Geübt hatten die Burschen, heimlich. Das wäre ja nun kein Grund zur Beunruhigung. Doch die Schlaumeier hatten von jedem Anflug, der ihnen gelungen war, einen Computer-Ausdruck machen lassen, den sie dann – der Teufel mag wissen, wie ihnen das gelungen ist – in ihre fliegerische Akte geschmuggelt haben, um einen Erfolg der zusätzlichen Schulung vorzutäuschen.

Leider war ihnen entgangen, dass auf jedem Aufzeichnungsstreifen die tatsächliche Ortszeit sowie das Datum abzulesen ist…

Wie eine Chinesische Fluggesellschaft entsteht.

Wegen eines technischen Defekts muss die MD-11 in Frankfurt bleiben. Die Reparatur selbst würde zwar ‚nur' vier oder fünf Stunden in Anspruch nehmen, doch hier in Frankfurt findet sich das benötigte Ersatzteil nicht, das muss erst aus Zürich eingeflogen werden. Na und das kann nochmals drei Stunden dauern. Dann braucht sich nur noch eine kleine Verzögerung einzuschleichen, und wir kommen wegen des Nachtflugverbotes nicht mehr raus. Kurze Beratung mit dem Stationsmanager, schneller Entschluss: Passagiere und Besatzung zurück ins Hotel. Der Flug nach Kuala Lumpur wird um 24 Stunden verschoben.

Einer der beiden Kopiloten, die mit mir unterwegs waren, hatte sich den Vornamen Sam zugelegt. Samuel Wang. Ich kannte ihn aus einer der ersten Simulator-Sitzungen und schätzte ihn als zuverlässigen Mitarbeiter, der die Maschine überraschend gut beherrschte und sich über profundes technisches Wissen auswies. An diesem Abend hatten wir uns in einem winzigen aber schmucken Chinesen-Restaurant in der Nähe des Hauptbahnhofs verabredet, und während des Abendessens machte ich die Erfahrung, dass der gute Wang nicht nur über die Vorgänge innerhalb der Firma bis ins Detail Bescheid wusste, sondern auch sehr gut zu erzählen verstand. Forscher hatte er werden wollen, als kleiner Junge, Astronom. Doch noch während der Zeit an der Universität war er mit der Fliegerei in Berührung gekommen. Durch ihn erhielt ich nun Hintergrundinformationen und vor allen Dingen Hinweise auf Quellen, die die Entstehungsgeschichte von China Airlines belegten. Heute bezeichne ich es als Glücksfall, dass ich durch die freundliche Vermittlung Sam's die Bekanntschaft mit seinem Großvater machen durfte, der sich etwas außerhalb von Taipei auf einem langgezogenen Bergrücken hoch über der versmogten Stadt in einem umgebauten, traditionell chinesischen Bauernhaus eingerichtet hatte.

Anläßlich unseres ersten, gemeinsamen Besuchs bei dem alten Herrn stellte ich mit Bewunderung fest, dass Wang Senior für seine 76 Jahre noch erstaunlich gut in Form war und obendrein ein sehr gutes Englisch sprach. Wir hatten ihn in seinem großen Garten aufgespürt, wo er die Gewürzbeete von Unkraut säuberte. Als er seinen Enkel und mich bemerkte, stellte er die kleine Unkrauthacke zur Seite, wischte sich die Hände an seiner überdimensionierten Schürze sauber und begrüßte uns herzlich. Er drängte uns sogleich ins Haus und bat uns an einen kleinen Teetisch.

Ohne Umschweife kam Sam zum Thema: Dass ich mich für die Entwicklungsgeschichte von China Airlines interessiere, und dass wohl kein anderer besser Bescheid wisse über die Ereignisse während der Gründerjahre als Großvater Wang.

„Das ist eine lange Geschichte", meinte der alte Herr. Und er überraschte mich mit einer kurzen Bemerkung: „Ich weiß sehr wohl, warum Sie und Ihre Kollegen engagiert wurden. Es ist jammerschade, dass es so kommen musste. Doch das tut hier und jetzt wohl nichts zur Sache." Dann wechselte er übergangslos in die beinahe Generationen zurückliegende Vergangenheit und schilderte in knappen, klaren Sätzen, wie es damals zu und hergegangen sei.

Großvater Wang hatte als Militärarzt angefangen, streng der traditionellen chinesischen Medizin verpflichtet. Ein englischer Missionar, den er einmal kuriert hatte, beschaffte ihm ein Stipendium für ein Medizinstudium in Manchester. Und während dieses Studienaufenthaltes kam Doktor Wang erstmals in Berührung mit der Fliegerei. Damals war er drauf und dran gewesen, die Medizin zugunsten einer Karriere als Militärpilot an den Nagel zu hängen. Dummerweise gab es damals in China aber keine Luftwaffe.

Zurück in Nangking hatte er sogar einmal Mao behandelt, als der sich angeblich beim Rasieren den halben Ohrlappen abgetrennt hatte; schmunzelnd fügte der alte Doktor ein, dass er in Manchester den Unterschied zwischen einem Schnitt und einem Biss zu erkennen gelernt habe, und dass er sich damals nicht sicher war, ob der große Führer die Entfernung seiner hässlichen Warze zwischen Unterlippe und Kinn ernsthaft oder nur im Scherz erwogen habe. Wang gab unumwunden zu, dass er in jungen Jahren ein glühender Verehrer von Mao gewesen sei. Doch im Laufe der Zeit hat sich dann die Begeisterung für den Kommunismus in gleichem Maße abgekühlt, wie sie für Flugzeuge gewachsen ist. Er schloss sich in den Folgejahren Chiang Kaishek an, der ihm später auch die fliegerische Ausbildung ermöglichte. In dessen Truppe ist Wang dann bis zum Generalarzt aufgestiegen und hat in Taipei Mitte der fünfziger Jahre das erste flugmedizinische Institut auf chinesischem Boden gegründet. Als Pilot hatte er sein ganzes Fliegerleben lang nur kleine, einmotorige Maschinen bewegt, doch blieb er dank seines Berufes als Fliegerarzt mit der Luftwaffe auf engste verbunden.

Als Chiang Kaishek 1949 mit seinen Militärhorden über die damals noch Formosa genannte Insel herfiel, musste er wohl geahnt haben, dass sein Bleiben von Dauer sein würde. Er war fest entschlossen, auf diesem – gemessen an China – relativ winzigen Gebiet einen Staat nach seinen Vorstellungen zu schaffen. Die Fischer und Reisbauerninsel würde er zu einem modernen Industriestaat umformen. Und von hier aus würde er – in völliger Verkennung der tatsächlichen Gegebenheiten – die kommunistischen Festlands-chinesen zunächst bekämpfen, später aus ihren Hochburgen vertreiben und anschließend vernichten. Wehe dem, der versuchen sollte, sich ihm in den Weg zu stellen oder seine Entscheide nicht mittragen zu wollen! Die Vorstellung, dass sich seinen hochfliegenden Plänen ausgerechnet die mit Fischfang und Landwirtschaft befassten Ureinwohner entgegenstemmen könnten, bereitete ihm nur wenig Kopfzerbrechen: Nachdem ein paar Hundert der aufmüpfigsten Rädelsführer einen Kopf kürzer gemacht worden waren, herrschte Ruhe.

In dem Tross des ebenso kleinwüchsigen wie großmannsüchtigen Gebieters über die verschlafene Insel befanden sich mehrere hervorragende Militärfachleute. Zu ihnen gehörte auch Oberst Yi, der nicht nur – praktisch im Alleingang – die ganze Nationalchinesische Luftwaffe aufbaute, sondern die ganze Insel Formosa ringsum mit Flughäfen bepflasterte. Die Machtvollkommenheit Yi's und seines Stabes war so groß, dass selbst 40 Jahre nach seiner Pensionierung immer noch 80% aller Strände rund um die Insel als Sperrgebiet gelten. Die eher unbedarfte Begründung: Nationale Sicherheit.

Die Aufrüstung Taiwans vollzog sich in geradezu gespenstischer Eile. Mit großzügiger Unterstützung seitens der USA, muss man sagen. Denn bis zum Jahre 1953 hatten die Amerikaner bereits über drei Milliarden Dollar lockergemacht – für damals eine ordentliche Stange Geld.

Im Vergleich dazu nahmen sich die Marshallplan-Gelder für Deutschland in Höhe von insgesamt 1,4 Milliarden eher bescheiden aus.

Nun war Chiang Kaishek nicht gerade das, was man sich in Amerika unter einem Muster-Demokraten vorstellte, doch in Washington vertrat man die einhellige Meinung, dass es ein großer Fehler gewesen wäre, ihm nicht unter die Arme zu greifen: Soeben waren die Franzosen in demütigender Art und Weise aus Dien Bien Phu herausgeprügelt worden, und Amerika selbst fand sich im immer härter werdenden Korea-Konflikt verstrickt, von dem noch keiner sagen konnte, wie er sich entwickeln würde. Ganz Südostasien drohte wegzubrechen und vom Kommunismus überrollt zu werden. Da war es gut, einen – wenn auch teuren – Verbündeten in nützlicher Distanz zu wissen.

Chiang Kaisheks Yi mit seiner Luftwaffe war der schwerste Klotz am Bein der Amerikaner, er war der Teuerste von allen. Er verstand es vortrefflich, jede Situation für sich auszunutzen. Er war der geborene Verkäufer oder – wie es die zahlenden Beschützer sahen – der begnadete Schnorrer, der jedem alles aufzuschwatzen wie abzuhandeln verstand. Stieß er auf Widerstand, dann gab er nicht auf, sondern kam erst so richtig in Fahrt. Als begeisterter Pilot wusste er genau, was er haben zu müssen glaubte. Und er kannte auch keinerlei Hemmungen, wenn es darum ging, seine Bestellzettel den Amerikanern vorzulegen. Als McArthur's Stabschef anlässlich einer Sitzung der MAP-Verantwortlichen (Military Assistance Program, Anm.d.Verf.) genervt fragte, ob es diesmal denn ausgerechnet die neuen Super-Sabre F86 sein müssten, und ob es die guten, altbewährten ‚Thunderbolts' nicht auch tun würden, entgegnete Yi ungerührt:

„Die Straße von Formosa ist schmaler, als Sie denken! Bevor Sie Ihre klapprigen Thunderbolts auch nur angeleiert haben, sind die Roten schon da."

„Aber Sie haben doch gar keine qualifizierten Piloten! Wie wollen Sie diese neuen Feuerstühle denn in die Luft und vor allen Dingen wieder herunterbringen? Und glauben Sie denn, Sie könnten sich monatelange Umschulungskurse genehmigen und Ihre Einsatzgeschwader dezimieren, ohne dass Ihre ‚Kollegen' vom Festland davon Wind bekommen?"

„Ich mache Ihnen einen Vorschlag, mein Guter: Wenn Sie nicht Schiss haben, dann kommen Sie mit hoch. Wir drehen dann ein paar Runden Räuber und Gendarm – vielleicht zwei gegen zwei – und Sie beurteilen anschließend, ob wir qualifiziert sind oder nicht!"

So war Yi. Er bekam seine F86. Er bekam überhaupt alles, was er sich in den Kopf gesetzt hatte. Und Chiang Kaishek hielt ihm den Rücken frei. Bis Yi's Karriere einen jähen Knick erlitt, völlig überraschend und von einer Seite, an die er als arbeitswütiger Junggeselle noch keinen einzigen Gedanken verschwendet hatte.

„Yi, Sie sollten endlich Ihre Lizenz zurückgeben!" eröffnete General Chou, seines Zeichens Chef des Stabes der Luftwaffe das Gespräch.

„Chou, Sie haben schon bessere Witze gemacht."

„Yi, ich mache keine Witze, es ist mir verdammt ernst."

„Chou, seien Sie mir bitte nicht böse, aber davon verstehen Sie nichts! Ich mache den Jungen immer noch alles vor. Jederzeit. Überall. Unter allen möglichen und unmöglichen Bedingungen. Und auf jedem Flieger."

„Yi, Sie finden ohne Blindenhund nicht mal Ihre Maschine auf dem Vorfeld oder auf dem Abstellplatz. Wenn Ihr potentieller Gegner nicht ganz, ganz dicke Kondensstreifen hinter sich herzieht, dann findet der Luftkrieg ohne Sie statt. Ihre Augen machen nicht mehr mit, Yi, verstehen Sie das denn nicht?"

„Ach Sie! Sie faseln doch nur nach, was Ihnen Wang, dieser Schwachkopf von Fliegerarzt vorgebetet hat; der hat ja in seinem ganzen Leben noch keinen richtigen Flieger unter dem Hintern gehabt. Wie will der beurteilen können, was ich sehe und was nicht? Dieser Weißkittel soll sein Labor fliegen. Von mir aus auch seine krummbeinigen ‚flugmedizinischtechnischen Assistentinnen', wie er sich auszudrücken pflegt. Aber mich soll er in Ruhe lassen. Ich bin fit, und damit basta!"

„Mein lieber Yi, gesetzt den Fall, Sie rammen ein paar Kameraden aus dem Himmel, können Sie dafür die volle Verantwortung übernehmen?"

„General Chou, ich hatte in meinem ganzen Leben noch keinen einzigen Unfall. Nicht mal einen Rollschaden. Nichts dergleichen. Das ist doch nichts Anderes als ein Komplott, das Sie hier anrühren. Solange ich nichts ausgefressen habe, widersetze ich mich einer Bestrafung. Und ich werde mich beim Chef persönlich beschweren."

„Niemand will Sie bestrafen, Yi. Und auch den Weg zum Chef können Sie sich sparen. Chiang Kaishek weiß Bescheid. Auch er teilt unsere Ansicht, dass Sie für uns lebend wesentlich mehr wert sind als tot."

„Dann kündige ich eben! Wenn ich nicht mehr fliegen darf, und zwar Jäger, dann kündige ich. Denkt Ihr denn, ich hocke mich hinter einen Schreibtisch und lasse mich von Papier zuschütten?"

„Dann kündigen Sie doch, Sie sturer Bock! Machen Sie, was Sie wollen. Gehen Sie zum Teufel, wenn Ihnen nichts Besseres einfällt. So lange Sie sich vom Kerosin fernhalten, ist uns alles recht.“

Dieser Art entsorgte sich Yi aus dem Stab der Luftwaffe. Wer nun gedacht hatte, dass er auch aus der Fliegerei aussteigen würde, der sah sich getäuscht. Im Gegenteil, jetzt ging's erst so richtig los: Über seine vielfältigen Beziehungen zur amerikanischen Luftwaffe ließ er sich zunächst eine uralte, ausrangierte C119 nach Kaoshung schaffen. Von dort aus operierte er diesen hässlichen Vogel als Captain von seiner selbst Gnaden im Rahmen seiner höchst privaten Fluggesellschaft: Er flog Gemüse, Früchte und Frischfisch nach Taipei und in umgekehrter Richtung Plastikartikel, Fahrräder und Zeitungen. Frühmorgens warf er die Propeller an und wenn er keine Lust mehr hatte, dann legte er auf einer der Luftwaffenbasen eine Teepause ein, während der ein Mechaniker die Triebwerke inspizierte, und die Tanks der Maschine – natürlich gratis – aufgetankt wurden. ‚Von Kerosin fernhalten‘, hatte ihm General Chou befohlen – von normalem Otto-Treibstoff hatte der nichts gesagt…

Es dauerte nicht lange, da stellte Yi fest, dass diese Art der ungebundenen Fliegerei nicht nur ungeheuer Spaß machte, sondern obendrein äußerst lukrativ war. In der Tat war es völlig ausgeschlossen, unter den gegebenen Umständen n i c h t reich zu werden. Yi's Soll- und Habenrechnung war verblüffend einfach und sah ungefähr so aus:

Beschaffungs und Finanzierungskosten der Flugzeuge	0
Überflug- und Flugsicherungsgebühren	0
Standgebühren	0
Versicherungen	0
Wartung und Instandhaltung inklusive Ersatzteile	0
Vermittlungs-, Lager- und Transportkosten	0
Steuern und Abgaben	0

Mit den Agenten, die die Zuladung besorgten, verhandelte ein Neffe. Sein Schwager, dem er vor ein paar Jahren ein halbes Dutzend Militärlastwagen zum Nulltarif beschafft hatte, war für die Feinverteilung der Fracht vor Ort verantwortlich. Und als Kopiloten fungierten jeweils Luftwaffenmechaniker, die es genossen, dem tristen Gammel-Alltag zu entfliehen und Taiwan ab und zu von oben zu sehen; zudem blieben immer wieder einmal ein paar Früchte oder eine Kiste mit Garnelen im dunklen, stinkenden Bauch dieses unförmigen Aluminium-Monsters zurück – ein willkommenes Zubrot.

Die Beschaulichkeit des unbeschwerten Geldverdienens hielt allerdings nicht lange an: Erstens wuchs die Nachfrage nach Frachtkapazität in kürzester Zeit sprunghaft an, und zweitens musste sich Yi eingestehen, dass auch seiner eigenen Schaffenskraft Grenzen gesetzt waren: Eines schönen Nachmittags war er etwa 200 Kilometer südlich von Taipei während des Reisefluges auf 2000 Fuß eingepennt, ohne die Mühle vorher genau ausgetrimmt zu haben (so etwas wie Autopilot kannte man damals noch nicht). Der mitfliegende Mechaniker, der sich zu einer kleinen Zwischenmahlzeit in den Frachtraum zurückgezogen hatte, war panikartig ins Cockpit gestürzt, weil er durch eines der Bullaugen beobachten konnte, wie Gischtspritzer der aufgewühlten See beinahe die Propellerspitzen erreichten.

Und wie könnte es auch anders sein: Selbst am fernen Rand des Pazifiks ist auf nichts mehr Verlass als auf die Missgunst seiner Mitmenschen. Da hatten doch tatsächlich so ein paar Clowns beim Wirtschaftsministerium einen Antrag auf Ausstellung einer Transportlizenz zwischen den Städten Hualian, Taitung und Hengchun gestellt. Nichts Geringeres wollten die, als eine Frachtflug-Gesellschaft gründen. Die wollten ihm, Oberst a.D. Yi das Wasser abgraben. Da hörte sich doch alles auf! Dem musste man ein für alle Mal einen Riegel vorschieben. Saß in diesem Ministerium nicht der Kerl, dem er vor ein paar Jahren den Auftrag zugeschanzt hatte, für alle Militärbasen an der Ostküste den Maschendraht für die Umzäunung zu liefern? Na also! Anruf genügt. Und eine stichhaltige Begründung für den abschlägigen Bescheid wird gleich mitgeliefert: Der Benutzung der Pisten durch zivile Luftfahrzeuge stehe natürlich überhaupt nichts im Wege. „Bedauerlicherweise liegen die Flugplätze aber innerhalb militärischer Sperrzonen, und eben diese Sperrzonen dürfen unter gar keinen Umständen – und sei es auch nur temporär – aufgehoben werden.“ Ideen haben diese Zivilisten…

In den folgenden Monaten wurden drei weitere Flugzeuge aus Amerika angefordert, darunter – neben zwei abgetakelten C119 – eine schrottreife, viermotorige DC4. Damit hatte sich das Angebot an Frachtraum seit Aufnahme des Flugbetriebs verzehnfacht. Yi nahm's mit Genugtuung zur Kenntnis, auch wenn er zu diesem Zeitpunkt gerade mal vier Piloten hatte, die bei ihm einzusteigen gewillt waren; es handelte sich um pensionierte Kollegen aus der Luftwaffe, die sich die Sache einmal ansehen wollten.

„Aber als Captain, versteht sich!“

Und wer sollte den Kopiloten auf dem rechten Sitz mimen?

Ein nationales Luftamt nach europäischem oder amerikanischem Muster gab es in Taiwan zu jener Zeit noch nicht – es gab ja auch keine zivile Luftfahrt – wohl aber eine überregionale, militärische Luftaufsichtsbehörde. Den Herren dieser Institution war nicht verborgen geblieben, dass Yi über keine ausgebildeten Kopiloten verfügte und alle Flüge gewissermaßen als ‚Alleinunterhalter‘ durchführte, bzw. durchführen lassen wollte. Da sie sich nicht sicher waren, ob diese Art des Flugbetriebs verboten werden konnte, wandten sie sich vorsichtshalber mit der Bitte um Auskunft an ihre amerikanischen Kollegen. Die Antwort kam prompt:

Kopiloten müssen sein! Und für die viermotorige DC4 auch ausgebildete Flugingenieure, damals noch ‚Mixer‘ genannt.

Sowohl mit diesem verdammten Mixer wie mit der schrötigen DC4 hatten die Männer um Yi anfänglich so ihre Schwierigkeiten. Bis anhin kannte der Jagdpilot nur eine einzige Formel: Gashebel nach vorne = laut und rauf. Gashebel nach hinten = die Häuser werden größer. Und Aerodynamik war etwas, womit sich Aerodynamiker ihren Lebensunterhalt verdienten, nicht mehr und nicht weniger. Leider ließ sich die DC4 mit solchen Sprüchen allein nicht abspeisen: War es auf der Piste wärmer als 28 Grad – und in Taipei war es ziemlich oft sogar wärmer als 30 Grad – musste man beim Start die Kühlklappen auffahren, sonst liefen die Zylinder heiß. Fuhr man aber die Kühlklappen voll auf, wollte der Bock nicht mehr fliegen, der aerodynamische Widerstand der Klappen war zu groß – verdammte Technik!

Mit Wohlwollen nahmen die Luftaufsichtsmenschen die Meldungen zu Startabbrüchen und über Startverzögerungen zur Kenntnis; jetzt hatten sie endlich etwas in der Hand, mit dem sie den guten Yi etwas piesacken konnten! Doch der kannte stets nur Lösungen und nie Probleme: Ein Anruf beim Leiter der Luftwaffenakademie genügte. Ab sofort wurden jeweils zehn freiwillige Kadetten zur ‚Vertiefung der terrestrischen Navigationskenntnisse' für zweimal vier Wochen freigestellt. Später wurde vereinbart, Offiziersanwärter der Luftwaffe zur ‚Fliegerischen Vorschulung' der Gruppe Yi für vier Monate zur Verfügung zu stellen. Yi's Soll- und Habenrechnung wurde um eine Zeile erweitert:

Personalkosten	0

Die Rechnung ging deshalb auf, weil die Luftwaffe für die Entlöhnung ihrer Kadetten aufkam, und Yi seinen Kapitänskollegen gestattet hatte, monatlich zwei Tonnen Luftfracht auf eigene Rechnung zu transportieren (damit sie für ihre Bemühungen etwas bekamen, ohne dass so ein Verwaltungstrottel auf die Idee kommen konnte, die Renten der in Ehren Pensionierten zu beschneiden).

Und alle freuten sich lausbübisch, dass sie obendrein den Steuerfritzen eine lange Nase drehen konnten.

Lehrsatz: Auf einen Erfolgreichen kommen 100 Nicht-Erfolgreiche, die nichts sehnlicher wünschen, als Ersteren – aus Neid – ersäufen zu dürfen.

Dieser Lehrsatz gilt weltweit. Also auch in Taiwan. Gut, das mit dem Ersäufen darf man nicht allzu wörtlich nehmen. Aber da hatte sich doch ein Parlamentsabgeordneter, so ein Hinterbänkler – der nicht einmal zur Opposition gehörte, sondern zur Regierungspartei, der Kuomintang – außerhalb der parlamentarischen Geschäftsordnung zu der Frage hinreißen lassen, wie es denn möglich sei, dass ein privatwirtschaftlich geführtes Luftfrachtunternehmen seine Flieger mit Gratistreibstoff der Luftwaffe betanken lassen könne (den Verfasser dieser kleinen Anfrage interessierte das Woher und Wohin des Treibstoffes nicht im geringsten; aber er gedachte Yi eins auszuwischen, weil dieser sich geweigert hatte, der Vermählung einer Tochter des Anfragestellers mit Yi's ältestem Sohn zuzustimmen).

Der Herr Verteidigungsminister sah sich auf dem falschen Fuß erwischt (der Chef des Stabes der Luftwaffe, der ihm hätte beistehen können, war wieder einmal beim Golfen), doch er versprach, der Frage unverzüglich nachzugehen und dem Parlament innerhalb von vierzehn Tagen eine Erklärung vorzulegen. Der Vorsitzende des Nationalen Verteidigungsrates würde noch heute beauftragt, die nötigen Schritte einzuleiten.

Das tat der dann auch. Für den darauffolgenden Freitagabend wurde im noblen Hotel Mandarin der kleine Jade-Saal gebucht. Zum Treffen wurden aufgeboten: Der stellvertretende Vorsitzende des Nationalen Verteidigungsrates, der Chef des Stabes der Luftwaffe, ein Unterstaatssekretär aus dem Außenministerium, dazu der amerikanische Militärattaché, der stellvertretende Parlamentspräsident und natürlich Yi selbst (Anmerkung auf den Einladungskärtchen: ‚Ohne Damen'). Der Mensch vom Nationalen Verteidigungsrat hatte dem Chef des Hotels auf Rückfrage Carte Blanche zugesichert. Aufgefahren wurde alles, was gut und teuer ist. Und es wurde gefressen und gesoffen und gezotet, dass es seine Art hatte. Zu den Klängen einer Marimba-Band schwangen vier junge, spärlich bekleidete Afrikanerinnen Hintern und Busen. Nachdem die kulinarische Aufnahmefähigkeit der Gäste erreicht oder – im Falle des Amerikaners – sogar überschritten war, brach die bunt zusammengewürfelte Truppe zu einer ordentlichen Partie Mahjong ins Etablissement ‚Zur Kleinen Pfirsichblüte' auf; der Militärattaché passte, weil ihm seine Frau sicher nicht glauben würde, dass man in der ‚Pfirsichblüte' nur und ausschließlich Mahjong spiele. Bei der Verabschiedung in der Eingangshalle des Hotels bedankte sich der Chef desselben in ergebenster Form bei seinen Gästen, und diese wiederum bedankten sich überschwänglich bei Yi für das ausgezeichnete Mahl…

Yi allerdings vermochte sich nicht zu erinnern, jemals irgendeinen von diesen Kerlen eingeladen zu haben.

Vier Tage später griff der Verteidigungsminister überraschenderweise die kleine Anfrage betreffs Gratisbenzin von sich aus im Parlament auf. Stilvoll und wortreich bedankte er sich zunächst bei dem Abgeordneten, der sich die Mühe gemacht hatte, das Thema auf die politische Bühne zu heben. Dann erläuterte er dem erstaunten Plenum, dass die Transportfähigkeit der Armee – gemessen an den ihr übertragenen Aufgaben – viel zu klein sei, und dass aus diesem Grunde die Dienste von Oberst a.D. Yi von unschätzbarem Wert seien. Man dürfe ja nicht vergessen, dass Oberst a.D. Yi im Ernstfall seine gesamte Frachtkapazität augenblicklich zum Wohle des Staates zur Verfügung stellen würde. Des Weiteren hielten amerikanische Militärlogistiker eine umfassende und nachhaltige Erhöhung der innertaiwanesischen Transportkapazität aus vielerlei Gründen für unumgänglich. Gleichzeitig sichere die amerikanische Armee ihren verlässlichen Partnern die vollste Unterstützung zu…

Einfacher ausgedrückt: Yi erhielt weiterhin Gratisbenzin.

Erst später sollte die – getürkte – Aussage des Verteidigungsministers tragische Bedeutung erlangen. Denn kaum hatte sich die Lage auf Höhe des 38sten Breitengrades einigermaßen stabilisiert, fühlten sich die Amerikaner genötigt, an anderen, vermeintlichen Krisenherden einzugreifen. Die Scharfmacher und die Vertreter der Rüstungsindustrie in Washington malten die Zukunft ganz Südostasiens in den düstersten Farben. Für sie bedeutete der Stillstand in Korea eine Katastrophe: Kein Umsatz. Sie sahen die Länder von Vietnam bis Burma infarktartig wegbrechen und im unseligen Einflussbereich der Kommunisten untergehen. Da musste gegengesteuert werden. Und zwar augenblicklich: An der Grenze zwischen Laos und Burma, sowie in der Grenzregion zwischen Laos und Vietnam setzten sie so genannte ‚Kommandos' ab, kleine Luftlandeeinheiten. Diese Trupps sollten auf lokaler Ebene versuchen, die Bevölkerung gegen die Indoktrinationsversuche der kommunistischen Agitatoren – gegebenenfalls mit Waffengewalt – zu schützen oder immun zu machen (ganz wie man zu interpretieren gewillt ist).

Eilends wurde zu diesem Zwecke in Thailand die ‚Air America' von der CIA ins Leben gerufen und auch alimentiert: Eine Handvoll uralter, klappriger zweimotoriger DC3, ohne Immatrikulation, ohne Versicherung. Mit einem Maschinengewehr in der rechten Ladeluke, miserabel gewartet und von Hobby-Piloten und Abenteurern geflogen. Das konnte nicht gutgehen. Zu selten erreichten die Flieger mit dem Nachschub für die in der Wildnis verstreuten und unter härtesten Bedingungen ausharrenden Truppen ihr Ziel: Entweder waren die Mühlen hoffnungslos überladen und kamen nicht vom Boden weg oder sie verfranzten sich oder sie stürzten irgendwo im Dschungel ab und blieben verschollen.

Ein Libanese, der lediglich eine Privatpiloten-Lizenz für einmotorige Maschinen hielt, machte es besonders schlau, er nähte die ganze CIA gewissermaßen mit einem einzigen Stich. Zunächst bewarb er sich bei der Air America als Kampfraum-Beobachter. Ohne weitere Überprüfung heuerte man ihn sofort an. Sein Job war, während des Fluges am MG zu hocken und bei Erreichen der vorgesehenen Zielkoordinaten die Fracht an Fallschirmen aus der Maschine zu werfen. Nach ein paar Einsätzen glaubte er, sich die Handhabung der DC3 hinreichend abgeguckt zu haben und bewarb sich als Pilot. Eine Platzrunde genügte. Schon war er qualifiziert und bereits zwei Tage später hatte er seinen ersten Einsatz. Eine halbe Stunde nach dem Start in Pan Whasong setzte er auf der Notfrequenz einen SOS-Ruf ab und gab seine Position mit ‚ungefähr 120 Kilometer nördlich von Chiang Mai' an. Die in Marsch gesetzten Suchtrupps waren vier Tage und Nächte vergeblich unterwegs – die DC3 war schon längst (samt Ladung) in der Nähe von PhnomPenh gelandet und hatte (gegen USDollars bar auf die Hand) den Besitzer gewechselt.

„Bar auf die Hand, und zwar v o r dem Abflug", war denn auch eine der Vereinbarungen, die die amerikanischen Unterhändler schlucken und gegenzeichnen mussten, als sie mit Yi über den Einsatz von Transportflugzeugen nach Laos verhandelten. Yi hatte gleich von Beginn an einen unverschämt hohen Preis gefordert; musste er sich doch etwas Spielraum lassen für den Fall, dass die Amerikaner beginnen sollten zu feilschen. Als aber seine Gegenüber sofort und ohne mit der Wimper zu zucken einwilligten, kamen ihm erste Zweifel. Gut, es waren ja nur Zeitungen und Zigaretten, die – nach offizieller Lesart – zu transportieren waren. Aber die Reichweite! An der Reichweite seiner Klapperkisten würde das ganze Unternehmen aller Wahrscheinlichkeit nach scheitern müssen.

„Sehen Sie, mit normaler Betankung komme ich zwar hin, aber unter gar keinen Umständen auch wieder zurück“, meinte Yi.

„Das lassen Sie mal unsere Sorge sein!“

„Und wenn ich Zusatztanks einbaue, dann kann ich kaum noch etwas zuladen, selbst wenn ich das maximale Startgewicht um zwei Tonnen überschreiten wollte.“

„Das lassen Sie mal unsere Sorge sein!“

„Und wie, zum Teufel, wie stellen Sie sich Ihre Luftbrücke dann vor? Sie haben doch sicherlich bestimmte Volumen im Kopf, die sie innerhalb eines vorgegebenen Zeitrahmens in Ihre Zielgebiete schleppen möchten, oder etwa nicht?“

„Ganz einfach: Nicht nur in Hongkong, sondern auch in Macao brauchen die Leute Zeitungen und Zigaretten.“

„Sie halten die Rotchinesen wohl für sehr dumm!?“

„Nein, wir halten die Rotchinesen keinesfalls für dumm. Aber wir wissen mit hundertprozentiger Sicherheit, dass sie kein Radar haben, das weiter als 80 Kilometer gucken kann; und auf der Insel Hainan haben sie überhaupt noch kein Radar. Ist doch ganz einfach: Ihre Mühlen fliegen nach dem Start in Macao im Tiefflug schön brav geradeaus Richtung Osten, nach 80 Kilometern steigen Sie gemächlich auf Ihre Reiseflughöhe und drehen dann nach rechts ab anstatt nach links. Das kann doch wirklich nicht so schwer zu begreifen sein!“

„Betreffs Radar bzw. kein Radar auf Hainan: Würden Sie zu sagen wagen, dass wir in diesem Falle durch die HainanStraße fliegen können anstatt ostwärts an der Insel vorbei?“

„Nun, da stehen Ihrer Krämerseele, die für ein paar Dollar auch Ihre Großmutter bei Rot über die Straße schicken würde, ein paar Küstenbatterien gegenüber, die sich freuen würden, aus Ihren Blechdosen ordentliche Siebe zu machen.“

„Und wenn nun eine meiner Maschinen tatsächlich abgeschossen werden sollte, ich meine, äh, wie geht dann die Geschichte weiter?"

„Normalerweise schießt man nicht auf Zeitungsboten. Und wenn, tja, dann wäre das wohl Ihr Problem. Aber selbst dann dürfte unter gar keinen Umständen herauskommen, für wen Ihre Maschine unterwegs war. Einen bestimmten Trost halten wir auch für diesen höchst unwahrscheinlichen Fall immer noch bereit – bitte entschuldigen Sie, wenn es in Ihren Ohren etwas zynisch klingen mag – aber Ihre halb verrotteten, fliegenden Schrotthaufen würden in weniger als zehn Sekunden absaufen wie ein schwarzer Stein. ‚Spurlos verschwunden', wie es im Beamtensprech heißt."

Das war dicke Post. Yi sah sich bereits vor dem Kriegsgericht: Als Privatunternehmer, der um des schnöden Gewinnes wegen die eigenen Luftwaffenkadetten zum Abschuss und zum Absaufen freigegeben hatte. Ging eine Mühle verloren, war das nicht so schlimm. Aber von den Männern, die er in den Dschungel schickte, musste jeder wieder zurück in Taiwan ankommen, und zwar lebendig. Aber wozu hatte man eine große Verwandtschaft? Wozu hatten die Verwandten ihrerseits Verwandte und vor allen Dingen Freunde, die sich wenigstens einmal im Leben erkenntlich zeigen konnten, wenn Not am Mann war? Es würde sich doch wohl noch ein Trawler finden lassen, der ein paar Meilen ostwärts von Da Nang als Rettungskreuzer zu fungieren in der Lage war...

Gefahr erkannt – Gefahr gebannt. Doch für Selbstzufriedenheit blieb Yi nicht viel Zeit, ein anderes, dickes Problem lauerte schon auf ihn: Bis nach Macao und zurück sollte zwar alles glatt ablaufen. Den als Kopiloten eingesetzten Offiziersanwärtern von der Luftwaffe würde er einfach ‚Erweiterung der Langstrecken-Navigationskenntnisse' ins Dienstbüchlein schreiben. Aber dann? Neben einem Captain und einem Kopiloten benötigte er auf jedem Flug von Macao nach Laos einen Navigator oder zumindest einen Menschen, der mit Karte und Kompass umzugehen verstand. Seine ehemaligen Kollegen aus der Luftwaffe kannten zwar Taiwan wie ihre eigene Hosentasche, hatten aber noch nie einen Kompass in der Hand gehalten oder eine Karte eingenordet. Und er brauchte einen vierten Mann, der die Frachtpakete mittels Fallschirm aus der Ladeluke absetzen konnte.

Die ‚Entladungsspezialisten' waren schnell gefunden: Freiwillige aus der Speditionsfirma seines Schwagers. Als der sich die Abwesenheit seiner Mitarbeiter vergüten lassen wollte, erwähnte Yi so ganz nebenbei, dass ein paar seiner Lastwagen wohl bald ihren Geist aufgeben würden, und Ersatz vonnöten sei. Damit war das Thema abgehandelt. Ein Vorarbeiter – wo hatte den sein Schwager nur aufgelesen? – plusterte sich regelrecht auf und wollte für die Leistung im Flugzeug eine Art Höhenzuschlag. „Einen Tritt in den Hintern kannst Du haben", war Yi's Antwort. Und „Ihr solltet Euch freuen, dass Ihr für drei oder vier Monate keine Säcke mehr zu schleppen braucht und – auf Euren Ärschen hockend – die Welt von oben betrachten könnt." Aber die Navigatoren? Lange wollte Yi nichts Gescheites einfallen, doch dann erinnerte er sich an das militärkartographische Institut in Tainan.

Ein Anruf genügte. Im Institut kannte er den Dekan. Ja, Dekan! Denn diese Ausbildungsstätte nahm einen ganz besonderen Status innerhalb der Armee ein: Normalerweise absolvierten die Soldaten erst die Grundausbildung, um anschließend in die Fachverbände integriert zu werden. Bei den Kartographen funktionierte das System umgekehrt: Zivilisten schlossen zunächst ihre Ausbildung ab und wurden erst danach ins Militär aufgenommen. Für dieses doch außergewöhnliche Vorgehen gab es verschiedene Begründungen; die böseste Erklärung kam von den Kartographen selbst: Der durchschnittliche Offizier ist für diesen Job einfach zu dumm. Dumm oder nicht dumm – aus der Abteilung für Kartometrie, Geodäsie und Planimetrie meldeten sich mehr als zehn Kandidaten, die sich freuten, Theorie und Praxis einmal miteinander verbinden zu können.

Und dann ging es auch schon richtig rund. Zuweilen allerdings mit Ladehemmung. Bereits beim zweiten Flug hatten sich in Macao kurz nach dem Anlassen des rechten Motors zwei Zylinderköpfe verselbständigt, ein paar Treibstoffzuführungen gekappt und ein ordentliches Feuerchen entfacht. Die Feuerwehr verhielt sich richtig: Sie ließ den Motor weiterkokeln und kühlte die rechte Außenwand der Maschine herunter (der Einsatzleiter wusste sicher warum). Als die Ersatzmaschine endlich angekommen war, musste die Fracht umgeladen werden. Nach dem Verladen, das nur per Hand durchgeführt werden konnte, weil die Ladung nicht palettiert war, mokierte sich der Vorarbeiter gegenüber dem Captain: Er habe in seinem ganzen Leben noch nie derart kleine und zugleich so schwere Zigarettenkisten in der Hand gehabt; er würde mit dem Piloten zwei Kisten Schnaps wetten, dass das ganz besondere Räucherstäbchen seien. Der Captain zog daraufhin bedächtig eine Hundert-Dollar-Note aus seiner Gesäßtasche, faltete sie zweimal, schob sie dem verdutzten Vorarbeiter mit einem Grinsen in die Brusttasche des großkarierten Hemdes und meinte, „Manche Zigaretten sind sehr leicht, manche sind sehr schwer und manche sind sogar unsichtbar."

Dann kommt der Monsun. Feiner, dichter Nieselregen wechselt sich mit regelrechten Wolkenbrüchen ab. Und in den höher gelegenen Regionen von Laos liegen die Wolken auf. Wie soll man da vernünftig navigieren können? Und wie soll man als Pilot das richtige Tal hinauffliegen, wenn man nicht weiß, ob es das richtige Tal ist? Wenn nach einer Flussbiegung der Dschungel plötzlich ansteigt und hinter einer massiven Regenwand einfach verschwindet? Also raus mit dem Zeug! Finde es, wer es wolle! Denn erstens dauert es mindestens eine oder zwei Wochen, bis die Amis herausgefunden haben, dass eine Ladung fehlt. Und zweitens kann es ja immer noch sein, dass sich die Kommandotruppen überraschend verschoben haben. Dass sie die Fallschirme im Regen nicht gesehen haben. Dass das Gelände unzugänglich war oder dass das Material von den Eingeborenen kurzerhand gestohlen worden ist. Also nichts wie weg aus diesem verdammten Dampfkochtopf, Vollgas, Nase rauf und ab nach Hause!

39 Jahre später ist auf der Homepage von China Airlines unter der Rubrik ‚Rückblick auf die Gründerjahre' zu lesen, dass die Firma damals 26 Mitarbeiter beschäftigt habe, mit 400 000 Taiwan-Dollar Betriebskapital ausgestattet gewesen sei und zwei PBYMaschinen bewegt habe. Da muss dem Chronisten doch einiges entfallen sein. So zum Beispiel, dass sich Yi zu keiner Zeit veranlasst sah, sein Vermögen offenzulegen. Oder dass die fliegenden Wracks aus den USA schneller in Taipei eintrafen, als man für sie Platz schaffen konnte. Die Zahl Zwei stimmte allerdings, jedenfalls ein bisschen. Denn zwei Maschinen waren ständig in der Luft, zwei weitere standen zwecks Kannibalisierung in einer Werft in Hualian. Und die allerersten vier Maschinen, die ihren Weg aus Alaska nach Taiwan gefunden hatten und nun vor sich hin rotteten, waren in die Obhut von Herrn Quinh, einem Neffen Yi's übergeben worden. Ursprünglich wollte dieser aus den Flugzeugleichen Restaurants machen, die in der Nähe der Flughäfen aufgestellt werden sollten. Dann aber rannten ihm Altmetallhändler die Bude ein. Aluminiumbleche gingen weg wie warme Semmeln. Aber auch Bowdenzüge waren gefragt, Duraluminiumspanten, Cockpitscheiben, Pumpen aller Kaliber, Federbeine. Instrumente verschwanden in Vitrinen von Sammlern. Die Überbleibsel – ein paar Krümmer, aufgeschlitzte Hydraulikleitungen, Gurte, Ventile, abgehackte Schrauben, alles in uraltem Öl verbacken – wurden auf einen Leichter verpackt und keine fünf Meilen vor der Küste im Meer versenkt. An Land blieb eine ansehnliche Menge Bares zurück, das sich Yi und Quinh teilten. Auch ein Wunder galt es zu berichten: Da war eine Maschine als vermisst gemeldet worden, deren Besatzungsmitglieder frisch, munter und vital in Taipei he-

rumliefen. Und zwei C119 waren abgestürzt – weder die Wracks noch die Besatzungen wurden je gefunden.

Yi war zu lange Soldat gewesen um nicht zu wissen, dass er bei dieser CIA-Operation vorsichtiger sein musste, als bei allen vorangegangenen Unternehmungen. Er durfte sich keine Fehler erlauben. Er nicht, und seine Mitarbeiter auch nicht. So flogen sämtliche Maschinen ohne irgendeine Kennzeichnung (verboten), die Besatzungen hatten vor jedem Flug sämtliche Ausweise und alle persönlichen Dinge in Taipei abzugeben (verboten). Die Flugverkehrsleitung in Macao hatte alle nötigen Lizenzen, alle Flugpläne und alle Überfluggenehmigungen in standardisierter Form bereits vor Beginn der Operation in Empfang genommen, und zwar in kleinen Päckchen mit 5 000 US-Dollar Inhalt (verboten). Die Bekleidung stammte aus russischen Militärbeständen; die Männer bemäkelten, dass die aus grober Baumwolle gefertigten Unterhosen kratzten und vorne einen Schlitz hatten. Werkzeuge und Überlebensausrüstung kamen von der Philippinischen Marine. Nur, das Risiko der Operation selbst ließ sich durch Maßnahmen dieser Art nicht verringern. Yi ging davon aus, dass die Kommunisten über die Durchführung der Flüge Bescheid wussten. Aber es war ihm auch bekannt, dass sie über keine Boden-Luft-Raketen verfügten – jedenfalls noch nicht.

Natürlich wussten die Rotchinesen alles. Und nur allzu gerne hätten sie so einen ‚Rosinenbomber' abgeknipst, um der Weltöffentlichkeit die kriegstreiberischen Machenschaften der ‚Taiwanchinesen' vor Augen zu führen. Doch es bedurfte eines Triebwerkaussetzers, eines kapitalen Navigationsfehlers und der Panikreaktion eines vietnamesischen Grenzpostens, bis die erste Maschine durch Feindeinwirkung verloren ging: Ein Motor hatte nach dem Abwurf der Ladung zu stottern begonnen. Anstatt nun den Propeller des maroden Triebwerks auf Segelstellung zu setzen (bei diesen vorsintflutlichen Mustern ging das eben noch nicht automatisch), versuchte der Pilot – mit Vollgas auf dem anderen Quirl – sich über den vor ihm aufragenden Bergkamm zu mogeln. Die vietnamesischen Grenzer glaubten nichts anderes, als dass dieser dröhnende Brummer sie ins Visier genommen habe und direkt auf ihren Unterstand zustoße, um sie zu vernichten. Zunächst feuerten sie aus allen Rohren, gingen dann aber in volle Deckung, als das grüne Ungeheuer in Antennenhöhe über sie hinwegdonnerte.

Captain und Kopilot hatten sich unter die Instrumentenkonsole geduckt – zum Glück ohne sich gegen die Steuersäule zu lehnen. Niemand an Bord hatte etwas abgekriegt, das Flugzeug war steuerbar. Aber der Backbordmotor begann zu kokeln. Dicker, schwarzer Qualm drang unter und über der Motorverschalung hervor und wirbelte nach hinten ab. Irgendjemand hatte den Propeller doch noch auf Segelstellung gezogen und den Treibstoff abgestellt. Dann die Mischung auf mager, Zündung aus, Magnete raus, Feuerlöscher an. Aber der mickrige Feuerlöscher taugt nichts. Vielleicht hatte man ihn auch ganz ausgebaut, um Gewicht zu sparen. Jetzt nur noch Kurs Richtung Ost. Richtung Meer. Vielleicht hält das Ding noch bis zur Küste. Es muss einfach halten! Notlandung in Da Nang? Völlig ausgeschlossen. Strikt verboten! Wie auch könnte ein Flugzeug, das es offiziell in diesem Luftraum gar nicht gibt, in Da Nang notlanden?

Der rechte Motor hält. Er muss einfach durchhalten. Keine Ladung, die Tanks sind nur noch halbvoll. Vielleicht noch 80 Kilometer bis zur Küste, oder doch mehr, vielleicht 100. Der Navigator weiß das auch nicht so genau, denn für diese Gegend hat man ihm keine Karten mitgegeben. Aber das verdammte Feuer muss ausgehen! Wenn der Motorblock aus dem Holm bricht, dann ist alles aus. Einen Notruf auf der Operationsfrequenz absetzen. Wird das wenigstens klappen?

„Die Position! Wiederholen Sie Ihre Position!“

„Ungefähr nordwestlich von Da Nang. Vielleicht. Ah ja, da kommt die Küste. Wir können die Küstenlinie erkennen.“

„Sind Sie sicher, dass es die Küste ist?“

„Ja, die Küste.“

Erleichterung. Geradeaus und runter. Dort draußen muss jetzt der Trawler liegen. Der Trawler mit dem schnellen Beiboot. Zwanzig Kilometer vor der Küste, wurde gesagt. Tag und Nacht. Es macht keinen Sinn, zu suchen. Die Kerle von dem Kahn müssen nach uns Ausschau halten. Sie müssen u n s finden, nicht wir sie. Sie werden hoffentlich unsere Rauchfahne sehen können! Landung auf dem Wasser. Wie geht das? Landung mit den Wellen? Oder entlang der Wellen? Fährt man das Fahrwerk aus, damit eine erste Bremswirkung auf dem Wasser erzielt wird? Und was ist, wenn ein Hauptfahrwerk eine Welle erwischt? Wie stark könnte da die Drehbewegung um die Hochachse sein? Warum sagen uns die Kerle nicht, aus welcher Richtung der Wind weht? Wie hoch sind die Wellen? In jedem Fall runter mit der Geschwindigkeit. Aber nicht zu langsam, damit die Strömung nicht abreißt. Landeklappen voll setzen oder nur halb? Unter allen Umständen den heilen Motor rechtzeitig in Leerlauf nehmen, damit die Kiste im Augenblick der Wasserung nicht schiebt. Zum Glück ruhige See…

Geknallt hatte es trotzdem ordentlich, als der Captain mit der Landung fertig war oder besser, als die Strömung über den Flügeln trotz voller Landeklappen abgerissen war und dem nunmehr steuerlosen Aluminiumklotz nur noch ein einziger Weg offenstand – nach unten. Hinterher konnte niemand mehr genau zu sagen, ob es fünf, acht oder fünfzehn Meter waren, die bis zum Aufschlag auf der Wasseroberfläche im freien Fall zurückgelegt wurden. Erste positive Feststellung: Alle Knochen waren heil geblieben. Zweite positive Feststellung: Das Ding schwamm ja (noch)! Dritte – sehr unangenehme – Feststellung: An Bord gab es keine Rettungsinsel, keine Überlebensausrüstung, keine Leuchtraketen, keinen Peilsender, selbst die Schwimmwesten waren aus Gewichtsgründen eingespart worden. Viel Zeit zum Ungehaltensein ob dieser Sauerei verblieb nicht: Das Wasser hatte im Laderaum bereits eine Höhe von über einem Meter erreicht, nun drang es über die Türschwelle auch ins Cockpit ein. Fertigmachen zum Ausstieg durch die Seitenfenster. Wie lange konnte ein Mensch schwimmen? Vielleicht musste man auch gar nicht allzu lange paddeln, dann nämlich, wenn die Haifische den Funkverkehr mitgehört hatten. Und dann, welch ein herrlicher Ton: Hammerklopfen von außen an die rechte Frachttüre – die Männer mit dem Rettungsboot waren zur Stelle.

Captain Chenjao hat mir die Geschichte erzählt. Er war damals als Kopilot auf diesem denkwürdigen Flug eingesetzt. Glück gehabt? Aber ja, natürlich. So war das eben damals. Als er später zur eigentlichen Pilotenausbildung antreten durfte, hatte er bereits rund 400 Stunden abgesessen, ohne jemals den Steuerknüppel in der Hand gehalten zu haben. Bereits damals wurde der Grundstein für die fürchterliche ‚Cockpitkultur' gelegt, die im Laufe der Jahre immer häufiger immer mehr Opfer forderte: Keine vereinheitlichten Operationsverfahren. Keine standardisierten Auswahl- oder Ausbildungsverfahren. Unzureichende Gewichtung der theoretischen Kenntnisse. Verweigerung zielführender Kommunikation. Selbstüberschätzung. Die Unfähigkeit, Fehler als solche zu erkennen und aus ihnen zu lernen. Disziplinlosigkeit, Leugnen von Fehlhandlungen… Die Liste ließe sich endlos fortsetzen, doch wir befinden uns immer noch in den ‚Gründerjahren'.

Da häuften sich die Totalverluste. Yi's größtes Problem: Zu wenig Piloten. Auch seine besten, ehemaligen Kumpel aus dem Jagdgeschwader verspürten keine Lust auf Abenteuer. Es hatte sich rasch herumgesprochen, dass die Flüge nahe der chinesischen Grenze alles andere als ein geruhsamer Sonntagnachmittagsausflug waren. Bis jetzt war – von Materialverlusten einmal abgesehen – alles mehr oder weniger glimpflich abgelaufen. Doch was würde passieren, wenn einer der Luftwaffenkadetten als tot oder vermisst gemeldet werden musste? Abgeschossen? In einer Zeit des ‚NichtKrieges'? Beim Transport von Zeitungen und Zigaretten?

Yi ‚restrukturierte' sein Unternehmen, wie man heute sagen würde. Er delegierte die Kommando-Fliegerei an einen wilden Haufen, der sich aus Indonesiern, Vietnamesen und Holländern zusammensetzte. Am liebsten wäre er aus dem verdammten Vertrag mit der CIA ausgestiegen, doch sein Anwalt erklärte ihm, dass er damit kein Glück haben werde. Er solle die ganze ‚Kriegs-Fliegerei' einfach ‚unsichtbar' machen. Ausquartieren. Am besten auf einen der zahlreichen, abgeschiedenen Küstenflugplätze. Besser noch: Gleich alles nach Vietnam verlegen oder nach Burma.

Das bedeutete nichts anderes, als dass Yi nicht mehr alles und jedes allein bestimmen konnte. Dass er nicht mehr ‚Commander in Chief' war. ‚Delegieren'. Welch ein grässliches Wort! Aber es musste sein. Und auch neue Maschinen mussten her. Ein knappes Dutzend DC4. Von der Luftwaffe erhielt er nach langem Hin und Her offiziell die Genehmigung, ausrangierte Piloten abzuwerben und bei seinem Fliegerzirkus anzustellen.

Viele kamen, nicht alle blieben. Denn keiner mochte Kopilot spielen. Immerhin waren sie alle Kampfpiloten gewesen, ihr eigener Herr im Cockpit. Erschwerend kam hinzu, dass einige der Herren im linken Sitz in einem niedrigeren Dienstrang aus der Truppe ausgeschieden waren als diejenigen, die jetzt – ihrer Meinung nach – den Unterhund spielen sollten. Zum Fliegen hatten sie sich gemeldet und nicht zum Herunterbeten von Checklisten. Als ob man sich diese paar Punkte nicht merken könnte! Im Anstellungsvertrag waren sechs Monate Kopilotenzeit festgeschrieben. Wozu sollte man da noch seine Zeit mit Lehrgängen zu Schwerpunktberechnung und TrimIndex vergeuden?! Geladen wurde, bis das Schiff voll war, ein paar Kilo rauf oder runter konnte ja wirklich keine Rolle spielen! Ladung sichern? Haben Sie schon einmal ausgerechnet, wie schwer diese lächerlichen Trennnetze sind? Wenn ordentlich durchgeladen wird, kann man auf sie gut verzichten und spart damit 400 Dollar pro Flug! Und was heißt da schon Luftamt? Diese Kerle kriegen ihr Geld vom Staat, sie verschanzen sich hinter Aktendeckeln und lassen den Herrgott einen guten Mann sein.

Im Jahre 1962 wurde der erste Liniendienst zwischen Taipei und Hualian eingerichtet. Gerechnet hatte man mit einer Auslastung von 40% – nach einer Woche Betrieb waren es 70%. Die Frequenz wurde erhöht, die Auslastung stieg immer noch. Yi war's zufrieden. Seine Piloten waren es nicht: Zweimal pro Tag nach Hualian und zurück, das war langweilig und brachte auch nicht viel ein. Denn um Kohle zu machen, musste man für die Amis kreuz und quer durch Vietnam kacheln, wenn es denn sein musste auch in Höhe der Baumwipfel. Die CIA ließ sich die Sache eine ordentliche Stange Geld kosten (an der man teilhatte). Zudem konnte man sich die Freizeit in Saigon vertreiben; dort sollten die Speisen weniger fett sein, sagte man. Und die Frauen auch. Jedenfalls war dort mehr los als in diesem trostlosen Taipei mit seiner stinkenden Luft, seiner unerträglich Feuchtigkeit, seinen Erdbeben.

Die fabelhaften Aufstiegs und Beförderungsmöglichkeiten in Yi's Truppe forderten ihren Tribut. Es mangelte an Erfahrung und am Willen, ein tragfähiges Fundament zu legen. Altgediente, amerikanische Haudegen, die Yi noch aus seiner aktiven Laufbahn kannte und die sich nach ihrem Ausscheiden aus der Air Force in den Dienst der Flugsicherheit gestellt hatten, wurden nicht müde, auf Yi einzureden:

„Wenn Sie so weitermachen, wird man Ihnen früher oder später den Hahn abdrehen."

„Und wer sollte das tun? Sie etwa?"

„Seien Sie nicht albern, wir wollen Ihnen nur helfen. Sie werden ja nicht Ihr Leben lang über Taiwan kreisen wollen. Sie haben doch sicher Pläne, Ihre Insel ans internationale Luftfahrtgeschäft anzukoppeln."

„Natürlich. Und zwar bald."

„Und Sie glauben allen Ernstes, dass man Ihnen mit Ihrer undisziplinierten Chaostruppe Verkehrsrechte einräumt?"

„Warum nicht? Wir starten und landen wie alle anderen auch. Und wenn einer runterfällt, dann hat er Mist gemacht und ist selbst schuld. Den macht dann auch keine Flugsicherheitsbehörde wieder lebendig."

„Da haben Sie Recht. Doch schon eine seriöse Flugunfalluntersuchung würde helfen, künftige Unfälle des gleichen Strickmusters zu verhindern."

„Weg ist nun mal weg..."

Und sie waren ‚weg'. Von der Öffentlichkeit nahezu unbemerkt reihte sich Unfall an Unfall – wen kümmert es schon, wenn irgendwo in Hinterindien ein Flieger gegen einen Hügel schrammt? Der alte Dr. Wang jedenfalls meint, sich in der Zeit bis 1962 für mindestens 31 Abstürze verbürgen zu können:

„Natürlich habe ich keine Strichliste geführt. Doch da kamen viele Piloten einfach nicht mehr zur alljährlich vorgeschriebenen, fliegerärztlichen Untersuchung, obwohl sie weder zu alt noch kränkelnd gewesen wären oder je die Absicht geäußert hätten, mit der Fliegerei aufzuhören."

Für Yi war es nur natürlich, dass dort, wo gehobelt wird, auch Späne fallen. Er ging einfach davon aus, dass in jedem einzelnen Piloten genügend Selbsterhaltungstrieb steckte, um einen Absturz zu verhindern. Er selbst war jedenfalls noch nie aus dem Himmel gefallen, obwohl er gar nicht wusste, wo er die Flugsicherheitsvorschriften hätte finden können. Dieses Zeug kam von Beamten, von Sesselfurzern. Und alle Beamten waren ihm suspekt. Er, Yi, hatte andere Dinge im Kopf. Er hatte Visionen: Wenn er den Einstieg ins Jet-Zeitalter nicht verpassen wollte, dann musste er jetzt starten. Oder noch besser: gestern! Er würde das gesamte Propeller-Gerümpel zum Altmetall werfen und mit einem Dutzend moderner Jetliner Taiwan mit den USA verbinden, mit Europa, mit Australien, mit dem Rest der Welt – als ‚Global Carrier'!

Als dann allerdings die Amerikaner von seinen Verhandlungen mit den Engländern Wind bekamen (im Gespräch waren die de Havilland ‚Comet' und die in der Entwicklungsphase steckende Vickers VC10), pfiffen sie ihn fürs erste zurück:

„Mister Yi, haben Sie schon mal daran gedacht sich zu fragen, wer Ihnen die Jets finanzieren könnte? Diese glänzenden Spielzeuge sind nicht mehr gratis wie damals die angerosteten Veteranen aus amerikanischen Militär-Restbeständen."

Erst Ende 1962 stand dann die erste B727 in Taipei. Prachtvoll, majestätisch, herrlich anzuschauen war sie vor dem Flughafengebäude geparkt. Jederzeit bereit, reisefreudige Passagiere einsteigen zu lassen. Nur machte es keinen Sinn, einzusteigen, weil die Piloten fehlten. Denn die Piloten, die Yi nach Seattle zum Pilotentraining geschickt hatte, drückten die Schulbank – als Sprachschüler. Die Firma Boeing hatte sich standhaft geweigert, Piloten mittels Dolmetscher umzuschulen; entweder hinreichende Englischkenntnisse oder keine Umschulung, keine Lizenz.

Und es kam noch schlimmer: In die Verhandlungen über Landerechte hatten sich hohe Beamte aus dem Verkehrsministerium eingeschaltet. Weil sie Yi ein bisschen ärgern wollten, stimmten sie den restriktiven Bedingungen ihrer amerikanischen Kollegen vorbehaltlos zu. Einer der vereinbarten Grundsätze war, dass es eine international operierende Fluggesellschaft ohne eine nationale – und auch tatsächlich funktionierende – Luftaufsichtsbehörde nicht geben kann. Die von vielen belächelten, von einigen tief verachteten Beamten aus dem mickrigen Annex des Flughafengebäudes hörten es mit Freude und machten sich augenblicklich steif: Kein nationalchinesischer Pilot – keine nationalchinesische Lizenz; fertig Ausländer! Da Yi als Visionär seiner Zeit immer ein paar große Schritte voraus war, plante er bereits mit noch viel größeren, schnelleren Fliegern und einem weltumspannenden Streckennetz. Doch diesmal obsiegte die Bürokratie.

Ach, wie lästig sind solche Lappalien! Als ob man nichts Wichtigeres zu tun hätte, als bestimmten Hanswürsten in der ‚Höheren Verwaltung' bis zum Pförtner in den Hintern zu kriechen. Diese verdammten Neidhammel! Was diese Gesuche, diese Verhandlungen, dieses Vorstellig-Werden kosteten. An Zeit, an Millionen, an verpassten Geschäften! Manch anderer würde frustriert das Handtuch geworfen haben. Nicht aber Yi:

Ab 1963 düste er – und nur er allein – über Taiwan (Luftherrschaft nennt man das im Militär, Monopol unter Zivilisten, ganz wie man will).

1966 wurde die erste internationale Route eröffnet; auf Geheiß der Amerikaner nach Saigon und nicht nach Hongkong.

1967 war es dann allerdings vorbei mit Yi's Eigenständigkeit. Von diesem Zeitpunkt an konnte er nur noch bestimmen, w i e er flog; wohin er fliegen durfte und mit welchem Fluggerät, das bestimmte von jetzt an die Kuomintang, die allmächtige und allgegenwärtige Partei, die sich wie ein Krebsgeschwür in allen wichtigen Industriebereichen festgesetzt hatte. Der einzige Unterschied zwischen der Kuomintang und der verhassten kommunistischen Festlandspartei Mao's bestand darin, dass Chiang Kaishek auch seinen Untertanen gestattete, etwas zu erraffen (aber natürlich erst, nachdem sich die Apparatschiks ihre Taschen gefüllt hatten). Wie dem auch sei, der Kuomintang kam zu dieser Zeit eine eigene Fluglinie gerade recht.

Chiang Kaishek verstand sich nicht als großer Steuermann (wie Kollege Mao), sondern als Unternehmer, der in großen Dimensionen zu denken pflegte: 1950 brachte seine Truppe zunächst die Zuckerindustrie unter Kontrolle. In den folgenden Jahren dehnte sie ihre Aktivitäten auf die Gummi und Zementproduktion aus. Später folgten Banken, Versicherungen und Fischfarmen. Es entstand jener zähe, typisch orientalische Filz, der die Grenzen zwischen Politik und Wirtschaft verschwimmen lässt und der sich bis auf den heutigen Tag bewundernswert gut erhalten hat. Im Großen und Ganzen hat es ja etwas gebracht: Betrug das Bruttosozialprodukt im Jahre 1962 noch 170 USDollar pro Kopf, war es 50 Jahre später auf 38 000 USDollar angestiegen. Chiang's Sohn Chiang Chingkuo, der ihm ein paar Jahre nach seinem Tode im Jahre 1975 in der Präsidentschaft nachfolgte, hatte die Vorstellungen seines Vaters betreffs Soll und Haben voll und ganz verinnerlicht. Chingkuo unterschied sich vom Alten in erster Linie dadurch, dass er bei weitem nicht so aufbrausend war wie sein Erzeuger, dass er vom Militär nicht allzu viel hielt und die Roten vom Festland einfach rot sein ließ.

1988 wurde China Airlines von der allmächtigen Regierungspartei in eine Stiftung umgewandelt, der man – auch das ist einmalig in der Geschichte der Luftfahrt – die Bezeichnung ‚Non Profit Organization' verpasste. Im Nachhinein muss man den Vätern dieses Gedankens ein hohes Maß an Voraussicht zugestehen. Denn damit hatte man mit einem einzigen Streich mehrere Fliegen getroffen: Erstens war damit erreicht worden, dass sich das Finanzamt nur noch peripher für die Bilanzen der Firma interessierte, und zweitens ließ sich diese neu strukturierte Gesellschaft ausnehmen wie eine Weihnachtsgans. Nachhaltig und obendrein unauffällig.

Um derartige Vorgänge nachvollziehen zu können, muss man wissen, dass die Kuomintang mit einer Partei herkömmlichen Sinnes nichts gemein hat. Eher schon kann man sie mit einem Industrie-Konglomerat vergleichen. Oder mit einer Krake, die ihre Tentakeln flächendeckend über die ganze Taiwan-Insel ausgestreckt hält. 488 Millionen USDollar Profit hatte man erwirtschaftet im Jahre des Herrn 1997. Ausgewiesener Gewinn. Nach Abzug all der lieb gewordenen Kleinigkeiten wie Repräsentationskarossen, Jachten, Villen in Amerika, Bungalows an den Stränden der Ostküste, der Bestechungs- wie der Schweigegelder, Bewirtungs- und anderer Kosten für die Entscheidungsträger und jene, die sich dafür hielten. Und natürlich nach Steuern (Deutschen Parteigranden muss angesichts solcher Zahlen schwindlig werden; die sind froh, wenn sie über die Wahlkampfkostenerstattung allenfalls ein Zehntel dieser Summe vereinnahmen können – und das auch noch aus Steuergeldern).

Je unüberschaubarer die gesamte Organisation war, desto unkomplizierter gestalteten sich auch die Durchstechereien, desto einfacher konnten die führenden Persönlichkeiten samt ihrer vielköpfigen Clans in die eigenen Taschen wirtschaften. Die Möglichkeit der Entdeckung musste gar nicht in Erwägung gezogen werden. So fiel Ende der siebziger Jahre gar nicht auf, dass der für die Parteifinanzen zuständige Herr Lee Tso gleichzeitig in die Rolle des Gouverneurs der Zentralbank schlüpfte und nebenher auch noch dem Ministerium für Planung und Entwicklung vorstand.

‚Stabilität' – wie man den Zustand zu nennen pflegte – war das höchste Gut. Ihr hatte sich jeder Einzelne unterzuordnen. Im Umkehrschluss galt: Veränderungen ließen sich nur dann realisieren, wenn die Schnittmenge derjenigen, die sich unter dem Einfluss des Neuen als potentielle Verlierer sahen, merklich kleiner war als die Schnittmenge der potentiellen Gewinner. In einigen der nachfolgenden Kapitel wird klar ersichtlich, wie auch die vordringlichsten Maßnahmen im Dickicht von Opportunismus, Kompetenzgerangel, Nepotismus und Korruption steckenbleiben.

Und das Parlament? Gab es denn gar keine Opposition? Aber natürlich gab es die! Gehegt und gepflegt wurden diese Herren. Wie Schoßhunde. Man musste sich demokratisch geben, da half nichts – die Amerikaner hatten es so gewollt. ‚Parlamentarische Auseinandersetzungen' wurden freilich anders interpretiert als bei uns: Die feinsten Faustkämpfe fanden im Abgeordnetenhaus statt. Aber auch wüste Keilereien. Über Parteigrenzen hinweg. Da gab es nicht nur Kopfnicker wie in Kuba oder in Nordkorea! Allerdings durften es die Oppositionspolitiker auch nicht übertreiben: Wer sich angesichts einer größeren Schweinerei allzu eifrig um Aufklärung bemühte, wurde schlicht aus dem Verkehr gezogen; die Witwe des verhinderten ‚Weißen Ritters' erhielt dann ein kleines Häuschen in einem der bevorzugten Vororte im Osten der Hauptstadt. Frau Tsai wurde durch einen Fehler in der Administration die hübsche kleine Villa, die sie später bewohnen würde, schon gezeigt, als ihr Mann noch lebte – vier Tage später war sie dann aber doch eine richtige Witwe.

Wie die Menschen nur so kleinlich denken konnten! Und dann natürlich die Presse: Wegen jeder mickrigen Unstimmigkeit wurde augenblicklich ins Horn gestoßen. Weil im April 1998 in der Kasse der Yu Tai Industriegesellschaft mal gerade 100 Millionen US-Dollar fehlten, schrien alle nach einem Untersuchungsausschuss. Gerade so, als ob so ein Ausschuss auch nur einen einzigen Dollar wiederzufinden in der Lage wäre. Die Kohle war weg, fertig. Dabei ist ‚weg' nicht einmal der richtige Ausdruck: Geld ist nie weg, es wechselt nur den Besitzer. Aber diese Yu-Tai-Bagatelle regte einen Oppositionspolitiker dazu an, die bereits verstaubten Akten der Chungshin-Electricity wieder auszugraben. Da war – allerdings bereits 1997 – ruchbar geworden, dass der Betrieb pro Jahr Verluste in dreifacher Höhe seines Eigenkapitals (das immerhin 360 Millionen USDollar betrug) produziert hatte. Da ein Unterstaatssekretär seine Finger in diesem Kuchen hatte, wurde er dazu eingeladen, den Parlamentariern Auskunft zu erteilen. LiHan – der in flagranti Ertappte – räumte ein, der Betrieb habe während der fraglichen Periode in der Tat nur ‚sehr leichte Gewinne' erzielt.

Für China Airlines wirkten sich die neuen Strukturen verheerend aus: Es fehlte an kompetenter Führung von oben und an Motivation von unten. Personalpolitik im eigentlichen Sinne des Wortes stand nie auf der Agenda: Wer über gute Beziehungen zur Partei verfügte oder zur Luftwaffe, dem konnte man getrost eine steile Karriere bei der nationalen Fluglinie prophezeien. Die Sache mit der ‚NonProfitOrganization' verfolgte – für Außenstehende nicht leicht zu erkennen – noch ein anderes, hoch politisches Ziel: Die diplomatische Aufwertung Taiwans. Nur unter diesen Gesichtspunkten wird verständlich, dass China Airlines über Jahre hinweg unrentable Strecken bediente. Im Gegensatz zur Ära Yi genoss nun nicht mehr die Rentabilität Vorrang, sondern die wohlwollende Erteilung von Landerechten in einem Lande, das den Drohungen Pekings zu widerstehen wagte. Denn Taiwan in dieser Form anzuerkennen war gleichbedeutend mit dem Verbot, die kommunistische Volksrepublik China anzufliegen oder auch nur zu überfliegen. Als klassisches Beispiel für diesen Blödsinn kann die Route von Taipei nach Johannesburg und Kapstadt angeführt werden:

Unter dem ApartheitSystem wurde Südafrika von der Volksrepublik China natürlich boykottiert. Auf dem Papier jedenfalls. Denn praktische Auswirkungen ließen sich nicht erkennen: Weder hatten die Kommunisten das entsprechende Fluggerät, um von Peking ans Kap zu fliegen, noch hätten die Südafrikaner Passagiere oder Fracht gefunden, die sie hätten ins Reich der Mitte schippern können. China Airlines aber durfte landen und war sogar herzlich willkommen. Denn die geschäftstüchtigen Südafrikaner hatten den anerkennungshungrigen Taiwanesen im Rahmen der bilateralen Luftfahrtabkommen gleich noch ein paar abgetakelte Boeing B-747SP untergejubelt.

Diese verkürzte Version des ursprünglichen ‚Jumbos' zeichnete sich durch eine extrem große Reichweite aus. Sie war von Boeing speziell für Südafrika entwickelt worden: Weil die Südafrikaner als Rassisten geächtet waren, mussten sie den ganzen afrikanischen Kontinent umfliegen, um nach London zu gelangen; je nach vorherrschenden Winden konnte diese Reise bis zu dreizehn Stunden dauern. Leider hatten diese an überdimensionierte Pelikane erinnernden B-747SP den Nachteil, im Unterhalt wie bei den Betriebskosten zu den absolut teuersten Vögeln zu gehören. Ein Flugingenieur meinte einmal: „Wenn ich bei diesem fliegenden Schrotthaufen die Gashebel nach vorne schiebe, dann entsteht im Haupttank ein Strudel von zwei Metern Durchmesser."

Doch was soll's, heißa Safari! Die Flugbesatzungen von China Airlines haben die wochenlangen Aufenthalte am Kap in bester Erinnerung. Captain HangJi nutzte seine Erfahrungen, die er am Kap gesammelt hatte, am besten: Er zog in Taipei einen Handel mit südafrikanischen Weinen auf, der so viel abwarf, dass er alsbald seine Uniform an den Nagel hängen konnte. Nelson Mandela hat sich dann besonnen, dass es wohl besser sei, es sich mit den Festlandchinesen nicht zu verderben – China Airlines wurden die Landerechte wieder entzogen. Nur auf den unrentablen B-747SP blieb man sitzen, und die gelangten dann auf den für diesen Flugzeugtyp unrentabelsten Strecken zum Einsatz: Nach Hongkong und nach Manila.

Dieser Blödsinn fiel nicht weiter auf, denn um die Flottenplanung stand es in Taipei seit eh und je schlecht – was auch immer an Flugzeugen auf dem Hof stand, wurde bewegt; dafür war das Zeug ja schließlich da, oder? Als die Taiwanesische Marine in Toulon vier Fregatten bauen lassen wollte, da zierten sich die Franzosen zunächst. Sie verwiesen auf mögliche politische Turbulenzen, denen man gerne ausweichen würde: Die Chefs der NATO hätten etwas dagegen (was nicht stimmte), die Vorfinanzierung gestalte sich extrem schwierig (was nicht stimmte), und in Krisengebiete dürfe man schon gar nicht… Wenn man allerdings zu den vier Fregatten gleich noch ein paar Ladenhüter von Airbus-Industries zu kaufen gewillt sei, tja, dann könnte man sich die Sache ja noch einmal überlegen.

Haben Sie's erraten? Richtig! Die Tinte auf den Verträgen war noch nicht ganz trocken, da standen sechs Muster dieser fürchterlichen A300/B4 auch schon in Taipei. Mit der Pilotenausbildung in Toulouse haperte es zunächst, weil sich die Französischen Fluglehrer erst an das erschreckend tiefe, fachliche Niveau ihrer Schüler gewöhnen mussten. Und ursprünglich hätten die Unterhändler der

Taiwanesen für die nationale Fluglinie auch noch Landerechte in Paris herausschinden sollen, doch der mahnende Finger des Mao-Chinesischen Botschafters in Paris genügte: Keine Landerechte!

Das war nicht gut. In Taipei trafen immer mehr Langstreckenflugzeuge ein, die man mangels Landerechten am Boden hockenlassen musste. Da bestand dringender Handlungsbedarf. Taiwan hatte doch etwas zu bieten, das war eine – wenn auch kleine – Industrienation, ein potenter Handelspartner mit allen möglichen Produkten. Und mit frei konvertierbarer Währung – im Gegensatz zu den Kommunisten, die ihren lächerlichen Yuan schützen mussten wie eine Jungfrau ihr Schmuckkästchen. Und wenn alles nichts hilft? Dann eben los und auf zur Betteltour.

Europa. Wenig Glück in Italien: „Mit unserem Mittelmeer vor der Haustüre haben wir hier genügend warmes Wasser. Und in Taiwan können Sie weder Kultur noch wilde Tiere anbieten. Nichts zum Angucken. Nur Reis. Und dann obendrein noch neun Stunden Zeitverschiebung."

In Deutschland genehmigte man immerhin einen Kurs pro Woche nach Frankfurt (später wurden es dann zwei); hier wusste man um den Bedarf an Industriemaschinen, und bei den Verhandlungen über diese Investitionen würden einmal gewährte Landerechte gut ins Argumentarium passen.

Die Holländer sagten sofort zu. Drei Kurse pro Woche. Sie hatten zunächst zwar nur den erweiterten Markt für ihre Schiffscontainer im Auge; aber dann mussten sie ja auch mit ihren 747-Jumbos etwas machen, die in Bangkok nach der Landung für ganze elf Stunden herumstanden – besser een Vlucht als keen Vlucht.

Und dann war auch Paris wieder an der Reihe. Paris sollte ja eine aufregende Stadt sein, die jeder Kaderpilot gern einmal gesehen hätte. Die Franzosen ihrerseits waren bei weitem nicht mehr so kratzbürstig wie letztes Mal. Man sah gute Chancen, zu einer Übereinkunft zu gelangen. Allerdings würden sich die Verhandlungen über Landerechte einfacher gestalten, wenn AirbusIndustries noch ein paar ihrer Airbus A 300/600 nach Taipei schicken dürfte... Schon waren zehn dieser Dinger in die Flotte eingegliedert. Im Jahre 1994 verfügte China Airlines zwar nur über 35 Maschinen, dafür aber über einen beachtlichen Gemischtwarenladen mit sage und schreibe sieben Flugzeugtypen (zehn Jahre später standen bei Ryanair 107 Maschinen im Einsatz, alle vom selben Typ). Ökonomisch machte das zwar nicht viel Sinn, schuf jedoch Arbeitsplätze: Die Abteilung Technik musste ihr Personal aufstocken. Der Flugbetriebsleiter suchte händeringend Piloten, weil ein Drittel aller Cockpitbesatzungen für den Streckendienst nicht zur Verfügung stand: Es wurde heftig um-, quer- und rückgeschult. Ein Konzept hatte man nicht: Die Amerikaner bildeten anders aus als die Franzosen. Wer in Toulouse oder in Seattle sein Training abgeschlossen hatte, war mit der Ausbildung noch lange nicht fertig und musste noch weitere drei bis fünf Monate herumhängen, bis er endlich auf Strecke durfte. Auch die Zahl der Dienststellenleiter wuchs unaufhörlich. Für jeden Flugzeugtyp wurde ein Chefpilot ernannt, ein stellvertretender Chefpilot, ein Cheffluglehrer, ein stellvertretender Cheffluglehrer und – nicht zu vergessen – ein so genannter technischer Pilot. Das Ganze mal sieben. Jeder vierte Captain erfreute sich eines Zusatztitels – mit Jahres-Abschluss-Bonus, versteht sich.

Die firmeninterne Druckerei geriet mit der Herstellung der Visitenkarten in Verzug. Nicht zuletzt, weil auf dem AirbusSektor noch viel schneller rochiert wurde als in den anderen Abteilungen. Einige Herren konnten sich mit den Ausbildungsmethoden der Franzosen in Toulouse nicht anfreunden, andere schafften die – weiß Gott nicht anspruchsvolle – Umschulung nicht und wollten zurück auf das Muster, von dem sie abkommandiert worden waren.

Überhaupt stand das Geschäft mit den Franzosen unter keinem guten Stern: Sobald die ersten Besatzungen ihre Umschulung bei Airbus abgeschlossen hatten, stellte sich heraus, dass man den neuen Vogel vonseiten der Technik nicht so recht in den Griff bekam. Zudem verkrachte sich einer der Vizepräsidenten von China Airlines auf dem Golfplatz mit dem ersten Staatssekretär aus dem Verkehrsministerium (man munkelt, der ehrgeizige Politiker habe sich dabei erwischen lassen, dass er seinen ins hohe Gras geratenen Ball mit dem Fuß zurück auf den Fairway gekickt habe). Dieser Gesichtsverlust durfte nicht ungesühnt bleiben: Der Ministeriale schanzte die Landerechte für Paris kurzentschlossen der EVA AIR, der stärksten Konkurrentin von China Airlines zu.

Die amerikanischen Flugzeughersteller betrachteten die flottenpolitischen Ausritte ihrer taiwanesischen Schützlinge mit Missfallen; wie konnten diese undankbaren Kerle in Taipei auf die Idee verfallen, dutzendweise Airbusse einzukaufen?! Wenn sie schon alle anderthalb Jahre eine Mühle zu Schrott flogen, dann doch wenigstens amerikanische Produkte!

Lange mussten die Amerikaner allerdings nicht warten, bis sie wieder an der Reihe waren: Die Luftwaffe hatte wieder einmal Bedarf an neuem Gerät angemeldet. Genauer gesagt, man wünschte auf der Insel ein paar Dutzend F16. Wie gewohnt durchlief der Bestellzettel die Verwaltungsstellen der ‚amerikanischen Freunde' recht zügig. Aber diesmal konfrontierten die großen Verbündeten die Antragssteller mit ungewohnter Lernfähigkeit: Nix mehr gratis. Nix mehr Bevorzugung. Und alles in bar:

25% Vorauszahlung bei Vertragsabschluss.

25% Vorauszahlung bei Start der Produktion.

Die restlichen 50% bei Auslieferung der e r s t e n und nicht der l e t z t e n Maschine!

Indes die Verhandlungsdelegation diese schwere Kost noch zu verdauen suchte, kam auch schon der Nachschlag: Man nehme die politischen Querelen, die infolge der Lieferung dieser HochleistungsKampfjets seitens der Volksrepublik China mit Sicherheit zu erwarten wären, billigend in Kauf. Dafür erwarte man aber, dass – angesichts der für Taiwan günstigen Lieferbedingungen – der

Kauf von vier nagelneuen MD-11 in die Abmachungen eingeflochten werde…

Die MD-11 waren natürlich früher da als die F16. Niemand hatte mit den sperrigen Vögeln gerechnet, keiner wusste mit ihnen etwas anzufangen. Piloten hatte man ohnehin keine. Und an Landerechte war gar nicht zu denken. Doch wie ein schlauer Kopf herausfand, brauchte man die ja gar nicht: ‚Mandarin Airlines' wurde aus der Taufe gehoben, ein ‚unabhängiges Charterunternehmen' mit Sitz in Taipei. Und schon würde man unbeschwert rund um die Welt düsen dürfen.

1991 wurde innerhalb der Kuomintang das Finanzsekretariat mit frischen, und vor allen Dingen mit innovativen Kräften neu besetzt. Die Männer, die die überalterte Truppe der Gründerzeit aufs Altenteil geschickt hatten, waren auf der Suche nach unrentablen Unternehmen rasch fündig geworden: Zu den Firmen, die Jahr für Jahr massive Verluste einfuhren, zählte natürlich auch China Airlines. Um seinen Schädel nicht gar zu weit aus dem Fenster zu strecken und um nicht versehentlich die Ursachen für die tiefroten Zahlen der Fluglinie aufzustöbern, überraschte der oberste Finanzer die Parteigremien mit dem einfachen Vorschlag, die Flieger an die Börse zu bringen. Er vermochte die geistigen Väter der ‚profitfreien Stiftung' zu überzeugen, dass sie erstens nicht auf ihre Pfründe zu verzichten hätten, und dass zweitens über den Börsengang noch viel, viel mehr Geld der Partei zufließen würde.

1993 war es dann endlich soweit: Die Aktien der Fluggesellschaft wurden erstmals an der Börse von Taipei gehandelt. Gewaltige Mengen an Barem wurden in die Parteikasse gespült. Ein richtiges ‚Going Public' war die ganze Übung dann allerdings doch nicht, denn lediglich 30% aller ausgegebenen Papiere gelangten in den freien Handel, der Rest verblieb im Besitz der Stiftung – eine Manövriermasse beachtlichen Ausmaßes.

Strukturelle Veränderungen ersparte sich die Partei so weit wie möglich. Größere Beben wurden von den willfährigen Medien abgefedert. Nach außen hin blieb der Eindruck der Stabilität und der Geschlossenheit immer gewahrt.

Und wie im Großen, so auch im Kleinen: China Airlines mochte sich von tausenderlei Fährnissen bedroht sehen – instabile Verhältnisse waren nie zu beobachten: Die Führungs und Konzeptlosigkeit haben sich bis auf den heutigen Tag erhalten. Es wäre nun ein großer Fehler anzunehmen, dass in der Führungsetage der Fluglinie lauter Dummköpfe hockten. Man folgt hier ganz einfach einer anderen Philosophie, einem besonderen Credo.

Ich kenne meinen Chef, kenne seine Vorzüge, seine Fähigkeiten. Und natürlich auch seine Marotten, seine Schwächen. Ich kann‘s mir richten. Ich merke mir seine Fehler und halte fest, wer zu seinem inneren Kreis zählt. Es ist besser, mit dem Teufel zu leben, den man kennt, als mit einem, den man nicht kennt.

Als Chef einer Abteilung ist mit der konzeptlose Präsident gerade recht. Solange ich ihn nicht vollumfänglich informiere, halte ich seine Kompetenz auf niedrigem Niveau. Auf diese Art erhalte ich mir mein kleines Königreich. Niemand schwätzt mir dazwischen. Ich muss weder Entscheidungen fällen, noch muss ich diese nach außen hin vertreten.

Als Präsident habe ich nur dafür zu sorgen, dass ich meine Unterhunde gegen einander auszuspielen verstehe; dies erreiche ich durch Aufsaugen aller verfügbaren Informationen. Alles andere regelt sich von selbst. Fehlentscheide kann ich nicht fällen, weil hinter jedem Entschluss ein Gremium steht. Meinen Einfluss auf Entscheide steuere ich dadurch, dass ich auf die Zusammensetzung der jeweiligen Gremien achte.

So geht’s auch…

Training und Ausbildung – Die Achillesferse.

Spätestens nach der ersten Sitzung im Simulator weiß man, dass es um die Ausbildung bei China Airlines nicht gut bestellt ist – gleichgültig ob ein Captain zur Beurteilung ansteht, ein Kopilot oder einer der Chefs. Das beginnt schon damit, dass die Wartung der Simulatoren sehr zu wünschen übrig lässt. Die Wartungsspezialisten – vom Hersteller der Übungsmaschinen durchaus gut eingewiesen – schwirren in ihren weißen Mänteln wie Assistenzärzte im Krankenhaus immer geschäftig durch die Gebäude. Doch wenn es darum geht, einen Fehler zu beheben, der schon seit Wochen im Bordbuch eingetragen sein kann, dann fehlen plötzlich die Ersatzteile. Oder die Ursache des Aussetzers konnte ‚leider immer noch nicht' gefunden werden. Eine lächerliche Notlüge des Wartungstechnikers Tang, wie sich im Laufe meiner Nachforschungen herausstellt. Und eine Unverschämtheit seitens des Chefs, der sowohl Tang wie auch mich offenbar für zu dumm hält, diesen Fehler zu finden.

„Haben Sie einen Durchschlag der Fehlermeldung zusammen mit dem Modul der Schalterkontrolle eingereicht?"

„Ja."

„Und bei wem?"

„Im Büro von Herrn Xiu."

„Wann?"

„Ich glaube vor elf Tagen. Ich kann Ihnen die Quittung holen, wenn Sie es ganz genau wissen möchten."

„Hat Xiu die Bestellung aufgegeben?"

„Ich weiß nicht, ob Herr Xiu die Bestellung aufgegeben hat."

„Hatten Sie in dieser Angelegenheit denn keine Rücksprache mit Herrn Xiu? Konnte er Ihnen denn nicht sagen, wann dieses Modul geliefert wird?"

„Nein. Xiu ruft uns von sich aus an, wenn das Ersatzteil da ist."

„Und wenn er mal eine Bestellung vergisst? Was dann?"

„Dann ruft er nicht an. Soll ich…?“

„Nein, nein, lassen Sie nur, ich muss ohnehin zum Chef. Und damit wir uns gleich zu Beginn unserer Zusammenarbeit recht verstehen: Es trifft Sie persönlich keinerlei Schuld. Ich mache Ihnen keinerlei Vorwürfe. Und ich danke Ihnen für Ihre Informationen!“

Mein erster Versuch, den MD-11 Simulator Schritt für Schritt wieder so auf Vordermann zu bringen, dass er als vollwertiges Übungsgerät genutzt werden konnte, scheiterte kläglich: Zusammen mit einem Elektroniker versuchte ich herauszubekommen, warum die Warnung an die Piloten bei allzu schneller Annäherung an das Gelände ausblieb. Ob beim unbeabsichtigten Absinken unmittelbar nach dem Abheben und dem Einfahren des Fahrwerks oder beim Anflug ohne Landeklappen – die Warnung kam einfach nicht. Nach endlos langer Suche in den Schaltplänen wurden wir fündig: Das ganze Modul fehlte. Die Komponenten für diese spezifische Warnung waren nicht eingebaut. Der Platz, an dem dieses zigarettenschachtelgroße Kästchen stehen sollte, war leer; nur vier Verbindungskabel samt Anschluss-Steckern, die zum Zentralrechner führten, guckten funktionslos ins Leere.

Als ich unserem Ausbildungschef meine Entdeckung mitteilte, zeigte der sich nicht sonderlich beeindruckt: „Wenn dieses Ding fehlt, dann werden wir unsere Trainingseinheiten eben ohne dieses Ding durchführen. Unsere Piloten haben schließlich genügend andere Verfahren zu üben, bei welchen diese Art der Warnung nicht benötigt wird. Außer Ihnen hat noch niemand diesen Mangel beanstandet.“

„Aber nun habe ich. Und ich ersuche um Behebung dieses Mangels. Wenn Sie nichts dagegen haben: So schnell wie möglich. Dieses ‚Ding‘, wie Sie es nennen, nimmt im Warnsystem eine äußerst wichtige Funktion ein. Einige Zwischenfälle – ich denke da an den BeinaheUnfall von China Airlines in Anchorage und an den Untersuchungsbericht des NTSB (National Transportation Safety

Board, Anm. d.Verf.) – lassen sich darauf zurückführen, dass die Piloten mit dieser Warnung entweder nichts anzufangen wussten oder sie absichtlich ignoriert haben."

„Ach Sie! Haben Sie eine Ahnung, wie viel so eine Nachrüstung kostet?"

„Das kostet gar nichts. Im Übernahmeprotokoll des Herstellers ist vermerkt, dass der Simulator komplett, also mit sämtlichen Einzelkomponenten übergeben und hier in Taipei auch getestet wurde."

Eine Woche später fand ich heraus, dass auch die Anlage abgeklemmt war, die die Piloten vor gefährlichen Annäherungen an andere Maschinen warnen soll (TCAS: Traffic Collision Avoidance System). Diesmal zeigte sich der Ausbildungschef ausgesprochen ungehalten: „Wenn Sie weiterhin darauf hinarbeiten, dass unser Trainingsbetrieb verzögert oder gar gestört wird, dann können wir Sie hier nicht gebrauchen!"

„Ich versuche lediglich, den Simulator wieder in Schuss zu bringen."

„Falls Sie es noch nicht wissen sollten: Auch Garuda und Thai-International bilden ihre Piloten auf unserem MD-11 Simulator aus. Das bringt unserer Firma zusätzliche Einnahmen. Und von all diesen Fluglehrern hat sich zwei Jahre lang kein einziger darüber beklagt, dass irgendeine komische Warnung nicht funktioniert."

„Hätten die saudische B-747 und die russische Tupulew auf die Ihrer Meinung nach ‚komische' Warnung geachtet, bzw. wäre sie eingebaut und funktionstüchtig gewesen, dann wären sie in der Nähe von Delhi wohl nicht in der Luft zusammengestoßen."

„Hätte, würde, wäre. Verschonen Sie mich doch endlich mit Ihren albernen Beispielen! Vielleicht könnten Sie auch den Konjunktiv der Vergangenheitsform weglassen. Tatsache ist doch, dass auch in Zukunft immer wieder Flugzeuge zusammenstoßen werden, ob mit oder ohne Warnanlagen."

„Glauben Sie nicht, dass es sinnvoll ist, auch die allerletzte Quelle zuzustopfen, aus der sich (zumindest als beitragender Faktor) ein weiteres Unglück speisen könnte?"

„Seelsorger hätten Sie werden sollen, Politiker. Oder besser noch Wahrsager. Dann jedenfalls wüssten Sie, dass mir der Chef der Materialbeschaffung das Fell über die Ohren zieht, wenn ich ihn immer wieder um Ersatzteile angehe für ein Gerät, das schon zwei Jahre in Betrieb ist. Im Übrigen ist Herr WuChan auf CAE (die Hersteller des Simulators, Anm. d.Verf.) ohnehin nicht gut zu sprechen, weil die sich seinerzeit strikt geweigert hatten, ihm für den Vertragsabschluss ein ordentliches Handgeld auf sein Konto in Los Angeles zu überweisen."

„Ist das Ihr Ernst?"

„Natürlich ist das mein Ernst. Und das leuchtet wohl auch jedem ein, der ökonomisch zu denken gelernt hat."

Ja, das leuchtete ein. Da konnte man beim besten Willen nichts machen, jedenfalls nicht auf dem Dienstweg. Doch auch chinesischer Pragmatismus lässt sich lernen: Anruf bei Direktor Shin vom Verwaltungsrat. Ich hatte diesen netten, älteren Herrn einmal im Simulator mitfliegen und auch selber einen Anflug steuern lassen. Kleines Bier nach Feierabend. Und vier Tage später ruft Herr Xiu den Mechaniker an: Da sei so ein CEAErsatzteil per Kurier eingetroffen; es liege abholbereit in Halle 2/D.

Und wenn dann die ‚Hardware' wieder lief, wie stand es dann mit der ‚Software', den Fluglehrern? Die Vorgaben, die wir zusammen erarbeitet hatten, gelangten zwar immer noch zur Anwendung, doch offenbar schien jeder einzelne SimulatorFluglehrer seine eigenen Vorstellungen von Instruktion zu pflegen. Solange ich an einer Übung teilnahm, ging es mehr oder weniger geordnet zu; aber ich konnte nicht pausenlos anwesend sein. Von Kopiloten hörte ich dann gelegentlich, dass wieder einmal jemand ‚improvisiert' habe; dass ein Kopilot, der nicht von der Luftwaffe gekommen war, ‚nachsitzen', d.h. nochmals antraben musste, weil er den plötzlichen ‚Ausfall' aller drei Triebwerke nicht zu handhaben verstand. Ich wusste sehr wohl, wer dieser ‚Jemand' war: Sehr gute fliegerische Begabung, aber ein ‚Laufender Meter' von gerade mal 164 cm lichter Höhe, der – auf hohen Absätzen daherstöckelnd – seine Minderwertigkeitskomplexe im Simulator zu kompensieren suchte.

Also wieder einmal die Ausbilder zusammentrommeln. Darstellung der Situation. Erklären ohne zu belehren:

„Wir haben einen Syllabus, in dem sämtliche Simulator-Übungen im Detail aufgelistet sind; in dem Anhang zu dieser Unterlage befindet sich zusätzlich ein Bewertungsleitfaden. Damit verfügen wir über eine standardisierte Beurteilungsgrundlage, die wir vollumfänglich nutzen sollten."

„Warum wollt Ihr Europäer immer alles standardisieren?"

„Nicht nur die sogenannten ‚Europäer' haben herausgefunden, dass es von großem Vorteil ist, eine gemeinsame Sprache zu sprechen. Und die Amerikaner sind in dieser Hinsicht noch viel konsequenter: Der Ausbilder in Alaska erzählt Ihnen dasselbe wie der in Alabama. Denn nur so können Sie den einzelnen Piloten objektiv beurteilen und nur so können Sie seine Stärken und Schwächen erkennen. Wenn Sie einen Piloten nie einen konventionellen FunkfeuerAnflug mit nur zwei intakten Triebwerken üben lassen, dann wird er auch im Ernstfall nicht wissen, wie man so etwas macht."

„Aber Sie wissen doch ganz genau, dass es kaum noch publizierte Anflüge mittels ungerichteter Funkfeuer gibt. Trägheitsnavigation haben wir heute, Satellitennavigation, MLS. Diese unzuverlässigen Funkfeuer, die sich unter Umständen sogar von einer dicken Gewitterwolke beeinflussen lassen, die sind tot. Die ganze Navigation ist doch heute kein Thema mehr", ereiferte sich mein kurzer Kollege.

„Und die Triebwerksausfälle, die haben Sie auch abgeschafft?"

„Natürlich nicht. Die üben wir ja in allen möglichen Variationen.

Wir schaffen immer wieder neue Szenarien, mit welchen sich der Prüfling auseinanderzusetzen hat."

„Sehen Sie, das ist genau der Grund, warum ich Sie zu dieser Besprechung gebeten habe. Der Simulator ist ein Übungsgerät und keine Geisterbahn. Wir haben in unserer kleinen Flotte immerhin acht Kapitäne, die nicht einmal einen Triebwerksausfall nach der Entscheidungsgeschwindigkeit V1 zu meistern in der Lage sind."

„Das glaube ich Ihnen nicht. Jetzt übertreiben Sie aber gewaltig!"

„Sie müssen mir auch nicht glauben, denn ich habe für Sie jeden einzelnen Computerausdruck als Anschauungsmaterial mitgebracht. Hier sehen Sie: Verspäteter Startabbruch. Piste seitwärts verlassen. Über die Fläche mit dem kaputten Motor abgeschmiert. Räumliche Orientierung verloren. Fehlerhafte Navigation. Wünschen Sie noch mehr Müsterchen?"

„Na ja, jeder hat mal seinen schlechten Tag. Und im richtigen Flugzeug verhält sich der Pilot auch richtig."

Diese Bemerkung wurde von den anderen Fluglehrern mit Worten des Missfallens und mit heftigen Gesten kommentiert. Mir blieb dadurch eine Erwiderung zu diesem Blödsinn erspart. Ich hatte einen Aktenordner bei mir, in dem die Berichte zu den Unfällen und Zwischenfällen der letzten beiden Jahre abgeheftet waren. „Hier, bitte lesen Sie nach." Ich reichte LiChan den Ordner, „da finden Sie eine Menge Leute, die einen schlechten Tag erwischt hatten. Und ich kann Sie nur dazu beglückwünschen, dass Sie an diesen Tagen nicht Ihre Familie mit diesen ‚indisponierten' Herren auf die Reise geschickt haben."

Ruhe im Raum.

Dann meldete sich Captain Chiang: „Und nun, wie weiter?"

„Ich möchte Sie zunächst einmal ersuchen, nicht aufzugeben. Meine größte Bitte an Sie persönlich ist aber die: Sie müssen unter allen Umständen das Vertrauen der Ihnen zugeteilten Piloten gewinnen. Sie müssen ihnen klarmachen, dass keine einzige der

Zusatzübungen gewertet wird, und dass ein Fehler nichts mit Gesichtsverlust zu tun hat. Versuchen Sie, das Schwergewicht Ihrer Instruktion auf die Ursachenforschung zu verschieben: Wie konnte es zu dem folgenschweren Fehlentscheid kommen? Warum ist die Kommunikation zusammengebrochen? Warum hat sich der Pilot nicht mehr Zeit verschafft? Überziehen Sie von mir aus die Sitzungszeit, aber gehen Sie mit jedem Kandidaten jede einzelne Phase der Fehlerentstehung durch. Motivieren Sie die Leute! Heben Sie jeden Fortschritt – und sei er auch noch so bescheiden – lobend hervor. Überzeugen Sie jeden Einzelnen davon, dass er das Zeug dazu hat, jedes Problem zu meistern."

Pater Leppich in Taipei. Ich redete mir den Mund fusselig und guckte dabei in ausdrucklose Gesichter. Ob wenigstens etwas hängen blieb? Wieder einmal eine Besprechung mit dem Chef des Flugbetriebs.

„Na, kommen Sie voran?"

„Ja, ich komme voran. Und je weiter ich vorankomme, desto mehr erschrecke ich. Desto größer wird meine Angst, dass es nur eine Frage der Zeit ist, bis sich der nächste, fürchterliche Knall ereignet."

„Aber so schlimm kann es doch nun wirklich nicht sein, oder?"

„Captain Fu, in der kleinen MD-11Flotte haben wir nicht weniger als elf Piloten, die nicht qualifiziert sind. Und ich habe – offen gestanden – nicht den Mut, diese Zahlen für die ganze Flotte von China Airlines hochzurechnen."

„Das brauchen Sie auch nicht. Also bleiben wir erst mal bei der MD-11: Ja, ich weiß, die älteren Herren. Aber man muss ihnen hoch anrechnen, dass sie sich für die Umschulung auf diesen ungeliebten Vogel überhaupt zur Verfügung gestellt haben. Soll ich sie jetzt einfach so absägen?"

„Was Sie mit ihnen machen, das liegt ausschließlich in Ihrer Entscheidungsbefugnis. Ich für meinen Teil weiß nur, dass das, was China Airlines in dieser Hinsicht betreibt, ausgesprochen perfider

Beschiss am Kunden ist. Sie können die Sicherheit Ihrer Passagiere nicht einmal annäherungsweise garantieren. Und wenn Sie Ihre Aufgabe einigermaßen verantwortungsvoll wahrnehmen, können Sie doch nicht einfach davon ausgehen, dass schon nichts passieren wird!“

„Aber ich kann doch unmöglich acht der dienstältesten Flugkapitäne und dazu noch drei Kopiloten auf einen Schlag entlassen! Das gäbe ein Heidenspektakel. Bevor die auch nur ihre Uniform abgegeben haben, stehe i c h schon auf der Straße. Verstehen Sie denn nicht? Die Captains, die Sie meinen, die gehören noch zur Gründergeneration. Die haben Power hinter sich, die halbe Luftwaffe. Die Erschütterungen einer derartigen Aktion würden bis ins Verteidigungsministerium zu spüren sein. Sie können von mir nicht erwarten, dass ich meinen Job einfach so aufs Spiel setze. Und wenn ich gefeuert würde: Meinen Sie denn, mein Nachfolger hätte mehr Verfügungsgewalt? Meinen Sie, d e r könnte eine solche Palastrevolution durchstehen?“

„Ich versuche, Ihre Situation zu verstehen. Dennoch bleibt die wichtigste Frauge unbeantwortet: Wie werden Sie, wie wird die Geschäftsleitung auf den nächsten Absturz reagieren? Wie viele Unfälle kann China Airlines Ihrer Meinung nach noch verkraften?“

„Ich weiß es nicht. Ich weiß es wirklich nicht.“

Wären es nun lediglich ein paar Hansel gewesen, deren Schwächen beim besten Willen nicht zu übersehen waren, würde sich der Schaden mit optimaler Planung und zusätzlichem Training noch einigermaßen begrenzen lassen. So aber krankte es so gut wie überall: Die fliegerische Grundausbildung der jungen Piloten, die nicht von der Luftwaffe kamen, schleppte sich schier endlos dahin. Die Motivation der jungen Männer war verständlicherweise nicht sehr hoch. Erschwerend kam hinzu, dass manche Fluglehrer von ihren liebgewonnenen Marotten nicht lassen konnten.

Besonders schlimm war dran, wer das Pech hatte, Chen YuTao

zugeteilt zu werden. Wie konnte so ein Typ überhaupt Fluglehrer werden? Wer hatte ihm die Lizenz ausgestellt? Alles, was ich über diesen ‚Rambo-Chen' herausfinden konnte war, dass er sich im Range eines Majors ehrenhaft aus den Diensten der Luftwaffe verabschiedet hatte. Einer seiner ehemaligen Flugschüler berichtete, dass Chen die Trainingseinheiten auf dem richtigen Flieger in erster Linie zu Lustflügen umfunktionierte. Obwohl z.B. Platzrunden vorgesehen waren, um dem Anfänger das Gefühl für die Maschine zu vermitteln, für die Masse, den geschwindigkeitsabhängigen Kurvenradius und eine sinnvolle Höheneinteilung, schwang sich Chen wild in die Lüfte. Er demonstrierte Steilkurven, ließ die Strömung abreißen oder veranstaltete Ziellandungen aus jeder beliebigen Höhe über Platz – mit den Triebwerken in Leerlauf. Sein Standardsatz (den er auch mir gegenüber wiederholte, weil er ihn wahrscheinlich für besonders gelungen hielt) war: „Also, wenn Sie das Steuer führen und plötzlich Widerstand spüren, dann kommt dieser Widerstand von mir, und dann machen Sie etwas falsch."

Mein Vorschlag, zumindest alle Kopiloten nochmals durch einen Intensivkurs zu schleusen, fand kein Gehör. Die Antwort des Mannes, der die gesamte Ausbildung bei China Airlines zu verantworten hatte, war bemerkenswert ehrlich:

„Wir müssen im Cockpit wenigstens Einen haben, der Englisch spricht. Ob der Kerl fliegen kann oder nicht, spielt keine so große Rolle – er kann es ja immer noch lernen" Und dann schob er nach: „Wäre dem Präsidenten wohl auch zu teuer."

„Erkennen Sie denn nicht, dass man mit einer guten Ausbildung der Kopiloten in die Zukunft von China Airlines investiert?"

„Ach, mein Lieber, zerbrechen Sie sich darüber nicht den Kopf! Vielleicht hat China Airlines gar keine Zukunft."

Tja, das war natürlich auch eine Perspektive. Ich schluckte trocken.

„Wenn dies Ihre Sicht der Dinge ist, warum haben Sie mich

dann angeheuert? Mich und die anderen ‚Großnasen' aus Amerika, Finnland, Südafrika?"

„Ich habe Sie nicht angeheuert."

„Aber nun bin ich hier. Und ich habe einen Auftrag. Und zumindest ein paar Herren Ihrer Geschäftsleitung sehen das genauso."

„Diese Verwaltungsärsche wissen nicht einmal, wo bei einem Flieger hinten und wo vorne ist. Von operativen Problemen können die sich gar keine Vorstellung machen."

„Aber ich habe meine Vorstellungen, wie man den Standard besonders in der MD-11-Flotte heben könnte. Es kostet überhaupt nichts, kleinere Gruppen von Kopiloten zusammenzufassen und sie ausschließlich nach Hongkong und nach Manila fliegen zu lassen; auf diese Weise kämen sie auf acht bis zehn Landungen pro Monat. Von diesem ‚Vorrat' könnten sie dann wieder ein halbes Jahr zehren."

„Die sogenannten Kurzstrecken im MD-11-Streckennetz müssen wir für unsere Funktionärspiloten freihalten. Und natürlich für unsere Fluglehrer, die in Übung bleiben müssen für die Landungen aus dem rechten Sitz."

„Und wofür fliegen zwei Fluglehrer zusammen nach Kuala Lumpur? Denkt man da eher an Abschläge oder eher an Pitch, Chip und Putt? Oder dienen diese Flüge nicht allein dem Golf, sondern auch der jährlichen Streckenüberprüfung, also nichts anderem als dem gegenseitigen Schulterklopfen?"

„Mann, Sie sind zu neugierig – für meine Begriffe jedenfalls. Und im Übrigen sehen Sie nicht ein, dass Kopiloten lediglich ein notwendiges Übel darstellen. Allenfalls – und nun wiederhole ich mich – taugen sie zum Übersetzer auf den Flügen nach Europa. Lassen Sie die Kerle ein paar Jahre reifen, dann werden sie auch ihre Landungen einigermaßen hinkriegen."

„Die ‚Kerle', wie Sie sie nennen, sind immerhin Ihre Stellvertreter an Bord, für den Fall, dass Sie im Anflug auf Rom oder Amsterdam Ihren Herzinfarkt nehmen."

„Ich bin gesund, weil ich mich fit halte. In meiner ganzen Familie gibt es keinen, der an Herzversagen gestorben ist.“

„Und Sie haben wahrscheinlich auch nicht klein angefangen, oder?“

„Nein, ich habe nicht klein angefangen. Als ich zu China Airlines kam, da hatte ich bereits fünfzehn Jahre Luftwaffe hinter mir. Oberst. Stellvertretender Geschwaderkommodore. Abfangjäger. Abfangjagd nachts. Starfighter F-104, sollten Sie ja kennen! Wer nicht gut war, wurde früh begraben. Nach zwei Monaten Ausbildung in der Zivilfliegerei war ich fertiger Kopilot, weitere zweieinhalb Jahre später war ich Captain. Anschließend Ausbildung zum Fluglehrer. Wenn man gut ist, dann kommt man auch voran. Ohne Protektion, ohne Zusatztraining. Alles ganz einfach. Klar?

Als ich schwieg, brüllte er plötzlich los: „He, Sie glauben mir wohl nicht?“

„Ich möchte in diesem Zusammenhange nicht persönlich werden.“

„Was heißt hier ‚persönlich‘? Was wissen Sie denn schon, Sie WestentaschenSherlokHolmes, Sie…“

„Nun, letzthin traf ich ExGeneral ChouWaij im Bridgeclub der Luftwaffe. Ein toller Typ. Der hat nicht nur immer eine feine Davidoff im Hals, sondern auch stets ein paar tolle Geschichten auf Lager. Ist der nicht Ihr Schwiegervater?“

„Ja. Na und?“

„Ach lassen wir das. Nur noch einen Punkt möchte ich vortragen: Wenn Sie sich die Liste der Flugkapitäne auf der MD-11 ansehen, werden Sie feststellen, dass ein hoher Prozentsatz dieser älteren Herren in absehbarer Zeit ausscheiden wird. Des Weiteren laufen die Verträge einiger ausländischer Piloten aus. Haben Sie sich schon überlegt, woher die Kopiloten kommen sollen, die Sie zu Captains ausbilden werden?“

„Habe ich mir noch nicht überlegt. Aber ich biete Ihnen eine alte ZenWeisheit an: ‚Wir werden uns überlegen, wie wir den Fluss überqueren, sobald wir ihn erreicht haben.“

Es war so gut wie hoffnungslos. Wo konnte da angesetzt werden? Und mit welchen Mitteln? Wie schlimm es tatsächlich um die Streckenausbildung der Nachwuchspiloten stand, hatte ich lange Zeit nicht realisiert. Als beitragender Faktor konnte gewertet werden, dass auch auf einem ‚begleiteten‘ Ausbildungsflug die wichtigen Phasen, wie z.B. die Ab und Anflugbesprechung stets in Mandarin abgehandelt wurden. So ließ sich nie feststellen, ob der Kopilot im Regelkreis und in der Kommunikation eingeschlossen war oder nur als Unterhund die Befehle von der linken Seite unbesehen ausführte. „Um Missverständnisse auszuschließen“, so wurde mir versichert, „und nicht, weil wir auf Ihre Erfahrung verzichten möchten, bedienen wir uns unserer Muttersprache; bitte, bringen Sie uns in diesem Punkt etwas Verständnis entgegen!“

Auf den nächsten Ausbildungsflug brachte ich das nötige Verständnis mit. Aber auch ein kleines Tonbandgerät, auf dem ich heimlich den Dialog zwischen dem Trainingskapitän und dem auszubildenden Kopiloten vom Beginn des Absinkens bis zum Abbremsen mitschnitt. Zur Übersetzung des Tonbandes zog ich die Hotel-Dolmetscherin bei (auf eigene Kosten).

Der Kopilot führte den Flug (nach Manila) durch und begann rechtzeitig vor dem Absinken mit der vorgeschriebenen Anflugbesprechung; weit kam er dabei nicht, denn der Captain unterbrach ihn unvermittelt:

„Noch nie in Manila gewesen?“

„Doch, zweimal.“

„Na also, da können wir uns das unnötige Gefasel ersparen.“

Der Captain schien nicht gewillt, sich den Plan seines Mitarbeiters auch nur anzuhören, geschweige denn, sich damit auseinanderzusetzen. Für ihn, den ‚Meister‘ war alles nur Routine. Sein Ziel war klar umrissen: Runter, rein, umladen, raus, rauf und heim

– am Abend hatte er Gäste. Hätte ich ihn auf seine Funktion als Lehrer angesprochen, würde er wohl verwirrt gefragt haben, was das solle.

Ein paar Minuten später wandte sich der Kopilot an seinen Chef:

„Captain, ich möchte die Reiseflughöhe in zwanzig Meilen verlassen; bitte holen Sie die Erlaubnis zum Absinken ein."

„Zu früh, Mensch. Sie sind damit viel zu früh! Wenn Sie jetzt absinken, machen Sie während der letzten zehn Minuten eine Sightseeing-Tour übers Meer. Das kostet nur Treibstoff."

„Aber…"

„Nein, nein, lassen Sie sich ruhig Zeit mit dem Absinken. Ich werde Ihnen schon sagen, wann wir runter müssen."

Der Kopilot sagte von diesem Augenblick an nichts mehr. Er hatte recht mit seinen Berechnungen. Der Zeitpunkt, zu dem er hatte absinken wollen, war richtig gewählt, denn auf der Reiseflughöhe bis hinunter auf 8 000 Fuß blies ein kräftiger Nordwind, der für eine Geschwindigkeit über Grund von annähernd 1 060 Stundenkilometern sorgte. Der Herr Trainingskapitän hatte offenbar weder die Wetterunterlagen vor dem Start in Taipei studiert, noch hatte er die Windwerte auf dem Navigations-Bildschirm zur Kenntnis genommen. Vielleicht maß er dem Wind auch keine besondere Bedeutung bei.

Natürlich beantragte der über jeden Zweifel erhabene Zampano die Freigabe für den Sinkflug viel zu spät. Der Flugsicherungsbeamte seinerseits hatte es nicht eilig, bewilligte dann aber eine direkte Freigabe bis hinunter auf 4 000 Fuß.

„Absinken", befahl nun der Captain.

„Bitte die Checkliste für Absinken und Anflug, Sir", bat der Kopilot.

„Gemacht, schon gemacht. Nun aber runter!"

„Ich sinke jetzt ab. Ich schalte das Zeichen ‚Fasten Seatbelts' ein."

„OK."

Das war nun alles andere als OK, denn die Minimalhöhe für den Anflug war immer noch nicht gesetzt. Der Captain hatte die Checkliste nicht abgearbeitet, und der Kopilot hatte entweder den Fehler nicht bemerkt oder er hatte nicht den Mut, seinen Herrn und Meister auf dem linken Sitz zu korrigieren. Als beide Piloten bei Erreichen der vorgegebenen 4 000 Fuß über Grund das sogenannte ‚Minimum' immer noch nicht gesetzt und ihre Höhenmesser immer noch nicht auf Platzdruck eingestellt hatten, mahnte ich die Versäumnisse an.

„Ich bin zu hoch und zu schnell", meldete sich der Kopilot.

„Ach was! Äh, also gut, dann fahre ich die Klappen auf 15 Grad aus.

„Wir sind aber gegenwärtig zu schnell für die Vorflügel, wir müssen unter 280 (Knoten) sein, sonst ertönt die Warnung für überhöhte Geschwindigkeit."

„OK, ja. Also Nase hoch! Wählen Sie 220 Knoten vor. OK."

„230 (Knoten). Fahrwerk ausfahren. Das gibt mehr Widerstand."

„Viel zu früh! Niemals das Fahrwerk! Das kommt später", sagte der Captain.

Unterdessen hatte der Radarlotse einen Kurs befohlen, der die Maschine in einem Winkel von 45 Grad zum Peilstrahl des Instrumentenlandesystems führen sollte. Aber noch bevor der Kopilot auf Kurs drehen konnte, befahl der Captain:

„Fliegen Sie zehn Grad weiter nach rechts, das gibt Ihnen dann etwas mehr Raum zum Absinken. Warum haben Sie immer noch nicht Klappen 28 (Grad) befohlen? Fliegen Sie rechts, noch mehr rechts!"

„Aber der Radarkurs…" warf der Kopilot vorsichtig ein.

„Ach was, fliegen Sie ruhig, was ich Ihnen sage!"

In diesem Augenblick war es für mich mit der Gemütlichkeit

vorbei. Ich schnappte mir das Mikrophon und bat den Fluglotsen um Freigabe für einen Vollkreis nach rechts.

„Wohl ein bisschen hoch heute, meine Herren von der Formosa-Insel, oder?“ meinte der Mann am Radar humorvoll. Und dann: „Machen Sie Ihren Vollkreis nach rechts und sinken Sie auf 2 000 Fuß ab. Dies ist gleichzeitig die Freigabe für den Endanflug.“

Der Kopilot schaute erst einmal erschrocken zu seinem Trainingskapitän auf dem linken Sitz, der meine Intervention mit versteinerter Miene zur Kenntnis genommen hatte. Dann drehte er sich fragend zu mir um, und ich nickte ihm aufmunternd zu, mit der Hand eine Rechtskurve andeutend. Diese Verzögerung hatte zur Folge, dass aus dem Vollkreis eine Art Aubergine wurde, weil der Kopilot – nun völlig verunsichert – den Wind unberücksichtigt ließ. Den Captain schien der Abschluss der außerplanmäßigen Ehrenrunde nicht weiter zu beeindrucken. Teilnahmslos hockte er auf seinem Sitz, den Blick frei und geradeaus. Er zeigte erst wieder Leben und wurde aktiv, als sich das Flugzeug – diesmal von rechts kommend – dem Peilstrahl näherte.

„Schalten Sie den Autopiloten aus!“ kam der Befehl von links.

„Jawohl, Sir.“

„Drehen Sie schon mal ein bisschen gegen den Flugplatz, dann wird die letzte Kurve nicht zu groß.“

„Jawohl, Sir.“

„Jetzt bewegt sich der Peilstrahl im Instrument. Sehen sie ihn?“

„Jawohl, ich sehe ihn.“

„Also folgen Sie ihm. Melden Sie, wenn Sie die Gleitweganzeige von oben kommen sehen. Aber halten Sie das Steuer nicht so fest, sonst kann ich keine Korrekturen anbringen.“

Ich hatte zwar das Ausschalten des Autopiloten mitbekommen (ein hässlicher Alarmton und eine blechern tönende Stimme bestätigen, dass die Maschine nun von Hand gesteuert werden muss), ich verstand allerdings nicht, was der Captain seinem Assistenten erzählte. Merkwürdig erschien mir, dass beide Männer die Steuersäule hielten. Und dann merkte ich, dass der Kopilot das Flugzeug gar nicht mehr selbst kontrollierte, sondern lediglich ‚nachfühlte', was der Bordkommandant für Impulse gab – und die waren miserabel: Zeigte sich der Peilstrahl links, wurde mit einer Querlage von bis zu 20 Grad nach links korrigiert, bis er sich wieder zur Mitte des Instruments bewegte – nur um gleich anschließend rechts aus dem Instrument zu verschwinden.

„Der Peilstrahl ist rechts", kommentierte mutig der Kopilot.

„Na, dann korrigieren Sie eben nach rechts", meinte der Captain und legte selbst etwas rechte Querlage ein. Unvermittelt, ohne Kommentar aber auch ohne Aufforderung setzte er die Landeklappen auf 35 Grad und fuhr das Fahrwerk aus. Augenblicklich begann die Warnung für das Fahrwerk zu quäken, weil die Klappenstellung früher erreicht war als die Verriegelung der Räder.

Das war gespenstisch! Die Anzeige für den Peilstrahl – und später auch die für den Gleitweg – wedelte wie ein nervöser Scheibenwischer hin und her, rauf und runter. Das Erfliegen eines Windkurses und die Berechnung einer durchschnittlichen Sinkgeschwindigkeit hatten sich offenbar noch nicht bis nach Taipei herumgesprochen. Die sinnlosen Korrekturen, die der Captain verbal anordnete und zugleich selbst ausführte, basierten auf dem Hosenboden und nicht auf der Interpretation des Fluglageinstruments. Und sie häuften sich, je näher die Maschine an die Piste kam.

Der Radarmensch ordnet den Frequenzwechsel zum Kontrollturm an. Als ‚nichtfliegender' Pilot müsste der Captain auf die Turmfrequenz schalten; da er es nicht tut, macht es der Kopilot. Da sich niemand auf der Turmfrequenz meldet, fragt der ‚Turmwächter':

„China Airlines 246, sind Sie bei mir?"

„China Airlines, äh, im Endanflug…"

„China Airlines 246, wind 240 (Grad) mit zwölf (Knoten), klar zur Landung Piste 21."

Unvollständige Bestätigung der Freigabe zur Landung durch den Captain.

Die Piste kommt in Sicht.

Der Captain armiert die Bremsklappen (viel zu spät, denn diese Aktion muss gemäß Checkliste nach dem Verriegeln des Fahrwerks erfolgen).

„50 Fuß“ (automatische Ansage).

Zwei Männer rudern und reißen wild an der Steuersäule herum.

Rrumms – Hüpf – Bumms!

Mein Mund war ausgetrocknet. Feuchte Hände. Nein, Angst hatte ich nicht, denn die Bodensicht war gut, die Wolkenuntergrenze lag bei rund 300 Metern. Aber ich versuchte mir vorzustellen, wie solch ein Flug in schwerem Wetter und ohne Beaufsichtigung ausgegangen wäre. Ein schwacher, unerfahrener Kopilot und ein kompetenter Kommandant, das mochte noch angehen. Doch was, wenn ein guter, aber eingeschüchterter Kopilot zusammen mit einem Trottel auf dem linken Sitz auf Reise geschickt wurde? Diese schlimmste aller Mischungen barg ungeheures Gefahrenpotential. In der Zeit zwischen 1990 und 1995 sind 31 Fälle belegt, bei denen – um es milde auszudrücken – Unstimmigkeiten im Cockpit zu Situationen geführt haben, die als kritisch bis gefährlich eingestuft werden müssen. 27 dieser Vorkommnisse fanden in der Endphase der jeweiligen Flüge, also zwischen Endanflug und Landung statt, 23 betrafen die Landung selbst. In acht dieser Fälle rutschte die Maschine seitwärts von der Piste, weil der landende Pilot den starken Seitenwind nicht berücksichtigt hatte.

Ach ja, der geneigte Leser möchte wissen, welche Konsequenzen aus den Vorkommnissen auf dem Flug nach Manila gezogen wurden. Ganz einfach: Keine. Der betreffende Trainingscaptain zeigte sich durch meinen Vortrag bei Chefpilot Ho wenig beeindruckt. Ho fragte nur, wie es mir gelungen sei, in derart kurzer Zeit so gut

Mandarin zu lernen, dass ich der Konversation im Cockpit folgen könne. Daraufhin spielte ich das Tonband ab. Ho blätterte scheinbar hoch konzentriert in den vor ihm liegenden Papieren herum und sagte gar nichts. Und der Herr, der mich auf dem Flug mit seiner Inkompetenz erschreckt hatte, verblüffte mich nun mit der kurzen Frage: „Sind wir denn abgestürzt?"

In der ganzen MD-11-Flotte gab es zwei chinesische Fluglehrer, die den richtigen Landeablauf – sowohl ohne als auch mit Seitenwind – nicht nur erklären und vormachen, sondern auch lehren konnten. Einer von ihnen war Peter Liu.

„Warum", fragte ich ihn, „warum bringt Ihr nicht wenigstens Euren Kopiloten eine ordentliche Technik für Seitenwindlandungen bei?"

„Weil es nichts bringt."

„Wie können Sie behaupten, dass es nichts bringt? Eure Jungs sind doch nicht doofer als andere Piloten. Wenn ich mit einem von ihnen auf Strecke gehe, dann klappt es spätestens beim dritten Versuch. Und zudem sollten Sie nicht außer Acht lassen, dass die Kopiloten von heute in vier oder fünf Jahren selbst Captain sind."

„Das mag schon sein. Aber wenn diese Nachwuchsleute n i c h t mit Ihnen auf Strecke gehen, dann erhalten sie auch keine Gelegenheit, Landungen bei Seitenwind zu machen; die macht dann nämlich immer der Mann auf dem linken Sitz – wenn auch nicht besser."

„Aber, das gibt's doch nicht! Da müssen Sie doch etwas dagegen unternehmen!"

„Was sollten wir dagegen tun können? Wir haben keinerlei Rückhalt; wenn wir einen Vorschlag machen, dann nimmt man uns nicht ernst. Mehr noch, man wirft uns vor, die angeblich ‚albernen' Verfahren der Amerikaner nachzubeten."

„Und den Chef der Flugbetriebsleitung, können Sie nicht wenigstens diesen Mann von der Richtigkeit Ihrer Methode überzeugen?“

„Den überzeugen? Der kann ja selbst nicht landen. Zudem hatte er es in der Luftwaffe nur bis zum Major gebracht; die älteren Herren würden ihn einfach auslachen und ihn zum Teufel jagen, wenn er ihnen sagen wollte, dass sie etwas falsch machen. Das Allerschlimmste an der Sache ist, dass sie sich nicht nur dem Übel der Unbelehrbarkeit, sondern auch noch der ebenso aberwitzigen wie ausgesprochen gefährlichen Technik des ‚Drifting‘ verschrieben haben, sobald der Wind von der Seite bläst: Kommt der Wind beispielsweise von links, dann setzen sie die Maschine einfach auf der linken Pistenseite auf und lassen sich zur Pistenmitte hin driften. Weder halten sie die Flugzeugnase während des Anflugs in den Wind, noch lassen sie beim Ausschweben die Luv-Fläche etwas hängen. Sie stellen den Vogel mit allen zehn Rädern des Hauptfahrwerks gleichzeitig auf den Beton. Deshalb rummst es auch jedes Mal so fürchterlich, und die Passagiere glauben mittlerweile, dass sich die MD-11 nicht landen lasse. Diesbezügliche Beschwerdebriefe liegen haufenweise bei der Direktion vor. Für Sie als Europäer vielleicht nicht einfach zu verstehen, doch der Fisch stinkt nun mal zu allererst vom Kopf: Wenn einem Problem von ganz oben keine Bedeutung beigemessen wird, dann ist es eben kein Problem mehr, dann sucht auch keiner mehr nach Lösungen.“

„Sie gehen auf dünnem Eis, Captain Liu. Sie könnten sich eines Tages als Teil des Problems wiederfinden. Wollen Sie nicht wenigstens einen Versuch wagen und – weil wir uns soeben über Landetechnik ausgetauscht haben – auf diesem Sektor einen Vorstoß wagen?“

„Wollen schon, das können Sie mir glauben. Mit Absichtserklärungen allein ist es aber sicher nicht getan.“

„Gehen Sie doch mal bei Herrn LeeFan vorbei, der hockt in der Abteilung Materialbeschaffung und ist bei China Airlines für alles zuständig, was irgendetwas mit Gummi zu tun hat. Der Lee weiß, dass wir einen um 28% höheren Reifenverschleiß haben als Swissair und American Airlines. Und er ist es schließlich, der jeden Monat die Runderneuerungen sowie die neuen Reifen zu bezahlen hat."

Liu lachte. „Sie sind in der Tat noch nicht lange in China: Lee freut sich über jeden einzelnen kaputten Reifen, denn mit jedem neuen Reifen wird auch sein USDollarkonto runderneuert. Sie erinnern sich: Der Fisch…"

51 Anweisungen, Ermahnungen, Gebote und Verbote wurden im Laufe von drei Jahren von der Abteilung Ausbildung und Training unters Volk gebracht. Einzig und allein der Hinweis fehlte, dass es künftighin verboten ist abzustürzen. Zu Papier gebracht wurde so ziemlich alles, was unsinnig, bedeutungslos oder einfach nur lustig ist:

Viermal wurden strenge Inspektionen durch die Luftfahrtbehörde angedroht (die dann so gut wie nie durchgeführt wurden).

Nach jedem Totalverlust wurde neu angeordnet, was die Piloten während des Fluges in ihrer Tasche mitzuführen hatten. Nach dem grauenvollen Absturz vom 16.2.1998 – er ereignete sich nachts – wurde befohlen, dass beide Piloten eine Taschenlampe, und der Kopilot zusätzlich einen Schraubenzieher auf sich zu tragen haben (möglicherweise um das Wrack zu reparieren?).

Zwölf Stunden vor einer Simulator-Sitzung darf nichts mehr getrunken werden (entweder dachte der Verfasser an erschwerte Bedingungen nach einer Landung in der Sahara oder doch an den Genuss von Alkohol). Als ich dem Chefpiloten in einem außerdienstlichen Gespräch vorschlug, die ‚zwölf Stunden' in ‚acht Meter vor dem Simulator' abzuändern, da verstand er den Scherz nicht und versprach, den Vorschlag weiterzuleiten. Meine ernsthaft gemeinte Anregung, die Trink- und Spielgewohnheiten seiner Mannen während der Auslandsaufenthalte etwas genauer unter die Lupe zu nehmen, überging er.

Im Simulator muss Krawatte getragen werden (Selbst dem Chef Ausbildung muss diese absurde Verordnung komisch vorgekommen sein, denn er weigerte sich, mir den Namen des Verfassers zu verraten).

Dauert der Hinflug nach einer beliebigen Destination länger als vier Stunden, darf der Rückflug selbigen Tages nicht mehr angetreten werden; der Start darf aber am nächsten Kalendertag um 0001 Uhr erfolgen.

Die Verständigung zwischen Kabinenpersonal und Piloten muss verbessert werden. Wie dies zu geschehen habe, wurde nicht ausgeführt (Nach dem Absturz in Nagoya 1994 hatten 82 Flugbegleiterinnen und Flugbegleiter gekündigt, nach dem Unfall bei Tayouan deren 143; zusätzlich waren mindestens 280 Stewardessen krankheitshalber bzw. unentschuldigt dem Flugdienst ferngeblieben.

Der Simulator muss unter allen Umständen sauber gehalten werden (Ob er funktioniert oder nicht, spielt keine so große Rolle).

Nach dem fürchterlichen Absturz vom 16.2.1998 vor den Toren Taipeis hatte die Flugbetriebsleitung (wieder einmal) ein Verbesserungsprogramm aufgelegt. Tenor: ‚…benötigen dazu Ihre volle Unterstützung.‘

Die Unterstützung kam in der Person von Captain Tian, einem guten Mann, der im Lehrkörper der MD-11 eine spürbare Lücke hinterließ. Am 22.2.1998 – sechs Tage nach dem Desaster – stellte er sich als Chefpilot zur Verfügung, um die Airbusflotte des Musters A 300/600 (den allergrößten Sauhaufen bei China Airlines) auf Vordermann zu bringen. Zum 30.4.1998 hatte er seine Umschulung auf diesem Typ abgeschlossen. Dann griff er mit eiserner Hand durch: Bereits nach vier Tagen hatte Tian sämtliche Fluglehrer seiner Flotte im Simulator überprüft und fünf von ihnen ihres Amtes enthoben. Am 2.8.1998 hockte Captain Tian wieder im Cockpit der MD-11 (von der aus er den ebenso dornenvollen wie erfolglosen ‚Unterstützungsversuch‘ bei der A300/600Truppe unternommen hatte). So intensiv hatte man sich in den Chefetagen die angemahnte Hilfe dann doch nicht vorgestellt. Es durfte weitergewurstelt werden.

Dass es in ganz Südostasien um die Flugsicherheit schlecht bestellt ist, weiß jeder, der diese Routen einmal beflogen hat. Hauptschuld an der Misere tragen in erster Linie die Regierungen der betreffenden Länder: Die vielen Milliarden Dollar, die im Laufe der Jahre allein an Überfluggebühren eingegangen sind, wurden – diplomatisch ausgedrückt – möglicherweise in leicht zweckentfremdeter Art und Wiese verbraucht; es gehört zum guten Ton, dass Politiker und hochrangige Beamte ihre unseligen Finger im Teig haben (das hässliche Wort Korruption wird dort, wo es vonnöten wäre, nie benutzt). Die außergewöhnlich rasche Expansion der Airlines trug zusätzlich ihren Teil zu den unhaltbaren Zuständen bei, denn zuweilen trafen die neuen Maschinen schneller ein, als die Schneider der Fluggesellschaften die Uniformen für ihre Mitarbeiter zusammensticheln konnten.

Die gesamte Infrastruktur hinkte – und hinkt bis auf den heutigen Tag – der Entwicklung meilenweit hinterher. Der Funkverkehr erinnert zum Teil immer noch an Zeiten vor dem zweiten Weltkrieg. In Iran, Indien, Burma, Malaysia und in weiten Teilen Chinas ist auch die Flugsicherung noch weit davon entfernt, einen akzeptablen Standard zu erreichen; der Job eines Fluglotsen genießt in diesen Ländern kein sonderlich hohes Ansehen und ist obendrein sehr schlecht bezahlt. Des Weiteren verunmöglicht akuter Mangel an qualifizierten Piloten eine vernünftige Auswahl unter den Anwärtern für eine Airline-Karriere. Einige der finanziell auf wackeligen Beinen stehenden Fluggesellschaften beschleunigen den Abwärtstrend des Standards auf ihre Weise: Sie klauben auf dem Markt alles auf, was billig und willig ist. Die Stärkeren dieser Sparpiloten reißen ihre Stunden ohne Rücksicht auf Verluste ab, sammeln Erfahrung und heuern nach zwei bis drei Jahren bei der ersten besten Bude an, die ein besseres Gehalt bietet; der Bodensatz bleibt, der Standard sinkt weiter.

Am Unwillen zu lernen liegt es nicht, an mangelnder Intelligenz sicher auch nicht. Einer Entwicklung zum Besseren steht vielmehr die Unfähigkeit im Wege, einen Fehler als solchen zu akzeptieren und aus ihm Lehren zu ziehen. Eine Auswertung von Vorkommnissen, eine weiter gehende Untersuchung oder eine Analyse von Entwicklungen muss unter allen Umständen verhindert werden: Wer ertappt wird, dem droht Gesichtsverlust, und Gesichtsverlust erscheint vielen schlimmer als der Tod selbst (Japan hat die höchste Selbstmordrate von Kindern, weil die Leistungs-Ranglisten der Schulklassen wöchentlich veröffentlicht werden). Nur so lässt sich erklären, dass bei Schwierigkeiten niemand nach der Lupe sucht – alle schreien nach dem Deckel, der über den Pott der Unannehmlichkeiten gestülpt werden soll.

Und auf diesem Gebiet hat es China Airlines zu unbestrittener Meisterschaft gebracht; die Aufarbeitung jedes einzelnen Unfalls oder Zwischenfalls erfolgt in drei Phasen, die – was die zeitliche Abfolge betrifft – säuberlich voneinander getrennt sind:

1. Was nicht einhundertprozentig bewiesen werden kann, wird zunächst einmal vehement bestritten. Parallel dazu wird eine nachhaltige Behinderung aller Recherchen organisiert; wenn nötig werden dazu sogar die Justizorgane (z.B. für einstweilige Verfügungen) herangezogen. Nebelwerfer treten in Aktion. Unterlagen verschwinden. Spuren werden verwischt, falsche Fährten gelegt. Den Medien werden entweder irreführende Informationen zugespielt oder Maulkörbe verpasst.

2. Ist die Beweislast bereits zu erdrückend, wird das Vorkommnis zunächst mal scheibchenweise eingeräumt, dann umständlich interpretiert. Beitragende Faktoren werden überzeichnet dargestellt. Schließlich wird der ganze Fall mit einer gedrechselten Schuldzuweisung versehen und ad acta gelegt. Am einfachsten ist es natürlich, wenn beim Crash alle umgekommen sind, denn dann hat man

im Piloten immer den Hauptschuldigen – und der kann aus dem Sarg heraus nicht mehr widersprechen.

3. Abschließend wird der Schwächste aller am Vorfall Beteiligten ausgeguckt und in die Pfanne gehauen. Je nach Einfluss, Hausmacht oder Beziehungen des Abgestraften kann eine Rehabilitierung erfolgen, sobald genügend Gras über die Angelegenheit gewachsen ist.

Krisenmanagement oder gar Krisenkommunikation sind bei China Airlines nicht vorgesehen. In den Schaltstellen der Fluggesellschaft werden Risiken als ‚Querdimensionen' des normalen Geschehens nicht nur nicht erkannt, sondern schlicht negiert. Diese Tatsache bewirkt, dass immer nur reagiert, aber niemals vorgebeugt werden kann. Nach jedem Zwischenfall schießen die ‚Krisenteams' wie Pilze aus dem Boden, denn die Luftfahrtbehörde wünscht das so, und vielleicht auch die betroffene Versicherungsgesellschaft. Ist die Arbeit dieser Teams verrichtet, d.h. größtmögliche Schadensbegrenzung erreicht, werden die ‚Aufklärer' Opfer ihrer eigenen Funktionslosigkeit und treten – bis zur nächsten Katastrophe – zurück in die Kulisse.

Eine ‚PRFeuerwehr', ein Sicherheitsteam, das – mit klar definierten Kompetenzen ausgestattet – die verschiedenen Szenarien entwirft und immer wieder durchübt, gibt es nicht. Im Bewusstsein, dass 99% aller Unfälle und Zwischenfälle mit menschlichem Versagen beginnen, ist jeder einzelne bestrebt, sich verantwortungsmäßig wie physisch vom Ort des Geschehens so weit wie möglich entfernt zu halten. Denn jeder weiß: Wenn ein anderer strauchelt, kann sehr wohl auch ich fallen. Selbst wenn mir der Fall des anderen in Zukunft von Nutzen sein könnte, muss ich ihn – als Glied der Kette – solange stützen, bis die Lage mit allen Konsequenzen überschaubar ist.

Nur so lässt sich folgender Vorfall erklären: Ein AirbusCaptain hat für seinen Flug nach Bali nicht genügend Treibstoff getankt. Auch sein Kopilot bemerkt den Fehler nicht (oder traut sich nicht, den Captain auf die beträchtliche Unterbetankung aufmerksam zu machen). Selbst der Stationsverantwortliche, der die Ladedokumente für diesen Flug nicht nur zusammengestellt, berechnet und ausgedruckt, sondern auch unterschrieben hat, lässt den Flieger mehr oder weniger ‚trocken' losdüsen.

„Unterbetankung hat es immer gegeben und wird es immer wieder geben. Selbst in Europa, auch wenn Sie das nicht für möglich halten!"

„Recht haben Sie! Besonders, wenn Sie dabei an den Swissair-Flug denken, auf dem sich der Captain über dem Ärmelkanal von seinen Nichtschwimmer-Passagieren verabschiedete, bevor er mit seiner Metropolitan notwasserte. 1954. Fußballweltmeisterschaft in Bern. Der Tankwart mit einem Ohr am Radio. Die Tankanzeige im Flugzeug konnte richtig anzeigen oder auch nicht. Damals füllte der Pilot seinen Flugplan selbst aus, nachdem er die Daten zu Wetter und Beladung eingesammelt hatte, der Tanker bekam einen Durchschlag der Treibstoffbestellung."

„Eine Erklärung, aber keine Entschuldigung!"

„Auch da haben Sie Recht, für so etwas gibt es keine Entschuldigung. Aber Swissair hat nach diesem Unfall Maßnahmen ergriffen und unter anderem eine zweite Kontrollinstanz geschaffen. Fehlbetankungen waren ausgeschlossen – und sind auch nicht mehr vorgekommen."

Doch zurück zum Airbus nach Bali. Nach Aussagen der Cockpitbesatzung wurde die Unterbetankung 50 Minuten nach dem Start in Taipei bemerkt. Das kann stimmen, denn andernfalls wäre der Entschluss zur Umkehr wohl früher gefallen. Daraus folgt, dass sich bis zu diesem Zeitpunkt fünf Versäumnisse angehäuft hatten:

1. Der Stationsverantwortliche hat verabsäumt, die Tankanzeige im Flugzeug mit der Treibstoffmenge zu vergleichen, die in seinen Dokumenten aufgeführt ist.

2. Die Checkliste, die vor dem Anlassen der Triebwerke abgehandelt werden muss, verlangt eine Kontrolle der an Bord befindlichen Treibstoffmenge. Diese Kontrolle wurde unterlassen.

3. Mit seiner Unterschrift unter die Ladedokumente bestätigt der Captain unter anderem, dass er die für den Flug erforderliche Mindestmenge an Treibstoff an Bord hat. Der Captain hat in diesem Falle die Dokumente abgezeichnet, aber offenbar nicht gelesen.

4. Nach Erreichen der ersten Reiseflughöhe errechnet der Pilot, der den Flugplan nachführt (in diesem Falle der Kopilot), sowohl die bereits verbrauchte Treibstoffmenge als auch den noch an Bord befindlichen Treibstoffvorrat. Der Kopilot hat die Kontrolle gar nicht oder fehlerhaft durchgeführt.

5. Nach zwanzig Minuten Reiseflug hätte die nächste Treibstoffkontrolle erfolgen müssen. Auch hier hat sich der Kopilot einen Unterlassungsfehler zuschulden kommen lassen.

Nun also, nach knapp einer Stunde, dämmert dem Bordkommandanten die fatale Situation. Er trifft die Entscheidung zur Umkehr. Aber nicht in Kaoshiung will er landen, das etwa 30 Flugminuten vor Taipei liegt, und wo sehr gutes Wetter herrscht, nein, es treibt ihn zurück nach Taipei. Dort kennt er einige Mechaniker aus der Überholungswerft, dort meint er einen technischen Fehler vortäuschen zu können, der ihn zur Umkehr gezwungen hat. Dort kennt er auch die Leute von der Treibstoffversorgung und natürlich auch den Stationsverantwortlichen, mit dem er die Dokumente ‚in Ordnung' bringen kann. Auf diese Art und Weise würde er sein Gesicht wahren können – und darauf kommt es schließlich ja an.

Dass in Taipei zu dieser Zeit sintflutartige Regengüsse niedergehen, ist ihm egal. Er beantragt beim Radar einen direkten Anflug, der ihm bewilligt wird, weil sich außer ihm keine andere Maschine im Nahbereich befindet. Er plant das Manöver überhastet und führt es mangelhaft aus: Der Anflug misslingt. Durchstarten. Der Mann am Radar rät von einem zweiten Anflugversuch ab, da die Bodensicht wegen des Starkregens zwischen 100 und 300 Metern pendelt. Zudem stehen auf beiden Pisten bis zu acht Millimeter Wasser, es muss mit Aquaplaning gerechnet werden, der Bremskoeffizient liegt mit Sicherheit unter dem absoluten Minimum. Aber der Captain, der sich allmählich des Drucks bewusst wird, unter den er sich selbst gesetzt hat, besteht auf einem zweiten Anflug, ohne allerdings den Notfall zu erklären. Mit Hilfe des Radarmenschen bekommt er die Piste in Sicht und landet – 1100 Meter zu lang. Etwa 30 Meter vor Pistenende bringt er die Maschine zum Stehen. Auf dem Weg zurück zum Standplatz gibt das rechte Triebwerk seinen Geist auf – das Benzin ist alle. Nach dem Abstellen des linken Triebwerks und dem Aussteigen der verstörten Passagiere am Pier werden im Haupttank noch 200 Liter Kerosin gefunden, beide Flügeltanks sind trocken.

Wer kann diese Wahnsinnstat verstehen? Der mögliche Tod von 204 Menschen wird billigend in Kauf genommen, nur um das Gesicht zu wahren. Und dann das Unglaubliche: Zu diesem Vorfall wurde nie eine Untersuchung angestrengt, wurde nie ein Bericht erstellt.

‚Wozu auch!? Sind wir etwa abgestürzt?‘

Wie viel hält ein Flieger aus?

Angenommen, die B-747 von China Airlines mit 311 Seelen an Bord wäre am 12.2.1985 tatsächlich abgestürzt. Man würde vielleicht einzelne Flugzeugteile gefunden haben und – weniger wahrscheinlich – einige wenige Gewebeteile der Opfer. Der Rest würde rund 850 Kilometer westlich von San Francisco in den Tiefen des Pazifiks für immer und unauffindbar versunken sein.

Die Untersuchungsbehörden würden aus den wenigen Fundstücken geschlossen haben, dass die Maschine in großer Höhe explosionsartig auseinander geborsten sein muss; dass der Besatzung keine Zeit zur Verfügung gestanden habe, einen Notruf abzusetzen. Und dass alle Flugzeuginsassen spätestens beim Aufprall auf das Wasser den Tod gefunden haben mussten, da bei der pathologischen Untersuchung in den Lungenbläschen der Opfer kein Wasser festgestellt werden konnte.

Zu Hause in Taipei würde man keinen Augenblick gezögert haben, den Grund für die Katastrophe in einem Bombenattentat zu suchen. Hatten die Zeitungen nicht ausführlich gemeldet, dass der Funkkontakt zu CI006 plötzlich abgebrochen sei? Und seitens der politischen Hardliner würden alsbald ‚Anhaltspunkte' nachgeschoben worden sein dafür, dass die bösen Festlandchinesen ‚wieder einmal' ihre blutigen Hände mit im Spiel hatten (die sogenannten blutigen Hände hatten sich bis anhin allerdings noch nie einmischen können, weil alle Abstürze von ‚hauseigenen' Händen bewerkstelligt worden waren). Selbstverständlich wäre Staatstrauer angeordnet worden. Mit großer Beflaggung auf Halbmast. Samt Trauerflor. Dazu eine Gedenkfeier für die unschuldigen Opfer. Und für die Besatzungsmitglieder, die in heldenhaftem Einsatz bis zur letzten Sekunde ihres Lebens für…

Doch CI006 ist nicht abgestürzt. Der Jumbo – mit dem Ziel San Francisco von Taipei kommend – war bereits neun Stunden und vierzig Minuten in der Luft und schipperte auf Flugfläche 410 dahin. Warum Captain Huang diese eher unübliche Höhe für den Rest des Reisefluges gewählt hatte, blieb unklar; er hat sich zu diesem Punkt auch später nicht geäußert. Denn weder Turbulenzen noch Scherwinde hatten diese ‚Flucht' an die Grenze der Tropopause nötig gemacht. Die Geschwindigkeit der Maschine über Grund hatte sich durch dieses Manöver um 17 Knoten verringert, und der Treibstoffverbrauch war um 4% gestiegen, doch ökonomische Aspekte hatten Captain Huang noch nie sonderlich interessiert. Der Flugingenieur hatte sich dem Entscheid des Bordkommandanten eher wiederwillig mit den Worten gebeugt: „Wir sind aber noch ein bisschen schwer!" Als Antwort aus dem linken Sitz kam:

„Na und?"

Tatsächlich wog die 747 immer noch satte 251 Tonnen, als sie sich mühsam auf die 41 000 Fuß hoch gearbeitet hatte. Ihre Triebwerke liefen ganz knapp unter der Grenze für die maximal zulässige Dauerbelastung. Bei einer angezeigten Sollgeschwindigkeit von 252 Knoten blieb auch im aerodynamischen Bereich nicht viel Spielraum für eventuelle Ausritte wie z.B. Turbulenzen oder Kurven, die mehr als fünfzehn Grad Querlage erforderten. Andererseits würden auch nur zehn Knoten mehr den Vogel an die Grenze zur maximal zulässigen Geschwindigkeit drücken. Achtzehn Knoten weniger würden nur noch Geradeausflug zulassen, und bei 24 Knoten unter Sollwert würde auch im Geradeausflug der Strömungsabriss einsetzen.

Was soll's? Ob verbrannt oder erfroren, mit derlei Gedankenspielereien hatte sich Captain Huang sein ganzes Fliegerleben lang noch nicht abgegeben – es flog, solange es eben flog. Und er hatte es sich nun einmal angewöhnt, das letzte Stück dieser langweiligen Reise über das endlos weite Wasser des Pazifiks auf größtmöglicher Höhe zu düsen, basta! Vor allen Dingen aber war er hundemüde. Kopilot Lei erging es nicht besser, auch er hing mehr tot als lebendig in den Gurten; nur mit äußerster Anstrengung gelang es ihm, die Augenlieder offenzuhalten – der Mensch ist für diese verdammten Nachtflüge einfach nicht gemacht. Der gute Flugingenieur Lee war auch nur deshalb noch einigermaßen wach, weil er alle zwanzig Minuten Treibstoffverbrauch und Treibstoffreserven im Flugplan einzutragen und die einzelnen Systeme zu überprüfen hatte.

Lee war es denn auch, der als Erster einen Leistungsabfall im Triebwerk Nummer vier bemerkte. Während die Motoren eins, zwei und drei automatisch auf Dauervolllast gingen, spulte der rechte Außenmotor auf etwas über Leerlauf herunter.

„Triebwerk Nummer vier ist weg", meldete sich der Flugingenieur. Und als weder der Captain noch der Kopilot reagierten, schrie er:

„Captain, wir haben nur noch drei Motoren!"

Captain Huang drehte sich kurz zu Lee um und befahl: „Na, dann machen Sie die Checkliste für einen Triebwerkausfall und starten Sie den Motor neu!"

Das war's. In weniger als drei Sekunden schaffte es Huang – ohnehin kein Meister seines Fachs – den allergrößten Mist seiner Karriere zu produzieren. In dieser kurzen Zeitspanne hatte er eine Kette von Abläufen, Missverständnissen und Fehlhandlungen eingeleitet, die unter den gegebenen Umständen durch nichts mehr zu unterbrechen oder gar aufzuhalten war: Unwissen und Unvermögen beim Captain, Verunsicherung und Angst beim Kopiloten, Rückzug des Flugingenieurs auf stereotype, durch sinnlose Befehle ausgelöste Handlungen.

An und für sich ist ein Triebwerksaussetzer nichts Dramatisches, wenn er sich nicht just nach dem Abheben einer bis zum Maximum beladenen Maschine einstellt. Und im Reiseflug vermag selbst ein unterdurchschnittlich begabter Pilot solch eine Situation zu meistern, ohne dass auch nur die Essens- oder Getränkeausgabe an die

Passagiere in der Kabine unterbrochen werden müsste; die Passagiere selbst würden die technische Panne gar nicht bemerken. Im Falle von China Airlines 006 wären lediglich drei Aktionen vonnöten gewesen, um problemlos nach San Francisco weiterschippern zu können:

Mit geringer Querlage 90 Grad nach rechts drehen (also raus aus dem zugewiesenen Luftraum) und nach 30 Meilen wieder auf den ursprünglichen Kurs gehen (mit dem zur Verfügung stehenden ‚Inertial Navigation System', INS, keine Schwierigkeit).

Gleichzeitiges, leichtes Absinken (um nicht an die Grenze zur Maximalgeschwindigkeit zu stoßen) auf 33 000 Fuß.

Die zuständigen Bodenkontrollstellen sowie andere Flugzeuge in der näheren vertikalen wie horizontalen Umgebung über das Manöver informieren.

Auf 33 000 Fuß genügen auch drei Triebwerke, um einen 250 Tonnen schweren Jumbo sicher in der Luft zu halten. Ein Verlassen des angemeldeten und genehmigten Flugweges – besonders über Atlantik und Pazifik, wo es keine Radarüberwachung gibt – gewährleistet, dass der übrige Luftverkehr nicht beeinträchtigt wird. Und vor allen Dingen hat der Pilot nun Muße, sich dem ursprünglichen Problem zu widmen und mittels einer ordentlichen Analyse erst mal festzustellen, was denn eigentlich am Flieger kaputt ist. Im Reiseflug gibt es wohl nur ein einziges Vorkommnis, auf das augenblicklich – und wenn es sich richten lässt – auch fehlerfrei reagiert werden muss, und das ist der explosionsartige Druckabfall in der Kabine (wobei es auch hier eventuelle Sekundärschäden zu bedenken gilt).

An Huangs Jumbo wies das Triebwerk Nummer vier, das nicht mehr so richtig mitmachen wollte, ganz sicher mal keinen Triebwerksausfall im herkömmlichen Sinne auf:

Es gab kein Feuer.

Beide Wellen – sowohl die für den Kompressor wie auch die für die Turbine – zeigten Werte an, die erheblich über Leerlauf lagen (das kommt daher, dass die riesigen Kompressorschaufeln vom Fahrtwind angetrieben werden wie ein Windrad).

Demzufolge war keines der Lager ‚festgefressen', d.h. in irgendeiner Art beschädigt.

Der Öldruck war normal.

Die angeflanschten Aggregate wie Hydraulikpumpe und Generator arbeiteten normal.

Auch Druckluftabnahme und Abgasaustrittstemperatur verharrten im normalen Bereich.

Allerdings reagierte der Motor nicht auf Veränderungen an der Schubregelung: Ob der Gashebel Nummer vier auf Volllast stand oder auf Leerlauf, die Umdrehungszahl beider Wellen blieb unverändert auf dem niedrigen Wert kleben. In einer solchen Situation wird der umsichtige Flugingenieur das kränkelnde Triebwerk zunächst entlasten, indem er Generator und Hydraulikpumpe abschaltet (d.h. wenn man ihn gewähren und seinen Job machen lässt). Daraufhin wird sich die Triebwerksdrehzahl leicht erhöhen, gewissermaßen in den ‚Nettoleerlauf'. Wenn dann unter diesen Bedingungen (und dies ist völlig unabhängig von der Flughöhe) der Treibstoffzufluss konstant bleibt, ist das ein deutliches Zeichen dafür, dass der Treibstoffregler nicht mehr mitmacht. Im Falle von CI006 stellte sich später heraus, dass der für den Treibstoffregler zuständige Temperaturfühler, der die Temperatur der zufließenden Luft misst, seinen Geist aufgegeben hatte.

Doch mit derlei Lappalien mochte sich Captain Huang jetzt nicht herumschlagen, mitten in der Nacht und nur noch knapp zwei Stunden von Bier und Bett entfernt. Er hatte einen Triebwerksausfall diagnostiziert und er hatte den Befehl zum Neustart gegeben, das musste genügen. Für Flugingenieur Lee war die Sache weniger einfach, denn er musste das marode Triebwerk zunächst einmal richtig abstellen, bevor er den Versuch eines Neustarts einleiten konnte. Natürlich war ihm klar, dass man auf 41 000 Fuß nie und nimmer einen Motor starten konnte; die Handbücher von Boeing geben für diese Motorenserie eine Maximalhöhe von 35 000 Fuß an. Doch Lee war auch lange genug mit Captain Huang unterwegs gewesen, um zu wissen, dass dieser keinerlei Einspruch – geschweige denn Widerspruch – gelten ließ. Wenn man dem etwas zu erklären versuchte, was er nicht verstand, dann begann er augenblicklich herumzuschreien. Und so legte sich der dritte Mann im Cockpit seinen persönlichen Plan zurecht: Er würde gemäß Befehl immer wieder die Checklisten durcharbeiten und warten, bis sich die Maschine von selbst ihren Weg nach unten suchen würde.

Der Kopilot wusste zwar ungefähr, was sich während der nächsten paar Minuten abspielen würde, doch er traute seinem Kommandanten noch so viel Sachverstand zu, dass der die Situation irgendwie unter Kontrolle halten könnte. Also kümmerte er sich nicht weiter um das, was um ihn herum im Cockpit geschah – auch er kannte Captain Huang zur Genüge – und starrte teilnahmslos durch das Seitenfenster in die Nacht.

Für Captain Huang selbst war der Fall nach seiner Befehlsausgabe ausgestanden, er wartete nur noch auf die Vollzugsmeldung. Zwar bemerkte auch er, dass die Geschwindigkeit der Maschine allmählich zurückging, doch da die verbleibenden drei intakten Triebwerke auf Dauervolllast liefen, und der Autopilot eingeschaltet blieb, musste die Sache ja gut werden.

„Na, kommt denn Nummer vier endlich?“

„Nein. Nein, noch nicht.“

„Also los, nun machen Sie schon!“

Es hätte nur wenig Sinn gemacht, Captain Huang von der Aussichtslosigkeit des Unterfangens überzeugen zu wollen, der hätte dann nur angefangen zu toben. Da war es schon besser, die Manipulationen für einen erneuten Start des vierten Motors nochmals und nochmals zu wiederholen. Insgesamt dreimal. Sieben Minuten lang. Und jetzt musste er ohnehin aufhören, weil sich andernfalls die Zündungsbox überhitzen würde.

„Ich muss jetzt erst einmal die Zündanlage abkühlen lassen, um nochmals einen Startversuch machen zu können."

„Warum?"

„Weil die Zündungsbox sonst durchbrennt."

„Wie lange dauert das?"

„Mindestens zehn Minuten."

In der Zwischenzeit hatte der Autopilot versucht, die Maschine auf Kurs und vor allen Dingen auf der vorgewählten Höhe zu halten: Das Höhenruder musste in immer kürzeren Abständen nachgetrimmt werden, um die Flugzeugnase nicht absacken zu lassen; dieses Manöver bewirkt, dass der sogenannte Anstellwinkel des Flügels größer und immer größer wird. Je grösser der Anstellwinkel wird, desto mehr Auftrieb liefert die Fläche. Doch da es im richtigen Leben nichts umsonst gibt, erhöht sich mit dem Auftrieb auch der Widerstand, der seinerseits nur mit erhöhtem Schub kompensiert werden kann. Aber von mehr Schub konnte hier oben auf 41 000 Fuß keine Rede sein, denn die drei gesunden Motoren gaben ohnehin schon alles.

Das scheunentorgroße Seitenruder war bis zum vollen Ausschlag nach links getrimmt, um zu verhindern, dass der Vogel – mit doppelt so viel Schub auf der linken wie auf der rechten Seite – nach rechts gierte und vom Sollkurs ablief. Bald aber genügte der Seitenruderausschlag nicht mehr. Der Autopilot begann nun, mit Hilfe des Querruders den Kurs zu halten. Die automatische Trimmung lief zunächst gemächlich, dann aber immer schneller bis zum Anschlag, was unter normalen Flugbedingungen für eine Querlage von vierzehn Grad nach links ausreicht.

Captain Huang hockte regungslos in seinem Sitz; niemand wird jemals erfahren, ob er die Aktivitäten des Autopiloten nicht bemerkt hat oder ob er die von Warntönen begleiteten Vorgänge nicht zu deuten wusste. Oder konnte es sein, dass sich der Captain – sein vermeintlich sicheres Ende, den unvermeidbaren Absturz vor Augen – in fatalistischer Art und Weise in sein Schicksal ergeben hatte ohne den Kampf um sein eigenes wie das Überleben der ihm anvertrauten Menschen überhaupt in Erwägung zu ziehen?

Wie dem auch sei: Das Ende der Fahnenstange war erreicht. Die Geschwindigkeit der B-747 war auf ganze 186 Knoten zusammengefallen. Unter dem Einfluss des verheerenden Strömungsabrisses schüttelte sich der riesige Blechkasten wie ein nasser Hund. Der Autopilot hatte seine Möglichkeiten voll ausgeschöpft und schaltete sich – wie von den Flugzeugkonstrukteuren vorgesehen – ohne weitere Vorwarnung mit einem hässlichen, schnarrenden Ton aus. Was dann passierte ist so fürchterlich, dass es selbst Meister Spielberg aus Hollywood mit all seinen Tricks nicht würde nachdrehen können:

Zunächst senkte sich die Flugzeugnase unter den Horizont. Captain Huang riss nun mit aller Kraft an der Steuersäule, ließ aber sofort erschreckt los, als diese zu vibrieren begann. Die beiden linken Triebwerke, die immer noch auf Volllast liefen, drückten die Maschine rasch 40 Grad um die Hochachse nach rechts. Da der linke Flügel nun wesentlich mehr Auftrieb erzeugte als der im Anströmungsschatten des mächtigen Flugzeugrumpfes befindliche rechte, und die Ruderflächen auf Grund der geringen Geschwindigkeit keine Wirkung erzielten, wuchs die Querlage nach rechts in kürzester Zeit auf 30, 40, 60 Grad an. Die Rollbewegung stoppte auch dann noch nicht, als das Flugzeug durch die Vertikale hindurch in den Rückenflug überging. Das Unfassbare, das völlig Unvorstellbare ereignete sich in diesem Augenblick:

Der riesige Metallvogel torkelte in spiralförmiger Trudelbewegung unkontrollierbar dem Erdboden, das heißt in diesem Falle dem schwarzen Wasser des Pazifiks entgegen.

Einschub des Verfassers: Der geneigte Leser wird sich nun fragen, wie ich denn so genau beschreiben kann, was sich damals im Cockpit von CI006 abspielte, wenn ich selbst nicht dabei gewesen bin. Die Antwort darauf ist einfach. Herr Lei Fan, der damals als

Kopilot fungierte und mittlerweile selbst zum Captain befördert worden war, erklärte sich nach längerem Zureden bereit, mit mir zusammen das ganze grausame Ereignis von seiner Entwicklung bis zum Ende im Simulator nachzufliegen (wobei anzumerken ist, dass wir den Simulator trotz aller Tricks nicht in den Rückenflug zwingen konnten). Ich ließ ihn gern die Rolle des Captain Huang (der in der Zwischenzeit frühzeitig in Pension geschickt wurde) im linken Sitz spielen; emotionslos kommentierte er die einzelnen Phasen der damaligen Geisterbahnfahrt. Die Daten hinsichtlich Triebwerksleistung, Höhe über Grund, Geschwindigkeit und Fluglage wurden während der gesamten Übung ausgedruckt. Und wiewohl mir bewusst war, dass sich das ganze Drama ja nur im Simulator abspielte, jagte es mir die Gänsehaut über den Rücken.

70 Grad zeigte die Flugzeugnase während dieser mörderischen Rolle nach unten. Erst als sich die Geschwindigkeit – ohne jedes Zutun der Piloten – auf 235 Knoten aufgebaut hatte, verlangsamte sich die Rollbewegung. Aber die Geschwindigkeit! Die Geschwindigkeit schnellte nun förmlich nach oben. In weniger als neun Sekunden war die Höchstgeschwindigkeit erreicht. Und auch schon überschritten. In das unüberhörbare, klackernde Geräusch der Warnanlage, das bei Erreichen der Höchstgeschwindigkeit einsetzt, mischte sich nun der dumpfe Lärm von Rumpeln und Schütteln. Die Maschine flog nahe dem transsonischen Geschwindigkeitsbereich; lediglich der massive Profilwiderstand von Flugzeugkörper, Flügeln und Triebwerken verhinderte eine weitere Beschleunigung in Richtung Schallgrenze.

Es war nun das erste und einzige Mal, dass Kopilot Lei Fan etwas tat: Er riss alle vier Leistungshebel auf Leerlauf zurück. Und dann sagte er auch etwas, das heißt, er schrie es förmlich heraus, indem er seinen linken Arm ausgestreckt über die Steuersäule des Captains hielt und mit dem Zeigefinger nach unten deutete: „Mond, Mond!“ Wie Captain Huang hatte auch er die räumliche Orientierung verloren und konnte nicht fassen, dass der Mond nun ‚unter' dem Flugzeug zum Vorschein kam.

Auf seiner fürchterlichen Höllenfahrt war das Flugzeug von oben kommend bei etwa 35 000 Fuß in eine dünne Wolkenschicht eingetaucht, die sich nach unten hin zunehmend verdichtete und bis auf 22 000 Fuß hinunter geschlossen blieb. Erst als Captain Huang unterhalb der nunmehr soliden Wolkenschicht seine räumliche Orientierung wiederzufinden begann – die Maschine hatte mittlerweile eineinhalb Rollen durchgeführt – begann er mit dem Abfangen: Erst gerade stellen und dann ziehen wie der Teufel. Er riss ebenso heftig wie unkontrolliert an der Steuersäule, ohne in irgendeiner Form auf die Anzeigen der Fluglageinstrumente zu achten oder wenigstens den künstlichen Horizont auch nur eines Blickes zu würdigen. Gebannt starrte er durch das Cockpitfenster, möglicherweise in der Hoffnung, in unbestimmter Ferne die Kimm, diese kaum wahrnehmbare Linie zwischen Himmel und Wasser ausmachen zu können. Als Folge dieser völlig planlosen, hektisch aufeinanderfolgenden Manöver stürzte die gemarterte B-747 noch weitere endlos lange 12 000 Fuß durch den nachtschwarzen Himmel, ehe sie unter Kontrolle gebracht werden konnte. Die maximalen Werte für die positive wie die negative Beschleunigung waren weit überschritten, und die riesige Metallbüchse schüttelte sich bedrohlich, wann immer die Geschwindigkeit über 240 Knoten hinausging; aber immerhin, sie flog.

Zunächst einmal dauerte es noch eine ganze Weile, bis den Herren im Cockpit klar geworden war: Sie hatten überlebt. Nach Aussagen von Herrn Lei Fan habe keiner gewagt, den anderen anzusehen oder gar etwas zu sagen. Jeder beschäftigte sich mit irgendetwas. Der Flugingenieur kontrollierte seine drei heilen Triebwerke und schob nach etwa zwanzig Minuten einen Zettel auf die Mittelkonsole, auf dem festgehalten war, dass man mit einer Treibstoffreserve von 32 Minuten in San Francisco ankommen werde. Und wieder ein paar Minuten später nahm der Kopilot Kontakt zu der zuständigen Bodenstation auf um zu berichten, dass sich der Flug CI006 nicht auf Flugfläche 410 dem Bestimmungsflughafen nähere, sondern lediglich auf 10 000 Fuß. Die Frage nach dem Warum beantwortete Captain Hung mit ‚Technische Probleme'. Der amerikanische Flugverkehrsbeamte nörgelte, dass China Airlines wenigstens die korrekte Flughöhe von 11 000 Fuß einnehmen könne, wenn sie schon nicht willens sei, das Verlassen der Reiseflughöhe mitzuteilen, doch der Captain ignorierte den leichten Verweis einfach. Und eine kleine Ewigkeit später – jedenfalls aus der Sicht des Kabinenpersonals und der Passagiere – landete man glücklich in San Francisco. Im Morgengrauen schleppte sich die schwer havarierte B-747 zu ihrem Standplatz.

Dem Bodenpersonal bot sich ein fürchterlicher Anblick: Große Teile der Fahrwerkstore fehlten entweder ganz oder waren aus ihren Aufhängungen herausgebogen. Die abgeplatztzten Teile hatten ihrerseits die Beplankung des Höhenstabilisators aufgeschlitzt und mehrere quadratmetergroße Bleche des Höhenruders buchstäblich herausgesprengt. Reihenweise hatten sich an den Flügeln und sogar am hinteren Teil des Rumpfes Versenknieten gelöst. An der Verkleidung für die Triebwerksaufhängung waren Fältelungen und Spannrisse erkennbar. Im äußeren, rechten Fahrwerkschacht hatte sich die Kontrollbox für die Fahrwerksverriegelung aus der Halterung gelöst und ein paar Drähte gekappt. Captain Huang konnte bei der Landung nicht wissen, ob das rechte Außenfahrwerk verriegelt war oder nicht – doch das wird ihm zu diesem Zeitpunkt wohl egal gewesen sein. Ein Mechaniker, der die AußenstromVersorgung zuschalten wollte, um das Bordnetz der Maschine zu speisen, musste die dafür vorgesehene Klappe nicht öffnen – sie war weg, aus dem Scharnier gerissen. Zu seinem jüngeren Kollegen sagte er: „So ungefähr haben unsere Vögel 1974 in Vietnam ausgesehen, bevor wir davongelaufen sind."

Piloten anderer Airlines, die sich auf dem Weg zu ihren Maschinen befanden, ließen anhalten und begafften die arg gerupfte Maschine, aus der immer noch Passagiere quollen. Aber, wie hatte sich das Ding überhaupt in der Luft halten können? Ein Wunder?

Ja, ein Wunder war geschehen! Der Flieger hatte beinahe zehn Kilometer Höhe unkontrolliert, mehr oder weniger im freien Fall verloren, war dabei Beschleunigungen von teilweise plus 4,1 g ausgesetzt gewesen und nicht auseinandergeborsten. Später haben Ingenieure von Boeing zu Protokoll gegeben, dass selbst sie ihrem Vogel eine derartige Belastbarkeit nie und nimmer zugetraut hätten.

Es war nicht leicht, Zeugen zu finden, die diesen denkwürdigen Flug miterlebt hatten. Von der Kabinenbesatzung, die diesen Flug begleitet hatte, war neun Jahre später niemand mehr im Flugdienst tätig. Zwei der ehemaligen Stewardessen ersuchten mich, sie nicht zu befragen, obwohl ich ihnen zugesichert hatte, ihre Anonymität zu wahren. Die Mitarbeiterin, die auf dem Flug die Mittelsektion zu betreuen hatte – ich nenne sie einfach Jo – gab unumwunden zu, dass sie immer noch Angst vor Vergeltungsmaßnahmen seitens der Firma habe für den Fall, dass sie sich zu den Vorkommnissen über dem Pazifik äußere. Eine der Frauen – mittlerweile verheiratet – erklärte sich auf Drängen ihres Ehemannes bereit, jenes grauenvolle Erlebnis nochmals aufleben zu lassen.

„Nein, niemand hat geschrien“, berichtet Chan Y.E. „Ich war damals gerade vier Monate in der Firma und tat meinen Dienst in der Economy Klasse im hinteren Teil der Maschine. Wir hatten gerade begonnen, die Vorbereitungen für das Frühstück zu treffen, als es passierte. Plötzlich verlor ich den Halt und wurde wie von einer unsichtbaren Hand in einer Art Hockstellung gegen die linke Wand gepresst, gleich neben der hintersten Türe. Ich versuchte, mich aufzurappeln, um den Getränkewagen zu bergen, doch die unsichtbare Kraft drückte mich nun gänzlich auf den Boden. Der Druck war derart stark, dass ich nicht einmal wegzukriechen vermochte.“

„Ich blickte in Richtung des Getränkewagens. Ich konnte nicht begreifen, dass der sich nicht bewegte, obwohl ich die Bremsen nicht blockiert hatte. Auch die Getränkeflaschen und die Kaffeekannen, die Plastikbecher, die kleinen Schalen mit den Zitronenscheibchen verharrten unbeweglich dort, wo ich sie hingestellt hatte. Nichts fiel herunter, nichts flog herum. Und doch merkte ich am stark zunehmenden Druck in meinen Ohren, dass wir unheimlich schnell absanken."

„Aber wohin sanken wir ab, so rasend schnell, so endlos? War das so, wenn man abstürzte? Konnte das, sollte das nun wirklich das Ende bedeuten? Ich weiß, das ist eine dumme Frage, jetzt wo ich Abstand gewonnen habe. Doch damals, in jenen Augenblicken des Schreckens! Es hatte keine Explosion gegeben, keinen plötzlichen Druckabfall und auch sicher keinen Zusammenstoß mit einer anderen Maschine. Oder war eine Tragfläche weggebrochen? War die Maschine steuerlos geworden? Warum hatten sich die Piloten nicht gemeldet, warum hatten sie nichts gesagt, warum hatten sie das Anschnallzeichen nicht eingeschaltet? Mein Gott, dachte ich, werde ich nun wirklich sterben, hier und jetzt? Wenn überhaupt, so hatte ich mir den Tod ganz anders vorgestellt. In zwei Monaten wollten wir heiraten, FanYi und ich, und mein Vater hat sich so gefreut. Wie lange kann es noch dauern bis zum Aufschlag? Wird es schmerzvoll sein? Oder träume ich das alles nur? Bin ich vielleicht nur in einem grässlichen Alptraum gefangen?"

„Und die Passagiere! Alle wie gelähmt, keine Aufschreie. Ich sehe einen kleinen Ausschnitt von der Kabine, den Gang zwischen den Sitzreihen. Ich sehe ein paar Hände, wie sie ihre Sitzlehne umklammert halten. Und dann wieder diese unsichtbare Kraft, die mich – noch fester diesmal – gegen den Boden drückt. Jetzt, jetzt muss das Ende kommen, der Aufschlag aufs Wasser. Und was, wenn ich den Aufschlag überlebe, wenn die Maschine auseinanderbricht, wie lange werde ich mich über Wasser halten können, bevor ich ertrinke? Wenn es doch nur schon vorbei wäre!"

„Der Aufschlag fand nicht statt. Aber beinahe alle Verriegelungen an den Klappen der Handgepäckfächer über den Köpfen der Passagiere waren aufgesprungen. Taschen, Rucksäcke, Kleidungsstücke, Mitbringsel, Waren aus dem Zollfreiladen, alles prasselte herunter auf die in ihre Sitze gepressten Menschen. Oder die Sachen schlugen im Gang auf. Flaschen gingen zu Bruch. Und auf einmal ließ der grässliche Druck nach. Das heftige Schütteln der Maschine hatte aufgehört ebenso wie der dumpfe, mahlende Lärm."

„Es dauerte eine ganze Weile, bis ich realisierte, dass ich nicht abgestürzt war, dass ich lebte. Oder doch nur alles geträumt? Aber nein, das konnte kein Traum gewesen sein, denn von weiter vorne in der Kabine vernahm ich Stöhnen und Schmerzenslaute von Passagieren, die von herabstürzenden Gepäckstücken am Kopf und an den Schultern getroffen worden waren."

„Meine Kolleginnen und ich zogen die ServiceWägelchen zurück in die Kombüse und dann versuchten wir, unseren Passagieren zu helfen, soweit wir dazu in der Lage waren. In der Ersten Klasse konnte eine Ärztin ausfindig gemacht werden, die ein paar Platz- und Schnittwunden notdürftig versorgte; bald aber waren die Vorräte aus den Notkoffern der Bordapotheke aufgebraucht. ‚Zwei Frauen befinden sich in kritischem Zustand. Herzschwäche. Ihre Cockpitcrew sollte in San Francisco den Notarzt ans Flugzeug kommen lassen,' sagte sie."

„Und der Captain? Ich meine, kam denn keine Ansage aus dem Cockpit? Gab es keine Erklärung zu dieser fürchterlichen Situation oder wenigstens eine Information hinsichtlich der verbleibenden Flugdauer?" wollte ich wissen.

„Nein, nichts. Das heißt, während des Anflugs kam die Routine-Ansage: ‚Fünf Minuten bis zur Landung'. Mehr nicht."

„Nach der Landung in San Francisco wurden zunächst die verletzten Passagiere von Bord gebracht. Alles ging ganz ruhig vonstatten. Die Menschen wichen den im Gang verstreuten Scherben aus, drängten zum Ausgang. Mir schien es, als wären alle noch ganz benommen, als stünden alle noch unter Schock. Ich persönlich fand schockierend, dass sich vom Stationspersonal niemand blicken ließ, der sich zumindest um die verletzten Passagiere gekümmert hätte."

„Auch meine Kolleginnen und Kollegen nahmen schweigend ihre Sachen auf, nachdem alle Reisenden die Maschine verlassen hatten. Die Stewardess, mit der ich zusammen den linken hinteren Teil der Kabine zu versorgen hatte, hielt einen Wattebausch auf eine Schnittwunde über der linken Augenbraue, zwei der Mädchen hinkten. An ein Aufräumen der Kabine, das Entleeren der Sitztaschen, das Einsammeln von Zeitungen und Magazinen – wie es üblicherweise nach jeder Landung vorgenommen wird – war nicht zu denken, denn ganze Gruppen von Technikern, Polizisten und Putzmannschaften strömten lärmend ins Flugzeug. Wir gingen zur Passkontrolle, allerdings ohne den Captain, der zusammen mit dem Kopiloten und dem Flugingenieur entweder schon auf dem Weg ins Hotel war oder sich immer noch im Büro des Stationsleiters aufhielt. Wir warteten im bereitstehenden Bus etwa eine halbe Stunde vergeblich auf die Cockpitbesatzung. Später, im Hotel, verkrochen sich alle in ihre Zimmer. Weder auf der Rückreise nach Taipei (die wir als Passagiere durchführten), noch später haben wir je über diesen traumatisierenden Nachtflug gesprochen. Ich habe die Firma zwei Monate später aus gesundheitlichen Gründen verlassen."

„Und das war alles? Ich meine, hat man die offensichtlich verletzten CrewMitglieder nicht wenigstens medizinisch untersuchen lassen? Oder hat man Ihnen eine Kompensation zugesprochen? Ein paar zusätzliche dienstfreie Tage?"

„Nein. Soweit ich weiß, ging alles seinen gewohnten Gang. So, als wäre nichts geschehen. Nur als ich anlässlich meines Ausscheidens aus der Firma meine Personalunterlagen abholte, belehrte mich der Personalchef persönlich darüber, dass ich mich strafbar machen würde, sollte ich künftighin irgendwelche Firmeninterna preisgeben oder in irgendeiner Form den Ruf von China Airlines schädigen. Auf den Beinahe-Unfall hat er sich nicht bezogen."

Die ‚Firma' behielt sich eine ganz besondere Würdigung des Geschehens vor: Captain Huang wurde zum Helden hochgejubelt. China Airlines fütterte die Medien mit allerlei Schrott, und die Kommentatoren überschlugen sich mit Lobpreisungen des tollen Piloten: War es ihm doch gelungen, ‚eine in schwerste Turbulenzen geratene Maschine samt deren Insassen vor dem sicheren Absturz zu bewahren. Seiner Umsicht und seinem fliegerischen Können ist es zu verdanken, dass der Schaden an Mensch und Gut begrenzt werden konnte.' Als Anerkennungsprämie wurden ihm sage und schreibe 30 000 USDollar zugesprochen.

Der ganze, unglaubliche Vorfall ist deshalb so gut dokumentiert, weil das amerikanische National Transportation Safety Board (NSTB) die Untersuchung geleitet hatte. Der umfangreiche Abschlussbericht kam in Taipei sofort unter Verschluss. Auch die Stellungnahme des Flugzeugherstellers Boeing, den China Airlines um einen Kostenvoranschlag für die Reparatur des zerschundenen Vogels ersucht hatte, wurde weggeschlossen – da gab es nichts mehr zu reparieren.

Weder firmenintern noch in der Presse wurden die wahren Gründe für die BeinaheKatastrophe jemals veröffentlicht. Und wenn der Nachschub an Schauergeschichten nicht ins Stocken gerät, wächst über die alten Vorkommnisse sehr schnell sehr viel Gras. Bis eben das vielzitierte Kamel kommt – und obendrein Glück hat.

Auf einem Flug nach Kuala Lumpur lernte ich die Nichte von Captain Huang kennen, die den Flug als Purserette begleitete. Meine umständlichen Versuche, das Gespräch auf ihren Onkel zu bringen, kürzte sie unzeremoniell ein: „Ich bin in vier Tagen wieder in Taipei. Rufen Sie mich an, ich werde ein Treffen mit Onkel Fo arrangieren; hier ist meine Telefonnummer."

Captain Huang empfing mich in seinem kleinen aber sehr gepflegten Bungalow. Ohne Umschweife kam er zum Thema; gerade so, als ob ich meine Fraugen vorher eingereicht hätte.

„Ich weiß, was Sie bei China Airlines machen. Ich weiß, wer Sie angestellt hat. Und ich weiß, warum Sie hier sind. Was immer Sie mich fragen werden: Ich werde versuchen, Ihnen so genau wie möglich zu antworten."

Das war allerhand! Ich hatte einen widerborstigen, frustrierten alten Sack erwartet. Und nun stand ich einem freundlichen Herrn gegenüber, der mir schon bei der Begrüßung den Wind aus den Segeln genommen hatte. Huang überging meine Unsicherheit zuvorkommend höflich und begann übergangslos zu erzählen:

„Sie müssen wissen, dass ich nie ein guter Pilot war. Mein Vater hatte als General großen Einfluss bei der Luftwaffe. Er wollte mich bei den Abfangjägern unterbringen, doch ich war nicht geeignet, ich war zu langsam. Also schulte ich auf Truppentransportern. Mit Ach und Krach und viel Zusatztraining schaffte ich es auf den linken Sitz. Dann suchte China Airlines in der Phase der Expansion dringend Piloten. Ich hatte gerade geheiratet, und das Gehalt bei der Armee reichte eben so aus – na ja, das wissen Sie ja selbst. Nach drei Jahren als Kopilot absolvierte ich den ersten CaptainsKurs; ich scheiterte. Ich schulte dann auf die 747 um und saß zwei weitere Jahre als Kopilot ab. Dann kam einer auf die Idee, einfach von rechts auf links zu schulen, ohne Rückschulung auf eine Zweimotorige. Das schaffte ich dann. Erst flog ich nur Frachter. Zu unserer Gruppe zählten mehrere Flugkapitäne, deren Karrieren nicht immer gradlinig verlaufen waren, wenn Sie verstehen, was ich meine. Doch was soll's?"

„Gewissermaßen ein verlorener Haufen?"

„Wenn Sie so wollen: Ja. In dieser kleinen Frachtereinheit mit gerade einmal vier Maschinen gab es mehr Zwischenfälle als in der ganzen Restflotte."

„Wie konnten Sie das aushalten? Sie mussten doch dauernd in

Sorge leben, dass Sie irgendwann und irgendwo hängenbleiben oder etwa nicht?“

„Ja, natürlich hatte ich Angst vor einem größeren Zwischenfall. Aber ich konnte nicht einfach aussteigen, jedenfalls nicht, solange mein Vater noch lebte: Er hätte sein Gesicht verloren; in der Großfamilie, im Offiziersklub, in der Firmenleitung. Das konnte ich ihm nicht antun.“

„Und Ihr persönlicher ‚Gesichtsverlust‘?“

„In jener Nacht des Beinahe-Absturzes habe ich die Erkenntnis gewonnen, dass diese Art der Verlustangst ihre Gültigkeit für mich verloren hat. Ganz einfach: Die Funktion eines Temperaturfühlers war mir entfallen; das war blankes Unwissen und hat mit meinem ‚Gesicht‘ nichts zu tun. Ich werde Taiwan verlassen und mich in Kalifornien niederlassen. Meine beiden Söhne studieren bereits in San Francisco. Und ich werde mich der Zucht von Bonsai-Kulturen widmen…“

Schlag auf Schlag.

Nach dieser eher unfreiwilligen Kunstflugeinlage einer in die Jahre gekommenen B-747 war die Reihe mal wieder an kleinerem Gerät. Nicht, dass es während der verbleibenden zehn Monate des Jahres 1985 keine Zwischenfälle gegeben hätte – Gott bewahre! Bei China Airlines gab es nur ganz, ganz kurze Perioden, während der die Vertreter der Versicherungsagenturen ruhig schlafen konnten, und während der so etwas wie ein normaler Flugbetrieb durchgeführt wurde, also ohne besondere Vorkommnisse, ohne Totalverluste.

Die Flugsicherheitsgruppe und die Leute von der Flugunfalluntersuchungsabteilung waren immer gut ausgelastet. Da flog also ein frisch ausgebackener Captain mit seiner B737 auf die falsche Piste an; dabei verwechselte er nicht links und rechts, sondern vorn und hinten. Die Manipulationen im Cockpit müssen ihn derart überfordert oder fasziniert haben, dass er nicht einmal zwei Jagdflugzeuge bemerkte, die ihm nach einem Alarmstart schnurgerade entgegenkamen. Der Kopilot hatte zwar die Landeerlaubnis für die richtige Piste bestätigt. Der Kopilot hatte den Herrn Flugkapitän rechtzeitig auf dessen Irrtum hingewiesen. Doch was weiß schon ein Kopilot!

Und außerdem: Ist denn jemand abgestürzt?

Dann rutschte Captain LiChan – ebenfalls mit einer B737 – unglücklicherweise von der Piste. Der Grund? Eine Möwe hatte sich ins linke Triebwerk verirrt, kurz bevor die Maschine die Entscheidungsgeschwindigkeit V1 erreicht hatte, und – Gott sei gepriesen – noch lange bevor sie von der regennassen Piste abheben konnte. Der erste Entschluss des Piloten, nämlich den Start abzubrechen, war korrekt. Der zweite Entschluss, auf beiden Triebwerken vollen Umkehrschub zu setzen, war nicht ganz so gut und wurde umgehend bestraft: Mit einem lauten Knall gab der linke Motor seinen Geist völlig auf, während das Flugzeug unter dem Einfluss der einseitigen Schubumkehr vehement um die Hochachse nach rechts weggierte. Die steife Brise von links tat ein Übriges und – schwupp – schlitterte der Blechvogel (oder besser Pechvogel) über den rechten Pistenrand ins Gras. Sobald das rechte Hauptfahrwerk im aufgeweichten Boden neben der Piste Widerstand gefunden hatte, schnappte der Vorderteil der Maschine förmlich nach rechts, das Bugfahrwerk brach ab. So wie alles im richtigen Leben kam auch die 737 zum Stillstand. Die Herren im Cockpit saßen nun etwas näher zum Boden hin, aber ansonsten waren alle wohlauf, und der Herr Flugkapitän lud seine Passagiere ein, sitzenzubleiben bis der Bus kommt, damit sie nicht nass werden (es regnete immer noch).

Li Chan fand offenbar nie richtig Spaß an seiner Rolle als Captain auf einem Kurzstreckenjet. Der Job war ihm zu stressig: Über Taiwan hin und her zu hüpfen, zwölf Stunden pro Tag unterwegs zu sein und am Abend ganze zwei Stunden und sieben Minuten Flugzeit einzutragen, das war nicht sein Fall. Doch weil er gleichwohl der Fliegerei verbunden bleiben wollte (und seine Frau Gemahlin darauf bestand), ließ er sich zurückschulen zum Kopiloten und wurde später der MD-11-Flotte zugeteilt.

Kurz nach seiner Rückschulung flogen wir zusammen nach Amsterdam. Erste Erkenntnis: Herr Chan wusste sehr viel und machte eine gute Arbeit. Zweite Erkenntnis: Herr Chan wiegelte nicht ab, als ich ihn auf seinen Karriereknick und besonders auf seinen Ausritt ins Grüne hin ansprach. Bereitwillig beantwortete er alle Fragen. Nein, warum sollte er sich in irgendeiner Weise gekränkt fühlen? Er sei schließlich nicht degradiert worden, sondern habe sein Amt als Flugkapitän freiwillig niedergelegt. Auf das mickrige Gehalt, das ihm China Airlines zahle, sei er ohnehin nicht angewiesen. Und seine Frau wünsche, ein bisschen in der Welt herumzukommen.

„Waren Sie geistig nicht vorbereitet und fühlten Sie sich überfordert, als der Startabbruch unabwendbar schien?“

„Nein. Im Simulator haben wir viele Startabbrüche geübt. Aber man kann schließlich nicht immer alles richtig machen!"

Dann, am 16.2.1986, konnte der Chefpilot der B737-Flotte wieder einmal Betroffenheit zeigen, ein Totalverlust war zu beklagen. Ein Unfall, zu dem man nicht viel mehr weiß, als dass alles sehr schnell gegangen ist. Der Start war auf nasser Piste durchgeführt worden, bei einer Sichtweite von 1 200 Metern in Nieselregen und einer Wolkenuntergrenze von 60 Metern. Es herrschte absolute Windstille. Die Piloten hatten während des Startvorgangs keinen technischen Defekt gemeldet, keine Unregelmäßigkeit – sie hatten überhaupt nichts gesagt. Sie hatten nicht einmal den Frequenzwechsel vom Kontrollturm zum Nahbereichsradar durchgeführt und waren drei Minuten und vierzig Sekunden nach dem Abheben bereits im Meer verschwunden. Der ‚Cockpit Voice Recorder', jenes Gerät, das auf einem Endlosband die Geräusche im Cockpit während der jeweils letzten 30 Minuten aufzeichnet, war rasch gefunden und ausgewertet. Auch hier kein Anhaltspunkt; als Letztes war die unmissverständliche Bestätigung des Kopiloten an den Kontrollturm zu hören: ‚CI238, klar zum Start'.

Auch die in den Medien immer wieder zitierte, ominöse ‚Black Box' war bald geborgen. Doch wer von ihr Aufschlüsse erwartete, sah sich getäuscht: Weil das Gerät für die Kabinendruckanzeige unbeschädigt war und Null anzeigte, konnte eine Bombenexplosion als Ursache ausgeschlossen werden. Beim Aufschlag auf das Wasser war das Fahrwerk eingefahren und verriegelt, die Klappen standen auf Startstellung, beide Triebwerke drehten mit 87%. Nach der Bergung des Wracks fand man die Schaltungen für Treibstoff und Hydraulikpumpen sowie für die Generatoren genauso, wie sie für einen Start vorgeschrieben waren. Die Feuerlöscher für die Triebwerke waren deaktiviert und gesichert. Beide Piloten befanden sich angeschnallt in ihren Sitzen.

Was Wunder, fiel der Untersuchungsbericht ziemlich dürr aus. Die Maschine hatte nach dem letzten großen Wartungsdienst 114 Stunden ohne jede Beanstandung absolviert. Die Kopien des technischen Logbuchs waren lückenlos vorhanden, die Betankung der Maschine vor dem Flug war vorschriftsmäßig und den Ladedokumenten entsprechend durchgeführt worden. Also ein Mord ohne Leiche?

Mit an Sicherheit grenzender Wahrscheinlichkeit hatte da wieder einmal einer die räumliche Orientierung verloren, und der andere saß daneben und hat nichts gesagt. Wie sonst wäre es zu erklären, dass in der Durchschrift der aufgezeichneten Daten ausgerechnet die Werte für Geschwindigkeit, Höhe und Fluglage nicht zu finden waren? Der Chef der Flugsicherheitsgruppe beim nationalen Luftamt reagierte unwirsch, als ich ihm die Unterlagen zeigte; anstatt auf die fehlenden Punkte einzugehen, bellte er mich an:

„Woher haben Sie die Dokumente?"

„Gefunden."

„Dem Staatsanwalt gegenüber werden Sie diese Aussage nicht halten können."

„Das weiß ich. Deswegen bin ich ja hier bei Ihnen."

„Herrgott, man wird in der Eile eben vergessen haben, diese Werte einzutragen!"

„Oder man hat sie gelöscht. Könnte doch sein, oder etwa nicht?"

„Ach Sie…"

Da es sich bei China Airlines eingebürgert hatte, nach jedem Unfall zunächst einmal ein paar Verfahren abzuändern – es muss sofort etwas geschehen, selbst wenn niemand weiß, warum – kamen nach dem oben erwähnten Unglück die Abflugverfahren von Taipei dran. Ein paar unbedarfte Herren aus der Abteilung ‚Planung und Entwicklung' kamen zu dem Schluss, dass man die Piloten nach dem Abheben erst ein paar Meilen geradeaus fliegen lassen müsse, damit sie sich an den Zustand des In-der-Luft-Seins gewöhnen können. Den Chefs von Flugbetrieb und Flugsicherheit kam dieser Vorschlag zwar etwas komisch vor, doch sie segneten ihn widerspruchslos ab, weil sie selbst keine bessere Idee auf Lager hatten. Schließlich kam es ja darauf an, dem Präsidenten zu beweisen, dass Maßnahmen ergriffen worden sind, um weitere Abstürze zu verhindern. Da auch die Flugsicherung die neuen Verfahren befürwortete, stand deren Veröffentlichung nichts mehr im Wege; die Drucker konnten ihre Maschinen auf Volllast hochfahren.

Und alle waren's zufrieden. Das Ergebnis konnte sich ja auch sehen lassen: Seit Einführung der neuen Abflugrouten ist kein China-Airlines-Flieger mehr ins Wasser gefallen, zumindest nicht in der Nähe des Flughafens. Somit war also bewiesen, dass die Piloten dieser ach so oft gescholtenen Fluglinie zumindest geradeaus zu fliegen vermochten – das war doch schon mal was! Gewissermaßen als Nebenprodukt der neuen ‚Abflug-Theorie' schwollen die Treibstoffkosten an; und das nicht nur bei China Airlines: Geschätzte 19 000 Tonnen Kerosin werden jedes Jahr sinnlos verpulvert, von den Fliegern in Lärm, Gestank und klimaschädliche Abgase umgewandelt. Jeder Flug, dessen Route nach Süden oder Südwesten führt, muss nach dem Start erst acht nautische Meilen geradeaus, dann eine Kurve machen und wieder acht nautische Meilen zurück, bevor er auf Kurs gehen kann. Aber wer fragt schon nach kleiner Münze, wenn der große Wurf gelingt? Absturzfrei! Schon acht Monate! Und während der nächsten dreieinhalb Jahre stürzte überhaupt niemand mehr ab – das hatte es bei China Airlines noch nie gegeben!

Natürlich ging es auch während dieser Periode nicht ganz ohne Schrammen ab: Da kappte eine B737 ein Hochspannungskabel, weil der kühne Pilot – für einen Anflug nach Sichtflugregeln freigegeben – viel zu weit vor der Piste viel zu tief abgesunken war.

Eine andere B737 begann den Startvorgang in Kaoshiung ab Pistenmitte, weil der Herr Flugkapitän die Rollwege verwechselt und im dichten Regen den Pistenanfang nicht gefunden hatte. Die voll besetzte Maschine kam zwar in die Luft, köpfte dabei aber mindestens sechzehnzehn Anflugleuchten. Vom Chefpiloten für derart grob fahrlässiges Verhalten zur Rede gestellt, erklärte der Fehlbare trotzig:

„Es ist ja niemand umgekommen!“

Überall sonst in der Welt der Fliegerei eine unhaltbare Aussage. Aber bei China Airlines fielen selbst die allerschlimmsten Patzer aus der Wertung, solange sie mit Barem ausgebügelt werden konnten.

Dann eine ganz neue Variante an Disziplinlosigkeit: In Taipei versuchten zwei Luftkutscher, die es offenbar sehr eilig hatten, mit den Schutzhüllen auf sämtlichen Staurohren loszudüsen (wegen starken Regens hatte man zugunsten einer trockenen Uniform auf den zwingend vorgeschriebenen Rundgang um das Flugzeug verzichtet. Einer der Piloten muss dann nach etwa 30 Sekunden unter Startschub bemerkt haben, dass die angezeigte Eigengeschwindigkeit hartnäckig auf Null verharrte, indes die Pistenbegrenzungsleuchten schon recht flott vorbeiflitzten. Der Startabbruch erfolgte viel zu spät, und alsbald rumpelte es furchterregend in Cockpit und Kabine. Auf die Rechnung gesetzt wurden: Sechs zerfetzte Reifen und vier bis auf die Radnaben abgeschmirgelte Felgen samt Bremsgeschirren. Aber ob solcher Petitessen mochte sich aufregen wer wollte – unfallfrei war man geblieben, schon beinahe vier Jahre!

Beinahe vier Jahre. Das bedeutete bei China Airlines so viel wie mindestens zwei Beförderungsschübe quer durch alle Kategorien. Mit Neuanstellungen wurde aufgefüllt, was nach oben wegbefördert worden war. Besonders in den Verwaltungssektionen tauchten gelegentlich Mitarbeiter auf, die ihren Job geradezu verabscheuten oder ihm nicht gewachsen waren; die saßen dann – wie die armen Seelen im Fegefeuer – ihre Zeiten in der Erwartung ab, möglichst rasch dorthin versetzt oder befördert zu werden, wo sie eigentlich hin wollten. Es gehört zu den Besonderheiten asiatischer Personalpolitik, dass ausschließlich der Dienststellenleiter befindet, wer was zu machen hat und nicht, wer was gerne machen möchte. Niemand fragt nach persönlichen Neigungen oder besonderen Fähigkeiten.

Als Paradebeispiel für diese unguten Zustände muss die Einsatzplanung für das gesamte fliegende Personal angeführt werden. Wer dorthin abkommandiert wird, empfindet dies wie eine Versetzung zur Strafkompanie. Befristet vom Flugdienst freigestellte Kopiloten (die vermeintlich oder tatsächlich etwas ausgefressen haben oder krank geschrieben sind) hocken neben schwangeren Stewardessen, überqualifizierte Elektroniker drängen sich im Großraumbüro neben überzähligen Buchhaltungsaspiranten. Und über allen thront – in seiner auf einem Podest montierten Glaskabine – der Boss. Aber der ist auch nur deshalb in diese Position gerutscht, weil ihn eine schützende Hand im Zusammenhang mit einer verzwickten Zollaffäre aus der Schusslinie des öffentlichen Interesses nehmen wollte. Den Besatzungsmitgliedern ihrerseits stand es nun frei, sich entweder aktiv an der Einsatzgestaltung zu beteiligen (vielleicht mittels einer kleinen Bestechung in Form eines Parfums oder einer Flasche Chivas) oder den unattraktiven Schrott abzusitzen, den die ‚Spender' solcher Aufmerksamkeiten als ‚nicht fliegenswert' erachteten.

Sonderlich gut kann das Endprodukt unter diesen Voraussetzungen sicherlich nicht sein: Anstatt den Piloten mal einen Block an Freitagen zu gönnen und so die Motivation hoch zu halten, werden die freien Tage – ohne jede operationelle Notwendigkeit – häppchenweise über den ganzen Monat verstreut. Oder man lässt die Piloten an vier aufeinanderfolgenden Tagen den ‚HualienShuttle' absitzen, d.h. viermal pro Tag von Taipei nach Hualien und zurück.

Wie Captain Yuan Dai am 26.10.1989. Zwei Tage – die Hälfte der Tortur – hatte er bereits hinter sich gebracht: Um vier Uhr morgens aus den Federn. Zum Einsatzzentrum, wo die Vorflugbesprechung mit dem Rest der Besatzung stattfindet (obwohl es mangels gültiger Information nichts zu besprechen gibt). Dann eine gute Stunde im Bus zum Flughafen. Dort dauert die Flugvorbereitung schon länger als der eigentliche Flug, der je nach Landerichtung in Hualien zwischen achtzehn und neunundzwanzig Minuten in Anspruch nimmt. Der ‚Wetterfrosch' hat Freude am Erzählen und entlässt seine ersten ‚Kunden' mit einer Handvoll Wetterkarten. Dem Menschen auf dem Kontrollturm hört man seine ‚Nachtschicht-Müdigkeit' förmlich an, als er die Erlaubnis zum Anlassen der Triebwerke erteilt und gleich anschließend die Freigabe zum Rollen, zum Start und zum Steigflug samt Wind, Temperatur und Platzdruck herunternuschelt.

Wohlan denn: Start in Taipei auf Piste 05 links, steigen auf 7 000 Fuß. Kurve rechts, steigen auf 9 000 Fuß. Abmelden bei der Nahbereichskontrolle Taipei, anmelden bei derjenigen von Hualien. Absinken in Richtung der parallel zur Küste gebauten, grob nach Süden ausgerichteten Piste. Geschwindigkeit reduzieren. Erste Klappen setzen. Fahrwerk ausfahren. Bremsklappen armieren. Volle Landeklappen. Landen. Abstellen. Passagierumschlag. Tanken. Checklisten abarbeiten. Motoren anlassen. Rollen. Dann die Startfreigabe: Piste 20, Linkskurve nach dem Abheben, steigen auf 10 000 Fuß. Abmelden. Das nun schon zum neunten Male innerhalb von drei Tagen. Und bis zum Mittagessen das Ganze noch einmal. Und immer noch dieser staubfeine Nieselregen. Die ganze Ostküste in einheitlich tristem Grau.

Weil es – zurück in Taipei – mit der Beladung haperte, und nach dem Verbleib von 420 Kg an ‚lebendiger' Fracht gefahndet werden musste, fiel das Mittagessen für die Piloten wie für die Kabinenbesatzung aus. Dafür hatte der Kopilot ein paar belegte Brötchen, zwei Fertigsuppen und eine druckfrische Zeitung mit den neuesten Börsenberichten beschaffen können. Dann wieder Checklisten, Anlassen, Rollen, Start, Kurve…

Bei der Landung in Hualien nieselte es immer noch, doch der

Wind hatte sich auf Nordost gedreht. Um die Verspätung von mittlerweile 25 Minuten nicht noch weiter anwachsen zu lassen, hatte sich die Stationsleitung in Hualien entschlossen, die Maschine nur flüchtig säubern zu lassen. Und schon schaukelte der erste Bus mit den Passagieren heran.

In der Zwischenzeit hatte der Mann auf dem Kontrollturm die Piste „gedreht", das heißt, nun wurde nicht mehr in südlicher Richtung gestartet und gelandet, sondern nach Norden hin. Denn der Wind blies mittlerweile aus 030 Grad mit vierzehn Knoten; dies hätte bei Nutzung der Piste 20 einer Rückenwindkomponente von über zehn Knoten entsprochen – zu viel für Verkehrsmaschinen.

Und so erteilte der Fluglotse mit der Erlaubnis zum Anlassen der Motoren auch gleich die Streckenfreigabe für den kurzen Hüpfer zurück nach Taipei: Piste 02, geradeaus, steigen auf 10 000 Fuß.

„Piste 02, 10 000 Fuß", kam die Bestätigung aus der B737, der einzigen auf dem Vorfeld.

Schon rollte diese auf dem von blauen Begrenzungslichtern eingerahmten Asphaltstreifen in Richtung Piste 02, erhielt die Erlaubnis zum Einrollen auf die Startposition, erhielt die Startfreigabe, beschleunigte, hob ab, und war auch schon eingetaucht in den feinen Regen, ins Grau der formlosen Wolkenmassen.

„Oh, halt, wir drehen nach links! Nicht nach links! Nicht…"

Dies ist die letzte Aufzeichnung auf dem Band des Cockpit Voice Recorders. Die Stimme des Kopiloten. 132 Sekunden nach dem Abheben. Dann kracht die B737 in einen von Dschungel überwucherten Steilhang des auf über 3 500 Meter aufragenden Tayuling-Massivs und reißt 54 Menschen in den Tod.

„Zu diesem Unfall hat es doch sicherlich eine Untersuchung gegeben, oder etwa nicht?" fragte ich den Chef der Flugbetriebsleitung.

„Ja, es gab eine Untersuchung."

„Wo kann ich Einsicht nehmen in die entsprechenden Unterlagen?"

„Sie können nicht Einsicht nehmen."

„Und warum nicht?"

„Weil Sie nicht befugt sind, Einsicht zu nehmen."

„In England, in Deutschland, in Amerika, überall können Unfallberichte auf schriftlich begründeten Antrag hin eingesehen werden."

„Nun, das mag schon sein. Aber hier bei China Airlines wird das eben etwas anders gehandhabt. Sobald die Firmenleitung und die Flugsicherheitsabteilung des nationalen Luftamtes die Untersuchungsberichte geprüft haben, ist der Fall abgeschlossen. Fertig!"

„Und wenn ich eine Person finde, die mich autorisiert, besagte Unterlagen nochmals durchzugehen? Bitte verstehen Sie, hier geht es nicht um die Befriedigung persönlicher Neugier. Ja, es geht nicht einmal um Schuldfragen oder Schuldzuweisung (wenngleich die Staatsanwaltschaft allen Grund gehabt hätte, tätig zu werden). Es geht hier einzig und allein um künftige Unfallverhütung. Es geht schlicht darum, in dieser Firma so etwas wie Präventivbewusstsein zu wecken."

„Wecken Sie, wecken Sie! Aber stochern Sie nicht in Dingen herum, die mit dem Konsens aller – ich wiederhole a l l e r – Beteiligten begraben worden sind."

„Sie werden mir doch nicht erzählen wollen, dass die Angehörigen der Absturzopfer die Katastrophe einfach so zur Kenntnis genommen haben und zur Tagesordnung übergegangen sind?"

„Was hätten sie sonst auch tun können? Alle Toten wurden identifiziert, alle wurden unter Wahrung der Traditionen beigesetzt. Und alle Versicherungen haben gezahlt."

„Aber das gibt's doch nicht! Ich glaube Ihnen nicht, wenn Sie behaupten, mit Ihren dürren Erklärungen, die Sie den Medien zukommen ließen, sämtliche Zweifel ausgeräumt zu haben. Es muss sich doch jemand finden lassen, der…"

„Mein lieber Captain, Sie können sicher sein, es wird Sie niemand autorisieren. Nicht einmal der Präsident der Gesellschaft persönlich. Und nun entschuldigen Sie mich bitte, ich habe Termine. Auf Wiedersehen!"

Thommy Cheng, Chef ‚Emergency Training', vertrat dieselbe Meinung wie der Flugbetriebsleiter, der Flottenchef und der Beauftragte für Flugsicherheit. Alle hörten sich mein Anliegen höflich an, aber niemand konnte oder wollte mir bei der Suche nach den Hualien-Unterlagen behilflich sein. Und dann doch noch eine kleine Öffnung in der Wand des Schweigens: Thommy kannte eine Direktorin des fliegerärztlichen Instituts, deren Mann damals als stellvertretender Staatsanwalt an der Untersuchung des Unglücks beteiligt gewesen war.

Herr Ling zeigte sich sehr hilfsbereit. Zwei Tage nachdem ich ihm mein Gesuch vorgetragen hatte, lud er mich in sein Büro im Justizministerium ein. Er erläuterte mir die Daten der sogenannten ‚Black Box', dem bordeigenen Datenaufzeichnungsgerät. Wie zu erwarten das sattsam bekannte Bild: Intakte Maschine zerschellt infolge eines absolut unverständlichen Navigationsfehlers an einem Berg.

„Nicht ganz so unverständlich", gab Ling zu bedenken. Und dann: „Eher ein Opfer liebgewordener Routine. Bitte erinnern Sie sich: Neunmal hintereinander dasselbe. In keinen Unterlagen festgehaltene offizielle Abflugverfahren – wenn man von dem Hinweis absieht, dass nach dem Abheben das Nahbereichsradar zu kontaktieren ist, welches Anweisungen zur Navigation erteilt."

„Und wann genau ist der Frequenzwechsel zum Nahbereichsradar vorgesehen?"

„Tja, das ‚Nach-dem-Abheben' ist ein dehnbarer Begriff. Und so haben sich nach und nach gewissermaßen ‚private' Abflugverfahren eingebürgert, nämlich: Fahrwerk rein und linksum; Sie müssen wissen, dass in Hualien um diese Jahreszeit den ganzen Vormittag über mehrheitlich Süd oder Südostwinde vorherrschen."

Eine Besonderheit bot das Transskript des Cockpit Voice Recorders: Die Cockpit-Atmosphäre schien gelöst. Während der letzten 30 Minuten vor dem Absturz kommentierten beide Piloten lebhaft das Verhalten favorisierter Bluechips an der Börse von Taipei und Hongkong. Ab und zu wird Lachen beider Piloten registriert. Auf diesen eher ungewöhnlichen Punkt hin angesprochen klärt mich Herr Ling auf, dass Captain Dai und sein Kopilot miteinander verwandt waren.

„Könnte dieser Umstand Ihrer Meinung nach als beitragender Faktor gewertet werden? Ich denke dabei an ein mögliches Aufweichen der Disziplin."

„Alles ist möglich."

„Und weil alles möglich ist, lassen China Airlines und das Luftamt die Untersuchungsergebnisse einbunkern?"

„Ein bisschen deutlicher vielleicht: Diese doch vernichtenden Berichte kamen augenblicklich unter Verschluss, damit nichts möglich w i r d !"

„Herr Ling, ich möchte Ihrer Gilde der Rechtsgelehrten ja nicht zu nahe treten, aber ist von den rund zweitausend Anwälten in und um Taipei herum noch nie einer auf die Idee gekommen, China Airlines mit saftigen Schadenersatzforderungen einzudecken?"

„Hm. Sehen Sie, jede Schadenersatzforderung landet automatisch vor Gericht, also vor einem Richter. Und von denen gibt es im Augenblick nur relativ wenige – wenn Sie verstehen, was ich meine."

„Ich versuche, es zu verstehen."

„Tja, also dann ich wünsche Ihnen weiterhin alles Gute und viel Erfolg!"

Zwei Jahre und zwei Monate später erfolgte der nächste, unerklärliche Crash: Am 29.12.1991 fiel eine betagte B-747/200 Frachtmaschine aus dem Himmel, genauer, sie fiel herunter, bevor sie so richtig gen Himmel steigen konnte. Unmittelbar nach dem Start hatte sich offenbar das rechte Innentriebwerk verselbständigt, war aus seinem Halterungspylon gebrochen und hatte auf seinem Weg nach unten auch noch das rechte Außentriebwerk so stark beschädigt, dass dies ebenfalls seinen Geist aufgab. Der kurz vor seiner Pensionierung stehende Captain war nicht in der Lage gewesen, die asymmetrische Schubsituation zu meistern. Über die rechte Fläche schmierte die Maschine ab.

Um diesen Unfall blieb es lange Zeit still. Erstens, weil es sich ‚nur' um ein Frachtflugzeug gehandelt hat, bei dem ‚nur' fünf Mann Besatzung ums Leben gekommen waren. Und zweitens, weil sich die Tragödie gewissermaßen vor der eigenen Haustüre abgespielt hatte. Den Medien hatte man den Knochen hinwerfen können, dass es sich um ein rein technisches Versagen gehandelt habe. Dass die Abteilung Wartung und Instandsetzung keinerlei Schuld treffe; Auszüge aus dem Wartungskalender, den Wartungsprotokollen und Kopien der technischen Logbücher wurden gleich mitgedruckt. Als Dreingabe hatte man den Pressefritzen sogar die akkumulierten Flugzeiten der Piloten für die vergangenen sechs Monate mitgeliefert. Und die äußerst betrübliche Feststellung, dass die Piloten nicht die geringste Chance gehabt hätten. Wasserdicht.

Das kann man – mit Einschränkungen – so stehen lassen. Als ersten Unfallbericht jedenfalls, an dem keine der zahlreichen Interessengruppen innerhalb und außerhalb der Firma herumzubasteln versucht hatte. Ganz sicher aber war es in der mehr als nur turbulenten Firmengeschichte von China Airlines der erste und einzige Unfall, bei dem eine technische Unzulänglichkeit als wichtigster, beitragender Faktor bestätigt werden kann.

Erst zehn Monate später, nach dem fürchterlichen Absturz eines El-Al-Frachters in Amsterdam – der obendrein noch hochgiftige Chemikalien geladen hatte – kamen Spezialisten von Boeing auf den Unfall des China-Airlines-Jumbos zurück. Sie suchten damals

Zusammenhänge zwischen beiden Abstürzen. Es geschah dies in Verbindung mit mehreren anderen Vorfällen, die ausschließlich die Haltebolzen der Triebwerke an den älteren Boeing-Modellen betrafen. Man ging dem Verdacht nach, dass die kritischen Metallteile möglicherweise auf dem Graumarkt für gefälschte Ersatzteile gekauft worden waren.

Weltweit hatte sich bei Fluglinien mit knappem Budget schon seit Jahren die Unsitte eingebürgert, aus Kostengründen auf solche billigen Teile zurückzugreifen. Sei es, dass diese Komponenten von nicht autorisierten Betrieben nachgemacht werden oder von kannibalisierten, gegebenenfalls auch abgestürzten Maschinen stammen. In jedem Falle ist derartiges Vorgehen gesetzeswidrig.

Bei China Airlines kann man sich eigentlich dafür verbürgen, dass solch billige und gefährliche Ware nie und nimmer zum Einbau gelangt: Der Chef vom Materialeinkauf ist an fetten Rechnungen interessiert. Sie wissen schon, wegen seines Hwe Luo… Allerdings kann nicht ausgeschlossen werden, dass ein Mitarbeiter des Materialchefs (eine oder zwei Hierarchiestufen unter demselben) der Versuchung erlegen war, gegen ein kleines Aufgeld von 5 000 oder 10 000 USDollar Originalbolzen zu verscherbeln und dafür Schrott ins Lager zu nehmen. Immerhin war firmenintern bekannt, dass man sich von den ineffizienten 747-Spritschluckern trennen wollte.

In diesem Zusammenhange darf keinesfalls übersehen werden, dass auf dem riesigen Frachtareal von Taipei durchaus Dinger gedreht wurden – und immer noch gedreht werden – die besser nicht bis an die Ohren eines Herrn Staatsanwalts Ling dringen. Im Angebot wären da zum Beispiel Phantomfrachten, Gefälligkeitstransporte zum Nulltarif, legale wie illegale Waffentransporte aus allen Ländern in alle Länder, Schrott-Transporte zwecks Versicherungsbetruges, falsch deklariertes Gefahrengut und ‚Zurechtbiegen' von Ladedokumenten; alles Dinge, die später noch Erwähnung finden werden.

Eine B-747 geht baden.

Der Wetterfrosch betet seine synoptische Großwetterlage herunter, heute bereits zum einunddreißigsten Male. Sonderlich Mühe gibt er sich dabei nicht – aber es hört ihm ja auch niemand zu. Captain Wang kramt in den Winddiagrammen herum, indes sein Kopilot die aktuellen Wetterberichte von Hongkong und den potentiellen Ausweichplätzen überfliegt: Hongkong meldet leichten Niederschlag mit relativ niedriger Wolkenuntergrenze und guter Bodensicht. Die neuesten Winddaten zeigen an, dass es ordentlich bläst: Windrichtung 210 Grad mit 26 Knoten, also genau von der Seite. Beiläufig fragt Kopilot Cheng den Wettermenschen, ob sich das Zentrum des vor Hongkong nahezu zum Stillstand gekommenen Taifuns in absehbarer Zeit nach Norden verschieben werde.

„Im Gegenteil", meint der Meteorologe und „die Trendberichte deuten eher darauf hin, dass Hongkong noch im Laufe des heutigen Tages, spätestens aber gegen Abend einen ordentlichen Batzen abbekommt."

„Wird Hongkong dichtmachen?"

„Das lässt sich im Augenblick schwer zu beurteilen. Es kommt ganz darauf an, ob der Stöpsel von Süden oder Südosten etwas Druck bekommt. Je näher sich sein Zentrum gegen das Festland hin verschiebt, desto schneller können sich Bodensicht, Wolkenuntergrenze und vor allen Dingen der Wind verändern. Gegenwärtig gibt es – vom starken Seitenwind einmal abgesehen – keine nennenswerten Behinderungen für Ihren Flug."

„Würden Sie Turbulenzen während des Anflugs erwarten?"

„Nun, wenn Sie Ihren Anflug von Osten her durchführen, wird es Sie zwischen Flugfläche 250 und Flugfläche 80 ordentlich durchbeuteln. Ich glaube, Sie tun gut daran, sich vom Kerl am Radar eine Art Ausweichmanöver von Norden her geben zu lassen; die Hongkonger sind ja bekannt für ihre Hilfsbereitschaft."

Diesen bedeutsamen Teil der Flugwetterbesprechung hatte Captain Wang leider verpasst, denn er war bereits auf dem Weg zum Zollfreiladen. Dort widmete er sich hingebungsvoll den allerneusten Schöpfungen der Parfumhersteller und besprühte sowohl beide Handrücken wie auch die Ärmel seiner Uniform mit allerlei Essenzen aus den herumstehenden Musterfläschchen. Auf dem Weg zum Cockpit zog er dann eine Duftwolke hinter sich her wie eine Puffmutter. Kopilot Cheng hatte sich bereits vor langer Zeit abgewöhnt, seine Bordkommandanten – und besonders Captain Wang – auf Besonderheiten aufmerksam zu machen: Man hörte ihm ebenso wenig zu wie dem Wettermenschen oder dem Chefmechaniker.

Als dann die Ladedokumente an Bord gebracht wurden, und der verantwortliche Stationssachbearbeiter den Captain fragte, ob er denn tatsächlich zu starten gedenke, fragte Wang barsch zurück:

„Und warum nicht?"

„Na ja, ich meine ja nur so", entgegnete der Mitarbeiter mit der roten Mütze etwas verschüchtert, „dann ist ja alles OK. Ich dachte nur, äh, wegen des starken Seitenwindes in Hongkong – alle Maschinen der Cathay Pacific landen seit rund einer Viertelstunde auf Außenstationen."

„Und unser Flug von Kaoshiung nach Hongkong, ist der noch am Boden?"

„Nein, soviel ich weiß, ist der vor gut zwanzig Minuten raus. Allerdings hat man aus technischen Gründen eine B737 anstatt eines Airbus geschickt. Die scheint Seitenwind ohnehin besser zu vertragen; obendrein ist sie so gut wie leer, da kommt ihr die sehr niedrige Anflugfluggeschwindigkeit doppelt zugute."

„Na also, dann gehen wir auch!"

So schnell ging es dann aber doch nicht, weil vom Schalter in der Wartehalle gemeldet wurde, dass vier Passagiere nicht aufgefunden werden konnten; man würde noch ein paar Minuten warten und dann das Gepäck der Spätlinge ausladen.

„Bekommen Sie Ihren Sauladen denn überhaupt nie in den Griff?“ schnauzte der Captain den verantwortlichen Mann vom Passagierdienst an. „Erst gestern hatten wir Verspätung. Wofür bekommen Sie eigentlich Ihr Gehalt, he?“

„Bitte entschuldigen Sie, aber gestern hatte ich frei. Und es wird nicht allzu lange dauern, denn wir haben die Nummern der Gepäckstücke sowie die Nummern der Container, in dem diese verstaut sind. Hallo, was? Nein, kann ich nicht wissen, ich stehe gerade im Cockpit. Äh, Captain, ich höre soeben, dass die fehlenden Passagiere gerade beim Einsteigen sind. Bitte, entschuldigen Sie nochmals die…“

Doch Captain Wang hatte das Gespräch schon abgebrochen, für ihn war der Mann mit dem Papierbündel unter dem Arm schon nicht mehr anwesend. Er befahl nun die Abarbeitung der Checklisten. Und so machte sich eine praktisch nagelneue B-747/400 auf zu ihrem letzten Abenteuer, zu ihrem letzten Flug.

Start, Steigflug und der erste Teil des Reisefluges verliefen so, wie man das im Allgemeinen erwartet, nämlich ereignislos. Captain Wang nahm heute sein Frühstück – ganz gegen seine Gewohnheit – im Cockpit und nicht unten in der Ersten Klasse ein. Er streute gerade noch etwas geraffeltes Trockenfleisch auf seine Reispampe, als ihm sein Assistent wortlos die letzte aktuelle Wettermeldung von Hongkong über die Mittelkonsole reichte: Wolkenuntergrenze bei 300 Fuß, Seitenwind von rechts mit 30 Knoten, in Böen auffrischend bis zu 42 Knoten. Der Captain kaute, las und nickte dann.

„Hm“, war sein Kommentar.

Die Sektorkontrolle von ‚Hongkong Nordost‘ begrüßte CI603 nach dem Frequenzwechsel mit der Frage:

„Haben Sie schon das letzte Wetter?“

„Ja, haben wir.“

„Wollen Sie anfliegen?“

Der Kopilot blickt Captain Wang fragend an. Der greift sich das

Mikrophon, würgt den letzten Löffel seines Congee hinunter und fragt zurück:

„Fliegt sonst noch jemand an?"

„Air Macau."

„OK, wir fliegen an!"

Offenbar war es für den Bordkommandanten Wang nicht eine Frage des maximal zulässigen Seitenwindes, ob man anzufliegen wagte oder nicht, sondern eine lupenreine Prestigeangelegenheit. Sicher hockte in dieser vergammelten B-737 der Air Macau so ein halb vertrockneter Portugiese oder – schlimmer noch – einer dieser hochnäsigen Engländer (von denen zwei erst unlängst bei China Airlines angeheuert hatten). Und was so ein Tommy zusammenbrachte, schaffte er selbst noch allemal. Ha, das wäre doch gelacht!

Nun ist es keinesfalls so, dass 30 oder 35 Knoten Seitenwind eine B-747 ganz einfach von der Piste runterblasen könnten – während der Testphase wird die Maschine auch bei 40 und 45 Knoten Seitenwind auf den Asphalt geknallt. Voraussetzung dabei ist einzig und allein, dass man weiß, was zu tun und was – unter allen Umständen – zu unterlassen ist. Erfolg oder Misserfolg hängen bei einer Seitenwindlandung hauptsächlich vom Vorhaltewinkel ab: Solange die Flugzeugnase ordentlich in den Wind zeigt, kann schon nicht mehr viel passieren. Lässt der Pilot während der allerletzten Phase des Anflugs dann auch noch die Luv Fläche etwas hängen und tippt das Seitenruder ein bisschen zur Leeseite hin an, dann kann die Landung gar nicht mehr misslingen. Luvseitig werden die Räder zwar etwas mehr Gummi auf der Piste liegen lassen als gewöhnlich, dafür aber bleibt den Passagieren das unangenehme ‚Rumms – Hopps – Schüttel – Dabumms' erspart (und dem Flieger das peinliche Verlassen der Piste).

Captain Wang sollte bei diesem denkwürdigen Endanflug auch rein gar nichts erspart bleiben – dafür machte er aber auch alles falsch, was man falsch machen kann. Es begann damit, dass er mit ‚zu viel‘ Landeklappen anflog. Zur Erklärung: Unabhängig vom Flugzeugtyp hat der Pilot ‚mehr Flugzeug‘ in der Hand, wenn er für den Endanflug mit geringerer Klappenstellung und dafür mit ein paar Knoten mehr am Stau das Manöver beginnt; die Maschine reagiert schneller und lässt sich präziser feinsteuern. Man kann sie dann buchstäblich auf die Piste nageln und erspart sich so das endlos lange Ausschweben. Ist der Vogel einmal mit dem Beton in Kontakt, können ihm auch punktuell auftretende Böen nichts mehr anhaben, und die verbleibende Piste wird nicht so schnell ‚aufgefressen‘. Und im Falle von CI603 waren weder Landegewicht noch die zur Verfügung stehende Pistenlänge limitierend, weil die Maschine ihre Reise halb leer angetreten hatte.

Doch für derartige Erwägungen verblieb nun keine Zeit mehr, die Landeklappen waren voll ausgefahren. Und als die Maschine bei gut 400 Fuß aus der dichten Wolkendecke stieß, verabsäumte es der Mann an der Steuersäule offenbar, den angezielten Landepunkt auf der Piste auch konsequent anzusteuern. Als Ergebnis dieser Nachlässigkeit befand er sich samt seiner Mühle rasch über dem vorgeschriebenen Gleitweg. Sein nächster Fehler bestand darin, dass er die Flugzeugnase nach unten drückte: Da die Triebwerke ohnehin schon auf Leerlauf zurückgespult hatten und demzufolge eine Schubverringerung nicht mehr möglich war, nahm die Geschwindigkeit augenblicklich stark zu. Mit einer auch nur leichten Vergrößerung des Anstellwinkels hätte sich die Ausgangslage noch wesentlich verbessern lassen, doch nun war es auch für diese Korrektur zu spät.

„210 Grad, 36 Knoten“, ließ sich der Mann auf dem Kontrollturm vernehmen.

„OK“, quittierte der Kopilot diese Meldung nach einem kurzen Blick zum Captain.

„CI603 klar zur Landung.“

„603 klar zur Landung. Danke!“

Zu diesem Zeitpunkt hätte Wang noch durchstarten und dennoch sein Gesicht wahren können: Der vom Turm übermittelte Seitenwind lag außerhalb der im Flughandbuch festgehaltenen Maximalwerte. Aber Durchstarten? Er, Wang, Captain und Ex-Oberst im Generalstab der Luftwaffe? Undenkbar!

Das Schicksal nahm seinen Lauf: Mit einer um 28 Knoten überhöhten Geschwindigkeit berührte Flug CI603 die Piste in Höhe der 800MeterMarke (anstatt bei 300 Metern) zum ersten Male – allerdings nur ganz kurz. Die Maschine prallte regelrecht vom Beton zurück in die Luft und schwebte für die kleine Ewigkeit von acht Sekunden über die Landebahn. Anders ausgedrückt: Weitere 400 Meter Piste waren weg.

Wäre ein Durchstarten auch zu diesem Zeitpunkt noch möglich gewesen? Ja! Denn das Flugzeug war sehr leicht, die Eigengeschwindigkeit lag immer noch 61% über der kritischen Grenze zum Strömungsabriss. Der Pilot hätte seinen Untersatz sogar auf die Piste zurücksegeln lassen können, bis die Motoren hochgefahren waren. Immerhin standen noch gut 700 Meter harter Unterlage zur Verfügung, und die Triebwerke der neuen Generation brauchen kaum mehr als sechs Sekunden, bis sie wieder voll blasen.

Während sich Captain Wang nach seinem ersten Hüpfer auf den Beton an der Steuersäule festhielt (ohne eigentlich zu steuern), begann der Flieger heftig in den Wind zu gieren. Die Flugzeugnase zeigte zwei Sekunden vor dem nächsten Aufpraller 36 Grad aus der Pistenachse. Mit einem kräftigen Tritt ins linke Seitenruder und mit einem – zunächst – überproportional starken Hängenlassen der rechten Tragfläche hätte es zwar immer noch eine furchterregende Bumslandung abgesetzt, aber die Kontrolle wäre nicht gänzlich verloren gegangen. So jedoch versuchte der völlig überforderte Flugzeugführer seine Mühle mittels Querruder auszurichten – mit fürchterlichen Folgen:

Zunächst drückte der starke und mit Böen durchsetzte Seitenwind die rechte Fläche ruckartig nach oben weg, und im Nu driftete die Maschine in Richtung des linken Pistenrandes ab. ‚Runter, nur runter!' muss sich Wang während dieser Sekunden wohl gedacht haben, denn nun stieß er die Steuersäule einem Kamikaze-Flieger gleich mit voller Kraft nach vorne. Das Ergebnis sah so aus, dass der riesige Metallvogel krachend auf dem linken Außenmotor ‚landete'. Während dieses Triebwerk funkenstiebend über den Beton schlitterte und dabei nach allen Regeln der Kunst abgeschmirgelt wurde, wölbte sich die linke Tragfläche mächtig nach unten durch. Erst mit der ruckartigen Streckung des linken Flügels schwappte das Hauptfahrwerk auf die Piste. Die Hauptfahrwerke gingen bei diesem unvorhergesehenen ‚Seitensprung' mächtig in die Knie, doch Federbeine, Fahrwerkstreben, Fahrwerkverriegelung, Reifen und Felgen widerstanden dieser ungewohnten und asymmetrischen Belastung in bemerkenswerter Weise.

Und das Bugfahrwerk? Das befand sich aufgrund des übergroßen Anstellwinkels immer noch hoch in der Luft, weil Wang den Druck auf die Steuersäule kurzzeitig verringert hatte. Aus welchen Gründen auch immer verzichtete der Captain nun darauf, die Nase endlich nach unten, d.h. auf den Beton zu drücken. Durch den ersten, heftigen Kontakt des Hauptfahrwerks mit dem Boden waren zwar die Bremsklappen auf den Flügeln ausgefahren, doch der Umkehrschub konnte nicht gesetzt werden, weil sich das Bugrad immer noch in der Luft befand. Von diesem Augenblick an muss der Captain wohl totaler geistiger Verwirrung anheimgefallen sein, denn jetzt packte er die Bugradsteuerung und riss wie wild an ihr herum: Vollausschlag nach links, Vollausschlag nach rechts. Das Unsinnige seines Tuns kam ihm nicht zu Bewusstsein, der Zusammenhang zwischen Bodenhaftung der Bugräder und Steuerung war ihm nicht mehr zugänglich.

„Halten, halten!“ schrie er seinem Kopiloten zu. Doch der hockte in Erwartung des Unvermeidbaren schreckgelähmt auf seinem Sitz. Was hätte er auch halten sollen? Für ihn gab es nichts mehr zu halten:

Die B-747/400 wippte – wie zum Abschied – noch einmal in der Längsachse, nachdem das Bugfahrwerk nun doch noch, und zwar mit einem kräftigen Knaller mit der Landebahn in Berührung gekommen war. Dann näherte sich auch schon das Ende der Landebahn, und der riesige Vogel schlitterte, nach links gierend und eine ordentliche Anzahl von Anflugleuchten köpfend, ohne besonders große Bugwelle nach links ins Hafenbecken.

23 Passagiere wurden verletzt und mussten ambulant behandelt werden. Da der Flugzeugrumpf dicht hielt, die Flügeltanks zu 80% entleert waren, und die Rumpfneigung nach vorne lediglich 18 Grad betrug, konnten alle Passagiere und Besatzungsmitglieder die Kabinengänge hochkrabbeln und über die hintere linke Notrutsche ins Freie, das heißt in die bereitstehenden Boote gelangen.

Einige der Passagiere, bei denen der Schock und die Angst vor dem Ertrinken nicht allzu tief saßen, besannen sich auf ihre Habseligkeiten, die sie in den Gepäckfächern über den Sitzen zurückgelassen hatten: Sie rutschten und stolperten den Gang wieder hinunter zu ihrem Sitz, stießen mit aufwärts hastenden Menschen zusammen, verfehlten ihre Sitzreihe, fanden nicht, was sie suchten, fluchten, schrien und krochen unverrichteter Dinge zurück zu Notausgang und Notrutsche.

Als Letzter – wie er das wohl in Seefahrerromanen gelesen haben mag – verließ der Herr Flugkapitän das (halb) gesunkene Schiff. Mit versteinerter Miene, die Mütze vorschriftsmäßig auf dem Schädel, seine unförmige Pilotentasche in der Hand und von einer Duftwolke umgeben, ließ er sich zunächst ins Boot und später an Land helfen. Wortlos hockte er im Dienstfahrzeug der Flughafenbehörde, das ihn zum Verwaltungsgebäude brachte. Ein Polizist wies ihm den Weg zum Büro des Chefs der Flugsicherung. Stumm wartete er, bis ihm der Dienststellenleiter einen Platz anbot. Aber als die Türen zu diesem schmucklosen und vermieften Raum geschlossen waren, hatte er plötzlich seine Sprache wiedergefunden. Noch bevor der Beamte die Vorbereitungen zur Aufnahme eines ersten Protokolls treffen konnte, fiel Captain Wang verbal über seinen Kopiloten her, dass diesem Hören und Sehen vergangen wäre – im Falle seiner Anwesenheit.

Cheng aber saß in einem anderen Büro, und zwar in dem der Hafenpolizei. Dort gab er seine Geschichte über einer Tasse Tee einer rasch anwachsenden Zuhörerschaft zum Besten. Kapitäne der Handelsmarine, zwei Piloten der Rettungshubschrauber, Männer der Hafenfeuerwehr, Polizisten, Zollfahnder. Sie alle krümmten sich vor Lachen und schlugen sich vor Begeisterung immer und immer wieder auf die Schenkel.

Im Flugsicherungsbüro dagegen gab es nichts zu lachen. Dort wetterte Captain Wang immer noch herum. Über zwanzig Minuten dauerte die Kanonade bereits, die eigentlich niemand interessierte, der niemand zuhörte. Der Beamte, der mittlerweile auch einen Vertreter von China Airlines herbeitelefoniert hatte, wartete geduldig, bis dem Captain der Dampf ausgegangen war. Dann begann er mit dem Erfassen der persönlichen Daten des Bordkommandanten, um sich anschließend über den Ablauf der Geschehnisse aus dessen Sicht Notizen zu machen. Nachdem alles vorschriftsmäßig zu Papier gebracht war, belehrte er Wang, welche Folgen unrichtige oder unwahre Aussagen in einem anschließenden Gerichtsverfahren haben würden. Und dann fragte er:

„Sie wissen, dass wir das Datenaufzeichnungsgerät ebenso wie den Cockpit Voice Recorder auswerten müssen?“

„Ja.“

„Waren Autopilot und Navigationscomputer während des Anfluges auf Ihre Seite geschaltet oder auf die Seite des Kopiloten?“

„Auf meine.“

„Wer hat die Wettermeldungen, die Freigaben für Endanflug und Landung entgegengenommen und bestätigt?“

„Der Kopilot.“

„Haben Sie insbesondere die Windmeldungen des Kontrollturms gehört und verstanden?“

„Ja."

„Haben Sie während des Anfluges ein Durchstarten in Erwägung gezogen?"

„Nein."

„Hat Kopilot Cheng im Laufe des Fluges die Maschine gesteuert?"

„Nein. Hat er nicht. Wahrscheinlich kann er das auch gar nicht. Mit diesen verdammten Kopiloten hat man doch dauernd nur Ärger und…"

„Bitte beantworten Sie nur die an Sie gestellten Fragen!"

„OK."

„Also, warum belasten Sie Ihren Kopiloten? Warum schieben Sie ihm die Schuld in die Schuhe für den Mist, den Sie – und nur Sie – gemacht haben?"

„Er hat meine Befehle nicht ausgeführt."

„Welchen Ihrer Befehle hat er nicht ausgeführt?"

„Das kann ich jetzt auch nicht mehr so genau wiederholen."

„Der Cockpit Voice Recorder wird uns da sicher weiterhelfen können."

„Ach, machen Sie doch, was Sie wollen!"

„Das werden wir auch."

Die disziplinarische Würdigung dieses Aufsehen erregenden Unfalls, über den in Wort und Bild weltweit berichtet wurde, vollzog sich ganz nach Art des Hauses, d.h. wie man derartige Fälle bis anhin abzuhandeln gewohnt war:

Als Erstes wurde der Kopilot fristlos entlassen. Schuld hatte der zwar nicht auf sich geladen; im Gegenteil: Vom Tonband, das während der jeweils letzten 30 Minuten alle Geräusche im Cockpit aufzeichnet, war zu hören, wie er auf die viel zu hohe Geschwindigkeit und das Verlassen des SollGleitweges hinwies. Warum er nicht ‚gehalten' habe, als ihm der Captain den Befehl dazu gegeben hatte, wollte der Chef der Flugbetriebsleitung wissen. Darauf antwortete Cheng ruhig:

„Was hätte ich da noch halten sollen? Da gab es nichts mehr zu halten. Mein einziger Gedanke nach dem grässlichen ersten Aufschlag auf der Piste war, wie ich die Passagiere retten könnte, wenn wir völlig unter Wasser gehen würden."

In der Tat. Das Einzige, das man dem jungen Mann vorwerfen konnte: Er war in aller Herrgottsfrühe aufgestanden und hatte sich zum Flugdienst gemeldet.

Captain Wang selbst wand sich während der Untersuchungsverhandlung wie ein Aal. Die vorgelegten Ausdrucke und Durchschriften der aufgezeichneten Daten nahm er einfach nicht zur Kenntnis, ja er weigerte sich sogar, sie auch nur anzuschauen.

Nein, er sei nicht zu hoch angeflogen.

Nein, er sei nicht zu schnell angeflogen.

Nein, die Seitenwindkomponente sei nicht höher gewesen als der in den Handbüchern als Maximum aufgeführte Wert von 30 Knoten.

Die Tonbandaufzeichnung des Kontrollturms wird abgespielt: ‚… 210 Grad, 36 Knoten…'

Darauf Wang: „Da hat sich der gute Mann auf dem Turm eben getäuscht. Auf unserer B-747/400 haben wir ein funktionierendes Trägheitsnavigationssystem, das gibt uns auch die genauesten Windwerte."

„Welche Windwerte haben Sie auf Ihrem Navigationssystem während des Anfluges abgelesen?"

„Das weiß ich jetzt auch nicht mehr."

Auf die Vorhaltung, er sei zu lang gelandet meinte er nur: „Andere landen noch länger."

Die Beweislage war derart erdrückend, dass auch China Airlines Captain Wang nicht mehr halten konnte; mit einer nicht unerheblichen Abfindungssumme wurde er entlassen. Doch sonderlich schwer trug er an seinem Schicksal nicht: Er wechselte ganz einfach seinen Namen, ließ sich die Fluglizenz auf den neuen Namen umschreiben und ist – Sie vermuten richtig – der Fliegerei erhalten geblieben. Von Januar 1993 an flog der Ritter ohne Furcht und Tadel bei einer kleineren taiwanesischen Gesellschaft auf der ATR42.

Da staunt der Laie, und der Fachmann wundert sich: Wie konnte es sein, dass so ein Ausbund an Inkompetenz vom Luftamt nicht aus dem Verkehr gezogen wurde? Und warum hat die Staatsanwaltschaft nicht Anklage wegen fahrlässiger Körperverletzung und Verkehrsgefährdung erhoben?

Ganz einfach: Wang wusste zu viel.

Er wusste um Direktor Kuo's gewaltige Spielschulden.

Er wusste um die amourösen Eskapaden zweier Sachbearbeiter mit Strichjungen.

Er wusste um die Flaschenhörigkeit des für das Lizenzwesen zuständigen Referenten.

Und er war seit vier Jahren mit der Tochter von General Yang ShaoKuen verheiratet – Na, wenn das nicht genügte!

Nagoya.

„Der Kopilot hat alle umgebracht!"

Dies war die einhellige Meinung aller, die in irgendeiner Form mit dem Flugdienst innerhalb von China Airlines zu tun hatten, nachdem der Absturz von Flug CI-140 am 26.4.1994 bekannt gegeben worden war. Verwunderlich: Niemand fragte nach der Quelle für dieses ungeheuerliche Gerücht. Oder hatte der Kopilot vor dem Start dieses Fluges in Taipei eine Mitteilung hinterlassen, dass er die Maschine samt Insassen bei Nagoya in den Grund rammen würde? Allerdings hätte er dazu erst einmal den Captain funktionsuntüchtig machen müssen. Konnten Eheprobleme mitgespielt haben? Vielleicht drückende Schulden? Depressionen? Bei Japan Airlines hatte ja mal ein depressiver Flugkapitän seine DC8 beim Endanflug drei Meilen vor der Piste in den Messerflug gezwungen und damit zum Absturz gebracht. Doch was soll das alberne Hinterfragen?! Man hatte einen Schuldigen – zudem einen, der sich zu verteidigen nicht mehr in der Lage war – und es konnte zur Tagesordnung übergegangen werden.

Erst gut zwei Jahre später lag der vollständige Bericht zu diesem tragischen Unfall – bei dem immerhin 264 Menschen ums Leben gekommen sind – auch den Cockpitbesatzungen vor. Eigentlich war es firmenseitig gar nicht vorgesehen gewesen, die Piloten über das Vorkommnis in Nagoya und dessen Hintergründe zu informieren: Erst die Hartnäckigkeit einzelner ausländischer Flugkapitäne, die bei China Airlines unter Vertrag standen und die bei der amerikanischen Luftaufsichtsbehörde vorstellig geworden waren, bewirkte die Freigabe der verschiedenen Untersuchungsergebnisse (die übrigens zum ersten Male seit Bestehen des bilateralen Luftverkehrsabkommens zwischen Taiwan und Japan von japanischen Behörden vervollständigt worden sind). Was also war wirklich geschehen?

Bis zur Vorbereitung des Anflugs auf Nagoya war alles normal verlaufen. Dies lässt sich aus verschiedenen Tatsachen schließen: Die Piloten hatten während des ganzen Fluges keine abnormalen Vorkommnisse gemeldet, keine technischen Störungen. Und sie waren ihren Verpflichtungen gegenüber der Flugsicherung fehlerlos nachgekommen; dies wurde durch Tonbandaufzeichnungen belegt. Der Kopilot, der auch den Start in Taipei durchgeführt hatte, war mit den Anflugverfahren des Zielflughafens vertraut, er hatte diesen Flug bereits neunmal absolviert. Der Captain selbst war seit mehr als zwei Jahren auf dem Airbus; seine Beurteilungen wiesen ihn als zuverlässigen und gut durchschnittlichen Piloten aus.

Die Wettervorhersage stimmte mit dem aktuellen Platzwetter überein und hätte auch einen Anflug nach Sichtflugregeln erlaubt. Die Nahbereichskontrolle hatte den Flug CI-140 seit drei Minuten ‚auf dem Schirm', die Checklisten waren korrekt durchgearbeitet, das Fahrwerk in Landestellung, die Landeklappen – bis auf die letzte Stufe – gesetzt. Cockpitseitig war somit alles klar für einen Anflug auf Piste 34.

An dieser Stelle muss auf zwei Besonderheiten hingewiesen werden: Erstens staffeln die Fluglotsen in Nagoya den ankommenden Verkehr außergewöhnlich dicht und zweitens halten sie die anfliegenden Maschinen relativ lange sehr hoch. Aus Lärmgründen, wie versichert wird. Sie erteilen die Erlaubnis zum Absinken erst dann, wenn der Soll-Gleitweg beinahe schon erreicht ist. Diese Art Lärmschutz ist für Piloten, die ihre Erfahrungen in Europa oder in Amerika gesammelt haben, zunächst etwas befremdlich, doch finden sich entsprechende Hinweise im Kleingedruckten der Navigationsunterlagen für den Flughafen Nagoya zuhauf; hat man die Anmerkungen zu all den vor bzw. frühgeschichtlichen Anlagen und den shintoistischen Kulturstätten durchgelesen, wundert man sich, wie da überhaupt ein Flugplatz gebaut werden durfte.

Die ungewohnt großen Höhen für den Beginn des Endanflugs (mehrheitlich zwischen 8 000 und 11 000 Fuß über Grund) bleibt in der Regel ohne negative Folgen, vorausgesetzt, dass im Cockpit alles glatt läuft. Das heißt, dass beide Piloten auf diesen Moment vorbereitet sind, dass die Geschwindigkeit bereits heruntergefahren ist, und das Absinken unmittelbar nach der Freigabe durch den Kontrollturm eingeleitet wird. Im Cockpit von CI-140 muss zum Zeitpunkt der Freigabe für den Endanflug allerdings das Chaos ausgebrochen sein.

Der Kopilot steuerte die Maschine von Hand, d.h. der Autopilot war sieben Minuten zuvor ausgeschaltet worden (der krächzende Warnton, der durch das Ausschalten ausgelöst wird, ist auf dem Tonband des Kontrollturms gut zu hören). Bei China Airlines wurde der Verzicht auf die Automatik zum Standard erhoben, es gibt dazu keinerlei bindende Vorschriften: Jeder macht es, wann immer er Lust dazu verspürt. Offiziell vertritt man in der Sektion Training und Ausbildung die Ansicht, auf diese Weise die Flugerfahrung, also insbesondere die Handhabung der Maschine speziell bei jungen Piloten fördern zu können.

So konnte es passieren, dass der Kopilot das rechtzeitige Absinken auf dem – im Fluglageinstrument dargestellten – Gleitweg des InstrumentenLandesystems ‚verschlief'. Er bemerkte sein Versäumnis erst nach elf Sekunden. Ob der Captain den Fehler bemerkt hat oder nicht, bleibt ungeklärt; jedenfalls hat er nichts gesagt (keine Aufzeichnung im Cockpit Voice Recorder) und er hat auch nicht eingegriffen. Um seinen Fehler zu korrigieren, drückte der Kopilot die Flugzeugnase brüsk auf neun Grad unter den Horizont, ohne vorher die Motoren in Leerlauf zu bringen. Infolge dieser Überkorrektur nahm die Geschwindigkeit sehr schnell zu, da die elektronische Triebwerkssteuerung den Leerlauf erst vier Sekunden später erstellt hatte. ‚So weit, so gut' – dies musste der Captain wohl gedacht haben, denn er griff weder ein, noch gab er einen Kommentar ab.

Aus unerfindlichen Gründen aktivierte der Kopilot nun das Durchstartprogramm, ohne vorher den Autopiloten eingeschaltet zu haben. Diese Aktion bewirkte erstens, dass die Triebwerke beinahe auf Volllast hochfuhren und zweitens, dass im Fluglageinstrument, dem sogenannten ‚künstlichen Horizont' der unübersehbare horizontale Balken ruckartig nach oben schnellte und gewissermaßen den Befehl signalisierte, die Flugzeugnase augenblicklich nach oben zu ziehen.

Nun bekam es der Mann auf dem rechten Sitz ganz offenbar mit der Angst zu tun: Die Eigengeschwindigkeit nahm nun rasend schnell zu, ohne dass er nachvollziehen konnte warum. In seiner Verzweiflung, ohne zu wissen, welches Ziel er damit erreichen wollte, schaltete er nun beide Autopiloten zu. Diese Fehlhandlung bewirkte Folgendes:

– Die Automatik versuchte, der Logik des eingegebenen Befehls gerecht zu werden, also die Nase hoch zu ziehen und die Maschine das Durchstart-Manöver abfliegen zu lassen.

– Der Kopilot, der aus dieser aussichtslosen Situation offenbar immer noch landen wollte, übersteuerte den Autopiloten durch kräftiges Nach-Vorne-Drücken der Steuersäule.

– Je mehr nun der Kopilot das Steuer nach vorne drückte, desto weiter trimmte der Autopilot das Höhenruder – der Systemlogik folgend – nach hinten. Und dann kam der Punkt, wo sich der Autopilot von selbst ausschaltete, weil er – vereinfacht gesprochen – seinen Job nicht mehr erledigen konnte, für ihn war die Übung zu Ende.

Einschub 1. Der Zustand der Maschine stellt sich in diesem Augenblick wie folgt dar: Beide Triebwerke laufen nahezu auf Volllast. Das Höhenruder ist bis zum Anschlag nach hinten getrimmt. Die Landeklappen sind auf die vorletzte Stufe gesetzt, bewirken also einen zusätzlichen Höhenruder-Effekt. Es ertönt die akustische Warnung, dass die maximale Geschwindigkeit für die Landeklappen überschritten ist.

Einschub 2. Dr. YoonLi, emeritierter Professor und Mitglied der ‚Taiwanese Psychologic Society' erklärt das Versagen des Kopiloten mit einem sogenannten Knick im laminaren Denkprozess: Die Maschine reagierte auf einen – subjektiv – richtigen Befehl falsch. Objektiv aber reagierte die Maschine auf einen falschen Befehl richtig. Diesen Widerspruch vermochte der Kopilot nicht aufzulösen.

Einschub 3. Der Captain verfügte zum Zeitpunkt des Geschehens über eine Gesamtflugerfahrung von 6 872 Stunden. Die Streckenüberprüfung wie die halbjährliche Überprüfung im Simulator hatte er vor zwei Monaten ohne größere Ausreißer bestanden. In den Ausbildungsunterlagen während des Trainings zum Captain finden sich keine negativen Vermerke. Er wird als gewissenhafter und besonnener Pilot dargestellt, der sich obendrein durch hervorragende technische Kenntnisse auf dem Muster (Airbus) auszeichnet. In einer Anmerkung des damaligen Chefpiloten steht, dass er zu einem späteren Zeitpunkt für die Position eines Technischen Piloten geeignet erscheine.

Auf dem Tonband, das die Gespräche im Cockpit aufzeichnet, lassen sich in diesem Augenblick zwei Stimmen unterscheiden. Zunächst ist der Kopilot zu hören:

„…ich, ich kann nicht (mehr).“ Und unmittelbar darauf der Captain:

„Ich habe Kontrolle! Was ist da los? Was…“

Was in diesem Moment los war oder besser, was sich tatsächlich ereignete, lässt jedem Piloten die Haare zu Berge stehen: Die voll besetzte Maschine bäumte sich ruckartig auf (der Kopilot hatte ja keinen Druck mehr auf die Steuersäule ausgeübt) und schoss mit einem Anstellwinkel von 70 Grad himmelwärts. Passagiere und Besatzungsmitglieder wurden durch die positive Beschleunigung von 2,4 g wie von bleierner Hand in ihre Sitze gedrückt. Die beiden Männer im Cockpit müssen unter Schock gestanden haben. Es herrschte absolute Stille. Keine Aufzeichnung irgendeines Ausrufes, einer Warnung, eines einzigen Wortes. Sie reagierten nicht.

Sie hockten nur da.

Dabei stand ihnen immer noch die Möglichkeit offen, die Maschine abzufangen, sie wieder unter Kontrolle zu bringen und so 264 Menschenleben zu retten. Mindestens 50 Sekunden hatten sie dafür zur Verfügung.

BITTE lesen Sie an dieser Stelle nicht weiter, sondern schauen Sie auf Ihre Uhr, um nachempfinden zu können, wie lange 50 Sekunden sind.

Und wie hätten sich die beiden Piloten aus dieser gefahrenträchtigen Situation befreien können?

Vergessen wir nicht: Beide Motoren waren intakt und liefen so gut wie auf Volllast, Schub war also genügend vorhanden. Die Steuerorgane waren keiner Überbelastung ausgesetzt gewesen, funktionierten demzufolge normal. Somit bot sich als einfachste Lösung an, den Autopiloten auszuschalten, die Höhenruder-Trimmung nach vorne laufen zu lassen, etwas Querruder nach links oder rechts einzulegen und die Flugzeugnase leicht unter den Horizont sinken zu lassen. In weniger als zehn Sekunden hat sich genügend Geschwindigkeit aufgebaut, um den fliegenden Untersatz wieder in eine stabile Fluglage zu bringen.

Doch es wurde überhaupt nichts unternommen. Nach wie vor kein Wort. Keine Reaktion. Nichts.

Und so verlor das Flugzeug auf seiner ‚Bergfahrt' rasch und immer rascher an Geschwindigkeit, die Strömung begann abzureißen. Den metallenen Vogel durchfuhr ein immer stärker werdendes Zittern, dann ein heftiges Schütteln. Noch vor dem Kulminationspunkt ließ der positive Beschleunigungsdruck nach, und alle Flugzeuginsassen verspürten andeutungsweise eine Schwerelosigkeit wie im hinteren Teil eines großen Busses, wenn der mit hohem Tempo über eine leicht erhöhte Straßenkuppe fährt. Dann ging es wieder abwärts. Zunächst eher bedächtig, bald aber schneller und schneller. Ein grauenvoller Absacker mit der Flugzeugnase 45 Grad unter dem Horizont – und das aus einer Höhe von gerade mal 1 100 Metern über Grund!

Nein, nein, noch war es nicht zu spät! Immer noch war eine Chance vorhanden. Noch hätten die Piloten den Absturz zu vermeiden vermocht, wenn es ihnen nur gelungen wäre, sich aus ihrer Erstarrung zu lösen.

Noch einmal, ein letztes Mal bäumte sich das geschundene Flugzeug auf. Was bei einer DC9 oder einer MD80 aufgrund der typenspezifischen hohen Flächenbelastung nicht machbar wäre (die Situation wurde im Simulator in Zürich wiederholt ‚nachgeflogen'') – der AirbusFlügel schaffte es: In Kirchturmhöhe hatte er nochmals genügend Auftrieb gefasst, fing sich selbst noch einmal ab, noch einmal wurde Höhe gewonnen.

Allein, auch diesmal unterblieb die rettende Korrektur, die Strömung riss abermals ab. Ein voll funktionstüchtiges Flugzeug raste unkontrolliert erdwärts, zerbarst noch vor der Landepiste und ging zwischen abgehackten Metallstelzen der Anflugleuchten in einem Flammenmeer unter.

Alle Versuche der Fluglinie, den Absturz zumindest teilweise dem Flugzeughersteller Airbus Industries in die Schuhe zu schieben, scheiterten kläglich: Die Durchschriften sämtlicher Datenaufzeichnungsgeräte lagen auf dem mächtigen Tisch im Konferenzraum an der Nangking-Straße in Taipei. Geordnet hatte sie ein hoher Beamter des Japanischen Luftfahrtministeriums gemäß der aktuellen Zeitschiene. Wann immer der Anwalt von China Airlines den Experten von Airbus zumindest einen beitragenden Faktor zum Unglück abnötigen wollte, griffen sich diese ein paar dieser abgelegten Papiere und hielten sie wortlos hoch.

Der ImageSchaden war – zumindest im Pazifischen Raum – gewaltig. Die Presse (allerdings nur außerhalb Taiwans) geißelte die Zustände bei China Airlines in bisher nicht gekannter Schärfe. Es hagelte Stornierungen in ausnahmslos allen Sektoren, ja selbst im

Frachtgeschäft wurden Buchungen annulliert. Der Hauptversicherungsträger drohte, alle laufenden Verträge mit sofortiger Wirkung zu kündigen. Maßgebliche Regierungsstellen sahen sich zu Interventionen für China Airlines genötigt – wieder einmal. Die Versicherungsprämien schnellten in die Höhe: Was Singapore Airlines an Jahresprämien berechnet wurde, musste China Airlines nun pro Monat abliefern. Die Flughafenbehörde in Hongkong dachte laut darüber nach, ob es nicht angebracht sei, den Bruchpiloten aus Taipei die Landerechte zu entziehen. Die Konkurrenz erging sich in Häme: ‚Für den Fall ‚dass', so anerbot sich Erzrivalin EVA AIR öffentlich, würde sie in die Bresche springen und potentiell gestrandete Passagiere nötigenfalls mit Zusatzflügen in die Kronkolonie karren.

In der Firma selbst, sei es im Bereich Ausbildung und Training oder im Flugbetrieb allgemein, da änderte sich nichts. Ruhe herrschte. Wie im Auge des Taifuns. Um ja nichts Falsches anzuordnen, wollte man zunächst einmal zuwarten, bis – und vor allen Dingen wie – das Luftamt reagieren würde. Bliebe es auch dort ebenso still wie im unmittelbaren Umfeld des Verkehrsministers, dann könnte man sich immer noch etwas einfallen lassen. Meinte einer der Direktoren: „Halten Sie es für klug, vor dem Zuge herzulaufen?"

Das Luftamt wurde tätig. Und wie!

– Mit Wirkung vom 3.5.1994 an sollte eine Modifikation am Flugsteuerungs-Computer des Airbus durchgeführt werden, die von Airbus Industries in einem Rundschreiben zwar als empfehlenswert, nicht jedoch als unbedingt nötig eingestuft wurde.

– Mit Wirkung vom 7.5.1994 an forderte das Luftamt China Airlines auf, ihren Piloten Zusatztraining auf dem Airbus zu verpassen, das gesamte Airbus-Pilotencorps zu überprüfen und die Ergebnisse der Prüfungen an das Luftamt zu senden.

– Am 5.9.1994 schob das Luftamt an Airbus Industries noch die Forderung nach, die Modifikation müsse binnen 24 Monaten abgeschlossen, und die Flughandbücher müssten bis dahin vollständig überarbeitet sein.

Auch die Nationale Luftfahrtbehörde Frankreichs meldete sich zu Wort:

– „Wir empfehlen, in Zusammenarbeit mit Airbus Industries eine Modifikation durchzuführen, die den Autopiloten sich selbständig ausschalten lässt für den Fall, dass die (idiotischen) Piloten versuchen sollten, gewaltsam gegen die vorgewählten Flugphasen-Programme anzusteuern.“ Und in einem Anschreiben:

– „Die Modifikation ist innerhalb von 24 Monaten durchzuführen.“

Jaques Mentha, seines Zeichens Ingenieur bei Airbus Industries und maßgeblich an der Entwicklung von Steuerungs-Software beteiligt, meinte bei einem Abendessen in Toulouse: „Du siehst, unser Nationales Luftamt passt seine Standards der Dritten Welt an.“

In Taipei aber herrschte Freude: Da hatten die Taktiker aus der Nangking-Straße nicht nur einen tollen Coup gelandet, sondern die ebenso bestechlichen wie anmaßenden Franzosen auch noch kräftig über den Tisch gezogen:

24 Monate! Die Wahrscheinlichkeit, dass in 24 Monaten diese alten Airbus-Krücken noch unter dem Zeichen der Pflaumenblüte herumkurven würden, war nach dem gegenwärtigen Stand der Dinge so gut wie eins zu Aschermittwoch. Und selbst wenn bis dahin noch kein Ersatz geschaffen sein sollte, würde man mit Fug und Recht behaupten können, alles Menschenmögliche zugunsten der Flugsicherheit unternommen zu haben.

Die Japaner ließen sich nicht so leicht abspeisen. Das dem Verkehrsministerium unterstellte Luftamt wartete mit einem veritablen Konvolut auf, das in oberlehrerhaftem Ton den chinesischen Kollegen empfahl, doch besser nicht nach Japan zu fliegen, wenn sie ihre Maschinen nicht beherrschten. Man möge doch bitte in Rechnung stellen, dass aufgrund der hohen Besiedlungsdichte in Japan der Absturz einer Maschine unvergleichlich mehr Opfer fordern würde als irgendwo sonst auf der Welt. Im Einzelnen wiesen die Experten Nippons darauf hin, dass

– sich Piloten von China Airlines vergewissern sollten, in welchem Modus der Autopilot die Maschine gerade steuert.

– Piloten von China Airlines wissen sollten, was passiert, wenn der Autopilot ausgeschaltet wird oder sich selbst ausschaltet.

– sich Piloten von China Airlines in Gefahr begeben, wenn sie gegen den eingeschalteten Autopiloten ‚ankämpften'.

Diese Demarche wurde bei der Firma mit der Pflaumenblüte empfunden wie ein nasser Lappen ins Gesicht. Diesen arroganten Tenno-Fritzen war jegliche Kultur abhandengekommen. Diesen Kerlen konnte man ohne Weiteres zutrauen, dass sie Taiwan wieder kolonialisieren wollten. Welch eine Schmach!

Aber es kam noch dicker!

Die Flughafenbehörde von Nagoya hatte es sich nicht verkneifen können, noch einmal kräftig nachzutreten. In einem Zusatzschreiben, an die verehrten Freunde in Taipei (das von Anchorage in Alaska bis nach Perth in Australien allen Medien zugespielt wurde) hieß es unter anderem:

– Es ist geplant, ein neues Löschfahrzeug mit chemischen Löschmitteln (mit einer Kapazität von 12 000 Litern) in Dienst zu stellen.

– Künftighin werden an beiden Enden der Rollbahn – und nicht nur am Ende der in Betrieb befindlichen – Wassertanks mit einem Netto-Fassungsvermögen von 8 000 Litern postiert.

– Für das Fiskaljahr 1995/96 wurde ein weiterer Löschzug mit einem Fassungsvermögen von 12 000 Litern budgetiert.

– Für das Fiskaljahr 1996/97 würde die Bewilligung für die Beschaffung eines Generatorwagens und eines weiteren Löschfahrzeuges mit 4 500 Litern an chemischen Löschmitteln bei den zuständigen Dienststellen eingereicht werden.

Diese abgrundtiefe Demütigung bewirkte bei China Airlines mehr als die Anhebung von Versicherungsprämien, als alle Drohungen der diversen Luftämter:

– Die technische Modifikation – zum 5.9.1996 angefordert – war am 7.9.1994 bereits abgeschlossen.

– China Airlines überprüfte nicht nur alle seine Airbus-Piloten, nein, wieder einmal kamen alle dran (allerdings nach der bekannten, hauseigenen Methode).

– Meldete sich ein Herr vom Luftamt zu einem dieser Überprüfungsflüge im Simulator an (einmal hatte dieser sogar einen Versicherungsvertreter aus London im Schlepptau), um sich ein Bild vom Ausbildungsstand der Piloten zu machen, dann saß – welch ein Zufall – stets ein ausländischer Captain mit jeweils einem der stärkeren Kopiloten im Cockpit.

– China Airlines führte – auf dem Papier – besondere Theorie-Prüfungen für das gesamte fliegende Personal durch (Purser und Stewardessen eingeschlossen). Die Herren des Luftamtes wurden während dieser Zeit mit einer Papierflut eingedeckt, die sie auch zwei Jahre später noch nicht aufgearbeitet hatten.

Der abschließende Unfallbericht der tadellos arbeitenden Japanischen Behörden zu der Katastrophe vom 26.4.1994 blieb unwidersprochen. Er listet neun schwerwiegende Fehler der Cockpitbesatzung auf, von denen jeder einzelne ausgereicht hätte, das Flugzeug – wenn schon nicht zum Absturz – so doch zumindest in eine schwierige Situation zu bringen.

Knapp vier Jahre später wird der abschließende Unfall-Untersuchungsbericht zum Crash von Tayouan am 16.2.1998 festhalten, dass als einzige Unfallursache – wie in Nagoya – das Unvermögen der Piloten gelten muss. Er wird bestätigen, dass während der vergangenen vier Jahre auf den Gebieten Sicherheitsdenken, Disziplin und Cockpitkultur keinerlei Veränderungen zum Guten erreicht werden konnten.

Nach Nagoya.

Nach dem Desaster von Nagoya wurde es für die Entscheidungsträger in der Führungsetage von China Airlines ungemütlich. Zum ersten Male seit Gründung der Fluglinie sahen sich die Herren Direktoren in einer Situation, die nicht nur nicht vorgesehen, sondern gänzlich unvorstellbar war. Sie realisierten auf einmal, dass sie sich nicht mehr aus der Verantwortung herauskaufen konnten, dass sich die Medien immer aufmüpfiger gebärdeten, und sich die Reihen der vermeintlichen Feinde und Widersacher schlossen. Selbst der Herr Verkehrsminister musste sich fragen lassen, wie es denn sein kann, dass China Airlines immer wieder Verluste zu beklagen hat, während die Konkurrentin EVA AIR mit blütenreiner Weste dasteht und nicht einmal durch kleinere Zwischenfälle von sich reden macht.

Die Amerikaner sprachen schon gar nicht mehr im Ministerium vor. Sie übermittelten einfach die Nachricht, dass ihr NTSB (National Transportation Safety Board) entschlossen war, die Flieger aus Taiwan auf die ‚Schwarze Liste' zu setzen, d.h. ihnen die Landeerlaubnis auf allen Plätzen in den USA (Alaska und Hawaii eingeschlossen) zu entziehen. Da halfen auch alle Versprechungen von Firmenpräsident Tung nichts, zwei Dutzend nagelneue B 747/400 zu kaufen und schon vorab zu bezahlen; die amerikanischen Luftamtmenschen antworteten kühl:

„Die brauchen Sie ohnehin, wenn Sie auf Dauer überleben wollen."

Eine andere Gefahr wurde auf dem Versicherungssektor immer deutlicher erkennbar: Die englische Versicherungsgruppe, die von jedem China-Airlines-Flieger jetzt schon mehr Prämien einsackte als von irgendeinem anderen ihrer Opfer, erklärte sich außerstande, das Versicherungsabkommen, das zum September 1994 auslaufen würde, in der herkömmlichen Form zu erneuern.

„Bitte, haben Sie Verständnis, aber das Risiko ist einfach zu hoch. Wir finden keinen Rückversicherer mehr."

„Wir könnten Ihnen eine noch höhere Prämie anbieten."

„So viel, wie Sie uns abliefern müssten, um das Risiko einigermaßen absichern zu können, so viel können Sie mit Ihren Fliegern gar nicht verdienen."

„Aber, Sie haben doch sicher unsere Flottenpläne eingesehen. Sie wissen doch ganz genau, dass wir bis zum Jahre 1999 die Anzahl unserer Maschinen verdoppeln werden. Oder sollte Ihnen das etwa nicht bekannt sein?"

„Um Himmels willen! Ja, ja, wir haben Ihre Expansionspläne mit Schrecken zur Kenntnis genommen. Denn darin liegt doch gerade unser Problem: Wenn Sie noch mehr Flugzeuge haben, werden Sie noch mehr Unfälle produzieren. Wir haben keinen Grund zur Annahme, dass Sie mit einer Verdoppelung Ihrer Flotte nicht auch die Zahl der Abstürze verdoppeln. Allen Rückversicherern stehen die Haare zu Berge, wenn Sie nur den Namen ‚China Airlines' hören. Sie haben sich den Ruf als ‚Crashline Nr.1' redlich verdient, jetzt müssen Sie damit leben, ob Ihnen das passt oder nicht. Auch wenn es Sie persönlich peinlich berührt: Sie führen die negative Weltrangliste an. Wünschen Sie die letzten Statistiken zu sehen?"

Der Delegationsleiter des gerade so gnadenlos geschmähten Unternehmens steckte die Nackenschläge mit Mühe weg. Etwas blasser im Gesicht und mit tonloser Stimme fragte er zurück:

„Und? Was schlagen Sie jetzt vor? Was könnten wir Ihrer Meinung nach in dieser Situation machen?"

„Eigentlich ganz einfach: Sie verkaufen Ihre Mühlen so schnell wie möglich. Ihre Flotte ist technisch sehr gut im Schuss, doch jeder Tag zählt. Je schneller Sie verkaufen, desto mehr können Sie erlösen."

„Aber, das kann doch nicht Ihr Ernst sein!"

„Natürlich ist das unser Ernst, sonst wären wir ja nicht hier! Entweder Sie machen Ihre Bude dicht oder Sie finden jemand, der Sie erstens versichert und der zweitens Ihren Laden auf Vordermann bringt. Wenn Ihnen das in nützlicher Frist nicht gelingt

– und die Chancen stehen augenblicklich nicht gerade gut für Sie – verlieren Sie zunächst Ihren Versicherungsschutz und dann die Landerechte. Na, und dann müssen Sie Ihre Blechbüchsen ohnehin verramschen."

„Und bis wann? Ich meine, äh, jemanden…"

„Wenn möglich bis vorgestern. Bitte versuchen Sie doch einmal, sich in unsere Lage hineinzuversetzen: Während wir hier verhandeln, kann jederzeit des Telefon mit einer neuerlichen Katastrophenmeldung klingeln. Indes Sie sich jahrelang davor gedrückt haben, endlich Nägel mit Köpfen zu machen, haben wir Ihnen den Rücken freigehalten. Wir sind unseren Verpflichtungen nachgekommen, während Sie den Kopf in den Sand steckten und immer noch nicht wahrhaben wollten, dass man auf die Art und Weise wie Sie es tun, keine international operierende Fluggesellschaft führen kann. Wir haben endgültig genug von Ihrer Inkompetenz, von Ihrem Geschummel, Ihrem Filz."

„Aber Sie wissen…"

„Ja, wir wissen, was Sie uns jetzt zu eröffnen wünschen, nämlich, dass wir nicht die einzigen Versicherer in der Welt sind. Und in eben diesem Punkt haben Sie sich getäuscht: Für Sie wird keiner mehr gerade stehen, egal, wie viel Sie zu bezahlen gewillt sind. Wir haben uns gut informiert: Nicht einmal die auf Devisen erpichten Festlandchinesen möchten sich an Ihrem fetten Risiko die Hosen bekleckern. Um Ihnen einen unnötigen Gang zu ersparen, haben wir Ihnen gleich ein Memo der South East Pacific Insurance aus Shanghai mitgebracht; wenn Sie vielleicht da mal reingucken wollen…"

Das sah nun alles andere als gut aus. Die Teufel von der Versicherung hatten nichts Anderes gefordert als die Einsetzung von – unter Umständen gar britischen – Zuchtmeistern. Ein Kommissariat, genauso wie drüben bei den Roten. Die totale Kapitulation also. Das aber konnte, das durfte nicht sein! Was die sich einbildeten! Und immerhin hatte man schon ganz andere Krisen gemeistert.

Das wäre ja lachhaft, wenn man nicht auch diesmal Wege finden könnte, die einen derart schlimmen Gesichtsverlust ausschließen.

Wenn diese Kerle in London meinten, ausschließlich bei EVA AIR Kompetenz zu finden, jenen Emporkömmlingen, die noch nicht mal acht Jahre im Geschäft waren, dann hatten sie sich getäuscht. Die EVALeute hatten ja nicht mal einen historischen Hintergrund. Wo kamen die denn schon her! Von ein paar Seeleuten gegründet, deren Vorväter vielleicht noch als Piraten ihr Unwesen getrieben hatten. Ohne Namen, ohne Tradition. Deren Milliarden – im Containergeschäft ergaunert – sich schlicht und einfach einen steuermindernden Investitionshafen gesucht und gefunden hatten. Bei denen war doch jeder zweite Pilot eine Großnase, ein fremder Teufel, angeworben in Amerika oder auch in Europa. D i e sollten mal sehen, dass es auch bei China Airlines eine Menge guter Leute gab. Mit Traditionsbewusstsein. Piloten mit hohem technischem Verständnis. Fluglehrer mit hervorragenden pädagogischen Fähigkeiten.

Aber mit den ‚Guten Leuten' war das so eine Sache. Assessmentverfahren waren bei China Airlines nicht üblich, man ‚kannte' sich. Es zählte weniger die Fachkompetenz als das sichere Gespür dafür, was machbar ist und was nicht. Waren nun alle Opportunisten? Vielleicht auch das. Jedenfalls war es überlebenswichtig, sich im Gewirr der Tretminen und Fußangeln, die quer durch die ganze Firma ausgelegt waren, nicht zu verheddern. Fehlende Loyalität war nie ein Problem. Doch warum auch sollte sich ein befähigter Mensch exponieren, wenn hinter seinem Rücken getrickst und intrigiert wurde? Hob er sich aufgrund seiner professionellen Fähigkeiten ab, mochte ihm das helfen, eine erstrebenswerte Position zu ergattern. Doch wurde er Opfer eines subtilen Mobbings, konnte er nicht einfach kündigen und sich einen neuen Job suchen. Dafür waren die kleinen, grauen und unbekannten Herren in der Chefetage besorgt: Absprachen von Geschäftsleitung zu Geschäftsleitung, weit über die Landesgrenzen hinaus und – wenn auch ohne

Protokoll, wenn auch ohne offizielle Abmachungen – so doch sehr wirksam.

Auf diese Art kam im Januar 1998 eine Übereinkunft zwischen Korean Air und China Airlines zustande. Den Koreanern – in vieler Hinsicht keinen Deut besser als die Taiwan-Chinesen – fehlten von einem Tag auf den anderen über 40 Fluglehrer. Die hatten ihr Amt zur Verfügung gestellt und mit Kündigung gedroht, wenn bestimmte ‚Gepflogenheiten' (ähnlich wie bei China Airlines) auf dem Gebiet der Ausbildung von der Direktion nicht abgestellt würden. Aber eben, Anruf genügt: Der Personalchef in Taipei versicherte seinem Kollegen in Seoul, dass man keine Koreanischen Fluglehrer anzustellen gedenke, auch wenn man gerade im Augenblick einen sehr hohen Bedarf an Ausbildern auf der rasch expandierenden B-747/400-Flotte habe. Die Aufständischen von Korean Air mussten zurückkrebsen. Als sich ein paar Wochen später etwa zwanzig Kopiloten von China Airlines zu einer Gruppe zusammenschlossen, deren Ziel es sein sollte, mutwilligen Bestrafungen nachzugehen, da machte sich der Chefpilot der MD-11-Abteilung über die jungen Kollegen lustig: Sie sollten zusammenlegen für ein Flugticket nach Seoul und dann sollten sie einen hinschicken, der in Erfahrung bringt, wie man richtigerweise mit Aufmüpfigen umgeht.

Hier und jetzt war man mit anderen Problemen befasst. Leistungsträger waren gefragt bei China Airlines und keine Motzer! Also lautete der Auftrag der Geschäftsleitung an alle, denen (so wörtlich) das ‚Wohl und Wehe der traditionsreichsten, chinesischen Fluggesellschaft noch etwas bedeutet'. Unter allen Umständen – und zwar sofort – müsse ein markant höherer Sicherheitsstandard erreicht werden! Mittel würden in uneingeschränktem Umfange zur Verfügung gestellt. Eine enge Zusammenarbeit mit dem nationalen Luftamt sei bereits fest vereinbart. „Und" – so Präsident Tung weiter – „ich bin überzeugt, dass Sie Ihren Auftrag in unser aller Sinn erfolgreich durchführen werden." Tung tönte dabei wie ein General, der seine zahlenmäßig weit unterlegene Truppe noch einmal ‚zum allerletzten Gefecht' zu motivieren sucht. Im Grunde aber wollte er lediglich ausdrücken, dass an den bestehenden Strukturen festgehalten werden muss, und dass grundlegende Änderungen nicht vorgesehen sind (so sahen es jedenfalls die Luftamt-Fritzen, die sich vom Verkehrsministerium augenblicklich noch ein paar zusätzliche Dienststellen genehmigen ließen).

Dem präsidialen Ukas folgte die ‚sinngemäße' Durchführung: Als Erstes überschwemmte eine bis anhin ungesehene Beförderungswelle die unteren und mittleren Kader – das mit den unbeschränkten Mitteln stimmte also. Von unten her wurden neue Kräfte nachgezogen, die nicht lange nach dem Sinn oder Unsinn einer Anordnung fragten, sondern sie umgehend ausführten. In einem nächsten Schritt wurden Spezialeinheiten ins Leben gerufen sowie Koordinationsgruppen, die allesamt das Präfix ‚Sicherheit' für sich in Anspruch nahmen. Wie gar nicht anders zu erwarten, verpuffte ein Großteil der präsidial angemahnten Energie in einem heillosen Kompetenzgerangel, in Doppelspurigkeiten und widersinnigen Aktionen kafkaesken Ausmaßes. Nur allzu schnell war zu erkennen, dass gar mancherlei eintreten würde – nur kein Erfolg.

Tin WanChan, bereits seit ein paar Jahren oberster Chef des nationalen Luftamtes, war als Erster über die neue, akzentuierte Zusammenarbeit mit China Airlines ins Bild gesetzt worden. Yu Chen, frisch bestallter Vorsitzender der neu gegründeten Koordinationsstelle für Flugsicherheit war persönlich bei ihm vorbeigekommen und hatte ihm das neue Konzept mit Schwerpunkt Zusammenarbeit Luftamt/Fluggesellschaften vorgelegt. Gänzlich neue Wege würde man beschreiten. Distanz würde man schaffen können zwischen den selbstherrlichen Fliegern und der staatlichen Institution. Die Schere, die die alten Zöpfe abschneiden sollte, die liege schon bereit. Eine erste, flüchtige Prüfung des Pamphlets bestätigte allerdings, was Tin schon vermutet hatte:

Alles kalter Kaffee. Alles schon dagewesen. Mehrere Male sogar. Außer der Verpackung war überhaupt nichts Neues zu entdecken.

Doch ihm, Tin, konnte dies nur recht sein. Immerhin würde er so Gelegenheit finden, dem amtierenden Flugbetriebsleiter bei China Airlines, dem Herrn L. C. Lin – seinem Intimfeind – ordentlich eins auszuwischen. Diesem verdammten Lin hatte er es zu verdanken, dass er zwangsweise in den Ruhestand versetzt und anschließend in dieses verhasste Luftamt abgeschoben worden war. Und das alles nur wegen der läppischen Anschuldigung eines profilierungssüchtigen Fluglotsen in Hongkong (obendrein handelte es sich bei dem Kerl um einen Engländer), der ihn wegen angeblich ungenügender Bodensicht nicht anfliegen lassen wollte; er, Tin, hatte es dem Hanswurst gezeigt und war trotzdem angeflogen und gelandet.

Doch Tin hatte sich etwas zu früh gefreut. Noch vor der allerersten, gemeinsamen Sitzung mit den Kollegen von China Airlines erhielt er einen Telefonanruf von L. C. Lin. Lin gab sich betont freundlich und beendete seine zeremoniellen Begrüßungsfloskeln mit dem Vorschlag, angesichts der bedrohlichen Lage bei China Airlines alte Feindschaften doch besser begraben sein zu lassen.

„Selbstverständlich müssen Sie kraft Ihres Amtes hart durchgreifen. Dies ist auch der ausdrückliche Wunsch des Herrn Verkehrsministerns. Und vergessen Sie bitte nicht, dass es ums Überleben unserer Firma geht.“

„Also meinen Sie es diesmal ernst?“

„Natürlich meine ich es ernst.“

„Aber sind Sie sich auch dessen bewusst, dass hartes Durchgreifen Konsequenzen zeitigen kann, deren Tragweite gerade Sie unter Umständen noch gar nicht richtig abzusehen in der Lage sind.“

„Oh, mein lieber Lin, die Konsequenzen werden sich im Rahmen halten, davon bin ich felsenfest überzeugt.“

„Na, dann vergessen wir das Ganze am besten. Wir nehmen hier gemütlich einen Tee, und Sie wursteln in Ihrem Laden weiter wie bis anhin.“

„Sehen Sie“, konterte Lin, „da bin ich ganz anderer Meinung!

Sie werden Veränderungen herbeiführen. Substantielle Veränderungen. Und Sie werden dabei nicht vergessen, dass Sie und einige Ihrer verehrten Kollegen während der vergangenen zwei Jahre für rund drei Millionen Taiwan-Dollar gratis zwischen Taipei und San Francisco hin und hergedüst sind, um Ihre Familien zu besuchen. Es wird Ihnen auch wieder einfallen, dass Sie den Großteil dieser Ferientrips als Dienstreisen abgebucht haben, für die Sie obendrein Auslandszulagen zu verrechnen sich nicht scheuten. Und es ist des Weiteren bekannt, dass Sie und Ihre verehrten Kollegen auf der klapprigen LuftamtMaschine in den vergangenen sechs Monaten sage und schreibe 182 Flugstunden lang für Überprüfungsflüge und In-Übung-Haltung in der Luft gewesen sind; für diese 182 Flugstunden haben Sie Flugzulagen und Tagegelder eingestrichen – was Ihnen per Gesetz natürlich zusteht. Zu dumm, dass diese Luftamt-Maschine mit nur einem Propeller seit elf Monaten in der Werfthalle G4 steht und auf ihre Überholung wartet; es heißt, die Propellernabe konnte immer noch nicht kalibriert werden. Möchten Sie vielleicht noch etwas mehr hören?"

„…"

„Na gut, dann haben wir uns ja verstanden."

Und damit war die Lawine losgetreten. Eine Maßnahmenflut historischen Ausmaßes brach über China Airlines herein. Wer auch immer sich dazu berufen fühlte, sonderte Rundschreiben ab, führte – gewissermaßen aus dem Handgelenk – neue Verfahren ein und zog bei allen Piloten reihenweise Tests in schriftlicher Form durch. Als schwächstes Glied in dieser Kette unseliger Aktivitäten erwies sich – wie schon so oft – die firmeneigene Druckerei, sie geriet mit ihren Aufträgen hoffnungslos in Verzug.

Die Flottenchefs waren angewiesen worden, die Systemkenntnisse ihrer Piloten zu vertiefen. Sie kamen den Vorgaben auf ihre besondere Weise nach: Kopiloten wurde der Auftrag erteilt, aus den technischen Handbüchern wahllos Fragen herauszufiltern, die dann – in Testform (multiple choice) – von den übrigen Piloten zu beantworten waren. Da aber alle Fragen aufgrund mangelnder Englischkenntnisse in der Altherrenriege in die Landessprache übertragen werden mussten, beauftragte man anschließend (staatliche) Übersetzer, das Ganze zurückzubuchstabieren. Diese kurzfristig angeheuerten Dolmetscher ihrerseits verfügten – anders als ihre Kollegen damals in Long Beach – über keinerlei technische Vorkenntnisse, so dass am Ende ein zum Teil kaum verständlicher Blödsinn herauskam. Doch das macht nichts, alles muss – ob verstanden oder nicht – beantwortet werden.

Ich betrachtete diese Testerei als geistige Gymnastik; dort wo ich raten musste, machte ich mir eine Notiz, um später mein Wissen wieder auf Vordermann zu bringen. Mein Erstaunen war groß, als sich die Ränge rings um mich bereits nach einer halben Stunde lichteten; zusammen mit einem finnischen Kollegen aus Lahti bildete ich die Nachhut derer, die ihre Arbeiten schon längst abgegeben hatten. Donnerwetter! Wer hätte gedacht, dass diese Kerle auf dem Gebiet der Systemkenntnisse derart sattelfest sind?!

Kopilot Wu saß auf dem Podium des Saales und korrigierte die Arbeiten. Als ich ihm gerade einen schönen Feierabend wünschen wollte und ihm dabei zufällig über die Schulter guckte, war mein Erstaunen noch viel größer: Auf einigen der Antwortblätter fehlten reihenweise die Kreuzchen, die anzeigen, für welche der vier Antworten sich der Kandidat entschieden hatte. Wu ließ sich nicht stören: Wo ein Kreuzchen fehlte, brachte er es an der richtigen Stelle an; anschließend malte er in das Resultatkästchen am oberen rechten Rand des Anwortbogens mit Bedacht eine 100.

In meiner Verwirrung stellte ich ihm die alberne Frage: „Finden Sie das in Ordnung?“

Als Antwort kam ein gedehntes „Was?“

Beim Luftamt liefen in der Folgezeit die ausgearbeiteten Prüfungsbogen zentnerweise ein, die Resultatlisten türmten sich zu Bergen auf und verringerten den zur Verfügung stehenden Büroraum jeden Tag um ein paar Kubikdezimeter. Gelesen oder ausgewertet wurden diese Unterlagen nie. Hätte sich jemand die Mühe gemacht, auch nur einen Teil der Arbeiten etwas genauer unter die Lupe zu nehmen, dann wäre augenblicklich aufgefallen, dass mit Ausnahme einiger weniger Ausländer alle Piloten 100% erzielt hatten. Als ich bei nächster Gelegenheit unseren ‚QuizzMaster', einen auf der MD-11 gut qualifizierten jungen Mann mit Universitätsabschluss fragte, ob er die Schummeleien für sinnvoll erachte, lachte er mich nur an und meinte:

„Mein lieber Captain, Sie sind sicher noch nicht sehr lange bei uns, stimmt's?"

„Stimmt. Und was ist mit dem Luftamt?"

„Welches Luftamt?"

Diese abfällige Bemerkung hätte die Luftamtfritzen sicher empört, denn sie mochten angesichts des abschreckenden Aktivismus der Fluggesellschaft nicht zurückstehen und waren fest entschlossen, Flagge zu zeigen. Hatte man bis anhin lediglich gewusst, dass es so ein Luftamt gibt und dass es in jenem schmucklosen Anhängsel des alten Flughafengebäudes untergebracht war, so markierte es nun Präsenz. Unangemeldet tauchten die Herren Beamten in der Abteilung ‚Planung und Entwicklung' auf, ließen sich computergestützte Lernprogramme vorführen und nahmen – wieder einmal – an SimulatorSitzungen teil.

Selbst der tief verletzte und grollende Luftamtchef Tin – sonst nur auf sein Golf-Handicap bedacht – brachte sich ein. Ihm war zu Ohren gekommen, dass seine Mitarbeiter ausschließlich in den MD-11-Simulator eingeladen wurden. Er witterte Unrat, forschte nach und fand die Bestätigung, dass immer nur ausländische Kapitäne die Übungen absaßen; außerdem war er über den relativ hohen Standard auf der MD-11 im Bilde. Was also lag näher, als sich diesmal die ganze B-747/400-Flotte vorzuknöpfen? Ha, diese hochnäsigen Wichtel würden Augen machen, wenn plötzlich auch ihr Standard hinterfragt würde!

Nun kann man der Führungsriege von China Airlines viel vorwerfen. Aber keine Einfallslosigkeit. In diesem ‚Räuber-und-Gendarm'-Spiel mit dem Luftamt waren die Flieger stets eine Nasenlänge voraus. Damit nichts anbrennt, wurden die Simulator-Flüge unter externer Aufsicht seitens der Abteilung ‚Ausbildung und Training' penibel vorbereitet. Was bis anhin völlig ausgeschlossen schien, wurde nun plötzlich Wirklichkeit: Es gab auf einmal ausgedruckte Programme zu dem, was im Simulator abgeflogen werden sollte. Das sah ja schon beinahe wie ein richtiger Syllabus aus! Mehr noch – die Übungen waren wie in einem Drehbuch genauestens beschrieben und mit Hinweisen versehen. Die technischen Aussetzer, die während der Übung erwartet werden konnten (wegen des Überraschungseffekts eigentlich das Salz in der Suppe), waren zusammen mit der Zeitfolge bis ins Detail abgehandelt. Zwei Stunden bevor der Luftamtmensch auftauchte, war die komplette Übung bereits einmal abgeflogen und trainiert worden. Um dann tatsächlich alles ‚wasserdicht' zu machen, sprangen für jede der getürkten Übungen ausländische Kapitäne ein… na, das kennen wir schon.

Und weil man wusste, dass auch LuftamtTin wusste, ließ man sich eine ganz neue und durchaus originelle Variante der Schummelei für die B-747/400 einfallen: Noch bevor die Inspektoren den Simulator betraten, wurde ihnen ein Pamphlet ausgehändigt, das im Grunde eine Art Speisekarte darstellte. Der Prüfer konnte unmittelbar vor der Übung auswählen, an welchen Flugplätzen sich alles abzuspielen hatte; zur Auswahl standen Anchorage, Boston, Frankfurt und Hongkong. An Schwierigkeitsgraden bei den Anflügen konnte er wählen zwischen einer Variante ‚dreimotorig', zweimotorig symmetrisch, zweimotorig asymmetrisch oder einer Landung bei Totalausfall der Hydraulik, also ohne Landeklappen.

Und? Waren die Luftamtinspektoren beeindruckt?

Sie waren tief beeindruckt. Ach, was sage ich, sie waren begeistert! Fünf von ihnen hatten innerhalb von drei Monaten insgesamt 31 Simulatorflüge abgenommen. Ausnahmslos hatten alle für Übungen rund um Hongkong plädiert, also dort, wo es vermeintlich dramatisch zu und herging, wo am ehesten ein Absturz zu erwarten war. Sie verliehen ihrer Genugtuung darüber Ausdruck, dass im linken Sitz kein Ausländer saß, sondern ein echter Chinese. Keiner störte sich daran, dass immer die gleiche Übung durchgezogen wurde, mit den gleichen Aussetzern, mit den gleichen meteorologischen Bedingungen – und immer wieder mit ein und demselben Captain, nämlich dem Cheffluglehrer auf B-747/400 bei EVA AIR, der bei seiner Firma wegen einer hartnäckigen Neurodermitis krankgeschrieben war und sich den Aushilfsdienst bei der Konkurrenz fürstlich vergüten ließ.

Die Herren vom Luftamt gossen ihre gesammelten, positiven Erfahrungen (selbstverständlich hatten sie für ihre Anwesenheit im Simulator Flugzulagen geltend gemacht) umgehend in Anerkennungsschreiben, die nach oben ans Verkehrsministerium weitergeleitet und nach unten – versehen mit einem gehörigen ‚Bravo' und ‚Weiter so' – per Rundschreiben unters Firmenvolk gebracht wurden. Eine Kopie des umfangreichen Berichtes wurde sofort nach London in Marsch gesetzt. Der Vorschlag der Inspektoren, nun müsse man aber auch die Streckenoperation unter die Lupe nehmen, fand bei der Betriebsleitung überschwängliche Zustimmung und Unterstützung: Man würde die Kerle für ein paar Tage gratis nach Bangkok zum Bumsen schicken (im Cockpit hin, in der Ersten Klasse zurück) oder vielleicht nach San Francisco zu ihren Familien, und schon würden sämtliche Probleme für immer und alle Zeiten ausgeräumt sein.

September nahte. Und damit das Mondfest. Und nun würde sich herausstellen müssen, ob die intensive Zusammenarbeit zwischen dem Luftamt und den firmeninternen Flugsicherheitsgruppen ausreichen und die Versicherungsleute zufriedenstellen würde.

Es reichte – gerade noch. Die verbiesterte Truppe aus London war dem als sicherheitsrelevantes Feigenblatt dienenden Luftamt auf den Leim gekrochen. Der neue Einjahresvertrag sah zwar eine saftige Erhöhung der Prämien vor, aber immerhin, man hatte eine Versicherung! Die Hardliner um Präsident Tung hatten recht behalten: Es ging auch ohne Strukturveränderungen, ohne Abstriche an der von ihnen hochgehaltenen (wenngleich eher zweifelhaften) Cockpitkultur. Und vor allen Dingen ohne diese verdammten, klugscheißernden Ausländer in der Führungsetage. Der Stress war ausgestanden, man konnte sich gegenseitig zum Erfolg gratulieren.

Ganze vierzehn Tage lang. Dann, Mitte September, landete Captain Kong (von den meisten Kopiloten nicht besonders liebevoll mit ‚KingKong' betitelt) seine MD-11 auf dem Bugrad. Wie bei ihm üblich hatte es bei der ersten Landung nicht so recht geklappt, die Maschine war nach dem ersten, heftigen Kontakt mit der Piste erschreckt zurück in die Luft gehüpft. Doch anstatt gar nichts zu tun und anstatt einfach zu warten, bis der Vogel von selbst auf dem Beton zurückfindet (Captain Kong flog ohnehin immer zu schnell an, also war die Spanne zwischen Eigen- und Abrissgeschwindigkeit noch gut und gerne 45 Knoten), drückte Kong die Steuersäule beherzt nach vorne. Vielleicht wollte er mit dieser Aktion den Anstellwinkel der Maschine wie bei einem antiken Doppeldecker verringern – wir wissen es nicht, er hat sich zu diesem Vorfall nicht geäußert. Wir kennen lediglich die Konsequenzen: Ersetzen der Bugräder samt Bugradtoren, Geschirr, Verkabelung und einiger mechanischer Teile der Bugradsteuerung. Nichtverfügbarkeit des Fliegers für fünf Tage. Der Kopilot, der an dem Versagen seines Captains keinerlei Schuld trug, wurde für drei Monate vom Flugdienst suspendiert. Und Captain Kong flog zwei Tage nach seinem Malheur weiter. Wie es sein Einsatz vorsah. Als ob nichts geschehen wäre. Ein paar Tage später sprach ihn der Chef Technik auf dem Tennisplatz an und fragte, wie denn so etwas passieren konnte. Darauf Kong: „Kümmere Dich um Deinen Laden! Ich frage Dich ja auch nicht, wie Du das Ding reparierst."

Am 22. September versuchte Captain HsinWa – ebenfalls mit einer MD-11 – eine Ziellandung auf der Piste 05 Links in Taipei. Ein derartiges Manöver ist zwar offiziell verboten, doch wo kein Kläger, findet sich bekanntlich auch kein Richter. HsinWa kam nämlich vom Airbus A300/600, und in dieser Flotte waren Ziellandungen zum Kriterium für jeden angehenden Captain hochstilisiert worden: Wer nicht in der Lage war, diesen Blödsinn zu fliegen, der konnte nicht befördert werden. Ganz einfach.

‚Doppelter Anflugwinkel' nannte sich diese Übung, und nach dem Willen der Fluglehrer (als ob es sonst nichts zu lehren gegeben hätte!) ging es wie folgt: Drei Kilometer vor der Piste in 1 000 Metern Höhe über Grund ankommen, dann Triebwerke auf Leerlauf zurücknehmen, Klappen setzen, Fahrwerk raus und Nase runter. Toll, oder? Bei Captain HsinWa war solch ein Anflug zwar schon einmal in die Hose gegangen, und ein paar Anflugleuchten hatten dran glauben müssen. Aber das war ihm letztes Jahr passiert, also vor langer, langer Zeit. Auf dem Airbus. Und da verstand man derartige Ausrutscher als Kavaliersdelikt. Zu dumm, dass sich HsinWa auch an jenem Nachmittag ordentlich verschätzt hatte und viel zu früh viel zu tief mit viel zu wenig Schub auf den Triebwerken die Piste zu erreichen suchte. Als er meinte, den Schub erhöhen zu müssen, war es auch schon zu spät.

Mit einem Anstellwinkel von elf Grad (normal sind im Endanflug zwei bis drei Grad) ‚hungerte' er sich gerade noch bis zum Pistenrand. Vorher rasierte er allerdings noch siebzehn Lampen der Anflugbefeuerung ab. Das Ergebnis dieses kühnen Ritts konnte sich sehen lassen: Schwere Beschädigung des Hauptfahrwerks, der Landeklappen und der Vorflügel, die durch abgesprengte und herumfliegende Teile der ramponierten Lampenmasten in Mitleidenschaft gezogen wurden. Drei Tage wurden für die Reparatur der Maschine veranschlagt, doch es dauerte dann sechs Tage, bis die Einsatzfähigkeit wieder hergestellt war.

Der Kopilot wurde zu zwei Stunden Simulator verknurrt, obwohl er nichts ausgefressen hatte. Captain HsinWa erhielt in schriftlicher Form bestätigt, dass er während seiner Umschulung vom Airbus auf die MD-11 die aerodynamischen Besonderheiten des neuen Musters wohl ‚noch nicht ganz' verstanden habe. Kein Wort von mutwilliger Missachtung bestehender Vorschriften, von grobfahrlässigem Verhalten, von Transportgefährdung, von mutwilliger Sachbeschädigung, von Unfähigkeit und Disziplinlosigkeit. Das war ja nun doch ein starkes Stück!

„Captain Ho, Sie als Chefpilot der MD-11-Flotte müssen jetzt etwas unternehmen! Sie stehen in der Verantwortung."

„Tja, mir ist der Vorfall ja auch nicht recht. Doch was könnte ich tun? Ich kann doch nicht auf jedem Flug als Gouvernante im dritten Sitz hocken! Wenn Sie sich schon empören, dann geben Sie mir bitte einen Rat!"

„Sie suchen keinen Rat, wenn Sie absolut unschuldige Kopiloten grundlos abstrafen und damit zu erkennen geben, dass Sie die zweifelhaften ‚Heldentaten' Ihrer Kapitänskollegen tolerieren. Welchen Einfluss, so glauben Sie, hat Ihr Vorgehen auf die Moral der jungen Mitarbeiter?"

„Sie schweifen ab, es geht um HsinWa."

„Also, dann schleppen Sie diesen Taugenichts von HsinWa an den Ohren zum Großen Zampano. Am besten nehmen Sie den Kong gleich mit. Und dann werden Sie zu erklären versuchen, dass die Englischen Versicherer ‚not amused' sind, wenn sie von diesen beiden Zwischenfällen Wind bekommen."

„Sie können sicher sein, dass die Versicherer nichts erfahren werden. Aber, wer oder was ist Zampano?"

„Herrgott, nun stellen Sie sich doch bitte nicht so an! Wenn dieser Trottel HsinWa auch nur viereinhalb Meter tiefer angekommen oder eine mittlere Fallböe über die Pistenlippe gerollt wäre, hätten

Sie wieder einmal für 192 Tote Betroffenheit mimen müssen. Dieser Kerl muss erst degradiert und dann schnellstens in den Knast gesteckt werden. Das ist alles, was ich Ihnen hier und jetzt raten kann."

„Nun übertreiben Sie aber! Wieder einmal! Gut, vielleicht wäre das Fahrwerk weg, vielleicht hätte auch das Heck einen Knick abbekommen. Aber ein richtiger Unfall wäre das ganz sicher nicht geworden, das können Sie mir glauben."

„Captain Ho, darf ich Sie ersuchen, mit mir zur Piste 05 links zu fahren? Der Wagen des Pistendienstes steht vor Ihrem Büro."

„Warum? Was hat denn die Piste mit Captain HsinWa zu tun?"

„Ich möchte Ihnen nur einmal die Lippe der Piste und deren Vorbau zeigen: Gemessene Dammhöhe bei mittlerer Tide ist viereinhalb Meter. Die Kantenlänge der Quadersteine, die als Unterfütterung der Piste dienen, beträgt eineinhalb Meter. Die MD-11 wäre im Falle einer Berührung aufgeschlitzt worden wie eine Ölsardinenbüchse."

„Sie ereifern sich."

„Natürlich ereifere ich mich. Und wenn Sie nichts dagegen haben, dann gestehe ich Ihnen auch, dass ich Schiss habe. Denn übermorgen soll ich als Passagier nach Bangkok fliegen, um den Kurs nach Amsterdam zu übernehmen. Ich verspüre verdammt wenig Lust, mich von irgendeinem Clown umbringen zu lassen. Ich verlange von Ihnen, dass Sie endlich tätig werden und durchgreifen!"

„Sie stellen sich das wohl sehr einfach vor? Durchgreifen! Ein eher albernes Schlagwort ist das. Absolut unbrauchbar. Womit auch sollte ich durchgreifen können?"

„Immerhin sind Sie der Chefpilot. Sie haben Ihre Aufgabe freiwillig übernommen. Und zu der Aufgabe gehört nun mal die Verantwortung."

„Nur werde ich als Einzelkämpfer nicht viel ausrichten können. Bitte glauben Sie mir das."

„Dann werden wir Ausländerpiloten uns mal mit der Presse

ins Vernehmen setzen. Dann sind Sie schon kein Einzelkämpfer mehr.“

Ho schwieg eine Weile. Dann meinte er tonlos: „Diesen Weg können Sie sich sparen.“

„Sie meinen, Tung hat auch die Presse auf seiner Spesenliste?“

„Tung h a t nicht. Tung i s t die Presse. Stellen Sie sich das Ganze wie eine große Familie vor, wenn Sie verstehen, was ich meine.“

„Ich verstehe. Und wenn Sie gestatten, habe ich eine rein persönliche Frauge.“

„Bitte. In meinem Büro läuft ohnehin kein Tonband mit.“

„Wenn ich Sie bei der Feier zum Mondfest richtig verstanden habe, dann studieren Ihre Kinder in San Francisco.“

„Stimmt.“

„Und wenn Ihre Kinder für die Ferien nach Taipei fliegen, benutzen sie dann China Airlines?“

„Nur wenn ich Captain auf diesem Fluge bin, andernfalls buchen wir North West Airlines.“

Der Don Quichote in Westentaschenformat versteht auch dies. Und er ist ratlos.

Ich hatte es mir zur Angewohnheit gemacht, an jede Simulatorsitzung eine informelle Aussprache auf freiwilliger Basis anzuhängen. Nach der Besprechung wichtiger Punkte und nach der Bewertung der Übungen lud ich zum Tee in die schmucklose Kantine. Die meisten Captains lehnten dankend ab, dafür war der Zuspruch der Kopiloten sehr groß. Mich überraschte die Gesprächigkeit der jungen Männer: Nach wenigen einführenden Bemerkungen zu den monatlichen Einsätzen kamen sie schnell zum Thema Cockpitkultur. Sie beklagten einheitlich das zum Teil rüde Verhalten der Bordkommandanten.

„Glauben Sie, Gründe für dieses Verhalten ausmachen zu können?“

„Ein Grund ist sicher, dass wir besser ausgebildet sind: Wir sprechen Englisch. Wir hatten eine solide Ausbildung in Aerodynamik, Navigation, Elektrik, Elektronik."

„Diesen Punkt kann ich bestätigen. Doch ich sehe darin einen Vorteil. Ich bin dankbar, wenn ich dieses Reservoir anzapfen kann, wenn ich eine zweite Meinung einholen kann, die auf solidem Wissen aufgebaut ist."

„So mögen Sie denken. Und andere Europäer. Aber bei China Airlines fühlen sich die Verantwortlichen an Bord minderwertig, wenn einer mehr weiß als sie selbst. Sie ziehen sich auf Gebiete zurück, die uns fremd sind, zum Beispiel ihre Erfahrungen in der Luftwaffe."

„Verhalten sich alle gleich?"

„Nein, die Älteren sind schlimmer als die Jüngeren."

„Und wie bauen Sie diese Spannungen ab?"

„Derartige Spannungen, diese Erniedrigungen, diese Kränkungen, die kann man nicht einfach als nicht geschehen wegstecken."

„Und?"

„…"

„Wollen Sie nicht darüber sprechen?"

„Gut. Ich vertraue Ihnen. Natürlich kann ich nicht für meine Kollegen sprechen, doch vor zwei Wochen war ich auf einem Flug nach Kuala Lumpur mit einem Captain unterwegs, der im Anflug bei sehr starkem Regen mehrere Grundregeln missachtete und auch den Anweisungen der Bodenkontrollstelle nicht nachkam. Ich wies ihn zweimal auf den jeweiligen Fehler hin, worauf er mich fürchterlich anschrie und auch beschimpfte. Ich erschrak erst – und zwar über mich selbst – als ich feststellte, dass ich diesen Mann abgrundtief hasste. Und dass ich mir wünschte, dass er abstürzen möge, hier, jetzt, mit 228 unbeteiligten, unschuldigen Passagieren. Und mit mir im Cockpit…"

Am 4. Oktober meldeten sich die Versicherer aus London mit der unverschämten Mahnung, auch Vorkommnisse zu melden, die keine Versicherungsleistungen erforderten, wie zum Beispiel Sachbeschädigungen. Da saß also entweder ein Judas in der Geschäftsleitung oder die Londoner unterhielten Aufpasser und Spitzel vor Ort! Eine Hexenjagd sondergleichen setzte ein. Der Chef Technik musste gleich mehrmals antreten; beim zweiten Male konnte er (getürkte) Wartungsjournale vorlegen, die bei den beiden ramponierten MD-11 planmäßige Wartungsarbeiten sowie vier kleinere Modifikationen belegten. Die Hauptsache, nämlich dass zwei Piloten kapitale Böcke geschossen hatten, wurde mit keinem Wort gewürdigt.

Am 17. Oktober flog eine B-747/400 – von Hongkong kommend – auf die Piste 06 in Taipei an. Fünfzehn Minuten vor der Landung wurden gute Sicht bei leichtem Regen, eine hohe Wolkenuntergenze und der aktuelle Bodenwind mit zehn Knoten aus 220 Grad gemeldet. Kein Problem also, weder für Captain E. T. Lee noch für die fast neue B-747, deren maximal zulässige Rückenwindkomponente (wie bei allen anderen Transportflugzeugen) bei zehn Knoten liegt. Fünf Minuten vor der Landung, in knapp 1 000 Metern über Platz, gab die Trägheitsnavigation den Wind aus 250 Grad mit 26 Knoten an, und vom Kontrollturm erhielt Lee den Hinweis, dass man angesichts des auffrischenden Südwestwindes ‚die Piste drehen', also die Anflugrichtung ändern werde; der Bodenwind blase nun aus 220 Grad mit achtzehn Knoten.

„Sagen Sie ihm, wir haben verstanden", wandte sich Lee zum Kopiloten.

„Verstanden", sprach der Kopilot ins Mikrophon. Und dann zum Captain gewandt:

„Der Rückenwind liegt außerhalb unseres Limits."

„Ja, schon gut. Wir sind doch leicht", gab Lee als Antwort und folgte weiterhin dem elektronischen Gleitweg in Richtung Piste 06. Bei 160 Meter über Grund meldete sich der Mann auf dem Kontrollturm erneut:

„China Airlines 106 starten Sie durch! Ich wiederhole: Starten Sie durch und drehen Sie auf Kurs 250!“

„ ... “

„China Airlines 106, Wind 230 Grad mit einundzwanzig Knoten, starten Sie sofort durch!“

„Wir landen“, gab Lee nun dem armen Kerl auf dem Turm zu verstehen. Und schon schwebte die B-747 über die Pistenschwelle. Lange, etwas zu lange schwebte sie so – obendrein mit beachtlich überhöhter Geschwindigkeit – bis sie kurz nach der Pistenmitte auf den nassen Beton klatschte. Die Schubumkehr heulte auf, Captain Lee stieg beherzt in die Eisen, doch da half nun alles nichts mehr: Mit sieben platten Reifen und rauchenden Bremsen kam der riesige Vogel 85 Meter nach Pistenende zum Stillstand.

Noch bevor er die Triebwerke abstellte, meldete sich Captain Lee mit trotziger Stimme noch einmal beim Kontrollturm:

„Schicken Sie einen Schlepptraktor!“

Worauf der Beamte auf dem Turm sehr freundlich erwiderte: „Den Traktor habe ich schon bestellt, als Sie nach der Pistenmitte gelandet sind.“

Und so tat nun ein Jeder, was eben so zu tun war:

– Der Captain informierte seine Passagiere, dass eigentlich gar nichts passiert sei außer einem kleinen Systemfehler in der Bremskontrollbox. Und die Passagiere sollten doch so gut sein und den Anweisungen des Kabinenpersonals Folge leisten.

– Der Chefsteward an Bord ersuchte seine Fluggäste, sitzen zu bleiben.

– Der Beamte auf dem Kontrollturm sperrte die Piste 06, setzte die Feuerwehr in Marsch und informierte die Rettungsfahrzeuge, dass sie nicht gebraucht würden.

– Der Fahrer des Schlepptraktors nahm die havarierte Maschine auf den Haken und bugsierte sie aus dem grauen Sand hinter der Piste zum vorgesehenen Standplatz.

– Der Mechaniker, der den Traktorfahrer begleitete und eine erste, grobe Schadenanalyse erstellte, übermittelte dem Leiter ‚Technik und Instandsetzung 747/400' den Ausritt Lee's wie folgt: „Ein ganzer Satz plus Flexkabel. Kontrolle der Bugradhydraulik. Kontrolle aller Fahrwerktore. Einsatzsperre. Eine Kopie ans Luftamt, k e i n e Kopie an die Versicherung!"

Die ausländischen Piloten waren im Hotel Mandarin untergebracht. Man kannte sich flüchtig. Man sah sich zwischen zwei Flügen, vor Simulator-Sitzungen und ab und zu bei einem Bier in Mama Chang's schmuddeliger Bar gleich um die Ecke.

„Wenn Ihr den verdammten Lee noch lange fliegen lasst, dann müssen wir von der MD-11 bald auch Eure Strecken übernehmen", flachste ich die Kollegen vom Jumbo-Sektor an.

„Na, Euer KingKong tut ja auch sein Möglichstes, um die Einsatzplaner nicht in Dauerschlaf versinken zu lassen", tönte es zurück.

„Irgendwelche Maßnahmen?" wollte ich wissen.

„Keine, von denen wir Kenntnis hätten."

„Neues von Nagoya?"

„Airbus hat uns ein paar dürre Daten geschickt. Es scheint so, als ob die Kerle etwas sagen wollten aber nicht den Mumm haben, es rauszulassen."

Wir erinnern uns: Die Firma legte den vollständigen Unfallbericht erst zwei Jahre nach dem Geschehnis vor. Damals, im November 1994 wussten wir nicht, ob wir den Bericht überhaupt jemals zu Gesicht bekommen würden. Es blieb also nichts Anderes übrig, als das Pferd von hinten her aufzuzäumen. Nach zähem Hickhack segnete der Chef der Flugbetriebsleitung schließlich unseren Wunsch ab, den Unfall im Simulator der Thai International in Bangkok nachzufliegen (China Airlines verfügte über keinen eigenen Simulator für diesen Flugzeugtyp).

Unsere Überraschung war groß:

– Als mein Kollege – früher Testpilot bei Douglas – die Phase erflogen hatte, wo der Kopilot mit eingeschaltetem Autopiloten die Flugzeugnase mit Gewalt nach vorne zu drücken versuchte, spulte das Trimmrad für das Höhenruder ebenfalls nach vorne und nicht – wie im richtigen Flieger – nach hinten.

– In der folgenden Phase, als sich die Unglücksmaschine 70 Grad himmelwärts aufgebäumt hatte, stieg der künstliche Horizont aus, das heißt, auf dem Bildschirm war nur noch ein rotblaues, feinmaschiges Rautenmuster zu sehen.

– Auf dem Kulminationspunkt ihrer Höllenfahrt meldete sich beim Abkippen der Maschine über die linke Fläche auf ihren Fluglageinstrumenten auch noch die Anzeige für die Querlage ab: ‚R E S E T' stand da zu lesen, und zwei gekreuzte rote Balken spannten sich über die ganze Anzeige.

Noch zweimal wurde das ganze Manöver Schritt für Schritt, Zeiteinheit für Zeiteinheit durchgeflogen, um einen Fehler unsererseits auszuschließen. Zweimal dasselbe Ergebnis. Nach der ‚Nagoya-Übung' testeten wir noch einzelne Parameter für den Strömungsabriss bei verschiedenen Gewichten und in verschiedenen Höhen durch und verglichen sie mit den Originalunterlagen von Airbus: Sie stimmten.

Unfassbar: China Airlines hatte über Jahre hinweg auf dem Thai-Simulator ausgebildet und geübt, ohne das Gerät jemals ausgeflogen und ernsthaft getestet zu haben, ohne über lebenswichtige Besonderheiten Bescheid zu wissen. Weder mit dem Hersteller des Simulators noch mit Airbus-Industries war das Abnahmeprotokoll von Thai International durchgesprochen worden. Es erhob sich die Frage: Wollte sich bei China Airlines niemand mit solchen ‚Nebensächlichkeiten' herumplagen oder konnte es niemand? Oder vertraute man einfach Thai International? Selbst n a c h dem Unfall von Nagoya war nicht einem einzigen Fluglehrer – geschweige denn dem Flottenchef – in den Sinn gekommen, nach möglichen Unfallursachen zu forschen. Affe tot – Klappe zu!

Kein einziger Pilot bei China Airlines hat jemals gelernt, eine Maschine mittels Notinstrumentierung zu fliegen, d.h. eine sichere, stabile Fluglage einzunehmen und auch einzuhalten, wenn alle primären Fluglageinstrumente ausgefallen sind. Dem Piloten stehen in diesem Falle lediglich zwei konventionelle Doseninstrumente für Höhe und Geschwindigkeit, sowie ein nicht sonderlich präziser ‚künstlicher Horizont' zur Verfügung. Und natürlich der gute alte ‚Schnapskompass', auf den man sich aber nur dann mehr schlecht als recht verlassen kann, wenn sich das Flugzeug in einem stabilen Flugzustand befindet – und kein Gewitter in der Nähe ist. Zugegeben: Viel ist das nicht. Aber es reicht aus, um bei Nacht oder in Wolken die räumliche Orientierung zu erhalten (und wird von manchem Jungpiloten als ebenso blödsinnige wie schweißtreibende Übung empfunden).

Als wir mit den Erkenntnissen aus dem Thai-Simulator beim Chef des Flugbetriebs vorsprachen und ihm entsprechende Vorschläge unterbreiteten, hörte er uns aufmerksam zu und stellte ab und zu Fragen hinsichtlich der Höhenruder-Trimmung. Captain Lin gab zu verstehen, dass er die Angelegenheit vorgängig mit dem Flottenchef des Airbus A300/600 besprechen müsse.

„Bitte haben Sie etwas Verständnis für unsere Sensibilität, wenn des Einen oder Anderen Kompetenzen betroffen werden könnten bzw. die Gefahr bestünde, sein Gesicht zu verlieren. Ich schlage Ihnen vor, dass wir uns im Laufe des Nachmittags im Büro von Captain Chun treffen, vielleicht so gegen drei Uhr."

Als wir wie vereinbart in Chun's ‚Hauptquartier' eintrafen, waren bereits acht Personen anwesend: Lin, Chef Flugbetrieb. Tsao von der Abteilung Flugsicherheit und dem Herrn Präsidenten für besondere Aufgaben persönlich unterstellt. Und natürlich Chun mit fünf seiner Fluglehrer vom A300/600. Was für ein Auftrieb, Donnerwetter!

Ohne Lin die Chance zu geben, uns den übrigen Anwesenden vorzustellen, begann Chun, hinter seinem massiven Schreibtisch hockend, übergangslos mit einem Monolog in Mandarin. Ich verstand kein Wort. Aber als uns Chun dann ebenso unvermittelt einem in Englisch geführten Verhör unterzog (anders kann man sein Verhalten beim besten Willen nicht bezeichnen), vermochten wir uns vorzustellen, wie er uns seinen Fluglehrern gegenüber eingeführt hatte.

„Wie viele Flugstunden haben Sie? Wie viele Militärflugstunden? Welchen militärischen Rang haben Sie bekleidet? Wie lange arbeiten Sie schon für China Airlines? Haben Sie den Airbus A300/600 schon einmal geflogen? Wer von der Geschäftsleitung hat Sie autorisiert, Untersuchungen zum Fall Nagoya anzustellen? Haben Sie eine gültige Lehrberechtigung?“ Dann war Chun wohl der Schnauf ausgegangen.

Mir hatte es die Sprache verschlagen. War das die viel gerühmte asiatische Zurückhaltung? Die ausnehmende Höflichkeit? Nicht einmal einen Platz hatte uns dieser laufende Meter angeboten. Mein Kollege Sam Nolen, Texaner aus Corpus Christi, ein Schrank von einem Mann, hatte sich als Erster gefasst. Alle glotzten ihn bass erstaunt an, als er – mit einer leichten Verbeugung gegen Lin gewandt – in Mandarin die gängige Redewendung vorbrachte: „Wir begrüßen unsere Gäste mit Freundlichkeit.“ Dann ging er geduldig auf Chun's Fragen ein: Wenn er sich nicht täusche, dann habe er ungefähr doppelt so viele Flugstunden wie Chun. Er sei – mit Abschluss an der Air Force Academy – im Range eines Oberstleutnants aus der Air National Guard ausgeschieden. Und wie sich Chun sicher erinnern könne, habe er, Nolen, vor knapp zwei Jahren für gut die Hälfte aller MD-11-Piloten bei China Airlines das Umschulungstraining geleitet und die Lizenzen unterschrieben. Chun habe ja selbst auf die neue MD-11 umschulen wollen, sei aber aus qualifikatorischen Gründen nicht zugelassen worden. Und als Sam auf den eigentlichen Grund dieser merkwürdigen Zusammenkunft kommen wollte, unterbrach ihn Chun unwirsch. Er zeigt auf mich.

„Und Sie?“

Ich hatte mich von meinem Schrecken soweit erholt, dass ich die Fragen in der vorgegebenen Reihenfolge beantworten konnte. Die Tatsache, dass ich ein paar Jahre lang Starfighter F-104 geflogen hatte, schien Chun für einen kurzen Augenblick zu beeindrucken, denn immerhin schaute er mir einmal ins Gesicht. Dann aber musste ich wohl allen Kredit bei ihm verspielt haben, als ich wahrheitsgemäß berichtete, als Hauptmann aus der Luftwaffe ausgeschieden zu sein.

„Ha, Hauptmann! Warum nur Hauptmann?“

Diese völlig unangebrachte Frage hatte ich mir zu Beginn meiner kurzen Karriere bei China Airlines schon einmal anhören müssen. Und auch Chun wollte wohl gar keine Erklärung. Ihn drängte es offenbar, die Sache auf den Punkt zu bringen. Mit scharfer Stimme, die sich gelegentlich überschlug, setzte er uns auseinander, dass wir unsere großen Nasen nicht in seine, des Flottenchefs Angelegenheiten zu stecken hätten. Solange ER der Chef der Airbus-Flotte mit den Typen A300/600 sei, werde ER ausbilden und ausbilden lassen, wie ER es für gut erachte. Er werde sich von keinem dreinreden lassen, und schon gar nicht von einem Ausländer. Das Gespräch sei beendet, wir könnten gehen; dabei zeigte er mit dem Zeigefinger seiner rechten Hand in Richtung Türe (Nein, ‚Weggetreten‘ hat er nicht gesagt).

Ich wollte mich schon zur Türe wenden, als mich Sam bat, noch einen Augenblick zu warten. Er schnappte sich einen Stuhl und rückte ihn so vor Chun's Schreibtisch, dass er diesem Auge in Auge gegenübersaß.

„Mein lieber Chun“, begann er, „ich habe mir Ihren Schwachsinn angehört. Zum Glück vor Zeugen (andernfalls Sie bereits nach einer Stunde alles abstreiten würden). Und nun werden Sie MIR zuhören: Wir sind von China Airlines angeheuert worden, um einen Augiasstall epochalen Ausmaßes – und besonders Ihren auf dem Airbus – nach Kräften auszumisten. Wenn Sie sich den Befund aus Bangkok von uns nicht anhören wollen, dann sehen wir uns bei Tung wieder; und Sie sind gut beraten, sich zu diesem Treffen warm anzuziehen. Es soll schon vorgekommen sein, dass Leute nicht nur ihr Gesicht, sondern gleich den ganzen Kopf verloren haben. Auf Wiedersehen!"

„Starke Leistung", sagte ich, als wir draußen waren. „So kenne ich Dich gar nicht."

„Als Student bin ich Rodeo geritten", meinte er, „so schnell schüttelt mich keiner ab. Schon gar nicht so ein Hanswurst wie Chun."

Das Treffen beim Präsidenten fand in dessen Büro statt.

Der Präsident selbst ließ sich (aus Termingründen) vertreten.

Sam Nolen war abwesend, weil keiner wusste, wie viel Mandarin er tatsächlich verstand.

Die erarbeiteten Unterlagen seien gründlich geprüft worden.

Unsere Bemühungen seien vom Präsidenten ausdrücklich gewürdigt und belobigt worden.

Abänderungen bestehender Verfahren würden für nicht nötig angesehen.

Ausbildung und Training könnten in der jetzigen Form unverändert beibehalten werden.

Aktionen seien nicht vorgesehen, weil der Airbus ohnehin bald ausgesondert werde.

Personelle Konsequenzen seien – nach sorgfältiger Prüfung der Fakten – nicht erforderlich.

Unser Technischer Pilot.

S. S. Lee, C. C. Lee und G. Ho, alle drei Obristen der Taiwanesischen Luftwaffe in Ruhestand, erfreuten sich im Pilotenkorps wegen ihrer Besserwisserei keiner besonderen Beliebtheit. Zudem pflegten sie Golffreundschaften mit Kollegen von der EVA AIR, der verhassten Konkurrenz. Als dann die MD-11 eingeführt werden sollte, guckte Captain Tien – seines Zeichens Ex-General und Verantwortlicher für die gesamte Flugbetriebsplanung – diese drei Herren kurzerhand dazu aus, den neuen Vogel in die Flotte unter der Pflaumenblüte zu integrieren. Nun hatte sich zwar jeder der Betroffenen ausgerechnet, bald auf die wesentlich prestigeträchtigere B-747/400 umgeschult zu werden, doch da ihnen nichts bekannt war, womit sie den Tien hätten erpressen können, fügten sie sich ohne größere Motzereien in ihr Schicksal und gedachten, das Beste aus der Sache zu machen. Mit dem Tien war das ja ohnehin so eine traurige Geschichte. Es blieb allen absolut unverständlich, wie man solch einen Menschen so weit nach oben befördern konnte: Er galt als absolut unbestechlich, er feierte keine Pufforgien, verbrachte jeden Urlaub zusammen mit der Familie, ja, er hatte nicht mal eine richtige Freundin. Und Alkohol verabscheute er aus Prinzip. Obendrein machte er seinen Job gut. Das führte dazu, dass im Dunstkreis des Präsidenten Stimmen laut wurden, die auf eine Wegbeförderung dieses Mannes nach oben drängten, damit endlich wieder ‚normale' Verhältnisse Einzug halten könnten.

S. S. Lee, in China Airlines ein paar wenige Wochen dienstälter als sein Namensvetter, hielt sich für einen begnadeten Fluglehrer, obwohl er in Tat und Wahrheit keine Ahnung von zielgerichteter Instruktion hatte. Kein Wunder also, dass er das Ressort Schulung und Training sofort für sich beanspruchte. Captain G. Ho – wir kennen ihn bereits – dessen älteste Tochter und der Sohn in San Francisco studierten, rechnete sich einige Vorteile als Chefpilot aus: So konnte er am ehesten seine Einsätze steuern und dem verhassten Taipei mit seinem grässlichen Klima zumindest für acht bis zehn Tage pro Monat entfliehen.

Nun musste nur noch ein angemessener Job für C. C. Lee gefunden werden, auf dass der um des lieben Friedens willen nicht verprellt würde und fürchten musste, sein Gesicht zu verlieren. Wenngleich C. C. Lee nach Aussagen seines amerikanischen Fluglehrers in Long Beach seine Umschulung auf die MD-11 nur gerade mit Ach und Krach bestanden hatte, wurde er zum Technischen Piloten berufen – wem Gott ein Amt gibt, dem gibt er auch Verstand. Das bedeutete, dass Lee mit jeder Maschine, die nach einer größeren Überholung oder nach einer umfangreicheren Reparatur aus der Werft kam, einen Überprüfungsflug – er nannte das ‚Testflug' – durchzuführen hatte. Aber he! Technischer Pilot für gerade mal vier Mühlen? Lee murrte. Lee wurde bei Tien vorstellig. Lee beklagte die für seine Qualitäten unangemessene Unterforderung. Tien hörte zu und handelte:

C.C. Lee erhielt den Vorsitz der neu gegründeten Kommission für Flugsicherheit. Na, das war doch was! Allerdings brachte ihm dieser Job nicht die erhoffte Befriedigung; und prestigeträchtig war er schon gar nicht. Dazu kam, dass die sich häufenden Unfälle und Zwischenfälle und die damit verbundenen, langwierigen Untersuchungen mit der Zeit den Charakter von Arbeit annahmen. Letztendlich erwartete man von ihm noch, dass er sich den Kopf anderer Leute zerbrach, und das musste ja nicht unbedingt sein: C. C. Lee trat von dem ungeliebten Posten nach zehn Monaten wieder zurück. Was ihn auszeichnete: Er verfügte über eine wundervoll sanfte und melodische Stimme, die zu hören ich – anlässlich einer Wohltätigkeitsveranstaltung – einmal Gelegenheit hatte.

Dieser C. C. Lee also war Captain auf dem Kurs CI-065 von Taipei nach Bangkok, der dann – nach einem Besatzungswechsel – nach Amsterdam weiterfliegen sollte. Gemäß Abflugmeldung aus Taipei sollte die Maschine pünktlich in Bangkok landen. Das Wetter über dem Flughafen war gut, ein paar Haufenwolken mit

Blitz und Donner im Norden sollten kein Hindernis darstellen. Verzögerungen vonseiten der Flugverkehrsleitung standen nicht zu erwarten. Zusammen mit dem Rest der Besatzung, die den Kurs nach Amsterdam weiterführen sollte, wartete ich auf das Andocken der Maschine. Doch die kam nicht.

In Bangkok versucht jeder, so pünktlich wie nur irgend möglich an den Start zu rollen, denn nicht weniger als neunzehn Kurse verlassen gegen Mitternacht Thailand in westlicher Richtung. Alle balgen sich um die zwei oder drei zur Verfügung stehenden optimalen Flughöhen. Wer zu spät kommt, hat das Nachsehen: Er (oder neuerdings auch Sie) muss mit unangenehm niedrigen Flugflächen vorlieb nehmen, muss sich im Sommer über Indien vom Monsun durchschütteln lassen, verliert auf dem langen Weg nach Europa eine Menge Zeit und vor allen Dingen viel, viel Treibstoff.

Also Anruf beim Stationsleiter: „Wo steckt die 065?"

„Ist bereits im Endanflug, d.h. sie sollte bereits gelandet sein." Und dann – im Hintergrund lassen sich einzelne Gesprächsfetzen und schallendes Gelächter vernehmen – „Hallo, sind Sie noch da? Hallo? Wie ich soeben höre, ist die CI-065 durchgestartet."

„Durchgestartet?"

„Ja, sagte ich Ihnen doch. Warum sie nicht gelandet ist, weiß ich auch nicht, ich werde mich aber beim Kontrollturm erkundigen. Ich rufe Sie auf diesem Apparat zurück."

Na ja, am Wetter konnte es jedenfalls nicht gelegen haben.

Hat es auch nicht. Etwa eine dreiviertel Stunde nach meinem Anruf beim Stationsleiter sah ich die gute MD-11, die uns nach Amsterdam schippern sollte, auf den Andockplatz einschwenken: Abgedunkelt, ohne die Positionslichter eingeschaltet zu haben und von einem dieser monströsen Bugsiertraktoren auf den Haken genommen. Das sah nun alles andere als gut aus.

Nach weiteren zwanzig Minuten – wir hätten schon längst in der Luft sein sollen – kannte ich die ganze Geschichte: An jedem anderen Ort und zu jeder anderen Zeit wäre sie Anlass zu schallendem

Gelächter und Schenkelklopfen gewesen; hier am Flughafen in Bangkok löste sie Kopfschütteln bei den betroffenen Besatzungen und Missfallen bei den Passagieren aus. Der Kopilot, den ich vom Eingangstest im Simulator her kannte und der mit seiner frisch angetrauten Frau auf dem Weg in die Flitterwochen war, schilderte mir völlig emotionslos den unglaublichen Bockmist, den der gute C. C. Lee geboten hatte. Als ‚Testpilot' wohlgemerkt, wie er sich auf seiner in Schwarz und Silber gehaltenen Visitenkarte vorstellte.

Routinemäßig hatte er etwa vier Minuten vor der geplanten Landung in 550 Metern Höhe über Grund befohlen, das Fahrwerk auszufahren. Sobald die elektromechanische Fahrwerksanzeige ‚grün', das heißt ‚ausgefahren und verriegelt' anzeigte, kam der Befehl: „Klappen 35 Grad." Kopilot Liu Wang hatte die Befehle korrekt ausgeführt und die letzten Punkte auf der Checkliste ‚Vor der Landung' abgearbeitet. Der Kontrollturm hatte die Landeerlaubnis für die Piste 21 Rechts bereits erteilt. Alle Voraussetzungen für eine ereignislose ‚Niederkunft' schienen gegeben.

Eine knappe Minute vor dem Aufsetzen muss den Lee ein Teufel geritten haben, denn – aus welchen Gründen auch immer – fühlte er sich veranlasst, zum wiederholten Male die Darstellung der elektronischen Systemüberwachung auf dem Bildschirm Nummer vier ‚durchzublättern'. Und siehe da, auf der Seite mit der Darstellung der Steuerflächen, des Fahrwerks, der Reifentemperatur und des Reifendrucks, da entdeckte er die Warnung, dass das linke Fahrwerk nicht vollständig verriegelt sei. Nun sagen die technischen Handbücher zwar eindeutig, dass die elektronische Warnung bedeutungslos ist, solange die elektromechanische Anzeige stimmt, in Captain Lees Hirn aber löste dieser kleine, rote Punkt im Symbol des linken Fahrwerks Panik aus – er befahl das Durchstartmanöver.

Und noch während die Motoren furchterregend aufheulten, zog er die Flugzeugnase brüsk nach oben, als gelte es, einem unmittelbar vor ihm auftauchenden Eisberg oder gar einer Eiger-Nordwand auszuweichen. Auf sage und schreibe 30 Grad stellte er sie Maschine an, die Passagiere wurden in ihre Sitze gepresst. Was Wunder, erreichte und überschoss er die für einen Durchstart vorgeschriebene Sollhöhe noch vor Pistenende. Dem Fluglotsen im Kontrollturm, der solch eine Vorstellung noch nie gesehen hatte, entrang sich nur ein hilfloses: „Hey, China… was, was…?"

Um endlich auf die Sollhöhe von 1 000 Metern über Grund zurückzufinden, drückte der Bordkommandant nun die Steuersäule eher unsanft nach vorne – der Vogel verneigte sich gebührend, die Passagiere hingen in ihren Sitzgurten, einige schrien auf. Ein paar Wellenbewegungen später war es dann doch gelungen, die Fluglage mit Hilfe des Autopiloten zu stabilisieren. Nun konnte er sich ganz dem Fahrwerksproblem widmen – das keines war.

Als Erstes schickte er den Kopiloten in die Kabine. Liu Wang sollte durch ein in den Kabinenboden eingelassenes Periskop feststellen, ob das linke Hauptfahrwerk korrekt verriegelt sei.

„CI-065, warum sind Sie durchgestartet?" wollte der Mann auf dem Kontrollturm wissen, sobald er seine Sprache wiedergefunden hatte.

„Wir haben Probleme mit dem Fahrwerk."

„CI-065, was beabsichtigen Sie zu tun?"

„Bangkok Turm, bitte geben Sie uns einen Augenblick für eine Analyse."

„CI-065, benötigen Sie die Feuerwehr? Brauchen Sie die Unfallbereitschaft? Sollen wir einen Schaumteppich auf der Piste 21 Links vorbereiten?"

„Nein, die Feuerwehr brauchen wir im Augenblick nicht. Wir werden nun eine Platzrunde fliegen und dann in 30 Metern Höhe über die Piste kommen. Bitte senden Sie jemanden mit einem Fernglas und einer starken Handlampe an den Pistenrand, um die Verriegelung des linken Hauptfahrwerks zu überprüfen."

„OK, CI-065, wir schicken ein paar Leute raus."

Und Captain Lee meinte es so wie er es sagte. Obwohl es stockdunkle Nacht war, glaubte er allen Ernstes, man könne vom Boden aus feststellen, ob das Fahrwerk korrekt verriegelt sei oder nicht. Keine sechs Minuten später donnerte er auch schon in weniger als zehn Metern über die Köpfe der Wartungsleute hinweg, die vor Schreck ihre Ferngläser und Lampen fallen ließen und in der leichten Senke neben dem Pistenrand in volle Deckung gingen.

Das ganze, wilde Manöver hatte der Captain ‚einhändig', das heißt ohne seinen Kopiloten geflogen. Denn auf der Suche nach dem verdammten Periskop kroch Liu Wang immer noch auf dem Kabinenboden herum. Zum großen Erstaunen der Passagiere riss er an verschiedenen Stellen des linken Seitengangs den Auslegeteppich von der Unterlage ab, ohne jedoch den eingeschraubten Deckel zu finden, unter dem das Periskop versteckt war. Als er bei seiner Suchaktion an der Sitzreihe Nummer acht versehentlich mit dem unbeschuhten Fuß einer älteren Passagierin in Berührung kam, guckte die auf den jungen Mann in Uniform, hob ihren Zeigefinger und meinte verlegen lächelnd:

„Oh, Sie Schlingel!"

Man konnte dem armen Liu keinen Vorwurf dafür machen, dass er nicht fand, was er suchte, denn niemand hatte ihm während seiner praktischen Ausbildung auf dem Flieger das Versteck des Schauglases unter dem Teppichboden gezeigt. Er hätte Captain Lee fragen müssen, aber der würde es auch nicht gewusst haben. Der forderte ihn in diesem Augenblick über die Bordsprechanlage auf, sofort ins Cockpit zurückzukehren. Denn nach dem zweiten Durchstartmanöver, das sich an den kühnen Vorbeiflug in Bodennähe anschloss, war sich Lee nicht mehr ganz so sicher, ob er in der Hektik des Rauf und Runter nicht irgendwelche Punkte auf der Checkliste übersehen hatte.

Kaum hatte sich Liu wieder in seinem Sessel angeschnallt, erteilte ihm Captain Lee den Befehl, den Hebel für die Notentriegelung des Hauptfahrwerks zu betätigen. Mit diesem Hebel werden nicht nur die Haltebolzen gelöst, auf welchen das Fahrwerk während des Reisefluges ruht, auch dem für alle Fahrwerke zuständigen hydraulischen System wird auf diese Weise der Druck entzogen.

Da der Kopilot diesen Hebel – auch während seiner Umschulung – weder berührt, geschweige denn betätigt hatte, fragte er erst mal schüchtern zurück (lieber vorher fragen, als hinterher abgestraft zu werden):

„Sie meinen, den Hebel rechts neben meinem Sitz?"

„Welchen sonst?"

„Sie meinen, ich soll diesen Hebel bewegen?"

„Ja, natürlich! Sagte ich doch, zum Teufel."

„Nach oben?"

„Natürlich nach oben, Sie Nachtwächter, wohin denn sonst?"

Unsicher und in Erwartung irgendeines besonderen Geräusches, eines Ruckens oder eines besonderen Warntons zog Liu Wang am Hebel. Er zog ihn bis zum Anschlag nach oben, aber es passierte nichts. Er schaute den Captain fragend an, doch der starrte nun geradeaus in die durch Streulicht aufgehellte Nacht über Bangkok.

Es konnte ja auch nichts passieren, denn das Fahrwerk war ja längst ausgefahren und verriegelt. Der ekelhafte kleine, rote Punkt in der elektronischen Fahrwerksanzeige aber, der war immer noch da. Und jetzt? Was tun? Der gute Captain C. C. Lee entschloss sich zur Landung. Schließlich ist noch nie einer oben geblieben. Was Anderes hätte er auch tun können, jetzt, wo die Treibstoffreserven nach zwei Anflügen, nach zweimaligem Durchstarten und zwei Platzrunden – alles mit ausgefahrenem Fahrwerk, mit gesetzten Landeklappen und Vorflügeln – ziemlich rasch zur Neige gingen?! Nur zu dumm, dass Lee in der Aufregung die Zusammenhänge zwischen Notentriegelung und Hydrauliksystem gänzlich entfallen waren: Bleibt der von Kopilot Wang so ängstlich beäugte und dann doch betätigte Hebel nämlich oben, bleibt also die hydraulische Druckzufuhr unterbrochen, dann funktioniert die Bugradsteuerung nur noch begrenzt, das heißt, links herum geht's, rechts herum geht's nur ganz wenig.

Doch unserem ‚Testpiloten' bedeuteten solche Belanglosigkeiten nicht viel: Lee beantragte nun vom Kontrollturm die sofortige Landeerlaubnis. Diese wurde umgehend erteilt, und gefühlvoll setzte der Ritter ohne Furcht und Tadel seine Mühle auf die Piste 21 Rechts. In der Kabine war es mucksmäuschenstill geworden, denn nicht wenige der 236 Passagiere glaubten das unmittelbare Ende vor sich. Hatte sie der Captain doch während all seiner wahnwitzigen Manöver nicht ein einziges Mal informiert. War er vielleicht betrunken? Oder verletzt? Oder gar tot? Die Schubumkehr heulte auf, und die Maschine ging ordentlich in die Knie, als Lee zunächst sanft, dann aber kraftvoll auf die Bremsen stieg. Rasch fiel die Geschwindigkeit auf unter 20 Knoten.

„Rollweg ‚D' OK?" fragte Lee den Mann auf dem Turm.

„OK, nehmen Sie ‚D'. Und gehen Sie auf die Frequenz von der Bodenkontrolle!" kam vom Turm.

Das Hinweisschild mit dem schwarzen D auf gelbem Grund tauchte im Lichte der Landescheinwerfer auf, und Lee betätigte die Bugradsteuerung. Er zog den Steuerhandgriff, der aussieht wie ein in seiner Mitte ausgehöhltes Tortenachtel, zunächst vorsichtig nach rechts. Als sich die Flugzeugnase nur unwesentlich aus der Pistenachse bewegte, gab er vollen Ausschlag. Aber der Radius, den das Bugrad nahm, war immer noch viel zu groß, um rechtzeitig auf den Rollweg ‚D' einschwenken zu können. Also zurücklenken in die Pistenmitte – das klappte natürlich ganz normal – und den Rollweg ‚C' ansteuern. Leider versagte auch diesmal die Steuerung nach rechts.

Bedauerlicherweise versagten auch Captain Lees kleine graue Zellen ihrem Herrn den Dienst. Er hatte zwar realisiert, dass die Bugradsteuerung nach rechts nicht funktionierte. Und er hatte auch in Erfahrung gebracht, dass die Steuerung nach links einwandfrei arbeitete. Nur auf die logische Folgerung, mittels einer 270-Grad-

Kurve nach links die Piste zu verlassen, auf diesen Gedanken kam er nicht.

Dafür meldete sich jetzt der Mann auf dem Kontrollturm:

„China Airlines 065, was ist los?“

„CI-065 wie rollen…“

„CI-065 verlassen Sie sofort die Piste! Wir haben anfliegenden Verkehr zwei Meilen vor der Piste 21 Rechts.“

„CI-065, äh, ja wir rollen… wir können nicht von der Piste rollen.“

„CI-065, was können Sie nicht?“

„CI-065, wir können nicht von der Piste rollen, weil die Bugradsteuerung blockiert ist. Die Bugradsteuerung…“

„Thai International 621 starten Sie durch! Ich wiederhole, starten Sie durch. Piste 21 Rechts ist blockiert. Starten Sie durch!“

„Verstanden, Thai Inter, wir starten durch. Sollen wir auf Ihrer Frequenz bleiben?“

„Thai Inter 621, drehen Sie auf Kurs 290 und steigen Sie auf 3 000 Fuß! Bleiben Sie auf dieser Frequenz. Erwarten Sie einen Anflug auf Piste 21 Links.“

„Verstanden, Thai Inter, 290 Grad, 3 000 Fuß.“

„CI-065, verlassen Sie sofort die Piste!“ Die Stimme des armen Kerls auf dem Kontrollturm überschlug sich.

„Bangkok Bodenkontrolle, hier spricht CI-065. Unsere Bugradsteuerung ist defekt. Wir können nicht von der Piste rollen. Wir können nur geradeaus rollen. Wir stellen die Maschine am Pistenende ab und bitten um einen Schlepptraktor.“

„CI-065, verstanden, wir schicken einen Traktor. Bleiben Sie auf dieser Frequenz!“

„OK, CI-065.“

Da saß er nun, der gute Lee. Nun war er eigentlich nicht mehr Pilot, sondern nur noch Fahrer eines überdimensionierten Dreirads, dessen Steuerung er kaputt gemacht hatte. Er hockte zusammen mit 236 Passagieren in einer ganz normal funktionierenden

Maschine, der er durch Unwissen und Fehlmanipulationen einen Teil ihrer Betriebstauglichkeit genommen hatte. Doch nicht genug des Blödsinns, nach einer Gedenkminute ging es weiter: Als er seinen Metallvogel ein paar Meter vor dem Pistenende zum Stehen gebracht hatte, setzte er die Parkbremsen und schaltete alle drei Triebwerke ab – eine anerkennenswert umweltfreundliche Handlung. Allerdings verzichtete er – aus welchen Gründen auch immer – auf den Start des Zusatzaggregates, das die Maschine am Boden mit Strom und kühler Luft für die Kabinenventilation versorgt. Einzig die von den Bordbatterien gespeiste Notbeleuchtung spendete noch spärliches Licht in der Kabine. Kopilot Liu Wang – auch er nicht gerade ein Meister seines Fachs – wagte zwar nicht, den Start des Notgenerators anzumahnen, doch er wies seinen Captain zögerlich darauf hin, dass die Notbeleuchtung die relativ kleinen Batterien sehr schnell entladen würden. Lee überlegte nur ganz kurz, dann befahl er, auch die Notfunzeln zu löschen.

Die Temperatur in der Kabine stieg in kürzester Zeit auf unerträgliche Werte an – kein Wunder bei einer Außentemperatur von 31 Grad. Es gab keine Frischluftzufuhr. Es gab kein Licht. Und es gab keinerlei Information aus dem Cockpit. Einige Passagiere äußerten die Vermutung, dass die Piloten das Flugzeug möglicherweise schon durch die Fenster verlassen hätten, um sich vor einer möglicherweise unmittelbar bevorstehenden Explosion zu retten. Angeheizt durch derartige alberne Gerüchte brach Panik aus. Schreie gellten durch die Dunkelheit.

Die Stewardessen hockten alle noch angezurrt auf ihren Klappsitzen; sie warteten auf einen Befehl aus dem Cockpit, eine Information, ein Lebenszeichen, doch da kam nichts. Einer jungen Flugbegleiterin wurde das Warten zu dumm; sie band sich los, fasste sich ein Herz und ging ins Cockpit. Schüchtern fragte sie:

„Captain Lee, entschuldigen Sie bitte, aber was ist passiert?"

„Der Traktor kommt gleich", war seine Antwort.

Die peinliche, ja geradezu beschämende Geschichte auf dem Bangkoker Flughafen war mit dem unzeremoniellen Entschwinden des Captain Lee in Richtung Hotel noch lange nicht abgeschlossen: Etwa zwei Dutzend Reisende weigerten sich, den Flug nach Amsterdam mit China Airlines fortzusetzen. Kurzzeitig musste sogar die Flughafenpolizei angefordert werden um zu verhindern, dass aufgebrachte Passagiere dem Stationsverantwortlichen (anstatt dem fehlbaren Flugkapitän) eine Tracht Prügel verabreichten – wie im richtigen Leben scheint es immer wieder die Unschuldigen zu treffen.

Ein Ende der chaotischen Verkettungen war nicht abzusehen. Zunächst galt es, die Gepäckstücke derjenigen Flugreisenden aus dem Bauch der Maschine zu fischen, die darauf bestanden, mit einer anderen Fluglinie als dem ‚National Carrier of Taiwan' nach Europa zu düsen. Die Verspätung betrug mittlerweile drei Stunden und vierzig Minuten. Da wir Piloten diese Strecke wie gewohnt in Doppelbesatzung flogen, liefen wir nicht Gefahr, unsere maximale Dienstzeit zu überschreiten. Anders sah es bei der Kabinenbesatzung aus. Auf meine Frauge an den Purser, wie er denn die Sache sehe, antwortete er ganz ruhig:

„Ganz einfach, Chef, wenn wir innerhalb der nächsten 40 Minuten abdocken, dann kommen wir mit nach Amsterdam. Wenn es länger dauert, dann müssen Sie sich wohl eine neue Kabinenmannschaft suchen. Bitte, das ist natürlich nicht gegen Sie gerichtet, doch wir haben auch unsere Vorschriften."

„OK, das verstehe ich. Doch Sie wissen so gut wie ich, dass es mindestens noch zwei Stunden dauern wird, bevor wir von hier wegkommen. Warum also bestellen Sie die Ersatzmannschaft nicht schon jetzt?"

„Auch wenn Sie es nicht für möglich halten, das ist nicht gestattet; wir müssen zuwarten, bis der ‚tatsächliche' Fall eingetreten ist."

Und so warteten wir zu. Immerhin ermöglichten wir dadurch unseren ‚neuen' MitarbeiterInnen genau 40 Minuten mehr Schlaf.

Welch eine Planung! Nur Captain C. C. Lee berührte das alles nicht, der lag längst in seinem Bett und schlief den Schlaf des Gerechten (wenn er nicht in der Pat Pong herumbumste).

Gesamtverspätung bei Ankunft in Amsterdam: Sieben Stunden und einundzwanzig Minuten. Kennzeichnend für Lees Fehlleistung ist, dass sie offiziell gar nicht stattfand. Und das in einer Firma, die nach außen hin den Schein absoluter Disziplin zu wahren sucht: Meldet sich ein Pilot auch nur fünf Minuten zu spät zum Dienst, muss er mit einer Geldstrafe von bis zu 500 USDollar rechnen; für Angestellte des Kabinenpersonals gilt der ermäßigte Tarif von 150 USDollar.

Captain Lee hielt sich – aus menschlich durchaus verständlichen Gründen – mit der Berichterstattung zu den Geschehnissen in Bangkok vornehm zurück. Kopilot Liu Wang seinerseits hielt sich an die eiserne chinesische Regel, dass ein Wort zu viel tausendmal schlimmer sein kann als zwei zu wenig; immerhin konnte es ihm ja widerfahren, dass er diesem Lee im Simulator zugeteilt wurde oder gar unter ihm einen Überprüfungsflug machen musste. Dann war es allemal besser, geschwiegen zu haben.

Und die Stationsleitung in Bangkok? Welche Begründung für die Verspätung des Fluges würde der Verantwortliche in seinem Tagesbericht erscheinen lassen? Wo würden die Kosten für den Schlepptraktor, wo die Zusatzkosten für die Standzeit am Fingerdock abgebucht werden? Richtig geraten: ‚Unvorhersehbare Verspätung von einer Stunde und vierzig Minuten, verursacht durch die Flugverkehrsleitung. Weitere sechs Stunden wegen technischer Schwierigkeiten an der Maschine sowie Gepäcksuche wegen fehlgebuchter Passagiere.‘

Was aus der Geschichte sonst noch geworden ist? Nun, allem voran die gute Nachricht: Ich hatte Gelegenheit, dem Kopiloten Liu Wang auf einem Flug nach Kuala Lumpur das Periskop für das Hauptfahrwerk zu zeigen. Außerdem bot ich ihm Gelegenheit, den ominösen Hebel an seiner rechten Seite bei eingefahrenem

Fahrwerk zu betätigen. Er dankte es mir mit einem breiten Grinsen. Dass die Flugsicherheitskommission ihren ehemaligen Chef nicht in die Pfanne hauen und im monatlichen Bulletin aufführen würde, war auch klar. Bleibt noch die allgemeine Erheiterung zu erwähnen, die alle ergriff, wenn Lees Ruhmestat in fröhlicher Runde wieder einmal aufgewärmt wurde.

Als ich einen chinesischen Captain aus der Jumbo-Flotte auf die erbärmliche Darbietung unseres Technischen Piloten hin ansprach und ihn fragte, wie er als Vorgesetzter von Lee handeln würde, erteilte er mir eine kurze Lektion in chinesischer Philosophie:

„Sehen Sie, Captain C. C. Lee weiß, dass alle es wissen – diese Tatsache allein bedeutet schon eine ungeheure Strafe.“

Kopiloten.

Am Anfang, vor vielen, vielen Jahren, da war alles ganz einfach: Wer aus der Taiwanesischen Luftwaffe ausschied, sich der Fliegerei erhalten und demzufolge bei China Airlines anheuern wollte, der meldete sich ganz einfach beim Uniformschneider. Der flugmedizinische Tauglichkeitsbefund hatte ohnehin noch Gültigkeit, denn das der Armee unterstellte Flugmedizinische Institut guckte ausnahmslos a l l e n Piloten in Hals und Hintern, ob sie nun in Sold standen oder auf einer Gehaltsliste. Langwierige Vorstellungsgespräche und von umtriebigen Psychoklempnern ausgetüftelte Eignungsprüfungen waren nicht vorgesehen. Wozu auch? Kerosin blieb Kerosin, Flugzeug blieb Flugzeug. Schließlich kannte man sich aus der Staffel, aus dem Geschwader, von Massenbesäufnissen, aus Mahjongkaschemmen, aus dem Puff. Waren denn nicht alle Kameraden der Luft?

Das alles ging so lange gut, wie einer gleichbleibend mäßigen Flottenexpansion eine ebenso gleichbleibende Zahl an Zugängen aus der Luftwaffe gegenüberstand. Der Neuzugang saß seine zwei oder drei Jahre auf dem rechten Sitz als Kopilot ab und wurde dann – wenn er sich nicht allzu dumm anstellte und sich nicht über Gebühr aufmüpfig zeigte – zum Flugkapitän befördert.

Erst mit der Aufnahme der Langstreckenoperation nach Nordamerika, nach Südafrika und nach Europa zeichneten sich erste Schwierigkeiten ab: Man verfügte über Landerechte, über das entsprechende Fluggerät, über Piloten und Flugingenieure (früher sogar noch über Funker und Navigatoren). Nur, wer sprach Englisch? Die Vertreter der amerikanischen Luftfahrtbehörde machten den Taiwan-Chinesen frühzeitig klar, dass sie eine Operation mit Dolmetschern unter gar keinen Umständen zu akzeptieren gewillt waren. Allenfalls könnte man sich darauf einigen, mit amerikanischen Captains im Cockpit eine zeitlich beschränkte Bewilligung einzuräumen.

Amerikanische Flugkapitäne in Cockpits von China Airlines? Das fehlte gerade noch! Langnasen mit zu kurzen Hosen, mit zu großen Schuhen und riesigen Armbanduhren an den Handgelenken. Kerle, die schon glasige Augen bekamen, wenn eine Stewardess auch nur an ihnen vorbeiging? Man brauchte ja nur die Vietnamesen zu befragen; wie hatten sie diese Kerle mit dem Bürstenhaarschnitt und dem Kaugummi im Maul gesehen?

‚Overpaid, oversexed and over here.'

Ausländische Kapitäne in den Cockpits unter der Pflaumenblüte – das wagte man sich nicht einmal vorzustellen! Das wäre ein Gesichtsverlust von geradezu historischem Ausmaß. Im Grunde war das nichts Anderes, als wolle man die kolonialistischen Japaner wieder auf die Insel bitten. Man bedenke doch nur die unvorhersehbaren Folgen: Vielleicht würden sich Passagiere weigern, ihren Fuß in die Maschine zu setzen, sollten sie der fremden Teufel ansichtig werden. Nein, da mochten sich die Amerikaner auf den Kopf stellen, aber das kam nicht in Frage! Außerdem war man in der Vergangenheit schon mit ganz anderen Problemen fertig geworden. Man würde auch diesmal eine angemessene Lösung finden, daran durfte es keinen Zweifel geben!

Und es wurde eine – wenn auch schier unglaubliche – Lösung gefunden: In der Luftwaffe verfügte man über eine große Anzahl Piloten, die vor Jahren im Rahmen des MAP-Programms (Military Assistance Programm, Anm. d. Verf.) von der amerikanischen Luftwaffe ausgebildet wurden, um bei Bedarf gegen die bösen Kommunisten eingesetzt zu werden. Weil nun die Kommunisten gerade Ruhe gaben, konnte man die Männer, die alle sehr gut Englisch sprachen, zur Zivilfliegerei abkommandieren. Sie wurden in schicke Kapitänsuniformen von China Airlines gesteckt, und ab ging die Reise: Nach New York, nach Los Angeles, nach San Francisco. Man konnte eben doch mit Dolmetschern operieren – und die Amerikaner merkten es nicht!

Niemand würde je von dieser chinesischen Köpenickiade erfahren haben, wenn ein gewisser, dem Materiellen über Gebühr zugewandter Oberstleutnant Han seinen Mund gehalten hätte: Der wollte nämlich nicht einsehen, dass man sich für ein mickriges Luftwaffengehalt die Nächte über dem Pazifik in einer furztrockenen Aluminiumröhre um die Ohren schlagen sollte und forderte das zur CaptainsUniform gehörende Gehalt (… bitte um Überweisung des Betrages in USDollar auf mein Konto bei der Ferguson Town and Country Bank in San Frankcisco …); als man sich seitens der Firma seinen Vorstellungen nicht anschließen mochte, wandte er sich an die so genannten ‚gut unterrichteten Kreise', die ihrerseits die eine oder andere entsprechende Andeutung einem Pressemenschen zukommen ließen. Dem Chronisten ist nicht bekannt, wie dieser Fall von schnöder Erpressung ausgegangen ist, doch es bleiben noch genügend andere Fragen offen:

„Wie hat sich das Nationale Luftamt verhalten, also die Behörde, der die Lizenzierung obliegt? Hat denn da niemand etwas gemerkt? Wie konnte man diese durch und durch getürkte Aktion durchgehen lassen?"

„Ganz einfach: Auch die Luftbeamten kommen schließlich direkt oder indirekt von der Luftwaffe. Sie müssen sich das Ganze wie eine große Familie vorstellen. Da hält man in schwierigen Situationen einfach zusammen. Und in späteren Jahren vereinfachte sich die Sache noch einmal für China Airlines, weil alle wichtigen Posten innerhalb der Behörde unter ausgemusterten Captains verschachert wurden."

„Aber jetzt äußern Sie lediglich Vermutungen, stimmt's?"

„Das sind keine Vermutungen, mein Lieber. Wenn Sie wünschen, kann ich Ihnen ein paar JahresabschlussHeftchen zuschicken. Sowohl in der Firma wie auch in der Behörde erliegen die Mitarbeiter ihrer Eitelkeit: Sie wünschen ihre Namen veröffentlicht zu sehen, sei es, dass sie als Ausscheidende für ihre Verdienste belobigt oder zu ihrer neu ergatterten Position beglückwünscht werden."

Es klingt paradox: Der Erfolg der Fluggesellschaft war gleichzeitig ihr größtes Problem. Denn die Expansion ging derart schnell voran, dass man mit veralteten Tricks nicht mehr mithalten konnte. Selbst in der Führungsriege war man sich der Tatsache bewusst, dass neue Wege beschritten werden mussten, wollte man der Entwicklung nicht hinterherhinken. Das Ende des Durchwurstelns rückte immer schneller immer näher: Es gab keine Kopiloten mehr. Die ehemaligen Militärflieger – alle mindestens im Range eines Oberstleutnants oder eines Obersten – verspürten keinerlei Lust, länger als ihre Kollegen Wasserträger auf dem rechten Sitz zu spielen. Also rang man sich in der Direktionsetage schweren Herzens zum weitreichenden Entschluss durch, 27 Jahre nach Gründung der letztlich unbestritten glorreichen Fluglinie zum allerersten Male Zivilisten als Piloten zuzulassen – Z i v i l i s t e n !

Es bedurfte einer einzigen Ausschreibung, dann war der theoretische Bedarf an Kopiloten für die nächsten vier oder fünf Jahre voll und ganz gedeckt. Man konnte aus dem Vollen schöpfen und ein hartes Auswahlverfahren durchziehen (bei dem die Leute von der Luftwaffe wohl mehrheitlich hängengeblieben wären).

– 82% aller angenommenen Bewerber hatten ein Studium abgeschlossen.

– 16% rekrutierten sich aus Mitarbeitern innerhalb der Firma.

– 2% schafften es nicht über das Auswahlverfahren, sondern über gute Beziehungen – eine für die chinesische Vetternwirtschaft revolutionär gering anmutende Zahl.

Dann dauerte es auch nicht mehr lange, bis das Unvermeidliche auch über China Airlines hereinbrach: Aus dem Namen allein konnte man beim besten Willlen nicht ersehen, ob die in den Bewerbungsunterlagen aufgeführte Person nun männlich oder weiblich war. Sicherheitshalber schickte der Personalchef einen Späher an die angegebene Adresse. Schon am nächsten Morgen kam der Emissär zurück und meldete mit tonloser Stimme: „Weiblich."

Ratlos wandte sich der Personalmensch an den Chef Ausbildung: „Und nun?"

„Da machen Sie sich mal keine Sorgen“, meinte Captain Ho Tan gutgelaunt, „wir werden die Latte schon hoch genug legen.“

Doch für Nang Li lag die Latte nicht hoch genug. Die sympathische junge Frau meisterte alle Hürden mit Bravour. Anpassungsschwierigkeiten bekundeten allenfalls ein paar ewig gestrige Holzköppe, mit denen sie später auf Strecke ging. Besonders dann, wenn sie ohne jede Scheu die Einhaltung von Vorschriften einforderte oder lieb gewonnene Unsitten für nicht tragbar erklärte.

Über einen Zeitraum von insgesamt drei Jahren sollten 120 Kopiloten in Amerika ausgebildet werden. Die Lehrgangsdauer wurde auf 30 Monate veranschlagt. Während dieser Zeit sollten die Kandidaten ihr gesamtes Rüstzeug erhalten – vom Theorieunterricht in Meteorologie, Aerodynamik, Funknavigation, Luftrecht, Mechanik und Flugfunkverkehr über die Grundschulung auf einmotorigen Propellermaschinen bis zum Einsatz im Linienbetrieb. Die Typenschulung auf dem neusten Gerät – seien es nun B-747/400 oder MD-11 – würde noch einmal sechs Monate in Anspruch nehmen. Dann würde die so dringend benötigte Verstärkung des Pilotenkorps zur Verfügung stehen. Knapp zehn Jahre später reichte auch das nicht mehr: In der Juliausgabe von ‚Flight International‘ des Jahres 2 000 wurden per Kleinanzeige Kopiloten für B737, Airbus 300/600 und B-747 gesucht; allzu viele einheimische Anwärter hatten da wohl schon vor Beginn ihrer KopilotenKarriere das Handtuch geworfen.

Es wäre ein Leichtes gewesen, in Kalifornien, in Florida oder in Arizona eine gute Flugschule zu finden, die eine sinnvolle Ausbildung gegen eine angemessene Entschädigung durchgezogen hätte. Die Herren am Hauptsitz in Taipei winkten aber nur müde ab: Sämtliche Firmen, die sich um den Auftrag beworben hatten, lagen im Preis viel zu tief. Ihre Kostenvoranschläge bewegten sich alle zwischen 55 und 70 Millionen USDollar für das ganze Paket. Das war natürlich viel zu wenig, um auf ein ordentliches Hwe Luo, das Schmiergeld zu kommen. Den Zuschlag erhielt schließlich die ‚University of North Dakota', die ihre Ausbildungsstätte samt Flugplatz in Grand Fork hat, einem gottverlassenen Nest nahe der Grenze zu Kanada, wo das Thermometer im Winter ohne weiteres auch mal minus 45 Grad anzeigen kann. Knapp 120 Millionen forderten und bekamen die UNDLeute für das Projekt. Mit von der Partie waren ursprünglich auch die ‚Gulf Air' des Scheichs Abdulla Ibn Isa von Bahrein und EVA AIR, die aber rasch aus dem Vertrag ausstiegen und ihre Pilotenschüler aus Effizienzgründen nach Kalifornien verfrachteten; dort nämlich erreichte man denselben Ausbildungsstand in weniger als der Hälfte der Zeit.

Wer sich damals als Pilotenanwärter bei China Airlines bewarb, musste eine Verpflichtungserklärung unterschreiben: Fünfzehn Jahre würde er für die Fluglinie mit der Pflaumenblüte arbeiten müssen. Ohne jede Zusicherung von Aufstiegsmöglichkeiten, dafür unter Androhung einer Konventionalstrafe in ungenannter Höhe für den Fall vorzeitigen Ausscheidens – sei es nun wegen Kündigung, wegen Krankheit oder einfach wegen des Vorwurfs ungenügender Leistungen. ‚Knebelvertrag' nennt man so etwas bei uns, aber diesen Begriff gibt es im Mandarin nicht.

Da die Berufsanfänger niemals zu fragen gewagt hätten, ob sie denn auch einmal auf den linken Sitz klettern und Captain werden durften, hatte man zu diesem Fragenkomplex auch keine Antworten formuliert. Alles was weiter als drei Jahre in der Zukunft lag, wurde bei China Airlines seit jeher dem Bereich ‚Science Fiction' zugeordnet. Denn wer konnte schon wissen, was in drei oder fünf Jahren beschlossen würde, wo doch kein einziger Dienststelleninhaber – vom Herrn Präsidenten einmal abgesehen – länger als zwei Jahre in seinem Job blieb! Man kannte weder eine mittelfristige, noch eine langfristige Planung. Es galt eben immer noch die uralte ZenWeisheit, die da lautet: ‚Auch das größte und schnellste Schiff kommt spätestens dann zum Stillstand, wenn es einmal in den Hafen eingelaufen ist'.

Zur Entschuldigung kann vielleicht angeführt werden, dass die

Entscheidungsfreiräume so groß nicht waren. Am Beispiel: Hatte man denn eine Wahl, wo die Flugzeuge auf den Hof rollten wann immer Boeing und Airbus-Industries sie zu schicken beliebten? Wo die Amerikaner wegen jeder Kleinigkeit die Landerechte zu streichen drohten? Und wo selbst der eigene Verkehrsminister ein Umdenken anmahnte: Die Zivilisten-Piloten sind nun mal da, Ihr werdet sie über kurz oder lang auch als Kapitäne brauchen. Also baut Euch keine Zwei-Klassen-Gesellschaft in der eigenen Bude auf!

Ein gefundenes Fressen für die Kerle, die sich für progressiv hielten. Diese Querköppe labern um eine Lappalie solange herum, bis diese sich zu einem echten Problem auswächst. Da wird einmal das Wort ‚Motivation' in die Runde geworfen. Die Gegenpartei kontert mit ‚Tradition', und ein Dritter wartet mit ‚Sozialer Kompetenz' auf (wobei zu Recht angenommen werden darf, dass dieser Klugscheißer gar nicht weiß, was dieser Begriff bedeutet). Und ehe man sich's versehen konnte – die Einführungsphase der MD-11 war so gut wie abgeschlossen – hatte man sich zu einem geradezu visionären Konzept durchgerungen: Mit einer Gesamtflugerfahrung von rund 3 500 Flugstunden und nach 350 absolvierten Landungen könne – bei entsprechend guten Beurteilungen – eine Ausbildung zum Captain in Erwägung gezogen werden.

Der Berg hatte gekreißt, doch die Maus, die er schließlich geboren hatte, die war tot. Denn in der Hektik der Sitzungen der verschiedenen Gremien – drei Jahre lang wurde heftigst debattiert, genau gesagt bis Mai 1996 – hatte sich niemand die Mühe gemacht, überschlagsmäßig die Landungen hochzurechnen, die ein fertig ausgebrüteter Kopilot im Laufe eines Jahres auf dem Langstreckenflieger MD-11 machen würde: In ‚guten' Jahren fünfzehn, sonst allenthalben zehn oder zwölf. Mit anderen Worten, der Kandidat würde kurz vor seiner Pensionierung zur Ausbildung auf dem linken Sitz aufgeboten werden! Zu alledem mussten die Landungen während der ersten zehn Monate des Geschäftsjahres gemacht werden. Wir erinnern uns: Die Fronde der altgedienten Kapitäne hatte durchgesetzt, den Kopiloten das Landen nach dem 1.12. schlicht zu verbieten. Ich hatte mehrmals das Vergnügen, mit jungen Kollegen zu fliegen, die während der letzten drei Monate keine einzige Landung machen durften – und es trotzdem nicht verlernt hatten.

Regelungen sind nicht in Beton gegossen, auch wenn es ihre geistigen Väter gern anders hätten. Man muss mit der Zeit gehen – sonst geht man mit der Zeit. Dieser Erkenntnis konnte sich auch Captain Lin, 1996 Direktor des Flugdienstes, auf Dauer nicht verschließen. Mit den 350 Landungen, die einem Kopiloten den Weg auf den linken Sitz ebnen – oder eben verbauen – sollten, war es halt nichts geworden; da konnte man nichts machen. Aber Lin war – wenn auch nicht ein Kind des Geistes – so doch ein Mann der Tat. Betrachtete er Kopiloten generell nur als notwendiges Übel, so schienen ihm die, die nicht in der Luftwaffe gedient hatten, bestenfalls der dritten und untersten Kaste aller Mitarbeiter anzugehören. Solange ER das Kommando über den Flugdienst führte, würde ganz sicher keiner, k e i n e r der Zivilisten jemals links hocken. Basta! Und so stellte er per Rundschreiben klar: Die Zahl der durchgeführten Landungen ist irrelevant. Auf die Gesamtflugerfahrung kommt es an. Ein Kandidat kann auf der Karriereleiter schlicht nicht aufsteigen, wenn er nicht mindestens 7 000 Flugstunden nachweisen kann und älter ist als 35 Jahre.

Das war doch ein Wort! Die ‚zivilen' Kopiloten knickten in sich zusammen. Lin hatte es ihnen gezeigt. Doch Lin hatte auch übersehen, dass Boeing seiner Firma bis zum Jahresende 1998 insgesamt 23 neue Flieger verschrieben hatte, und zwar fünfzehn B737 plus acht B-747/400. Ein Teil davon würde bereits im April 1997 in Taipei stehen. Diese Tatsache spricht zwar nicht für eine umsichtige Planung der Taiwanesen, aber immerhin für eine vorzügliche Zahlungsmoral.

„Es freut mich zu hören, dass die Flugzeugbauer in Seattle zu jedem neuen Flieger, den sie uns schicken, gleich sechs Sätze Piloten mitliefern“, stichelte Yang, seines Zeichens Chef des Technikbereichs anlässlich einer Direktionssitzung in Richtung Lin.

„Schraubenzieher sehen ihr ganzes Leben eben nur Schrauben, ihnen fehlt von Natur aus der Blick fürs Ganze“, giftete Lin zurück.

An dieser Stelle griff nun der große Zampano Tung persönlich in die Diskussion ein, um das alberne Hickhack nicht ausufern zu lassen. Zwar mochte er den Lin nicht besonders. Als ihm anlässlich seines Amtsantritts sein Stab vorgestellt wurde, hieß es, dass der gute Captain Lin außer der Fliegerei nur noch das Vögeln im Schädel habe. Doch nun schien ihm der Zeitpunkt für weitere Tritte in die Kniekehlen ungeeignet; wäre das dringende Personalproblem einmal aus der Welt geschafft, würden sich immer noch Gelegenheiten finden lassen, den guten Lin stilgerecht zu entsorgen.

„Meine Herren! Bitte! Meine Herren, ich bin mir sicher, dass uns Captain Lin gleich ein gutes Konzept vorlegen wird. Vorschläge zur schnellen und nachhaltigen Behebung des temporären Pilotenmangels im Allgemeinen sowie zur Beseitigung von Engpässen auf dem Sektor der Flugkapitäne“, besänftigte er. Und dann: „Bitte, Captain Lin!“

Und Lin legte vor. Er begann ruhig mit der Präsentation von ein paar Zahlen. Die Vergangenheit handelte er mit zwei knappen Sätzen ab. Dann aber schwenkte er auf die lange Gerade ein und hob seine Stimme. Die Anwesenden staunten nicht schlecht, als er ihnen sein gewagtes Konstrukt erklärte: Es sei von nationalem Interesse, dass man jetzt, angesichts der sich beschleunigenden Expansion zusammenhalte – Konkurrenz hin oder her. Auch die regional operierenden Gesellschaften müssten ihren Teil zum Gelingen beitragen. Immerhin bedeute ein vergrößertes Verkehrsaufkommen für China Airlines letztlich auch ein Mehr an Profit für die Regionalen. In diesem Sinne werde man umgehend an die kleineren Gesellschaften herantreten und sie dazu ermuntern, ihre Kurzstrecken-Kapitäne in die Kurzstrecken-Flotte von China Airlines zu integrieren. Im Gegenzug würde man den Regionalfliegern fertig ausgebildete Kopiloten von der University of North Dakota zum Nulltarif anbieten; er, Lin, stelle es den Regionalen natürlich frei, nach ihren eigenen Entscheidungskriterien Beförderungen zuzulassen oder abzulehnen.

Na, das war doch was!

Doch die ‚Inselhüpfer', wie man die kleinen aber finanziell gesunden Fluggesellschaften herablassend bezeichnete, die wollten nicht so recht. Sie wollten weder ihre Kapitäne ziehen lassen, noch wollten sie etwas mit diesen ‚eingebildeten Schnöseln' von der UND und deren lächerlichem amerikanischen Slang zu tun haben. Und wer konnte sicher sein, dass China Airlines keine Gelüste hegte, den oder die kleinen Partner kurzerhand einzuverleiben? Plötzlich würden dann an den Heckflossen der Maschinen nicht mehr der stolze Albatros oder das lustige Seepferdchen prangen, sondern die alberne, in schwulem Rosa gehaltene Pflaumenblüte. Auch die RegionalKapitäne selbst zeigten sich vom Angebot nicht sonderlich begeistert. Nur ein paar wenige meinten, sie wären grundsätzlich nicht abgeneigt, zum ‚Großen Bruder' zu wechseln, für den Fall, dass dabei ein ordentliches Handgeld für sie herausspringe. Die große Mehrheit aller Befragten vertrat jedoch die Überzeugung, es mit dem Gewissen nicht vereinbaren zu können, bei einer weltweit als ‚CrashAirline' eingestuften Firma anzuheuern.

Damit war unser Visionär Lin also durchgefallen. Zerbröselt lagen die Stücke seines kühnen Plans vor seinen Füßen. Gleichzeitig wurde ihm bewusst, dass dieses Missgeschick auch das Ende seiner Karriere bedeutete. Und in der Geschäftsleitung kam es ob dieser Angelegenheit zu ungewöhnlich lautstarken Auseinandersetzungen. Schuldzuweisungen flogen hin und her. Plötzlich war allen Beteiligten die vornehme Zurückhaltung in Worten und Gesten abhandengekommen, die Glacéhandschuhe waren abgestreift. Erst Chen I Ming, der bereits den Vertrag mit der University of North Dakota ausgehandelt hatte, setzte dem Durcheinander ein

Ende: Wenn nun den Kopiloten Flugstunden fehlten, dann müsse man sie eben mehr fliegen lassen. Und wenn es ihnen an Landeerfahrung ermangele, dann müsse man diesen Mangel eben beheben und nicht gleich die Hälfte des Personals austauschen. Das zu begreifen könne doch nicht so schwer sein!

Nun, dieser Logik konnte sich niemand verschließen. Chen I Ming hatte wieder einmal die Wogen zu glätten verstanden und einen Konsensus herbeigeführt. Seine große Weisheit hatte zu einem einstimmig gefassten Beschluss beigetragen, der alsbald umgesetzt wurde und Mings Dollarkonto einen weiteren, sechsstelligen Betrag zuführen sollte. Was dann aus dem Beschluss wurde, stellte sich als Aprilscherz allererster Güte heraus:

Wieder erhielt die UND den Zuschlag; um nichts anbrennen zu lassen, hatte man von vornherein auf eine Ausschreibung verzichtet. Es wurde also eine Beech400 angemietet, auf der jeder Kopilot 110 Landungen zu absolvieren hatte. Die Kursdauer in North Dakota wurde auf drei Monate angesetzt. Kostenpunkt: 192 000 USDollar pro Kursteilnehmer. Hwe Luo: Eher reichlich, genaue Höhe jedoch unbekannt…

Das muss man sich einmal vor Augen führen: Um Landeerfahrung für Großraumflugzeuge vom Typ B-747 und MD-11 zu sammeln, deren Landegewicht in der Regel um die 200 Tonnen schwankt, ließ man die Lande-Lehrlinge auf einer Art Sportflieger herumturnen, der nicht einmal acht Tonnen auf die Waage bringt. Schlimmer noch: Die armen Kerle von Kopiloten wurden für mehr als drei Monate aus dem Streckendienst gerissen. Wieder zurück auf ihrem Einsatzmuster konnten sie dann weniger als vorher und mussten sich erst wieder alles zusammensuchen: Das Gefühl für die Masse, die Trägheit in der Steuerung, den großen Unterschied in Beschleunigung und Geschwindigkeitsabbau, den Unterschied des Kurven-Radius, den Ansatz zur Landung, den Druckpunkt und den Anstellwinkel beim Aufsetzen usw.

Alles in allem entpuppte sich die ganze aufwendige Übung als ein Schuss in den Ofen. Doch niemand störte sich daran. Im Gegenteil, alle waren's zufrieden, und ein allgemeines Schulterklopfen setzte ein:

– Das Luftamt belobigte China Airlines in einem ausführlichen Kommentar: Man habe da etwas Außergewöhnliches für die Ausbildung des Personals getan. Ein weiterer und vor allen Dingen nachhaltiger Schritt in Richtung Sicherheit. Weiter so!

– Die oberste Firmenleitung belobigte die Abteilung Training und Ausbildung, weil nun – sollte sich wider Erwarten und unvorhergesehen ein Bedarf an Kapitänsnachwuchs abzeichnen – ein unerschöpfliches Reservoir an Anwärtern zur Verfügung stand.

Da herrschen noch Zucht und Ordnung!

Zwei Captains und zwei Kopiloten. So wurden bei China Airlines die Langstreckenflüge zwischen Kuala Lumpur und Frankfurt sowie zwischen Bangkok und Amsterdam durchgeführt. Im Nachhinein muss ich sagen, dass dies die stärkste Entscheidung war, die der Geschäftsleitung nach vielen, zähen Verhandlungen abgerungen werden konnte. Eine ausgezeichnete Lösung, die von den meisten anderen Airlines – aus Kostengründen – abgelehnt wurde und immer noch abgelehnt wird. Niki Lauda musste 1991 für seine Zwei-Piloten-Philosophie einen sehr hohen Preis zahlen, als seine total übermüdeten Piloten nach dem Start in Bangkok die Warnung zu einem technischen Aussetzer zunächst ignorierten, später falsch reagierten und in den Dschungel abstürzten. Auf dem langen Nachtflug von Thailand nach Europa reist man gewissermaßen im Rudel, das heißt, alle Maschinen, die sich über oder unter der eigenen Flugfläche bewegen, sind für mehrere Stunden im Empfangs und Sendebereich der eigenen Funksprechanlage. Die Müdigkeit der einzelnen Kolleginnen und Kollegen lässt sich förmlich mithören, wenn sie ihre Positionsmeldungen absetzen: Die angegebenen Positionen stimmen nicht mit den tatsächlich überflogenen überein, die Flughöhen werden falsch übermittelt, Teile der Meldungen werden ausgelassen, Rückfragen oder Aufforderungen der Fluglotsen bleiben unbeantwortet; es kommt vor, dass sich Flüge über ganze Luftstraßen-Sektoren hin nicht melden und selbst Ländergrenzen ohne Freigabe überfliegen – am Steuer sitzt das Sandmännchen.

Probleme mit der Einteilung, d.h. wer den Start durchführt und die erste Hälfte fliegt, und wer dann später den Anflug und die Landung machen würde, gab es nicht. Man sprach sich ab, sofern es sich nicht um einen Ausbildungsflug handelte. Auf einer dieser Reisen über sieben Zeitzonen – diesmal von Amsterdam nach Bangkok – war mir Peter Kang Yu Tao als Kopilot zugeteilt. Ich kannte ihn bereits von früheren, allerdings kürzeren Flügen und schätzte ihn als ruhigen und zuverlässigen Mitarbeiter, der zudem die englische Sprache nahezu akzentfrei beherrschte. Seine fliegerischen Fähigkeiten lagen klar über dem Durchschnitt, man konnte ihn bedenkenlos bis zu einer Seitenwindkomponente von zehn oder fünfzehn Knoten landen lassen.

An diesem Nachmittag verlief von der Flugvorbereitung über das Beladen der Maschine bis zum pünktlichen Abdocken alles reibungslos. Nicht ein einziger Passagier fehlte, das Catering hatte sämtliche Koscher-, Vegetarier- und Veganer-Wünsche erfüllen können. Die Frachtluken waren bereits verriegelt bevor der Stationsgewaltige mit den Ladedokumenten gut gelaunt im Cockpit erschien.

„Wollen Sie noch enteisen?“

„Nein, nicht nötig. Ich war auf der Fläche draußen, alles sauber. Vielen Dank!“

„Na, dann gute Reise!“

Und als Kopilot Peter die Bodenkontrolle um Erlaubnis zum Zurückstoßen vom Dock und zum Starten der Triebwerke bat, wurde diese sofort erteilt.

Ja, auch solche Tage gibt es!

Piste 09 war in Betrieb. Ein mäßiger Ostwind und Temperaturen um den Gefrierpunkt erübrigten umfangreiche Berechnungen hinsichtlich des maximal möglichen Startgewichts: Das Maximum lag an. Der Purser meldete die Kabine bereits nach sieben Minuten Rollzeit klar – eine anerkennenswerte Leistung bei einem vollbesetzten Kahn. Checklisten abhandeln, Abflug und Notverfahren durchsprechen, nochmals die Navigationshilfen und die Klappenstellung kontrollieren, Landescheinwerfer einschalten. Sicherstellen, dass sich keine Maschine im Endanflug befindet – auch die Tulpenfritzen auf dem Kontrollturm sind nur Menschen – kurze Info ‚eine Minute bis zum Start‘ an die Kabine, auf die Piste rollen, und schon geht die Post ab.

Ist die erste Reiseflughöhe einmal erreicht, werden zunächst einmal die Passagiere in groben Zügen über die Flugroute, das zu erwartende Streckenwetter und die berechnete Ankunftszeit am Zielort informiert. Dann ist auch die gewisse Anspannung, die sich um den Startvorgang herum aufgebaut hat, verhältnismäßig schnell verschwunden. Na, und was machen Piloten, die sich entspannt im Sitz räkeln und noch fünfeinhalbtausend Meilen vor sich haben? Richtig, sie rufen alsbald nach Futter.

Extrawürste für die Piloten gibt es bei China Airlines nicht. Im Gegensatz zu den Gepflogenheiten bei Korean Air oder Thai International – von Singapore Airlines oder Air India ganz zu schweigen – wird den Cockpitbesatzungen ein schlichtes Mal aus der Holzklasse serviert; es kann allerdings zwischen ‚Asian' und ‚European' gewählt werden. Und das Cockpit kommt immer n a c h den Passagieren dran; den ‚Futtertrog', eine Schublade mit allerlei Säften, Wassern und Früchten schiebt der Purser allerdings schon bald nach dem Start in den Führerstand. Im Prinzip stehen drei Hauptgerichte zur Auswahl, doch niemand stört sich daran, wenn Captain und Kopilot die gleichen Speisen verdrücken. Offenbar misst man einer akuten Lebensmittelvergiftung nur geringe Bedeutung bei, denn man hat ja noch eine Reservebesatzung an Bord. Gewöhnungsbedürftig erschien mir der Umstand, dass Captain und Kopilot ihre Speisen zur gleichen Zeit einnehmen. Als ich einen Kapitänskollegen daraufhin ansprach, meinte der nur: „Ich gehe davon aus, dass der Autopilot ja wohl noch geradeaus fliegen kann."

Wenn also die Fluglotsen in Wien die Positionsmeldung der aus Amsterdam kommenden China Airlines 066 nicht ganz verstehen, dann muss das nicht unbedingt an unzureichenden Englischkenntnissen des Piloten liegen, denn es kann ja sein, dass dieser mit vollem Mund ins Mikrophon spricht.

Etwa zehn Minuten nach dem Essen übermannte meinen Assistenten Peter der Schlaf. Tiefschlaf. Seit jenem erinnerungswürdigen Flug weiß ich auch, wie es sich anhört, wenn ein Chinese schnarcht. Und das am hellen Nachmittag, nach gerade mal anderthalb Stunden Flugzeit. Über eine halbe Stunde lang hing der Gute zusammengesunken in seinem Sitz. Seine gestrafften Schultergurte bewahrten ihn davor, dass er nach rechts kippte und mit dem Schädel gegen das Cockpitfenster schlug. Dann erwachte er. Mit einem Ruck richtete er sich in seinem Stuhl auf, rieb sich die Augen, schüttelte ein paarmal seinen Kopf und murmelte zu mir herüber:

„Entschuldigen Sie bitte, aber ich habe wohl die letzte Positionsmeldung an die Österreicher verpasst."

„Sie haben zwischen Wien, Budapest und Bukarest deren vier verpennt, aber wir sind deswegen nicht abgestürzt, und ich wünsche Ihnen trotzdem einen guten Morgen!"

„Oh, das tut mir aber leid."

„Na, hoffentlich sind Sie nun soweit wach, dass ich mich mal abschnallen und nach hinten zum Pinkeln gehen kann."

„Aber ja, bitte. Ich habe die Kontrolle."

Als ich nach ein paar Minuten wieder im Cockpit war und mich angeschnallt hatte, wandte sich Peter nochmals zu mir:

„Captain, ich möchte mich für vorhin nochmals in aller Form entschuldigen. Normalerweise passiert mir so etwas nicht."

„Schon gut, schon gut! Schließlich sind wir ja alle Menschen. Und vor dem nächsten Flug, den ich mit Ihnen mache, werde ich sämtliche Stewardessen ersuchen, in der Nacht pfleglicher mit Ihnen umzugehen."

Das musste wohl eine völlig unangebrachte Bemerkung gewesen sein, die ich da so leichtfertig abgesondert hatte, denn plötzlich war jede Regung aus dem Gesicht des Kopiloten gewichen. Stocksteif hockte er auf seinem Stuhl. Mit seiner linken Hand umklammerte er das Kniebrett mit den Flugunterlagen. Er starrte durch die Frontscheibe auf irgendeinen imaginären Punkt am Horizont.

Nach einer Weile fühlte ich, dass die Reihe nun an mir war, meinen offensichtlichen Fehler zu korrigieren.

„Tut mir leid, Peter, ich wollte Ihnen nicht zu nahe treten. Und Ihre persönlichen Dinge gehen mich ohnehin nichts an. Entschuldigen Sie!“

„Diese ‚persönlichen Dinge‘ wie Sie es nennen, die sollten Sie aber etwas angehen“, brach es aus ihm heraus. Und nach einer kurzen Pause:

„Hören Sie Captain, das sind alles andere als persönliche Dinge. Das geht alle von uns an. Und das betrifft nahezu jeden einzelnen Bereich in dieser verdammten Bude. Bei diesen ausgemachten Sklaventreibern!“

„Entschuldigen Sie, Peter, aber das müssen Sie mir schon näher erklären, denn ich habe keine Ahnung, wovon Sie sprechen.“

„Na gut, dann werde ich es Ihnen erklären: Gestern Morgen kamen wir mit etwa sechs Stunden Verspätung in Amsterdam an. Wir hatten die Verzögerung in Bangkok wegen eines abgeschmorten Druckreglers eingefangen; die Thai-Inter-Mechaniker brauchten zwei Stunden, um ein Ersatzteil zu finden. Da ich der Jüngere der beiden Kopiloten war, kam mir die ‚Ehre‘ zu, die erste Halbzeit abzusitzen – insgesamt elf Arbeitsstunden am Stück, wenn Sie so wollen; und dabei ist die Fahrzeit vom Hotel zum Flughafen – immerhin zwei Stunden – noch nicht eingeschlossen. Captain Kong, dem ich zugeteilt war, zog sich für mindestens drei Stunden in die Erste Klasse zurück und ließ mich allein im Cockpit; ich konnte während dieser Zeit nicht mal auf die Toilette gehen. Captain Kong begründete seine Abwesenheit mit der dummdreisten Bemerkung, er sei sehr müde gewesen.“

„Aber, das ist ja unerhört!“

„Warten Sie, es geht noch weiter: In Amsterdam angekommen befahl er mir, auf dem Fischmarkt ein paar Krebse, zwei Pfund Fischköpfe und dazu Gemüse zu besorgen. Er wünschte, dass ich ihm das Fischzeug auf dem Zimmer zubereite. In diesem Zusammenhang müssen Sie wissen, dass den chinesischen Besatzungen auf Außenstationen in allen Hotels Woks und mobile Gasöfen zur Verfügung gehalten werden. Also, was konnte ich tun? Ich war hundemüde. Doch anstatt ins Bett gehen zu können wie der Rest der Besatzung, fuhr ich mit der Straßenbahn quer durch Amsterdam auf den Fischmarkt. Um halb vier am Nachmittag war ich zurück im Hotel. Eine Stunde später weckt mich dieser Scheißkerl von Kong per Telefon: Ich solle allmählich mit den Vorbereitungen beginnen, da er spätestens um sechs Uhr zu speisen wünsche."

„Konnten Sie ihm denn nicht vermitteln, dass Sie auch mal ruhen müssen?"

„Solch einem Rüpel kann man nichts vermitteln. Der würde gar nicht zuhören. An diesem Spätnachmittag stellte er nur fest, dass noch ein besonderes Gewürz fehlte. Und obendrein entsprach der Reis nicht seinen Qualitätsvorstellungen. Also nochmals raus in die Kälte und zu Fuß zum Supermarkt, fünf Häuserzeilen in Richtung Stadion. Dann zurück und die Fischköpfe reinigen, den Sud zubereiten, das Ganze vorschriftsmäßig garen lassen und vom Restaurationsbetrieb des Hotels das entsprechende Porzellan kommen lassen. So gegen sieben konnten wir dann essen."

„Und Sie haben mitgegessen?"

„Aber natürlich! Sie können sich nicht einfach absetzen, wenn der Herr Flugkapitän in Gesellschaft zu speisen wünscht."

„Na gut. So ein paar Fischköppe sollten aber in spätestens einer halben Stunde vertilgt sein. Bleibt also immer noch eine ganze lange Winternacht zum Ausschlafen, oder etwa nicht?"

„Sie haben ja keine Ahnung! KingKong – den wir so nennen, weil er ausieht wie ein Gorilla – hatte bereits vor dem Essen eine halbe Flasche Cognac in sich hineingeleert, nach dem Essen folgte der Rest. Dazu die läppischen Episoden aus seiner Militärzeit und Zoten, die mittlerweile jeder Kopilot vorwärts und rückwärts kennt. Ich sage Ihnen, das ist widerlich, das ist zum Kotzen!"

„Und wie lange dauerte der Spaß?"

„Der ‚Spaß‘ – wie Sie es nennen – endete so gegen Mitternacht, als Captain Kong mehr oder weniger volltrunken in seinem Sessel einnickte und nicht mehr aufwachte. Erst dann wagte ich es, mich aus seinem Zimmer zu stehlen."

„Aber das ist ja fürchterlich! So hat man früher Leibeigene gehalten. Ein einziges Vorkommnis dieser Art bei einer zivilisierten Airline, und der Kerl ist weg vom Fenster. Was meinen Sie, wie bei uns die Gewerkschaften einen Personalchef in die Mangel nehmen, wenn derartige Dinge ruchbar werden!"

„Tja, leider gibt es bei uns keine Gewerkschaften."

„Sie meinen, Sie haben nicht mal eine Pilotenvereinigung, die Ihre Interessen gegenüber der Geschäftsleitung vertritt?"

„Gott bewahre! Wenn auch nur andeutungsweise bekannt wird, dass man für eine Interessenvertretung ist – gleich ob die Organisation von außen kommt oder innerhalb der Firma gewachsen ist – erhält man augenblicklich die Aufforderung, seine Brötchen doch besser bei den Kommunisten auf dem Festland zu verdienen."

„Sie meinen damit Kündigung?"

„Unter Umständen auch Kündigung."

„Passen Sie auf: Übermorgen bin ich zurück in Taipei. Ich werde sofort zu Chefpilot Ho gehen und ihm den Sachverhalt schildern. Ich werde dafür sorgen, dass dieser Unfug aufhört, und zwar sofort. Ich werde…"

„Um Himmels Willen, nur das nicht! Nein, bitte nicht! Gehen Sie um alles in der Welt nicht zum Chefpiloten!"

„Und warum nicht? Wollen Sie diesen Unmenschen von Kong gar noch in Schutz nehmen? Wollen Sie weiterhin Fischköppe präparieren?"

„Nein, das natürlich nicht! Aber Sie müssen wissen, dass King Kong nicht nur Fluglehrer im Simulator ist, sondern auch ein persönlicher Freund unseres geschätzten Chefpiloten. In ihren Familien wurde ein paarmal hin und her geheiratet. Die beiden spielen nächtelang Mahjong zusammen. Wenn es herauskommt, dass ich mich bei Ihnen beschwert habe, dann können Sie sicher sein, dass ich meinen nächsten Überprüfungsflug im Simulator mit Kong machen muss. Und dann wird er sich rächen und mich bis aufs Blut quälen. Er hasst alle Piloten, die nicht von der Luftwaffe kommen. Und außerdem hat er herausgefunden, dass ich ein Studium an der Washington State University abgeschlossen habe; das ist das Allerschlimmste, das Kong über einen Menschen in Erfahrung bringen kann, der mit ihm zusammenarbeiten muss.

Hauptsache wir fliegen – egal wohin.

Von Taipei nach Honolulu verlief alles nach Plan, eben so, wie es sich alle vorstellen, wie es sich alle wünschen: Pünktlich, ohne Zwischenfälle, ohne Turbulenzen und mit wunderbarem Wetter bei der Landung. Das Schlimmste, nämlich das Aufstehen am nächsten Morgen so gegen vier Uhr, lag bereits einige Stunden zurück.

Captain Der Ong sinnierte in einem der Erstklasse-Sitze über den ärgerlichen Korb nach, den er sich letzte Nacht bei dieser molligen Neuen geholt hatte – komische Weiber. Was die alles im Kopf haben! Was die alles wissen wollen (und dem wirklich Wichtigen im Leben keinerlei Bedeutung beimessen); die Geschichte mit der Kuh, die man nicht kauft, wenn man einen einzigen Liter Milch will, die hatte diese Ziege nicht verstanden. Der Kopilot musste irgendwo im hinteren Teil der Kabine sein, und der Flugingenieur überwachte zusätzlich zur Vorbereitung des Cockpits für den Start die korrekte Betankung der Maschine, d. h. die in den Ladedokumenten vorgesehene Verteilung des Treibstoffs in die einzelnen Tanks.

Zu den Aufgaben des dritten Mannes im Cockpit der B-747/200 gehörte auch das ‚Laden' der Trägheitsnavigations-Anlage: Er tippte zunächst die Koordinaten des aktuellen Standplatzes auf dem Vorfeld des Flughafens ein, um im Rechner den neuen Ausgangspunkt zu verankern.

Sobald das Gerät bestätigte, dass die neuen Daten verarbeitet waren, konnte die Eingabe der nächsten zehn Punkte entlang der geplanten Flugroute von Honolulu nach Taipei gemäß Flugplan erfolgen. Doch das war die Aufgabe des verdammten Kopiloten, der ja schließlich auch noch etwas für sein gutes Geld tun musste, das er jeden Monat wie selbstverständlich einstrich ohne eigentlich zu wissen, wofür.

Sobald die ersten Passagiere aus der Wartehalle per Bus an die Maschine herangekarrt wurden, ließ der Kopilot von seinen Schäkereien mit den Stewardessen ab und begab sich über die Wendeltreppe in Höhe des vorderen Eingangs hinauf ins Cockpit. Als letzter nahm der Herr Flugkapitän seinen Sitz ein und befahl sofort die Abhandlung der Checklisten. Bei dem Punkt ‚Navigation' wurde das Frage und Antwortspiel unterbrochen, weil – wie gesagt – die ersten zehn Navigationspunkte noch eingegeben werden mussten. Captain Der Ong verglich die eingespeicherten Koordinaten mit dem Flugplan und war's zufrieden; auf die Überprüfung der Ausgangspunkt-Koordinaten verzichtete er allerdings. Die Ladedokumente wurden ins Cockpit gebracht, dazu die Meldung, dass alle Passagiere (ganze 114 plus eine Katze im Käfig) vollzählig an Bord seien. Dann noch ein paar nette Worte zum Stationsverantwortlichen, der als gebürtiger Hawaiianer auf sein holpriges Mandarin sehr stolz zu sein schien. Der Kopilot holte die Freigabe für die Luftstraße ein. Die Motoren wurden gestartet. Der Purser meldete die Kabine ‚startklar', und zügig rollte der nicht mehr ganz taufrische Jumbo zur Startpiste. Alles Routine.

„Nach dem Start geradeaus bis 1 000 Fuß, dann Rechtskurve direkt zum Positionspunkt ‚Makul', Freigabe auf Flugfläche 280. Klar zum Start", ließ sich die Dame auf dem Kontrollturm vernehmen.

Und während der Kopilot die Start und Luftstraßenfreigabe vorschriftsmäßig wiederholte, rollte Captain Der Ong auch schon schwungvoll auf die Piste. Heute war man leicht. Bei einer Ladung von gerade mal 27 Tonnen, konnte man auf ein Hochfahren der Triebwerke im Stand verzichten. Ein kurzer Blick über die rechte Schulter in Richtung Flugingenieur. Der nickte aufmunternd zurück, streckte dem Captain seinen Arm mit dem Daumen nach oben entgegen, und schon wurden die Gashebel zügig nach vorne geschoben. Startschub.

„V eins" – „Rotieren!" – V zwei".

Hauruck, und schon war man in der Luft. Schon schüttelte die steife Brise, die vom Meer her in Richtung Flughafen blies, die ächzende Mühle zum ersten Male kräftig durch. Wie es im Abflugverfahren vorgesehen ist, meldete sich der Kopilot (mit einer charmanten Bemerkung) bei der Turmfrau ab und beim Nahbereichsradar an.

„CI-008, im Steigflug, wir verlassen gerade Flugfläche 110."

„CI-008, guten Morgen, steigen Sie ohne Restriktionen auf Flugfläche 280 und setzen Sie Kurs direkt Richtung ‚Makul'. Sie haben keinen kreuzenden Gegenverkehr zu erwarten", begrüßte ihn der Radarmensch.

„CI-008, verstanden, 280, Makul."

Die Checklisten waren durchgearbeitet, und der Autopilot – an die Trägheitsnavigation gekoppelt – steuerte die Maschine mit der vorgewählten Geschwindigkeit in Richtung Makul.

„Sie können uns jetzt die Speisekarte ins Cockpit bringen", teilte Captain Der Ong freundlich herablassend dem Chefsteward über das Bordtelephon mit.

„Jawohl, sofort, Captain."

Der Flugingenieur bemerkte als Erster, dass etwas mit der Navigation nicht stimmen konnte: Normalerweise fielen nach dem Start von der Westpiste auf dem Kurs nach Makul keine Sonnenstrahlen ins Cockpit. Heute aber schien die Sonne von vorne links auf sein Instrumentenbrett, so dass er gelegentlich Schwierigkeiten hatte, bestimmte Werte von den UnterGlasAnzeigen abzulesen. Aber was soll's? Möglicherweise hatten sich die Abflugverfahren geändert, seit er letztmals hierher geflogen ist. Andererseits lag Taipei immer noch im Westen von Hawaii, Verfahrensänderungen hin oder her. Seine eigenen Navigationskenntnisse stufte er selbst als eher mäßig ein, und da es ihm ohnehin nicht zustand, sich in Navigationsangelegenheiten einzumischen, zog er es vor zu schweigen.

Kopilot Ling war verwirrt: Er hatte die Koordinaten genauso eingegeben, wie sie auf dem Flugplan ausgedruckt waren und hatte sie zusätzlich mit den Daten in den Navigationskarten verglichen;

da konnte kein Fehler sein. Und dennoch flogen sie einen anderen als den errechneten Kurs. Er kramte seine LuftstraßenKarte nochmals hervor, legte den Winkelmesser an und notierte den Wert auf dem Flugplan – auch hier Übereinstimmung. Wie konnte es sein, dass der windkorrigierte, magnetische Kurs 284 Grad war, der Autopilot jedoch unverändert 216 Grad steuerte? Irgendetwas lief da komplett falsch. Er selbst aber konnte buchstäblich ins Messer laufen, wenn er dem Captain etwas sagte, was sich im Nachhinein als falsch erwies. Dann würde er sich wieder einen mächtigen Anschiss einfangen wie damals in Osaka, als er Captain Der Ong ersuchte, die vorgeschriebenen Mindestflughöhen nicht zu unterschreiten.

Die Grübeleien des Ersten Offiziers wurden durch die Anfrage des Fluglotsen unterbrochen, der sich mit einer Frage an CI-008 wandte:

„Na, Gentlemen, gestatten Sie, dass ich Sie störe, aber wohin soll die Reise heute Morgen denn gehen?“

„Nach Taipei, wie immer. Warum fragen Sie?“

„Nun, wenn Sie weiterhin diesen Kurs halten, haben Sie sehr gute Chancen, auf Mauritius zu landen oder auf Réunion. Das heißt, natürlich nur dann, wenn Ihnen vorher nicht der Sprit ausgegangen ist.“

„Ah, einen Moment mal, bitte.“

Kopilot Ling schaute fragend zum Captain.

Dem war durch die Bemerkung des Radarbeamten auch klar geworden, dass mit der Navigation etwas nicht stimmen konnte. Barsch fragte er:

„Verdammt noch mal, wo sind wir?“

„Äh, ich weiß nicht so recht, Captain“, gab der Erste zurück.

„Was heißt hier Sie wissen nicht?“

„Die eingegebenen Koordinaten stimmen. Die Kurse auf den Navigationskarten stimmen mit den gerechneten Kursen im Flugplan überein. Der Autopilot ist im NavigationsModus, aber er steuert den falschen Kurs. Ich habe keine Erklärung dafür.“

„. . . “

Nach einer weiteren Schweigeminute beauftragte der Captain seinen Assistenten, eine Freigabe zurück zum Ausgangsflughafen zu beantragen. Mit versteinerter Miene schluckte er die ironische Rückfrage der Stimme aus dem Kopfhörer, ob er auch ganz sicher sei, nach Hawaii zurückkehren zu wollen. So ein Blödmann! Langweilte sich wohl in seinem fensterlosen Kontrollraum und meinte, einen guten Witz loslassen zu müssen. Natürlich mussten sie umkehren! Auch Der Ong sah ein, dass er mit einer defekten Navigationsanlage nicht fünf Stunden lang über die dunkelblaue Ödnis des Pazifiks düsen konnte. Ohne Funkfeuer. Ohne Radarunterstützung. An eine Schadensbehebung am Navigationssystem im Fluge war nicht zu denken, selbst wenn die Ursache für die Fehlfunktion bekannt gewesen wäre; das wusste der Captain ebenso gut wie sein Kopilot noch von der Umschulung her. Es blieb nichts Anderes übrig, als die Kröte zu schlucken und den Fehler am Boden in Honolulu zu suchen.

Zwanzig Minuten später waren sie wieder vor Honolulu, bereit zum Anflug. Das heißt, sie wären bereit gewesen, wenn sie beizeiten Treibstoff abgelassen hätten. So aber lag das Gewicht der Maschine immer noch 40 Tonnen über dem höchstzulässigen Landegewicht. Und da es die Hawaiianer überhaupt nicht schätzen, wenn über ihren Köpfen tonnenweise Flugbenzin ausgeleert wird, musste der Kurs CI-008 wieder zurück übers offene Meer und auf 12 000 Fuß steigen, bevor der Flugingenieur die Ablassventile öffnen durfte. Nach weiteren zwanzig Minuten war auch diese Übung abgeschlossen. Eine Stunde und neunzehn Minuten nach dem Start erfolgte die Landung in Honolulu, nach weiteren acht Minuten waren die Triebwerke abgestellt. Und dann dauerte es nur noch drei Minuten, bis die Ursache für die ‚Miss-Navigation' entdeckt wurde: Das Navigationssystem war vollkommen in Ordnung. Der Flugingenieur aber hatte die falschen Koordinaten für den Ausgangspunkt, also den Flughafen, ins System eingespeist – ein dicker Fehler. Doch sowohl Captain als auch Kopilot hatten es verabsäumt, a l l e eingegebenen Daten vor dem Abflug zu überprüfen (und nicht nur die der Streckenpunkte).

Gut Ding hat auch im Fernen Osten Weile: Mit knapp drei Stunden Verspätung erreichte Flug CI-008 doch noch wohlbehalten sein Ziel. Und der riesigen Aluminiumröhre entstiegen ausnahmslos zufriedene Passagiere. Wie das? Nun, Captain Der Ong hatte seinen Fluggästen einen ordentlichen Bären aufgebunden, indem er ihnen erzählte, dass er wegen eines kniffligen technischen Problems umgekehrt sei – ihm sei die hundertprozentige Sicherheit der ihm anvertrauten Menschen weitaus mehr wert als ein paar Stunden seiner Freizeit.

Die disziplinarische Würdigung dieses absolut unnötigen Vorfalls entsprach den firmeneigenen Gepflogenheiten:

– Der Flugingenieur, der sich zur Pilotenausbildung gemeldet und alle Prüfungen des Vorauswahlverfahrens mit Auszeichnung bestanden hatte, wurde ohne Anhörung aus dem Programm gekippt.

– Kopilot Ling erhielt – ohne Angabe von Gründen – drei Monate Bodendienst aufgebrummt.

– Captain Der Ong wurde für sein sicherheitsbewusstes, umsichtiges Verhalten im Dienst mit einer Belobigung (samt Bonus in Cashform) bedacht, sechs Monate später auf die B-747/400 umgeschult und zum Kommandanten auf diesem Schiff befördert, auf dem man sich nicht mehr mit diesen nichtsnutzigen Flugingenieuren herumärgern muss.

So geht's auch!

In Amsterdam gehen selbst die Spatzen zu Fuß. Schon seit Tagen das gleiche, garstige Wetter: Aus dem undurchdringlichen Grau heraus, das die Flughafengebäude ebenso wie nebenbei stehende Maschinen nur schemenhaft erkennen lässt, treibt ein steifer, kalter Nordwind unendlich feinen Regen vor sich her, der beim Auftreffen auf den unterkühlten Beton augenblicklich gefriert. Vorgestern Morgen, bei der Landung, war die Bodensicht derart eingeschränkt, dass sich die in die Piste eingelassenen Lampen gerade einmal auf 50 Meter erkennen ließen. Allerhöchste Zeit also, sich möglichst rasch wieder in wärmere und freundlichere Gefilde abzusetzen.

Die Beladung der Maschine ist abgeschlossen, die Dokumente sollten in spätestens zehn Minuten ins Cockpit gebracht werden. Captain Li Yao bespricht mit seinem Kopiloten das zu erwartende Abflugverfahren; er doziert in Mandarin, sein Assistent nickt ab und zu mechanisch. Da auch ich gern wissen möchte, von welchen Überlegungen sich Herr Li leiten lässt – immerhin soll ich ihm wenn irgend möglich etwas beibringen – melde ich mich vom dritten Sitz:

„Entschuldigen Sie bitte die Unterbrechung, Captain Li, aber mein Mandarin ist noch sehr, sehr schwach. Würde es Ihnen etwas ausmachen, die ganze Abflugbesprechung nochmals in Englisch zu wiederholen, damit ich weiß, wie Sie uns aus dieser grauenvollen Suppe herauszufliegen beabsichtigen?"

Der Bordkommandant ist von meinem Ansinnen zwar nicht sonderlich angetan, aber er wiederholt seine Litanei. Des Langen und Breiten handelt er die Navigationsverfahren ab, die bei dem vorherrschenden Wind ohnehin nicht in Frage kommen. Zudem lässt er außer Acht, dass auch die anderen Verfahren nicht zum Tragen kommen, weil ausschließlich der Mann am Radar den abfließenden Verkehr dirigiert. Li erwähnt das Wetter am Zielflughafen (obwohl dieser noch elf Flugstunden entfernt liegt) und lässt die Navigationshilfen überprüfen, wenngleich er noch gar nicht weiß, auf welcher Piste er starten wird.

„Captain Li", melde ich mich, „Sie haben zu erwähnen vergessen, wohin Sie im Falle eines Triebwerkaussetzers ausweichen möchten."

„Warum? Wohin sollten wir ausweichen?"

„Nun, bei einer Wolkenuntergrenze von weniger als 100 Fuß und bei einer Lampensicht von gerade mal 150 Metern werden Sie – zweimotorig geworden – doch sicher nicht nach Amsterdam zurückkommen wollen, oder doch?"

„Na gut, dann gehen wir eben nach Brüssel."

„Captain Li, wenn Sie die letzten aktuellen Wettermeldungen durchgehen, die Sie in Ihrer Aktentasche an Bord gebracht haben, dann werden Sie sehen, dass Brüssel dieselbe schlechte Sicht meldet wie Amsterdam. Die Plätze Düsseldorf, Frankfurt und Köln sind um keinen Deut besser. Rotterdam fällt als Ausweichflughafen aus, weil die Piste wegen Reparaturarbeiten eingekürzt ist. Hamburg hat bereits dicht gemacht. Und außerdem…"

„Also, dann gehen wir eben nach Paris."

„Haben Sie denn die Anflugverfahren von Paris Charles de Gaulle und Paris Le Bourget alle im Kopf?"

„Nein, natürlich nicht. Warum auch sollte ich mir den Kopf mit solchem Zeug vollstopfen?"

„Ganz einfach deshalb, weil wir keine Unterlagen für Paris in unseren Bordunterlagen mitführen. Haben Sie sich denn noch nie die Zeit genommen nachzugucken, was sich in der Bordbibliothek befindet?"

Captain Li Yao überlegt einen Augenblick lang. Dann blickt er mich – nicht gerade freundlich – an und meint trotzig:

„Ich habe nie einen Triebwerkaussetzer!"

Captain Quall.

„Ach, Sie sind also unser neuer Captain auf der MD-11?"

„Ja, ich bin gerade dabei, mich zu akklimatisieren."

„Na, und wie gefällt es Ihnen unter der rosaroten Pflaumenblüte?"

„Wenn ich ehrlich sein soll: Ich habe schon mehr gelacht."

„Ich persönlich glaube, dass sich der Mensch an alles gewöhnt. Jedenfalls wünsche ich Ihnen in Ihrem Aufgabenbereich viel Erfolg! Schade, dass Sie nicht bei uns auf der 747/400 sind, das ist wenigstens ein richtiger Flieger und nicht so eine fliegende Weißwurst mit einem Geschwür am Hintern."

„Was die Leistung betrifft, so mögen Sie recht haben. Aber sieht das Ding denn wirklich so schlimm aus?"

„Ach was, das habe ich nur so im Spaß gemeint. Aber wenn ich Ihnen in irgendeiner Art und Weise behilflich sein kann, dann lassen Sie es mich bitte wissen. Mein Name ist Quall. Captain Bruce Quall. Aber nennen Sie mich einfach Bruce. Ich bin als stellvertretender Chef der Flugbetriebsleitung auch für bestimmte Belange unserer ausländischen Piloten zuständig; so zum Beispiel, dass Sie Ihre monatlichen Freitage am Stück beziehen können. Und dann eben Einsatzplanung, Ferienzuteilung und all das Zeug. Wenn Sie also etwas auf dem Herzen haben, dann zögern Sie nicht und kommen bei mir vorbei; mein Büro finden Sie im ersten Stock des alten Verwaltungsgebäudes, gleich gegenüber der Kantine. OK?"

„Oh, danke, ich komme gern auf Ihr Angebot zurück."

„Also dann, bis bald!"

„Vielen Dank und auf Wiedersehen!"

‚Angenehmer Typ', ging es mir durch den Kopf. Als ich kurze Zeit später in der Kantine einen Kollegen traf, den ich anlässlich der medizinischen Einstellungsuntersuchung kennengelernt hatte, erwähnte ich beiläufig, dass ich die Bekanntschaft Captain Qualls gemacht hatte.

„Und, wie finden Sie diesen Mann?“

„Tja, was soll ich sagen? Jedenfalls spricht er Englisch und ist sehr freundlich. Und das ist ja schon mal was hier in Taipei.“

„Und wie der freundlich ist! Der lächelt alle und jeden an, auch wenn er manchmal gar nicht zu wissen scheint, warum.“

„Sie mögen ihn wohl nicht besonders?“

„Nicht mögen? Ich bin froh, wenn ich diesen Kerl nicht zu Gesicht bekomme. Er ist einfach unausstehlich. Überall steckt er seine verdammte Knollennase hinein. Neuerdings nimmt er auch die jährlichen die Streckenüberprüfungen ab, obwohl er von Tuten und Blasen nicht die geringste Ahnung hat.“

„Na, so schlimm kann es ja nun auch wieder nicht sein, immerhin hat ihn doch jemand zu dem ernannt, was er jetzt ist, oder etwa nicht?“

„Das ist es ja gerade! Da kommt einer aus der fliegerischen Walachei, der sich mit gefälschten Lizenzen und getürkten Flugstatistiken ins Cockpit einer 747/400 schwindelt und dann spielt er sich auch noch als großer Chef auf, als Meister aller Klassen. Sie sollten mal die Beurteilungen sehen, die er zu jedem Checkflug absondert! Der wäre besser Dichter als Pilot geworden.“

„Aber nun halten Sie mal die Luft an! Sie wollen doch nicht allen Ernstes behaupten, dass der gute Quall ohne Qualifikationen auf den linken Sitz der 747/400 gerutscht ist? So einen Witz kriegen Sie nicht mal im Kabarett los.“

„Oh doch, genau das will ich behaupten, denn genau das trifft auch zu.“

„Nehmen wir mal an, es wäre so: Wie ist er dann Ihrer Meinung nach durch das Vorstellungsgespräch gekommen?“

„Gegenfrage: Hatten Sie denn ein Vorstellungsgespräch?“

„Ich? Äh, nein. Ich musste gleich nach meiner Ankunft zum Schneider und anschließend in den Simulator. Aber der Quall musste doch sicher vorfliegen, ich meine im Simulator. Oder konnte er sich auch davor drücken?"

„Sehen Sie: Eben da liegt der Hund begraben! Quall war bei irgendeiner Flugschule in Florida Theorielehrer; dort machte er auch seinen Privatpiloten-Schein auf Einmotorigen. Anschließend diente er sich bei NorthWestAirlines bis zum Simulator-Fluglehrer auf 747/400 hoch. Er verfügt über ausgezeichnete Systemkenntnisse, kann gut erklären und beherrscht den Simulator wie kein anderer."

„Aber das ist doch Wahnsinn! Man kann doch nicht einen Mann mit einem vollen Kahn auf Reise schicken, wenn der das vorher noch nie gemacht hat. Und die Luftamtfritzen, die haben in diesem Falle auch gepennt und haben die eingereichten Lizenzen nicht geprüft. Stimmt's?"

„Natürlich ist das Wahnsinn. Aber das Luftamt hat auch Ihre Lizenz nicht geprüft; der Personalchef schickt einfach eine Kopie Ihres Ausweises ans Amt. Dort verschwindet das Papier in irgendeinem Ordner – Beschiss hin oder her."

„Und jetzt? Auf irgendeine Art und Weise muss doch jemand Wind von der Sache bekommen haben, andernfalls wüssten auch Sie nichts davon."

„Recht haben Sie! Das berühmte Kamel hat das Büschel Gras, das über die Sache gewachsen war, ohne jede böse Absicht herausgerissen und aufgefressen: China Airlines hatte einen jungen B737-Captain von North West Airlines angeheuert. Der hat den Quall in der Kantine getroffen, hat ihn begrüßt und gefragt, wie er zu dieser schmucken Uniform mit den vier Streifen gekommen sei ..."

„Gut. Dann liegen die Fakten – so nehme ich mal an – auf dem Tisch. Was also passiert jetzt mit dem Quall?

„Mit dem Quall passiert im Augenblick gar nichts. Der fliegt weiter seine neue B-747/400. Und die Fakten liegen nicht auf dem Tisch, sondern ganz tief in einer Schublade im Schreibtisch des

Chefs. Sie müssen wissen: Der Big Boss persönlich hat den Quall inthronisiert, hat ihn zu seinem Stellvertreter gemacht. Würde er den Usurpator jetzt entlassen, käme das einem Eingeständnis seiner Unfähigkeit gleich. Und natürlich würde er sein Gesicht verlieren. Der Chef der Flugbetriebsleitung k a n n aber nicht unfähig sein, denn er war immerhin Generalmajor bei der Luftwaffe."

„Und das Luftamt? Was passiert zum Beispiel, wenn dieser neu engagierte 737-Captain einen kleinen Bericht einreicht?"

„Dann wird sich das Luftamt ausgesprochen herzlich bedanken und versichern, dass alle nötigen Schritte eingeleitet werden. In Tat und Wahrheit aber wird sich der jetzige Luftamtschef äußerste Zurückhaltung auferlegen, denn er war früher ebenfalls General in der Luftwaffe; man sagt, er sei mal auf einer Jagd angeschossen worden, habe dabei ein Auge verloren und kurze Zeit später den Dienst quittiert."

„Aha."

„Ihr Kommentar lässt keine qualifizierbare Reaktion erkennen, mein Freund. Glauben Sie mir, alles nicht so schlimm! Sie vergessen immer wieder, dass wir ja bei China Airlines sind. Allerspätestens in einem Jahr steht der Flugbetriebsleiter zur Beförderung an. Nach einer angemessenen Schamfrist von ein paar Wochen wird dann sein Nachfolger den Fall ganz behutsam aufrollen – vorausgesetzt, dass dem Quall in der Zwischenzeit kein größeres Malheur passiert. Sie werden sehen, man wird sich im gegenseitigen Einvernehmen trennen, d.h. dem Quall wird das Maul mit einem fetten Check zugeklebt und …"

Tatsächlich entschwand – allerdings bereits nach sieben Monaten – der Flugbetriebsleiter aus den Niederungen des mühsamen Alltagsgeschäfts in den dreizehnten Stock an der NankingStraße, den Olymp für alle Firmenangehörigen.

Und Captain Bruce Quall? Der fiel aus allen Wolken, als man ihm anlässlich der halbjährlich anstehenden Routineuntersuchung lebensgefährliche Herzrhythmusstörungen attestierte – er hockte noch ein paar Übungen im Simulator ab und wurde dann nicht mehr gesehen.

Ein großer Fehler!

Mein erster, geplanter Flug für China Airlines – der sogenannte Einführungsflug – fand nicht statt, weil die Einsatzplanung vergessen hatte, einen Checkpiloten aufzubieten. Ein paar Tage vor dem zweiten Anlauf stand für einen Zusatzflug nach Manila nur noch meine Wenigkeit zur Verfügung, weil alle anderen Kollegen entweder im Ausland weilten oder mit Fieber im Bett lagen. Also machte ich diesen Flug und brachte die Kiste (ohne Kratzer) auch wieder zurück.

Aber der Einführungsflug muss nun einmal sein, Flugbetriebsleitung und Luftamt wollen es so, basta! Der Einfachheit halber wurde diese Reise nach Amsterdam gleich zum ‚Abschließenden Überprüfungsflug' aufgewertet. Der konnte so schlecht nicht gewesen sein: Vierzehn Minuten Verspätung aufgeholt, etwas mehr als zweieinhalb Tonnen Treibstoff eingespart, eine Punktlandung in Amsterdam und alle achtzehn lächerlich unbedarften Fragen technischer Natur des Checkpiloten richtig beantwortet. Captain HaoShu, der alle ausländischen Piloten hasste wie die Pest, hatte offenbar nichts gefunden, was er hätte bemäkeln können; es versteht sich von selbst, dass er sich nicht zu einer anerkennenden Bemerkung durchringen konnte – er sagte überhaupt nichts.

Er äußerte sich auch nicht, als ihm der Kopilot vier verschiedene Formulare zum Gegenzeichnen vorlegte: Eins für meine erfolgreich abgeschlossene ‚Ausbildung', eins für die durchgeführte Streckeneinweisung, eins für den bestandenen Checkflug und eins für die Überprüfung des technischen Wissensstandes.

„Aus eins mach vier?" fragte ich überrascht.

„Nur Futter für die Statistik und für das Luftamt", meinte lächelnd der Kopilot, der die Kladden mit Zahlen füllte und „da, an dieser Stelle müssen Sie unterschreiben."

Außer den Zahlen konnte ich nichts entziffern.

„Da weiß ich ja gar nicht, was ich unterschreibe."

„Macht nichts, unterschreiben Sie ruhig. Es ist ganz sicher kein Eingeständnis irgendeines Vergehens und auch kein Schuldbrief."

„Nun, ich gehe davon aus, dass Captain HaoShu Beurteilungspunkte eingetragen hat. Ich möchte doch ganz gerne wissen, was da über mich steht; sonst tauchen in meiner Personalakte plötzlich Sachen auf, von denen ich nicht weiß, woher sie stammen."

„Keine Sorge: Captain HaoShu schreibt bei Ausländerpiloten nie etwas Negatives. Der Grund liegt darin, dass er andernfalls seine Beurteilung gegenüber dem Chefpiloten und dem Flugbetriebsleiter begründen müsste. Das aber kostete ihn ein paar Stunden seiner Freizeit, die er lieber auf seinem Segelschiff verbringt."

„Und – wenn ich fragen darf – wer liest denn diese Dokumente?"

„Tja, eigentlich niemand. Das heißt, die Mädchen natürlich."

„Welche Mädchen?"

„Na die, die die Zahlen in den Computer füttern, die lesen das Zeug. Aber die haben keine Ahnung, was die Zahlen bedeuten."

„Und das Luftamt?"

„Das Luftamt erhält den Computerausdruck monatsweise, gebündelt und alphabetisch geordnet, damit die Leute im Archiv weniger Arbeit haben."

Nach der Gepäckausgabe, auf dem Weg zur Zollkontrolle und zum Bus, sprach mich der Kopilot nochmals an:

„Entschuldigen Sie Captain, aber ich habe die unangenehme Pflicht, Ihnen von Captain HaoShu auszurichten, dass Sie vorhin einen großen Fehler begangen haben."

„Und das kann er mir nicht selbst sagen?"

„Bitte, ich erfülle nur einen Auftrag."

„Hm."

Ich ließ mir den Anflug und die Landung in Amsterdam nochmals durch den Kopf gehen, aber mir wollte absolut nichts einfallen, was nicht in Ordnung gewesen wäre. Schließlich war es nicht mein Fehler, dass uns der Fluglotse den angeforderten Direktanflug nach Sichtflugregeln verweigert hatte; seine Begründung, als ‚Alleinunterhalter' drei Pisten in Betrieb zu haben, musste man akzeptieren. Doch noch bevor ich zurückfragen konnte, was es denn zu bemängeln gegeben hatte, meinte der Erste Offizier:

„Auf dem Weg von der Maschine zur Passkontrolle sind Sie eine ganze Weile mindestens einen halben Meter v o r Captain HaoShu gegangen."

Strömungsabriss.

Ursprünglich war vorgesehen, die neue MD-11 auf der Strecke Taipei – Anchorage – New York einzusetzen. Die Fachleute von der Finanzabteilung hatten sich von den Douglas-Leuten vorrechnen lassen, dass sich mit diesem dreimotorigen Flugzeugmuster der Preis für eine Sitzmeile gegenüber der in die Jahre gekommenen, spritschluckenden B-747/200 um über 20% senken ließe. Zudem könne man 263 Sitze leichter füllen als deren 352. Nicht zu vergessen: Man könne statt der drei Kurse pro Woche gleich fünf oder vielleicht gar sechs anbieten. Zudem waren besonders die Marketingstrategen von dem neuen Vogel hellauf begeistert: Die Firma tat endlich wieder etwas für ihren Ruf, als innovatives Unternehmen zu gelten. Und obendrein zog alles, was neu war, Chinesen wie Amerikaner gleichermaßen an.

Und die Streckenergebnisse aus der Einführungsphase konnten sich sehen lassen! Vom ersten Tag an waren die Mühlen mehr oder weniger ausgebucht. Die Skeptiker waren verstummt. Die Airbus-Lobbyisten waren stinksauer, und in der Nangking-Straße hob ein ausgiebiges Schulterklopfen an. Jedenfalls bis zum 7.12.1992. Denn an diesem Tag geriet der Flug CI-012 zwischen Taipei und Anchorage ungefähr 35 Meilen nordöstlich von Shimizu in Japan auf Flugfläche 330 (das sind etwa 10 400 Meter) in starke Turbulenzen.

Nun sind die sogenannten Jetströme und die dazu gehörenden Turbulenzen in dieser Gegend – und ganz besonders im Winter – keine Seltenheit; die Windgeschwindigkeiten liegen öfter über 180 Stundenkilometern als darunter. Piloten wissen um diese unangenehmen aber keinesfalls gefährlichen Luftbewegungen. Sie werden die Flughöhen, wo die Luftstraßen besonders holprig zu werden versprechen, nach Möglichkeit meiden: Man plant und fliegt ganz einfach ein paar ‚Stockwerke' tiefer und erkauft sich – gegen den Aufpreis eines erhöhten Treibstoffverbrauchs – etwas mehr Komfort für die Passagiere. Das freilich nur, wenn man die Flugwetter-Beratung vor dem Flug nicht verpennt hat, wenn man geflissentlich zur Kenntnis genommen hat, dass sich die Abstände der Isotachen (Linien gleicher Windgeschwindigkeit) auf den ausgedruckten Höhenwetterkarten gegen Norden hin mehr und mehr verkleinern.

Während sich die Höhe der Jetströme, ihr Querschnitt und ihre typischen Temperaturschwankungen über einen längeren Zeitraum kaum verändern, ist es durchaus möglich, dass sie ihre Richtung innerhalb weniger Stunden um bis zu zwanzig Grad ändern, sich hinsichtlich ihrer geographischen Breite verschieben, über Hunderte von Kilometern mäandern oder sogar bauchige Kurven ausformen. Überraschen können sie aufmerksame Piloten allerdings nicht, denn ein umfassender Informationsaustausch mit anderen Flugzeugen und den überflogenen Bodenstationen ist rund um die Uhr gewährleistet. Und wenn keine Maschine vor einem fliegt, wenn der Flugverkehrsmensch auf seiner tristen Außenstation am Rande des Nordost-Pazifiks gerade ein Nickerchen macht, verbleiben im Cockpit immerhin noch vier Anzeigen, die die Temperatur der umgebenden Luft wiedergeben. Wenn ich also in Richtung Norden fliege und feststelle, dass die Außentemperatur innerhalb von einer Kaffeelänge von minus 52° auf minus 56° absinkt, kann ich das Flugzeug, die Kabinenbesatzung und die Passagiere immer noch rechtzeitig auf die bevorstehende Hopserei vorbereiten: Die Geschwindigkeit wird auf die vorgeschriebenen Turbulenzwerte zurückgenommen. Der Service in der Kabine wird unterbrochen, das Anschnallzeichen wird eingeschaltet, und die Passagiere erhalten eine kurze Information. Leider ist auf Flug CI-012 alles ein bisschen anders gelaufen.

Gemäß Flugreport – unterzeichnet von Captain Chiang I Hou – geriet die Maschine ‚urplötzlich in extrem starke Turbulenzen'. Weiter stand im Bericht zu lesen: ‚Der automatische Pilot und die automatische Triebwerksteuerung haben sich augenblicklich von selbst ausgeschaltet. Ich musste wiederholt die Schubregelung vom Leerlauf auf maximale Leistung setzen und dann wieder auf Leerlauf reißen, um die voll besetzte Maschine vor dem sicheren Abschmieren zu bewahren‘.

Ach, wenn der Gute nur geschwiegen hätte! Dann wäre nämlich für alle Zeiten – und zu seinen Gunsten – im Dunkeln geblieben, dass da einer mit vier Streifen am Ärmel auf dem linken Sitz hockte, der völlig unbelastet von Systemkenntnissen durch die Gegend schipperte. Denn erst als sich die Spezialisten der Herstellerfirma des drohenden Imageverlustes wegen mit dem Vorfall auseinandersetzten, kam zutage, dass der Herr Flugkapitän seinen Bericht ordentlich geschönt hatte. Dass ihm offenbar jenes Ding tief im Bauch der Maschine entfallen war, das sich ‚Flugdaten-Aufzeichnungsgerät‘ nennt. Diesem unscheinbaren Kästchen – von Medienleuten meist als ‚Blackbox‘ bezeichnet – entgeht nichts. Um sein Gesicht zu wahren, stritt Chuang I Hou auch dann noch alles ab, als die ausgedruckten Daten vor ihm auf dem Tisch lagen.

Die Auswertung der sichergestellten Daten förderte denn auch Dinge zutage, die selbst einem Flugschüler die Haare zu Berge stehen lassen: Unmittelbar nachdem der Captain den Autopiloten ausgeschaltet hatte – der war ebenso wenig von selbst ausgestiegen wie die automatische Schubsteuerung – nahm die Maschine zunächst eine Querlage von 22 Grad nach links ein. Zwei Sekunden später waren es bereits 32 Grad. Der Anstellwinkel im künstlichen Horizont nahm auf 21 Grad zu, es wurde eine momentane positive Beschleunigung von 1,76 g erreicht. Das Flugzeug stieg in der Folge rasend schnell von 33 000 Fuß auf 35 800 Fuß (und das in einer stark beflogenen Luftstraße). Die angezeigte Geschwindigkeit sackte von ursprünglich 290 Knoten auf ganze 161 Knoten ab. Der Anstellwinkel hatte mittlerweile – auf dieser Höhe schier unvorstellbar – 27 Grad erreicht. Wegen der extrem niedrigen Geschwindigkeit gab der Flugrechner zwar das Signal zum sofortigen, automatischen Ausfahren der Vorflügel, doch auch diese zusätzliche Auftriebshilfe vermochte das Schlimmste nicht mehr zu verhindern: Die Strömung über den Tragflächen riss ab, das Flugzeug befand sich in unkontrollierbarem Zustand.

166 Sekunden lang torkelte die Maschine durch die Luft. Die Belastung auf das Höhenruder war derart groß, dass Versenknieten aus ihrer Verankerung platzten, und handtuchgroße Blechstücke davonflogen.

In der Kabine war bereits Panik ausgebrochen, als das Flugzeug den Kulminationspunkt seines unfreiwilligen Ausrittes erreicht hatte: Passagiere, die nicht angeschnallt waren oder sich nicht auf ihrem Sitz festzukrallen vermochten, sahen sich unvermittelt in den Zustand der Schwerelosigkeit versetzt und wurden in die Höhe geschleudert. Einige kamen mit dem Schrecken oder kleineren Beulen davon, andere erlitten Verstauchungen, Prellungen, Quetschungen und Rippenbrüche, als sie von der Kabinendecke zurück auf den Boden der Zwischengänge oder – schlimmer noch – auf Sitzlehnen und Armstützen fielen. Insgesamt mussten 28 Passagiere und zwei Stewardessen im Krankenhaus behandelt werden, 61 Personen konnten nach ambulanter Behandlung ihre Reise fortsetzen.

Ausgelöst hatte das Debakel der Captain, der bereits in der ersten Phase der Schüttelei den Autopiloten manuell ausgeschaltet hatte, im nachhinein aber nicht in der Lage war, das Flugzeug unter Kontrolle zu halten. Experten des Flugzeugherstellers und der amerikanischen Flugsicherheitsbehörde gelangten aufgrund der ausgewerteten Daten zu der Überzeugung, dass der verantwortliche Flugzeugführer die Maschine während mehrer Minuten permanent übersteuert hatte. Des Weiteren waren ihm weder der Strömungsabriss noch der unkontrollierbare Flugzustand bewusst geworden.

Eigentlich hätte Flug CI-012 in Sapporo landen müssen, um den verletzten Passagieren Erste Hilfe zukommen zu lassen. Doch

Captain Hou ließ in der Kabine weder einen Arzt ausrufen, noch erkundigte er sich beim Purser, ob sich jemand schwerere Verletzungen zugezogen habe. Er düste einfach nach Anchorage weiter. Erst nach der Landung erfuhr der Stationsmanager von der Verletzung einiger Passagiere, erst zwanzig Minuten nach dem Andocken kamen die ersten Krankenwagen an die Maschine.

Zwei Stunden nach der Landung hätte die Reise nach New York fortgesetzt werden können, doch rund 120 Passagiere weigerten sich standhaft, jemals wieder ihren Fuß in einen China-Airlines-Flieger zu setzen. Sie drohten dem Stationsmanager Prügel an, bestanden auf Weitertransport mit einer anderen Fluglinie und schworen, die Firma mit Strafklagen zu überziehen.

Die Aufarbeitung des Zwischenfalls kam zügig voran, weil nicht nur der Flugzeughersteller und das amerikanische Luftamt Klarheit haben wollten, sondern auch die Führungsriege von China Airlines, denn der gute Ruf schien – wieder einmal – bedroht. Die Lösung des Rätsels stellte die Experten vor keinerlei Probleme, denn die Maschine war nicht heruntergefallen, alle Daten lagen fein säuberlich auf dem Tisch:

– Nach dem Ausschalten der Automatik hatte der verantwortliche Flugzeugführer die Maschine während mehrerer Minuten permanent übersteuert.

– Stellte man die Anzeigen der Fluglageinstrumente auf einer Zeitschiene den Manipulationen des Piloten gegenüber, wurde ersichtlich, dass der Mensch der Maschine (in Phasen dargestellt) immer um 90 bis 135 Grad hinterherhinkte.

– Dem Piloten waren weder der Strömungsabriss noch der unkontrollierbare Flugzustand bewusst geworden.

Ganz nebenbei wurde offensichtlich, dass Captain Hou sämtliche Weisungen aus den Flughandbüchern missachtet hatte, die sich mit der Problematik von Flügen in turbulenten Luftmassen befassen – wenn er denn überhaupt gewusst hat, dass es so etwas gibt: Da die Elektronik viel schneller reagiert als der Mensch und zudem keinerlei subjektiven Empfindungen ausgesetzt ist (wie z.B. Angst), muss die automatische Steuerung eingeschaltet werden. Der Pilot ist gehalten, kleinere Abweichungen in Höhe und Geschwindigkeit n i c h t zu korrigieren.

Nach diesem bedenklichen Zwischenfall (aber immer noch v o r der kompletten Offenlegung von Ursache und Wirkung) ging ein Aufschrei durch die Presse, insbesondere durch die amerikanische. Da die Nachrichtenagenturen zunächst nur auf die Angaben von China Airlines zurückgreifen konnten, ging es wie ein Lauffeuer um die Welt: Die Neuentwicklung von McDonnell Douglas, die vielgepriesene MD-11 ist in Turbulenzen nicht fliegbar, die Sicherheit der Passagiere ist nicht gewährleistet.

Die Horrormeldungen überschlugen sich. Das Management des Herstellers reagierte heftig und ersuchte alle großen Fernsehsender, Videos aus der Entwicklungs und Testphase des vermeintlichen Unglücksvogels zu veröffentlichen. Doch der ImageSchaden ließ sich nicht mehr abwenden; da nützten alle Tatsachen nichts.

So zum Beispiel, dass der Captain seine Wetterunterlagen vor dem Start ganz offensichtlich nicht ausgewertet hatte. Dass er als einziger Pilot von 34 ausgewerteten Flügen, die an jenem Tage alle auf derselben Luftstraße in dieselbe Richtung unterwegs waren, die Flughöhe 330 gewählt hatte, obwohl der Jetstream auf eben dieser Höhe klar ersichtlich eingezeichnet war. Und dass bis zu diesem Zeitpunkt kein einziger Vorfall dieser Art auf einer MD-11 in Erfahrung gebracht werden konnte.

Als Konsequenz und um weiteren ImageSchaden abzuwenden zog China Airlines die MD-11 von dem Sektor nach Alaska ab und beflog die Strecke wieder mit der guten, alten B-747/200.

Captain Chiang I Hou aber widerfuhr etwas ganz Unvorstellbares: Anstatt ihn wegen seines grobfahrlässigen Verhaltens auf der Stelle zu entlassen und mit einem Gerichtsverfahren zu überziehen, belobigte ihn sein Vorgesetzter per Rundschreiben und bedachte ihn obendrein mit einem Geschenk von sage und schreibe 20 000 USDollar dafür, dass er ‚durch sein überlegtes Handeln und sein überragendes fliegerisches Können die Maschine vor dem sicheren Absturz und die ihm anvertrauten Passagiere sowie seine Besatzungsmitglieder vor dem sicheren Tode bewahrt habe.‘

Als ich drei Jahre später – zu Ausbildungszwecken – um eine Durchschrift der Daten jenes denkwürdigen Fluges bat, gab man mir zu verstehen, dass es wohl besser sei, Tote ruhen zu lassen.

„Ach, ich wusste gar nicht, dass Captain Hou verschieden ist.“

„Captain Hou ist nicht verschieden. Aber er soll demnächst befördert werden. Ich hoffe, Sie verstehen, was ich meine …“

Ein Rekord!

Zwei Dinge sollte man in der Fliegerei nicht sagen: Erstens ‚Das gibt es nicht!' und zweitens ‚Das kann mir nicht passieren!'

Ungläubiges Staunen ist natürlich erlaubt. Ach, was sage ich, es wird einem bei China Airlines ob der schier unerschöpflichen Vielfalt an immer neuen und noch nie dagewesenen Vorkommnissen, Unfällen und Zwischenfällen dauerhaft abverlangt.

Aufgrund des allgemein herrschenden Unvermögens und mangels einer hinlänglich akzeptierbaren Cockpitkultur lassen sich bestimmte Zwischenfälle und Unregelmäßigkeiten über einen begrenzten Zeitraum sogar vorhersagen: Wenn ein Pilot immer und immer wieder zu lang landet, wird er auch bei nasser Piste zu lang landen und eines schönen Tages seinen fliegenden Untersatz vor dem Pistenende nicht mehr zum Stehen bringen können. Und wenn in einer Fluggesellschaft mehr Energie auf das Vertuschen und ‚Ungeschehen-Machen' von negativen Ereignissen verwendet wird als auf deren Vermeidung, wenn Ursachenforschung und die Einforderung von Disziplin als Ketzerei angesehen werden, dann werden Veränderungen zum Guten eben sehr lange auf sich warten lassen.

Unter diesen Gesichtspunkten wird man bei einer Gesellschaft wie China Airlines mit ihren gut 40 Maschinen ungefähr 80 grobe Schnitzer pro Jahr in Rechnung stellen müssen, das heißt zwei Vorkommnisse pro Flugzeug. Bei einer durchschnittlichen Betriebszeit von 5 000 Stunden pro Jahr bedeutet das, dass alle 2 500 Stunden etwas passiert, was nicht passieren sollte: Starten ohne Freigabe, verkorkste Startabbrüche, Verletzung der LuftverkehrsVorschriften (mit unmittelbaren Folgen für andere Verkehrsteilnehmer), Fehlhandlungen bei technischen Problemen, unfreiwilliges Verlassen der Piste, zu spät eingeleitete oder gänzlich unterlassene Durchstartmanöver.

„Ist denn das so schlimm?"

Zum Vergleich: Bei Quantas fällt ein Ausrutscher auf 18 000 Betriebsstunden.

Wir alle wissen: Wo immer Menschen tätig sind, werden Fehler begangen. Und in der Fliegerei führt nicht jede Fehlhandlung – einzeln für sich betrachtet – zu einem Absturz. Bei China Airlines steckt das Gefahrenpotential darin, dass die ‚Kompetenzreserve' erschreckend klein ist: In den oben aufgezählten Fällen von Versagen muss nur noch ganz, ganz wenig dazukommen, bis die Katastrophe eintritt.

Erinnern wir uns im Gegensatz dazu an den Unglücksfall der Lufthansa in Warschau: Nicht weniger als siebzehn beitragende Faktoren mussten sich anhäufen, bevor den Piloten auch die allerletzte Chance genommen war.

Einem Flugsicherheitsexperten, der in Afrika ein expandierendes Luftfahrtunternehmen begleitet, ist auch dann noch nicht der Schlaf geraubt, wenn im ersten Betriebsjahr ein Aussetzer auf 1 000 Stunden kommt – solange der Trend stimmt. Im Falle von China Airlines gilt es zu berücksichtigen, dass seit 1992 in zunehmendem Maße ausländische Flugkapitäne angeheuert wurden, die ihrerseits zu einer merklichen Hebung des Standards beigetragen haben. Auf der anderen Seite aber blieben und bleiben viele Fehler unentdeckt, weil die Omertá, das eiserne Schweigen als Tugend oder zumindest als notwendiges Übel hochgehalten wird. Vor ‚Standard-Ausreißern' bleibt keine Fluglinie verschont. Es ist vielmehr der Variantenreichtum, der bei China Airlines immer wieder verblüfft und selbst alte Hasen zu der Aussage verleitet: ‚Also so etwas hätte ich nun doch nicht für möglich gehalten'!

Aber warum eigentlich nicht? Wir erinnern uns: Captain Kong hatte eine MD-11 gerade auf dem Bugrad gelandet. Die Vernebelungsaktionen zu diesem Blödsinn waren noch in vollem Gange, als Captain Shu mit seiner in manchen Stürmen erprobten B-747 nach Manila düste. Alles Routine. Gutes Wetter, gute Landung, gute Laune. Nicht allzu brüsk bremsen. Ausrollen lassen. Einschwenken in den Rollweg, der direkt zum Abstellplatz führt. Von halbrechts nähert sich in etwa 200 Meter ein Tankwagen, der abzubremsen scheint. Kopilot Pan informiert den Captain. Shu bremst. Auch der Tanker bremst und kommt mit einem leichten Wippen der Führerkabine zum Stehen. Shu löst die Bremsen, schiebt die beiden inneren Triebwerke auf 65% an. Pan hat Bedenken und fragt:

„Captain, der Tankwagen ist verdammt nahe. Kommen wir da vorbei?"

„Natürlich kommen wir vorbei! Da, sehen Sie, vor uns der Airbus von Thai International ist soeben auch vorbeigerollt ohne anzuecken."

Zu dumm, dass eine B-747 eine wesntlich größere Spannweite hat als so ein kleiner Airbus. Und schon macht's rrrummms. Der vordere Teil des Jumbos vollführt einen kleinen Hüpfer nach rechts, sein Schwanz schwenkt brüsk nach links aus.

Shu setzt die Parkbremsen, sagt dem Flugingenieur, dass er das Hilfsaggregat starten soll und schaltet die Triebwerke ab. Vom Kontrollturm meldet sich eine aufgeregte Stimme:

„China Airlines, brauchen Sie die Feuerwehr?"

Noch bevor Kopilot Pan zu antworten vermag, schnappt sich Shu das Mikrophon und fragt barsch zurück: „Sehen Sie denn Feuer an unserer Maschine?"

„Äh, nein, aber..."

„Na also! Schicken Sie uns zwei fahrbare Treppen und ein paar Busse für unsere Passagiere."

Das war's dann wohl, oder? Nicht ganz: Kopilot Pan hockt immer noch auf seinem Sitz und erwartet den unvermeidlichen Anschiss. Denn er weiß aus Erfahrung, dass der Kopilot immer zusammengestaucht wird, wenn der Herr Flugkapitän Mist baut. Aber diesmal kommt er – welch ein Wunder – ungeschoren davon.

Der Schaden an der Maschine scheint nicht allzu groß zu sein.

Zwei Triebwerksspezialisten der Philippine Airline – die ebenfalls ein paar alte B-747 in ihrer Flotte hat – nehmen die Verschalung des rechten Außenmotors ab und begutachten die Aufhängung. Sie sind sich rasch einig, dass die Haltebolzen samt ihrem Futter in Ordnung sind und nicht einmal gerichtet werden müssen. Der Aufprall auf die Führerkabine des Tanklasters hatte den Motor allenfalls ein paar Grad aus der Achse gedrückt und am Rotorgehäuse ein paar Kratzer und Dellen hinterlassen. Man möchte dem Urteil der chinesischen Kollegen zwar nicht vorgreifen, doch ein dreimotoriger Überführungsflug nach Taipei sollte unter diesen Umständen ohne weiteres zu verantworten sein.

Shu war's zufrieden. Zusammen mit dem Stationsleiter von China Airlines verfasste er ein Fax, in dem er aus Taipei einen Piloten anforderte, der befugt war, einen dreimotorigen Überführungsflug durchzuführen; er selbst würde diesen Flug schon durchführen, doch fehle ihm dazu der nötige Eintrag in seiner Lizenz. Auf die Entsendung eines Triebwerksspezialisten oder eines Fachmanns für Zelle und Flügel ging er gar nicht weiter ein, denn er konnte ja selbst bestätigen, dass das Triebwerk noch an seinem angestammten Platz hing.

Die Einsatzleitung bestätigte den Eingang der Mitteilung, der Chef Wartung und Instandhaltung B-747/200 segnete den Überführungsflug ab (ohne die Fachleute der Philippine Airline auch nur angehört zu haben), und so konnte man zum gemütlichen Teil übergehen. Shu glaubte sich erinnern zu können, dass im Paksanyiang-Pavillon eine gute LiveShow plus TableDance mit Anfassen geboten wurde.

Am nächsten Morgen traf mit der ersten Maschine aus Taipei der Mann ein, der den lädierten Vogel dreimotorig nach Hause fliegen sollte. Der Captain TsaoFu hatte voriges Jahr noch die B-747 geflogen und die sogenannte ‚Ferry-Genehmigung' gehalten. Mittlerweile hatte er sich – offiziell aus rein gesundheitlichen Gründen – auf die kleine B737 zurückschulen lassen und versah auf diesem

Sektor seinen Dienst in der Funktion des Chefpiloten. Eigentlich hätte er nächstes Jahr auf die neue B-747/400 umschulen sollen, doch seine Frau hatte von einer Affäre ihres guten Tsao mit einer Heilerin in San Francisco Wind bekommen. Und weil sie über hinreichenden Einfluss verfügte, hatte sie die Karriereplanung für ihren Gatten persönlich in die eigene Hand genommen. Jedenfalls hatte Tsao ganz ohne eigenes Dazutun den Eintrag in seine Lizenz erhalten (ein Luftamt-Verwaltungsmensch hatte wohl geschlafen); und wer bei China Airlines einen gültigen Zettel hat, der ist auch befähigt…

Die Maschine war betankt, der Flugplan eingereicht, es konnte losgehen – natürlich wieder mit Kopilot Pan auf dem rechten Sitz. Der hatte zwar in seinem ganzen Pilotenleben noch keinen dreimotorigen Überführungsflug mitgemacht, doch er war aufgeschlossen für alles Neue. Und Captain TsaoFu freute sich offenbar, wieder einmal einen ordentlichen Kahn unter seinem Hintern zu haben. Vor lauter Begeisterung ersparte er sich die Vorflugbesprechung mit Flugingenieur und Kopilot – was soll's, der Flug war ohnehin nur knapp eine Stunde lang.

Überführungsflüge dieser Art auf drei- oder viermotorigen Maschinen sind nun wahrlich keine Hexerei. Der Pilot muss lediglich darauf achten, dass er die Entscheidungsgeschwindigkeit für den Fall eines Triebwerkaussetzers etwas heruntersetzt (weil das Flugzeug mehr Zeit und demzufolge auch mehr Piste braucht, um diese Geschwindigkeit zu erreichen). Und während des Startvorganges selbst darf er erst dann mehr und mehr asymmetrischen Schub setzen, wenn die aerodynamische Richtungskontrolle der Maschine sichergestellt ist; mit anderen Worten, wenn Seiten und Querruder ein Minimum an Wirksamkeit erreicht haben.

Indes nun Kopilot Pan – wie schon erwähnt – einen solchen Flug noch nie miterlebt hatte und demzufolge nicht wissen konnte, auf was es ankommt, war dem Herrn TsaoFu alles Wichtige bereits wieder entfallen. Jedenfalls kurvte er nach der Freigabe durch den

Kontrollturm mit Schwung auf die Piste und gab auf den drei gesunden Triebwerken Vollgas. Er hatte schlicht vergessen, dass man solch einen Start aus dem Stillstand macht: Das Flugzeug wird in der Pistenachse ausgerichtet, der Pilot ‚steht' voll in den Bremsen, und die beiden symmetrischen Motoren werden bis auf zehn Prozent unter Startleistung hochgefahren. Erst dann werden die Bremsen freigegeben und erst dann wird voller Startschub gesetzt. Mit zunehmender Geschwindigkeit wird dann zunehmend mehr asymmetrischer Schub – in diesem Falle vom linken Außenmotor – gesetzt, und zwar gerade so viel, dass die Richtungskontrolle allein mit der Bugradsteuerung und nicht durch einseitiges Bremsen gewährleistet ist.

Bedauerlicherweise lief das Ganze bei Captain TsaoFu etwas anders ab: Der praktisch leere Flieger schoss auf der Piste förmlich nach vorne und gierte augenblicklich nach rechts. In seiner Not riss nun der Gute die Bugradsteuerung bis zum Anschlag nach links, doch das half nur für einen kurzen Augenblick, dann brach dieser verdammte alte Klapperkasten wieder nach rechts aus. Endlich nahm Tsao die Gashebel zurück, etwa um 15% bis 20%. Und siehe da, nun vermochte er die Flugzeugnase in der Pistenmitte zu halten. Aber die Geschwindigkeit! Die Beschleunigung war zusammengebrochen, weil er auch den symmetrischen Schub gedrosselt hatte. Mit etwas mehr als 100 Knoten zuckelte die 747 die Piste hinunter, 1 500 Meter, 2 000 Meter. Die roten Lampen am Pistenende waren bereits gut auszumachen, rasch kamen sie näher und immer näher. Mit einem Startabbruch j e t z t würde er vielleicht noch vor dem Pistenende stoppen können. Aber Startabbruch? Ein Eingeständnis seiner Unfähigkeit? Nein, ein Startabbruch kam für ihn nicht infrage. Diesen Gesichtsverlust war er nicht willens auf sich zu nehmen. Andererseits reichte diese Geschwindigkeit von knapp 160 Knoten hinten und vorne nicht zum Fliegen aus. Was also tun?

Richtig geraten! Mit dem Mute der Verzweiflung rammte Captain TsaoFu alle vier Schubhebel – auch den des ‚toten' Motors – ganz nach vorne bis zum Anschlag, noch bevor der konsternierte Flugingenieur sein ‚Halt, nein, nein!' herausschreien konnte. Aber da war es ohnehin schon zu spät: Die drei Motoren hatten ihre volle Schubkraft noch nicht ganz entwickeln können, da war die Flugzeugnase auch schon 40 Grad nach rechts ausgeschwenkt. Trotz voll ausgeschlagenen Seitenruders, trotz krampfhaft nach links gezerrter Bugradsteuerung rumpelte die 747 von der Piste – Totalschaden.

Der Versicherung gegenüber wollte man das Missgeschick verschweigen – es gab ja weder Tote noch Verletzte – doch ein Jumbo stellt auch noch als Schrott einen riesigen Blechhaufen dar. Zudem hatte man vergessen, die Immatrikulationsnummer abzukratzen. Und so kam es, dass ein Kamel – diesmal in Person eines taiwanesischen Journalisten auf Reisen – das Gras, das über die unrühmliche Sache zu wachsen begann, sorgfältig abzupfte, ein Photo von der verschrumpelten Pflaumenblüte am Seitenleitwerk schoss und dieses Bild kommentarlos in einer der großen Sonntagszeitungen einrückte.

Kopilot Pan aber ist weltweit der erste und einzige Pilot, der an zwei aufeinander folgenden Tagen zwei Unfälle nicht nur hautnah miterlebt, sondern auch überlebt hat.

Und noch ein Rekord.

Zuverlässig sind die Triebwerke von Pratt & Whitney, das muss man ihnen lassen; auch wenn sie etwas mehr saufen als die Konkurrenzprodukte, auch wenn ihre Leistungsreserven überschaubar sind. Und wenn sie nach ein paar Jahren vom sogenannten ‚Schlupf' befallen werden, dann lässt sich ihr Konsumverhalten auf eine einfache Formel reduzieren: Je älter desto durstiger. Aber Achtung: Aussetzer, interne Strömungsabrisse, Feuer oder Ähnliches? Fehlanzeige! In mehr als 7 000 Stunden auf Maschinen mit Pratt & WhitneyMotoren war ich von jeglichen Unregelmässigkeiten dieser Art verschont geblieben (dem geschätzten Leser sei versichert, dass mir die Triebwerksfirma kein Hwe Luo zugesteckt hat). Doch das will nicht heißen, dass man mit etwas Mutwillen nicht auch den besten aller Motoren verbiegen kann.

Captain Lee Wan Chan, der neue stellvertretende Chefpilot, war froh, dass C.C.Lee, der designierte Technische Pilot der MD-11 (wir erinnern uns an dessen unrühmliche Episode in Bangkok) gerade auf Strecke war. Nun konnte e r endlich einmal die wilde Sau rauslassen und an dem Ding nach Lust und Laune herumreißen, als auf die älteste der MD-11 nach einer großen Überholung der Test und Abnahmeflug wartete. Immerhin hatte sich Chan zu Beginn seiner fliegerischen Laufbahn in der Luftwaffe für die Ausbildung an der amerikanischen Testpiloten-Schule in Edwards, Kalifornien, gemeldet; er war allerdings mangels Befähigung nach ein paar Wochen abgelöst worden. Als Kopilot für diesen Flug wurde Captain S. S. Lee ausgeguckt, der sich selbst für den besten alles Luftkutscher hielt.

Frohen Mutes machten sich die beiden auf den Weg zum Hallen-Vorfeld, wo sie schon von H. S. Chen erwartet wurden. Herr Chen war vollamtlicher Flugingenieur auf der B-747/200, mit einer Spezialausbildung auf der MD-11 und eingewiesen ins Führen von Protokollen und Messdaten auf Abnahmeflügen. Als er mit

Lee Wan Chan die ersten Punkte des Programms durchsprechen wollte, meinte dieser nur gönnerhaft:

„Schon gut, mein lieber Chen. Wir machen diesen albernen Papierkram später. Jetzt steigen wir erst mal richtig in die Lüfte. Und vergessen Sie bitte nicht, sich gut festzuhalten!"

Gesagt, getan. Die Bodenmannschaft hatte ihre Gerätschaften zur Seite geräumt, die Sicherungsbolzen der Fahrwerke mit den roten Fähnchen dran wurden in Richtung Cockpit gehalten, und schon ging's los. Der Wind blies aus 240 Grad mit 30 Knoten, in Böen bis zu 42 Knoten.

„China Test klar zum Start", kam vom Kontrollturm.

„China Test".

Lee Wan Chan kurvte auf die Piste und schob die Leistungshebel nach vorne. Chen notierte die Werte für die Turbinendrehzahl, die Abgastemperatur und den Treibstoffdurchfluss. Und da war auch schon die Entscheidungsgeschwindigkeit erreicht und überschritten. Hei, war das ein Spaß! Unser guter Chef-Stellvertreter fühlte sich in die tollen Luftwaffenjahre zurückversetzt, wo er nach Herzenslust die wilde Jagd inszenieren konnte. Wo er im Tiefstflug derart knapp über Handelsschiffe hinwegfegte, dass die Matrosen in heller Panik von der Reling zurückschnellten und im Inneren des Schiffes Deckung suchten. Mein Gott, das waren noch Zeiten! Und da gab es keinen, der ihm oder seinen Kameraden hätte Vorschriften machen können. Frei waren sie und wild (und – nebenbei – auch noch jünger).

Diesen Träumen muss Lee Wan Chan wohl auch noch nachgehangen haben, als er die Rotation einleitete, denn die fiel eindeutig etwas zu brüsk aus. Wie im Rausch zog er an der Steuersäule, urplötzlich war ein Anstellwinkel von 39 Grad erreicht, und das war auch der gutmütigen MD-11 zuviel: Noch während die Fahrwerke einfuhren, noch während der als Kopilot fungierende S. S. Lee ein warnendes „Oh, oh, was soll das?" von sich gab, riss in den Triebwerken unter den Flügeln die Strömung ab, sie ‚verschluckten' sich, wie man bei den Technikern zu sagen pflegt. Und sie fingen an, sich bedrohlich zu schütteln. Die Abgastemperatur schoss bis zu 115 Grad über das zulässige Maximum hinaus. Die Warnanlagen meldeten sich mit ‚Feuer – Feuer' in den Motoren eins und drei, es blinkte und rasselte wie auf der Geisterbahn.

„Feuer, Feuer!" schrie nun auch Flugingenieur Chen vom dritten Sitz hinter der Mittelkonsole, der sich aufgrund des extrem hohen Anstellwinkels der Maschine vorkam wie auf dem Zahnarztstuhl; dabei fuchtelte er mit dem ausgestreckten Arm in Richtung der Anzeigen für die Abgastemperatur. Und unmittelbar danach: „Ach nein, nein, kein Feuer. ‚Blowout', Strömungsabriss in Nummer eins und drei!"

Lee Wan Chan saß wie gelähmt in seinem Sitz und starrte auf die Triebwerksinstrumente. Auch S. S. Lee hatte es die Sprache verschlagen, auch er zeigte wortlos auf die Anzeige für die Abgastemperatur. Flugingenieur Chen behielt als Einziger die Nerven: Er lehnte sich nach vorne und zog ohne lange zu fragen die Leistungshebel der Triebwerke eins und drei auf Leerlauf zurück. Mit dem Herunterspulen der Motoren hörten auch die Vibrationen auf. Während sich nun Triebwerk Nummer drei im Leerlauf stabilisierte, gab Nummer eins seinen Geist auf – Ende Feuer. Kaputt.

Die beiden Lee's klammerten sich immer noch an der Steuersäule fest, ohne eigentlich zu steuern, sie schienen zu jeder Bewegung unfähig. Zum Glück ‚rettete' sich die beinahe alles verzeihende MD-11 aus dieser misslichen Lage selbst, indem sie – mangels Schub von den Motoren eins und drei – ihre Nase gemütlich unter den Horizont senkte und Geschwindigkeit aufnahm.

S. S. Lee kam als Erster wieder zu sich. Er fing die Maschine in 1 600 Fuß über Grund ab, informierte den Kontrollturm, bestellte die Feuerwehr ans Ende der Landepiste und bereitete alles für einen einmotorigen Anflug auf die Piste 23 Rechts vor. Bei Lee Wan Chan dauerte es etwas länger, bis er seinen Schock einigermaßen überwunden hatte. Doch dann meldete er sich mit der Erkenntnis zurück:

„Wir müssen sofort umkehren und landen!“

„Ach, was Sie nicht sagen!“ gab S. S. Lee spitz zurück. Und dann:

„Das lange, graue Ding da vorne, das ist die Piste. Wir sind bereits im Endanflug.“

Lee Wan Chan wird als erster und einziger Pilot in die Geschichte (und wohl auch ins GuinessBuch der Rekorde) eingehen, dem es gelungen ist, gleich zwei Triebwerke einer MD-11 auf einen Schlag außer Gefecht zu setzen.

Ganz nebenbei: Der geschätzte Schaden belief sich auf rund acht Millionen Dollar.

Unser Chefpilot Ho.

Eigentlich diente er in seiner Funktion nur kurze Zeit, so etwa ein gutes Jahr. Und er nahm sein Amt ernst. Zwar ‚herrschte' er nur über ganze vier Flieger, doch das machte ihm nichts aus – Chefpilot war Chefpilot. Wenn er sich bewähren würde – und dass er sich bewähren würde stand für ihn immer schon fest – könnte man ihn beim nächsten Beförderungsschub nur schwerlich übergehen. Im Gegensatz zu seinen Vorgängern (wie auch zu seinen Nachfolgern) zeichnete sich Ho dadurch aus, dass er keine Angst vor dem Schreibtisch kannte. Ließ die anbrandende Papierflut andere Funktionäre ihre Chefsessel räumen, Ho hielt unerschütterlich aus. Papier konnte ihm nichts anhaben, er ließ es abarbeiten.

Für diesen Job hielt er sich eine Gruppe von etwa sechs Kopiloten, die entweder auf der Krankenliste standen oder – aus welchen Gründen auch immer – zeitweise zum Bodendienst verdonnert waren. Erstaunlicherweise waren seine ‚Knechte' stets guten Mutes, war es ihm doch gelungen, die jungen Männer zu überzeugen, dass sie es wären, die die Geschicke der glorreichen Fluglinie mit der Pflaumenblüte lenken würden, wenn er und seine Kollegen einmal ausgedient hätten. Und – so eine weitere seiner weisen Erkenntnisse – gute Führung beginne immer im Büro.

Treu dieser seiner Devise produzierte er für jeden Posteingang zwei Postausgänge. Ho's Bruder, der an der staatlichen Universität politische Wissenschaften und Verwaltungsrecht lehrte, hatte ihm nämlich darlegen können, dass nur der ein guter Chef sei, der auch im Bereich Kommunikation und Publikation Außerordentliches leiste. Also quollen aus dem Büro des Chefpiloten massenweise Pamphlete, Erlasse, Ermahnungen, Gebote wie Verbote sowie Hinweise und Protokolle zu absolut nebensächlichen und völlig unbedeutenden Ausschusssitzungen. Mich persönlich beeindruckte die Tatsache, dass im Postraum für das fliegende Personal die Papierkörbe stets leer waren – offenbar wagte es niemand, auch nur ein einziges dieser Rundschreiben wegzuwerfen. Andererseits konnte ich mir beim besten Willen nicht vorstellen, dass all dieser Nonsens gelesen oder gar aufgehoben wurde.

Des Rätsels Lösung offenbarte sich mir im Umkleideraum des firmeneigenen Tennisclubs; hier quollen die Papierkörbe über. Ein älterer Kollege erklärte mir, dass Captain Ho als gestrenger Chef den Postraum regelmäßig zu inspizieren pflegte, indes er als passionierter Golfer seinen Fuß nie über die Schwelle zur Tennisumkleide setzen würde, die sich neben dem Postraum befand.

Seine Verpflichtungen als Autor, Aufpasser und Handicapspieler ließen dem Chef naturgemäß nur noch wenig Raum für seine Tätigkeit als Pilot. Doch die knapp bemessene Zeit im Cockpit nutzte er weidlich, um eine überproprtional große Menge an Fehlern und Beinahe-Katastrophen zu produzieren. Was sich hier so locker und erheiternd liest, hätte in mindestens zwei Fällen mehreren Hundert Menschen – und natürlich auch ihn selbst – das Leben kosten können. Zum Glück blieb es bei einer einzigen Toten, doch davon später.

Seit Einführung der DC10 in den frühen siebziger Jahren weiß man, dass dieser Vogel bei hohem Gewicht auf niedrigen Höhen relativ schnell geflogen werden muß. Fällt zum Beispiel die Eigengeschwindigkeit auch nur um zwei Prozent unter diesen optimalen Wert, steigt der Treibstoffverbrauch gleich um vier Prozent an. Nicht anders verhält es sich bei der MD-11, denn dieser Mühle hat der Hersteller McDonnell-Douglas in etwa dieselben Flügelprofile verpasst wie seinerzeit der DC10.

Bedauerlicherweise fochten derartige Erkenntnisse die Herren Flugkapitäne bei China Airlines nicht weiter an. Sie zuckelten die Luftstraßen entlang, dass einem angst und bange wurde. Es schien ihnen völlig egal zu sein, ob die Flugplanzeiten eingehalten werden konnten, ob die Wahl einer weniger günstigen Flughöhe die Flugzeit einzukürzen vermochte, ob die Passagiere pünktlich ankamen oder mit Verspätung. Anläßlich eines Routinetreffens mit Fluglehrern und Chefpiloten (auch von der Airbus und der JumboFlotte) schnitt ich dieses Thema an; um leeres Geschwafel nicht erst aufkommen zu lassen, hatte ich die entsprechenden Unterlagen aus den MD-11-Handbüchern gleich mitgebracht – für jeden eine Kopie. Die Herren folgten aufmerksam meinen Ausführungen und nickten anerkennend, als ich ihnen vorrechnete, dass der Gesellschaft durch die Langsam-Fliegerei Jahr für Jahr etwa 24 000 Tonnen Treibstoff verloren gingen.

Nach meinem Referat bat ich um Fragen aus dem Publikum, falls ich in meinen Erläuterungen etwas übersehen haben sollte. Daraufhin steckten ein paar Fluglehrer ihre Köpfe zusammen und tuschelten angeregt miteinander. Ein paar meiner Kollegen von der MD-11 grinsten mich an, und plötzlich war der ganze Sitzungsraum erfüllt von heiterer Ausgelassenheit. Ich kam mir vor, als liefe ich mit offenem Hosenlatz oder mit Lippenstift am Hemdkragen herum. Doch noch bevor ich mich um Aufklärung bemühen konnte, ergriff der Chefpilot der B-747/400Flotte das Wort. Er erklärte mir ohne Umschweife, dass sich das Gehalt der Piloten aus einem Grundbetrag und aus Zulagen zusammensetze, die sich aus der Zahl der abgeflogenen Stunden errechne – klar also, dass jeder so langsam wie nur irgend möglich zu fliegen versuchte. Gegen solche Argumente ließ sich beim besten Willen nicht ankämpfen…

Captain Ho bildete da keine Ausnahme, auch er schipperte mit einem Anstellwinkel von bis zu fünf Grad durch die Gegend. Na gut, wenn die Mitarbeiter ihrer eigenen Firma nicht mehr Loyalität entgegenbrachten, dann sollte mich das nicht weiter stören. Von Amsterdam nach Bangkok spielt es keine Rolle, wenn da einer Treibstoff vergeudet (hoffentlich lesen die Grünen nicht mit!); der Flug nach Osten ist selten länger als zehneinhalb Stunden.

In umgekehrter Richtung sieht die Sache schon anders aus, da braucht man – besonders im Winter, wenn die starken und unangenehmen Jetströme von Europa über Iran nach Fernost blasen

– jeden Tropfen Sprit. Nur in Ausnahmefällen kommt man mit weniger als zwölf Stunden davon, und da die Mühlen zu dieser Jahreszeit proppenvoll sind, ist man schon froh, wenigstens die gerechneten Minimal-Mengen in den Tanks zu verstauen. In Bangkok ist das Kerosin immer warm, d.h. sein spezifisches Gewicht liegt eher unter als über 0,78. Bei niedrigem spezifischen Gewicht kann es dann vorkommen, dass alle Tanks schon randvoll sind, bevor man die geforderte Mindestmenge in Tonnen an Bord hat. Wenn dann noch das Wetter am Bestimmungsflughafen verrückt spielt, dann spitzt sich die Lage sehr schnell dramatisch zu, besonders dann, wenn man sich verhält wie – eben – Captain Ho.

Etwa eine halbe Stunde vor Ankara erhielt Flug CI-065 die aktuelle Wettermeldung aus Amsterdam: Windstille, Sicht 400 Meter in Nebel, Temperatur und Taupunkt bei drei Grad Celsius, Platzdruck 1021 Hektopascal. Tendenz: Bodensicht allmählich absinkend auf 200 Meter. Flugkapitän Henttu, ein ebenso erfahrener wie besonnener Pilot aus Finnland, der seit vier Jahren im Dienste von China Airlines stand und insgesamt schon über 18 000 Stunden auf Düsenflugzeugen abgesessen hatte, ließ sich die Wettermeldung ausdrucken.

„Na, reicht das aus?“ fragte er scherzend zum Kopiloten hinüber.

„Oh, Sir, ich weiß nicht so recht“, antwortete Xi Wang. Dann deutete er mit dem Finger auf die Trendmeldung und schob zögernd nach: „Immerhin haben wir schon viereinhalb Tonnen Treibstoff verloren. In jedem Fall müssen wir Captain Ho wecken und ihn zuerst fragen, bevor wir einen Entscheid fällen; das hat er mir aufgetragen, bevor er zum Schlafen in die Koje gekrochen ist.“

„Um das Wetter zu interpretieren brauche ich keinen Captain Ho. Und an drei Fingern kann ich abzählen, dass wir in Amsterdam noch genau zwei Minuten in der Warteschleife hängen können, bevor wir zum Ausweichflughafen düsen müssen.“

„Das ist meiner Meinung nach gar nicht so schlimm, denn Amsterdam hat vier Blindlandepisten, da kommen wir schon runter."

„In dem einen Punkt gebe ich Ihnen recht: Runter kommen wir alle, es fragt sich nur wie. Sie aber wären schon längst nicht mehr bei China Airlines, wenn Sie sich nicht Ihren Optimismus bewahrt hätten! Aber im Ernst: Bei solch miserablen Wetterbedingungen halten die Amsterdamer sicher nicht alle vier Blindlandepisten in Betrieb. Sie müssen sich vor Augen halten, dass die Radarkontrolle unter den gegebenen Umständen wesentlich größere Bereitstellungsräume benötigt. Und wenn wir ankommen, dann sind wir sicher nicht die einzigen, die anfliegen wollen; denken Sie nur an den einströmenden Verkehr aus Afrika und Nordamerika! Vielleicht schauen Sie sich einmal die Wetterberichte der potentiellen Ausweichflughäfen etwas genauer an: Köln schlecht, Brüssel schlecht, Düsseldorf aus technischen Gründen geschlossen. Hamburg hat besseres Wetter, aber nur eine Piste in Betrieb. Lediglich Wien, Frankfurt und Stuttgart sind gut."

„Ich habe mir die Ausweichflughäfen angeschaut. Ihre Überlegungen machen sicher Sinn. Aber Sie können sich nicht vorstellen, wie Captain Ho tobt, wenn etwas über seinen Kopf hinweg entschieden wird, bitte…"

„Also gut, wecken Sie Ihren Ho, auf dass er nicht tobe. Meine Schicht ist ohnehin längst vorbei. Und ganz nebenbei: Das Treibstoffdefizit von beinahe fünf Tonnen kann sich der Herr Chefpilot für seine verdammte Langsam-Fliegerei ankreiden lassen."

Eine halbe Stunde später kam Captain Ho gutgelaunt aus dem Bett. Er hatte sich rasiert und verlangte umgehend nach Futter, sobald er es sich auf dem linken Sitz bequem gemacht hatte. Captain Henttu reichte ihm einen Zettel über die Schulter, auf dem die letzten Wettermeldungen aller Flughäfen aufgezeichnet waren, die für eine Landung in Betracht kamen (ein mündlicher Vortrag hätte wohl nicht sehr viel Sinn gemacht, denn Ho verstand so gut wie kein Englisch); daneben waren die benötigten Treibstoffmengen aufgelistet und den Reserven gegenübergestellt, die für zwei verschiedene Ausweich-Szenarien unbedingt an Bord sein mussten.

Während Captain Henttu geduldig auf eine Äusserung seines Chefpiloten wartete, verspeiste dieser seelenruhig sein Congee, diesen unansehnlichen Reisbrei, den er mit eingemachten Erdnüssen, etwas geriebenem Trockenfisch, einem fermentierten Ei und verschiedenen Gewürzen aufgepeppt hatte. Ho schien keine Eile zu haben, obwohl sie Bukarest bereits überflogen hatten; er mampfte gedankenverloren vor sich hin.

„Captain Ho", meldete sich Henttu, „haben Sie das Wetter von Amsterdam und für die möglichen Ausweichflughäfen gesehen?"

„Ja."

„Und? Welche Lösungen könnten Sie sich vorstellen?"

„OK."

„Aber uns fehlen bereits fünf Tonnen Treibstoff."

„OK."

Nein. Captain Henttu fuhr nicht aus der Haut. Er hatte im Laufe seiner kurzen Karriere bei China Airline im Umgang mit Leuten wie Chefpilot Ho Erfahrungen gesammelt. Er wusste: Traf er im entscheidenden Augenblick nicht den richtigen Ton, dann war es aus mit jeder Art der Verständigung oder gar Zusammenarbeit, dann würde Ho einfach auf stur schalten. Behutsam sprach er auf den Chefpiloten ein wie auf ein krankes Pferd: Das Wetter in Amsterdam habe sich verschlechtert, die Lampen-Sicht sei mittlerweile auf 200 Meter abgesunken. Verschiedene Maschinen seien bereits unterwegs zur Ausweichlandung in Frankfurt, denn dort sei das Wetter gut. Allerdings melde Frankfurt bereits ‚Fass zu', d.h. wenn man allzu lange zuwarte, würde der Flughafen mangels hinreichender Parkplätze keine außerplanmäßigen Flüge mehr akzeptieren. Würde man also in Richtung Amsterdam weiterfliegen und dann nicht landen können, würde man nicht mehr genügend Treibstoff haben, um überhaupt noch ausweichen zu können.

Captain Ho kaute ruhig weiter. Dann nahm er einen Schluck

Tee. Er drehte sich in Richtung Henttu, nickte zweimal und meinte dann: „OK."

Wien war bereits überflogen, die Maschine hatte Kurs Richtung Fulda genommen.

Henttu gab nicht auf. Er ließ sich mit dem Stationsleiter in Amsterdam verbinden, informierte ihn über die voraussichtliche Ankunftszeit im östlichen Warteraum und fragte ihn, wie er die Situation einschätze.

„Guten Morgen, Tommu! Hättest Dir, bei Zeus, auch etwas besseres Wetter aussuchen können. Hier in Amsterdam sieht es nicht sehr gut aus. Seit zwei Stunden haben wir keine nennenswerte Veränderung hinsichtlich Bodensicht; die schwankt zwischen 200 und 300 Metern. Aber die Warteschlange der Maschinen, die anfliegen wollen, die wird länger und länger. Wenn Sie innerhalb der nächsten halben Stunde in den Nahbereich kommen, dann werden Sie bestenfalls als Nummer fünfzehn bis zwanzig anfliegen dürfen."

„Danke, Yoon. Und wie sieht Rotterdam aus oder Maastricht?"

„Beide zu. Und Ihr Treibstoff?"

„Minus fünf. Bitte halten Sie die Frequenz offen. Danke!"

„Captain Ho, haben Sie das gehört?"

„OK."

Nun war für Captain Henttu endgültig klar, dass der gute Ho von der ganzen Problematik nichts, aber auch gar nichts mitbekommen hatte. Wahrscheinlich stellte der sich vor, dass er nur anzukommen brauchte, um augenblicklich für einen Anflug eingefädelt zu werden. Henttu musste sich also einen Plan zurechtlegen, nach dem er vorgehen würde, bevor der unbedarfte Mann auf dem linken Sitz einen größeren Flurschaden anrichten konnte. Überschlagsmäßig machte er für sich folgende Rechnung auf: Wenn sie über Amsterdam ankämen, könnten sie – äußerstenfalls als Nummer zwölf in der Warteschlange für den Anflug – immer noch problemlos landen (wenn auch ohne jede Ausweichmöglichkeit). Würden sie länger als 40 Minuten warten müssen, dann würde er bei der Flugverkehrsleitung Priorität für einen Anflug verlangen, und bei einer Verweilzeit von mehr als 45 Minuten in der Warteschleife würde er den Notfall erklären, Ho nötigenfalls mit Gewalt aus dem Sitz zerren und selbst den Anflug durchführen; schließlich war es auch sein Hintern, der sich sehr bald in akuter Gefahr befinden würde – von den 258 Passagieren im Anhänger einmal ganz abgesehen.

Aber alles kam anders: Möglicherweise hatte der gute Stationsleiter Yoon bei der Flugverkehrsleitung ein gutes Wort eingelegt, jedenfalls musste CI-065 nicht in die Warteschleife. Der Fluglotse am Nahbereichsradar hatte sich offenbar für eine flexible Bereitstellung der Flugzeuge entschieden. Auf diese Wiese konnte er bei Bedarf die Abstände zwischen den einzelnen Maschinen entweder vergrößern oder schrumpfen lassen. Er konnte z.B. drei oder vier kleinere Maschinen der Typen DC9, B737 oder Airbus 320 eng gestaffelt hintereinander anfliegen lassen (weil die aufgrund ihres geringeren Gewichts auch weniger Verwirbelungen erzeugten als Großraumflugzeuge). Dieserart konnte er dann Platz schaffen für ‚ExotenPiloten', die es mit dem Einhalten z.B. der zulässigen Höchstgeschwindigkeit unter 10 000 Fuß nicht allzu genau nahmen oder den erteilten Anordnungen nicht schnell genug Folge leisten konnten oder wollten – wie z.B. Captain Ho.

Der weigerte sich hartnäckig, Vorflügel und erste Klappenstufe auszufahren, weil das seiner Meinung nach den Treibstoffverbrauch erhöhe; dass er mit seiner Albernheit und den – geschwindigkeitsbedingt – großen Kurvenradien die ganze Prozession durcheinanderbrachte, störte ihn nicht. Logischerweise überschoss er – mit 245 Knoten am Stau – den elektronischen Peilstrahl, als er schließlich die Freigabe zum Endanflug erhalten hatte. Als nächstes schaltete er den Autopiloten aus. Wie wild kurvte er nun auf der Jagd nach dem Peilstrahl mal nach links, dann wieder nach rechts. Auf die Idee, zunächst einmal die Geschwindigkeit zurückzunehmen, kam er allerdings nicht. Immer wieder guckte Ho aus dem Fenster, als ob er hoffte, die Piste zu entdecken. Die aber lag gut versteckt unter einer dicken, grauen Nebelmasse, in die man über kurz oder lang eintauchen würde. Die Außentemperatur lag bei plus zwei Grad.

„Triebwerks und Flügelbeheizung einschalten!" befahl Henttu dem völlig verdatterten Kopiloten.

„Warum sollten wir enteisen?" wollte Ho wissen. Und „Wir fliegen ja in der Sonne, wie Sie sehen. Oder sehen Sie hier oben Eis?"

Henttu deutete nach unten: „Dort unten gibt es keine Sonne, sondern gefrierenden Nebel mit starker Vereisung."

Der Kerl am Radar musste Nerven so dick wie Schiffstampen haben, denn er nahm die spastischen Manöver von CI-065 kommentarlos zur Kenntnis. Für Captain Henttu aber war hier und jetzt das Ende der Fahnenstange erreicht; aus dieser Position würde Ho keinen Anflug mehr zustande bringen können.

„Durchstarten!" befahl er.

Wie um sich zu vergewissern, ob er denn auch recht gehört habe, drehte sich Ho zu dem Mann um, der es gewagt hatte, ihm Befehle zu erteilen. Doch bevor er seinen Mund öffnen konnte, befahl Henttu erneut:

„Durchstarten!"

Captain Ho startete durch. Zwar nicht eben so, wie es eigentlich im Buche steht, aber immerhin, er stürzte nicht ab. Der Kopilot informierte den Radar-Mann. Es konnte neu eingefädelt werden.

Mittlerweile waren die Treibstoffreserven merklich geschrumpft. Doch noch gab es keinen Grund zur Panik. Wenn von nun an alles einigermaßen normal über die Bühne ginge, dann würde man mit rund vier Tonnen Restmenge landen können. Aber erstens kommt es anders, und zweitens hockt da immer noch der Chefpilot über ganze vier MD-11 im linken Sitz, dem es offenbar schnuppe ist, ob sich die Flottengröße die China Airlines während der nächsten halben Stunde um eine Einheit verringert oder nicht. Anstatt sich auf den nächsten Anflug zu konzentrieren, kanzelte Ho den guten Henttu nun nach Strich und Faden ab: ER, Ho, sei hier immer noch Chef im Cockpit. Und ER sei der Chefpilot, damit das klar sei. ER alleine trage die volle Verantwortung und sonst niemand. Noch habe ER das Kommando an Bord. Wer sich seinen Entscheiden widersetze, würde die entsprechenden Konsequenzen zu tragen haben.

Noch eine ganze Weile blubberte Ho so vor sich hin, während sich der Kopilot durch die Checklisten arbeitete und Henttu ruhig zuhörte. Der Radar-Kontrolleur führte die Maschine erneut in den Bereitstellungsraum. Doch anstatt die Freigabe für den Endanflug zu erteilen, fragte er unvermittelt an, ob man sich noch etwa sechs Minuten gedulden könne: Da sei eine Air-France-Maschine, die wegen geringer Treibstoffreserven Priorität verlange.

„No problem", funkte Ho nach unten, „kein Problem."

Da blieb einem die Spucke weg. Das durfte doch nicht wahr sein: Da waren die Treibstofftanks so gut wie furztrocken, und dieser Typ gab sich als Gentleman! Henttu löste seine Sitzgurte und trat ganz dicht hinter Ho's Sitz.

„Nun hören Sie mir bitte ganz genau zu", sagte er ruhig aber bestimmt. Und weiter:

„Wir haben noch Kerosin für einen, maximal zwei Anflüge. Wenn Sie von jetzt an auch nur noch den kleinsten Fehler machen, dann haue ich Ihnen eins über den Schädel, zerre Sie vom Sitz und mache den Anflug selber. Sieben Meter hinter Ihnen sitzen Menschen, die nicht ins Massengrab wollen. Und ich habe eine Familie, die keinerlei Verständnis dafür hätte, wenn ich mich von einem Clown in den Boden rammen lassen wollte. Ich hoffe, Sie haben das begriffen!"

Ho blieb stumm und starrte geradeaus.

Der Kopilot hatte so etwas während seiner ganzen Karriere noch nicht gehört. Ohne ein Wort hervorzubringen klappte er seinen Kiefer ein paarmal auf und zu. Fassungslos starrte er abwechselnd

Ho und dann wieder Henttu an. Endlich raffte er sich auf und fragte: „… äh, soll ich …?“

„Entschuldigen Sie bitte, wenn ich Sie unterbreche. Aber Captain Ho hat immer noch keine Anflugbesprechung durchgeführt. Der wichtigste Punkt – und darauf müssen Sie unbedingt achten – ist die Rotation für den Fall, dass wir noch einmal durchstarten müssen. Unter gar keinen Umständen darf der Anstellwinkel auf mehr als zwölf Grad ansteigen. Die Flügeltanks sind leer. Wir haben nur noch sehr wenig Treibstoff im Haupttank; wenn Captain Ho zu heftig am Steuer reißt, dann laufen die Treibstoffpumpen trocken, und die Motoren verabschieden sich.“

„OK.“

Die Minuten rannen dahin, der Vogel der Air France war immer noch nicht am Boden! Endlich, endlich kam die Anweisung der Bodenkontrolle, auf einen Kurs von 90 Grad zur Anflugachse einzuschwenken. Augenblicklich befahl Captain Ho, Vorflügel, Klappen auf 28 Grad und das Fahrwerk auszufahren. Natürlich war es für die Räder mit ihrem massiven Widerstand noch zu früh, aber immerhin schaffte es Ho diesmal, den Peilstrahl zu erwischen. Und dank der Automatik erfolgte ein normaler Anflug mit einer ordentlichen Landung. Die Lampensicht war im Laufe der letzten zwanzig Minuten auf unter 150 Meter abgesunken.

Während des Ausrollens wischte sich Henttu den Schweiß von der Stirn. Beim Abstellen der Triebwerke zeigte die Tankuhr noch 1 100 Kg – bei einem Crash hätte es wenigstens nicht gebrannt.

Andocken.

Die ahnungslosen Passagiere verlassen die Maschine, froh, endlich aus dem trockenen Mief herauszukommen. Sie werden ihren Freunden, Bekannten und Verwandten erzählen, dass der Flug sehr lange gedauert hat.

Chefpilot Captain Ho räumt gemütlich seine Sachen zusammen. Der Kopilot führt die Bordbücher nach. Durch die Cockpittüre kommt – dick vermummt – Yoon, der Stationsverantwortliche; er möchte allen einen wunderschönen Morgen wünschen, doch dann sieht er die Treibstoffanzeige und verstummt.

Captain Henttu hat das Cockpit bereits verlassen. Auf dem Weg zum Hotelbus wendet er sich an Captain Ho:

„Sir, das war verdammt knapp! Wir könnten alle tot sein."

Ho überlegt ein paar Sekunden, dann fragt er: „Warum?"

* * *

Knapp vier Monate später bringt Captain Ho wieder einmal Passagiere in Lebensgefahr. 248 an der Zahl. Doch diesmal stellt er seine Unfähigkeit nicht gegen Ende des Fluges unter Beweis, sondern gleich zu Beginn.

CI-003 steht in Taipei startbereit auf der Piste 23 Rechts. Alle Tanks sind voll bis zum Stehkragen. Maximales Startgewicht ist angesagt. Ziel der Reise ist San Francisco. Auf dem rechten Sitz Ma MengHsien, Kopilot in Ausbildung. Auf dem dritten Sitz hinter der Mittelkonsole hat sich Captain Chou angeschnallt, der seine Ausbildung nach diesem Flug abgeschlossen haben wird; seine Gesamtflugerfahrung liegt bei etwa 4000 Stunden, auf der MD-11 hat er bis zu diesem Tag 112 Stunden eingetragen.

Der Kontrollturm gibt die Startfreigabe durch: „CI-003, Wind 290 Grad mit vierzehn Knoten. Steigen Sie geradeaus auf 3 000 Fuß. Klar zum Start."

„Geradeaus 3 000, klar zum Start, 003."

Nach dem Abheben befiehlt Captain Ho in richtiger Reihenfolge:

„Gear up – Profile – Autopilot."

Kopilot Ma führt die Manipulationen routinemäßig und fehlerlos aus: Er fährt das Fahrwerk ein, schaltet den Rechner für das Steigflugprofil zu, dann den Navigationscomputer und zum Schluss den Autopilot Nummer eins. Er kontrolliert die Anzeigen auf den

Bildschirmen, überprüft nochmals die vorgewählte Höhe, registriert die Rückbestätigung und meldet Vollzug. So weit so gut.

1 500 Fuß sind durchflogen, die automatische Triebwerkssteuerung nimmt die Leistung vom Startschub auf die Steigflugwerte zurück. Bei 2 500 Fuß taucht die Maschine in die dichte Wolkendecke ein. Sobald 3 000 Fuß erreicht sind, meldet der Kopilot diese Höhe an den Kontrollturm. Dieser weist den Flug CI-003 an, 3 000 Fuß beizubehalten und ordert den Frequenzwechsel zum Radar. Der Autopilot senkt die Flugzeugnase leicht ab und leitet die erste Beschleunigungsphase ein.

Nachdem er sich beim Radar angemeldet hat, kommentiert der Kopilot: „Klappen grün." Dies bedeutet, dass die Geschwindigkeit hoch genug ist, um die Landeklappen einzufahren.

„Klappen einfahren" befiehlt Captain Ho.

Ma bedienst den Klappenhebel, setzt ihn auf null Grad. Die Klappen fahren ein, auf dem Bildschirm erscheint die Bestätigung. Ma meldet: „Klappen eingefahren."

Die Maschine beschleunigt rasch auf 260 Knoten, das Symbol für die Vorflügel wird grün, die Vorflügel können eingefahren werden. Ho gibt den entsprechenden Befehl, doch Kopilot Ma zögert zunächst; er räuspert sich und dann gibt er zu bedenken:

„Captain Ho, unter 10 000 Fuß ist die Maximalgeschwindigkeit auf 250 Knoten beschränkt. Und wir fliegen immer noch auf 3 000 Fuß. Soll ich beim Radar…?"

„Macht nichts. Sie sehen doch, dass ich die Geschwindigkeit von 350 Knoten bereits in den Flugrechner eingespeist habe. Also fahren Sie schon die Vorflügel ein. Wir sind in diesem Sektor des Luftraums ohnehin die Einzigen."

Der Kopilot zögert noch einen Augenblick, doch dann betätigt er den Wahlhebel, und die Vorflügel fahren ein. Ma will gerade melden, dass die Manipulation abgeschlossen ist, als die Maschine nach rechts zu gieren beginnt. Komisch. Der Autopilot ist eingeschaltet und sollte eigentlich den vorgewählten Kurs halten, doch die Flugzeugnase wandert ganz offensichtlich nach rechts aus. Anstatt 230 Grad liegen nun 243 Grad an, 245, jetzt schon 251. Und das ohne asymmetrischen Schub, ohne Seitenwind.

Captain Ho kann sich zwar keinen Reim auf das Verhalten der Maschine machen, aber als praktisch veranlagter Mensch weiß er sich zu helfen: Er wählt ganz einfach einen Kurs der mindestens 30 Grad links vom Sollkurs liegt und schaltet den Autopiloten von ‚Navigation' auf ‚Kurs'. Nun wollen wir doch mal sehen, was sich der Autopilot einfallen lässt!

Aber der Autopilot schafft es nicht. Er befindet sich jetzt zwar im ‚Kurs-Modus', der Kurs aber wandert immer noch nach rechts aus.

Kurzentschlossen schaltet Ho die Automatik aus. Nun merkt er, dass das Flugzeug noch viel schneller nach rechts dreht als vorher. Ho tritt daher kräftig ins linke Seitenruder, um wieder auf Kurs zu kommen; gleichzeitig legt er ordentlich Querruder nach links ein. Und tatsächlich: Die Maschine gehorcht. Na also!

Wahrscheinlich hat der Erfolg seines Manövers den guten Chefpiloten derart erfreut, dass er alsbald die räumliche Orientierung verliert und die Flugzeugnase ruckartig auf 30 Grad gen Himmel zieht. Von Kopilot Ma's Seite kommt ein schüchternes „Fluglage" und dann nochmals (eine wahrhaft mutige Tat des Kopiloten) „Achtung, Ihre Fluglage!"

Infolge dieses unbeabsichtigten Aufschwungs nimmt die Geschwindigkeit rapide ab. Dafür gewinnt Captain Ho an Höhe, er durchkreuzt – ohne Erlaubnis – vier Flugflächen von unten nach oben, gefährdet dabei eine im Anflug befindliche DC-9 und befindet sich plötzlich auf 7 000 Fuß, anstatt der feigegebenen 3 000 Fuß. Der Radarbeamte registriert diesen tolldreisten Ausritt von CI-003 auf seinem Bildschirm mit Missfallen und erteilt der DC9 den Befehl, augenblicklich auf Kurs 320 zu drehen und schnellstens auf 9 000 Fuß zu steigen, um eine Kollision zu verhindern; die Rückfrage der DC9-Besatzung wird mit einem ‚Steigen Sie, Herrgott, steigen Sie!' abgeschnitten. Dann fordert der Mann am

Radar CI-003 in barschem Ton auf, sofort eine schlüssige Erklärung für die Abweichung von der Streckenfreigabe nachzureichen. Doch CI-003 hat gar keine Zeit zu antworten, denn im Cockpit geht alles drunter und drüber.

Da die Konstrukteure der MD-11 offenbar geahnt hatten, dass einige ihrer Vögel an China Airlines ausgeliefert würden, haben sie ihr ein paar technische Finessen verpasst, die das Allerschlimmste zu verhindern helfen sollten. Eine davon ist, dass die Vorflügel automatisch ausfahren, wenn die Eigengeschwindigkeit unter einen – vom Gewicht abhängigen – Minimalwert fällt, wenn also die Strömung über den Tragflächen abzureissen droht.

Diese Geschwindigkeit war erreicht, bevor sich Ho mit seinem Untersatz auf die Höhe von 7 000 Fuß zubewegte. Die Steuersäule begann zu rütteln, alle Warnanzeigen im Fluglageinstrument wiesen auf den äußerst gefährlichen Flugzustand hin – doch den Captain ließ das alles kalt, weil er diese lebenswichtigen Informationen nicht zu deuten wusste. Spät, viel zu spät kam ihm zu Bewusstsein, dass ihm über 100 Knoten an Geschwindigkeit fehlten, und dass er sich hier oben eigentlich gar nicht aufhalten durfte. Also streckte er die Arme voll durch, die Maschine neigte sich nach vorne. Passagiere und Besatzungsmitglieder hingen buchstäblich in ihren Sitzgurten, denn die negative Beschleunigung hatte einen Wert von minus 1,4 überschritten. Auch Kissen, Wolldecken, Kopfhörer, Bücher und herumliegende Erdnüsse strebten plötzlich himmelwärts. Einige Passagiere gerieten in Panik, klammerten sich aneinander und begannen zu schreien.

Vorne im Cockpit focht der brave Captain Ho weiterhin verbissen seinen Kampf gegen diese verfluchte Technik. Die Flugzeugnase zeigte nun vierzehn Grad unter den Horizont, und – welch ein Wunder – das Flugzeug hielt wieder Kurs. Ohne jede Korrektur, ohne Unterstützung durch Seiten oder Querruder. Das ging mit dem Teufel zu, das sollte einer begreifen!

Nicht lange allerdings durfte sich Captain Ho der stabilisierten Lage erfreuen. Die Geschwindigkeit nahm nun rasend schnell zu, und mit einer Sinkrate von 4 500 Fuß pro Minute stürzte das voll beladene Flugzeug durch Nacht und Wolken dem Erdboden entgegen. Doch halt! Was war das? Kaum zeigte der Geschwindigkeitsmesser etwas mehr als 260 Knoten an, begann die Maschine schon wieder nach rechts auszubrechen. Allerdings konnte sich der Captain diesmal nicht lange mit etwaigen Korrekturen aufhalten, denn der Höhenmesser spulte beängstigend schnell nach unten ab. Plötzlich dröhnte es durchs Cockpit: ‚Terrain. Terrain'. Und dann ‚Whoop. Whoop. Pullup!' Diese Warnung ertönt immer dann, wenn die Absinkrate zu hoch ist oder – wenn man so will – wenn der Boden allzu schnell auf das Flugzeug zurast.

„Ziehen, ziehen!" schrie Ho. Und augenblicklich befolgte er seinen eigenen Befehl. Er riss mit aller Kraft an der Steuersäule. Und wie um sich selbst Mut zu machen, brüllte er nochmals: „Ziehen!"

Nun griff auch Kopilot Ma, der bis zu diesem Augenblick wie gelähmt in seinem Sitz gehockt hatte, in das Abfangmanöver ein und zog das Steuer nach hinten. Mit vereinten Kräften bewirkten die beiden Herkulesse, dass sich in kürzester Zeit eine positive Beschleunigung von plus 2,8 g aufbaute (ein paar Wochen später, auf einem dieser endlos langen Nachtflüge von Kuala Lumpur nach Frankfurt, erzählte mir Ma, dass er in diesen Augenblicken des Chaos nichts anderes als sein sicheres Ende vor sich gesehen habe; an seine Frau habe er gedacht und an seinen einjährigen Sohn. Erst die wie von einem verletzten, wilden Tier stammende Schreierei Hos habe ihn wachgerüttelt und wieder in die Wirklichkeit zurückgeholt).

Dem hinter der Mittelkonsole hockenden Captain Chou war die Brille auf die Nase gerutscht. Auch wenn er es sich zunächst nicht einzugestehen erlaubte: Er hatte Angst. In all den Übungen während der Umschulung war es im Simulator sicher auch rund zugegangen. Doch obwohl er sogar einmal bei einem einmotorigen Anflug abgestürzt war, konnte er sich nicht erinnern, solche Extremwerte (wie soeben von seinem Chefpiloten demonstriert) auch nur gesehen, geschweige denn erflogen zu haben. Wie weit ihm sein Herz in die Hose gerutscht war, konnte im Nachhinein nicht mehr festgestellt werden; immerhin blieb sein Hirn während der beängstigend nah miterlebten BeinaheKatastrophe intakt: Aus der Umschulungszeit glaubte er sich erinnern zu können, dass in erster Linie eine Asymmetrie an Klappen oder Vorflügeln dafür verantwortlich ist, wenn eine Maschine mit intakten Triebwerken nicht mehr Kurs halten kann. Und er tat das einzig Richtige, als Captain Ho sein brachiales Abfangmanöver beendet hatte – er neigte sich nach vorne und fuhr die Vorflügel aus.

Chou hatte richtig überlegt, der Vogel hielt wieder Kurs. Es dauerte zwar noch eine ganze Weile, bis Captain Ho die ursprünglich vorgeschriebene Höhe von 3 000 Fuß wieder eingenommen hatte, doch asymmetrische Kontrollflächen waren an dieser (nur noch kleinen) Geisterbahnfahrt ganz gewiss nicht schuld.

Im Laufe des fürchterlichen Rauf und Runter hatte sich Kurs CI-003 über 40 nautische Meilen von Taipei entfernt. Nachdem der Mann am Radarschirm mehrere Male vergeblich Anweisungen und Freigaben für höhere Flugflächen durchzugeben versucht hatte, erteilte er nun die weitere Freigabe über die Notfrequenz. Wieder gab Captain Ho 350 Knoten als vorgewählte Geschwindigkeit ein, denn für ihn waren alle Probleme gelöst. Er hatte freilich übersehen, dass die Vorflügel immer noch ausgefahren waren. Sobald also die Geschwindigkeit von 281 Knoten erreicht war, meldete sich – wie im Katalog vorgesehen – die Warnung mit einem klackernden Geräusch. Auch mit dieser Warnung wusste Ho zunächst nichts anzufangen; doch als Chou mit ausgestrecktem Finger auf den Klappenhebel zeigte, nickte der Meister aller Klassen und ließ die Vorflügel einfahren. Alle im Cockpit waren gespannt: Was würde nun passieren? Würde die Maschine wieder vom Kurs ablaufen?

Nichts passierte. Die Maschine hielt Kurs und stieg – allmählich auf 350 Knoten beschleunigend – auf Flugfläche 200. Captain Ho plagten keinerlei Zweifel, ob er Treibstoff ablassen und umkehren oder ob er die elfstündige Reise über die schier unendliche Ödnis des Pazifiks in Angriff nehmen sollte. Für ihn war der Fall klar: Er hatte seiner Tochter versprochen, dass er sie am Donnerstag besuchen würde, also konnte er nicht zurückfliegen nach Taipei. Er konnte nicht landen und dann zuwarten, bis diese Taugenichtse von Mechanikern irgendeine Nichtigkeit gefunden und repariert haben würden.

Nur handelte es sich bei dem Zwischenfall um alles andere denn um eine Nichtigkeit. Wie sich später bei der Untersuchung der Maschine in San Francisco herausstellte, war beim ersten Einfahren der Vorflügel in der Position außerhalb des rechten Triebwerks ein Gestängeteil gebrochen. Aus unerfindlichen Gründen hatte sich das nun funktionslose Metallteil zwischen Flügelvorderkante und Vorflügel verkeilt, so dass dieser nicht mehr ganz eingefahren werden konnte. Während also an der linken Tragfläche aerodynamisch alles ‚sauber' war, standen am rechten Flügel ein paar quadratmetergroße Blechstücke ab, die natürlich für zusätzlichen Widerstand sorgten, die laminare Strömung über der Fläche durch Verwirbelungen beeinträchtigten und Ursache für die zu spät bemerkte Asymmetrie waren. Das abermalige Ausfahren der Auftriebshilfen hatte nicht nur den asymmetrischen Zustand behoben – kein Gieren mehr – sondern gleichzeitig die Lage des abgebrochenen Gestängeteils verändert: Nach dem zweiten Einfahren behinderten abstehende Blechstücke zwar immer noch die normale Anströmung des Flügels, doch diese Ungleichheit vermochte der Autopilot auszugleichen.

Es steht fest, dass Chefpilot Ho die Problematik der Geschehnisse nicht erkkannt hatte. Sein Entschluss, trotz Ungewissheit über den Zustand der sekundären Steuerflächen sowie der Auftriebshilfen den Flug nach San Francisco fortzusetzen, war nicht nur falsch, sondern muss als grobe Fahrlässigkeit gewertet werden. Denn erstens konnte er nicht voraussehen, wie sich die Maschine im höheren Geschwindigkeitsbereich verhalten würde. Zweitens ignorierte er die Tatsache, dass sämtliche aerodynamisch relevanten Werte mit der Veränderung des Anströmungs-Profils ihre Gültigkeit verloren hatten. Und drittens vermochte er nicht einmal im Entferntesten abzuschätzen, um wie viele Prozente sich der Treibstoffverbrauch aufgrund des gestiegenen Widerstandswertes erhöhen würde. Als ausgesprochen kriminell muss man Hos Unterlassung einstufen, sich über den Verlauf der geplanten Strecke keinerlei Gedanken gemacht zu haben: Eine Zwischenlandung wegen zu geringen Treibstoffvorrats wäre im wahrsten Sinne des Wortes ins Wasser gefallen.

Die Auswertung des vom Kopiloten korrekt geführten Flugplans, ließ einem noch Wochen nach dem Vorkommnis die Gänsehaut über den Rücken fahren: Bereits vier Stunden nach dem Start fehlten – auf den ganzen Flugplan bezogen – sechseinhalb Tonnen Kerosin. Für den gesamten Flug war mit einem durchschnittlichen Rückenwind von 23 Knoten gerechnet worden, d.h. bereits nach vier Stunden in der Luft war der Flug zur erfolgreichen Landung in San Francisco (ohne Ausweichmöglichkeit) verdammt, weil man keinerlei Reserven an Bord haben würde, um noch auszuweichen. Zum Glück hatte Gott Aeolus ein Einsehen mit Captain Ho und schenkte ihm sechs Stunden lang eine Rückenwindkomponente von 38 Knoten, dazu noch eine Dreingabe von zwei Stunden Rückenwind mit 41 Knoten. Nach der Landung in San Francisco fanden sich in den Tanks der geplagten MD-11 noch ganze 1 400 Kg Sprit. Ohne den starken Rückenwind hätte Ho das Ziel nie erreicht; allenfalls hätte er über Funk die Koordinaten durchgeben können, bei denen er – sicher nicht ganz spritzerlos – eingetaucht wäre.

Der ganz große Knaller aber, an dem China Airline noch mindestens zwei Jahre lang zu kauen hatte, der begann sich ungefähr eine Stunde nach dem Start in Taipei abzuzeichnen: Sobald sich Captain Ho vom Schock seiner selbstinduzierten Berg und Talfahrt einigermaßen erholt hatte, meldete sich der Chefpurser im Cockpit.

„Captain, ich glaube, eine Frau ist gestorben."

„Also ist sie nun tot oder nicht?"

„Ich glaube, das heißt, ich bin mir sicher, dass sie tot ist."

„Wer ist sie?"

„Nur eine Vietnamesin aus der EconomyKlasse. Sie kam offenbar heute Nachmittag aus HoChiMinh City und ist in Taipei auf unseren Flug umgestiegen."

„Ist ein Arzt an Bord?"

„Wir haben einen Arzt ausrufen lassen, es hat sich aber niemand gemeldet. Was sollen wir nun mit der toten Frau machen?"

„Wie viele Passagiere haben Sie in der Ersten?"

„Nur vier. Das heißt insgesamt neun, ich meine mit den fünf Firmenangestellten, die einen Freiflug haben."

„Also gut. Bringen Sie die Tote nach vorne in die Erste. Legen Sie sie auf die beiden vordersten Sitze und breiten Sie eine Decke über sie."

„Jawohl, Captain Ho."

Damit war die Sache für Ho ausgestanden – zunächst jedenfalls; er würde die Bodenstation eine Stunde vor der Landung informieren. Das Gewitter über China Airlines braute sich erst dann richtig zusammen, als die amerikanischen Grenzbeamten auf dem Flughafen von San Francisco im Gefolge des Notarztes an Bord kamen: Die ‚Nur-Vietnamesin' hatte einen amerikanischen Pass! Der Notarzt ließ die Leiche ins Bay Area Central Hospital zur Autopsie überführen. Nicht China Airlines, sondern die Flughafenbehörde informierte den Ehemann der Verstorbenen; seine Anschrift hatten die Beamten auf einer Visitenkarte in ihrer Handtasche gefunden.

Captain Ho und der Stationsleiter von China Airlines wurden von Vertretern des amerikanischen Bundesluftfahrtamtes zwei Stunden lang durch die Mangel gedreht. Als Ho so gut wie nichts verstand und keine einzige Frage zu beantworten vermochte, wurden die Beamten stutzig: Hatten sie nicht schon einmal Ärger gehabt mit den ungenügenden Sprachkenntnissen der Nationalchinesen? Stationsleiter Yii Wang rettete die Situation, indem er auf den möglichen Schockzustand des Flugkapitäns hinwies.

Mr. J. Kerry, so hieß der Ehemann der verstorbenen Vietnamesin, hatte im Bay Area Central angefragt, wann er mit einem Befund der Autopsie rechnen könne; er müsse ja die Familie seiner Frau informieren und die Rückführung der Verstorbenen in ihre Heimat in die Wege leiten.

„Mr. Kerry, wir werden Ihnen den Autopsiebericht morgen oder spätestens übermorgen zuschicken. Im Rahmen einer Vorabinformation kann ich Ihnen jedoch mitteilen, dass Ihre Frau während des Fluges erstickt ist."

„Sie meinen, meine Frau sei als einzige unter allen Passagieren erstickt, während alle anderen heil angekommen sind?"

„Nein, Mr. Kerry, Ihre Frau ist nicht so erstickt, wie Sie sich das vielleicht vorstellen mögen. Man hat Speisereste in ihrer Lunge gefunden. Aber ich kann Ihnen das nicht sehr gut am Telefon erklären, bitte haben Sie dafür Verständnis. Wie gesagt, Sie erhalten spätestens übermorgen den kompletten Untersuchungsbericht."

„Danke. Vielen Dank!"

Brian Kerry konnte nicht glauben, dass sich seine Frau einfach so verschluckt habe und daran gestorben sei. Sie war eine gesunde Frau, jung und lebenslustig. Solange er sie kannte, hatte sie sich noch nie verschluckt. Er traute der Sache nicht so recht, zumal es China Airlines nicht für nötig erachtet hatte, ihn persönlich über den Tod seiner geliebten Nhang ins Bild zu setzen. Keine Beileidsbezeugung, nichts! Gerade so, als ob bei denen das Ableben von Passagieren während eines Fluges zur alltäglichen Routine gehörte.

Der Untersuchungsbericht wurde ihm schon am nächsten Morgen per Kurier zugestellt. Von dem, was er da auf knapp drei Seiten zu lesen bekam, verstand er nicht mehr, als dass seine geliebte Frau tot war. Er packte die Unterlagen zusammen und machte sich auf den Weg zu seinem Anwalt.

Rechtsanwalt Craydon suchte zunächst Kontakt zu dem Pathologen, der die Autopsie durchgeführt hatte. Zu allererst wollte er wissen, wie es denn möglich sei, dass Speisereste in die Lunge gerieten.

„Nun, das ist ganz einfach", erläuterte Dr. Sherwood, „wenn Sie zum Beispiel während des Essens ein Gespräch führen und kurzzeitig vergessen, dass Sie etwas im Mund haben. Sie holen Luft, und schon ist es passiert; das heißt natürlich nicht, dass so ein Verschlucken immer tödlich enden muss."

„Dann also ein Missgeschick, wie es…"

„Aber", fuhr Dr. Sherwood fort, „die Lebensmittelreste, die sich in der Lunge der Verstorbenen fanden, die waren nicht mit Speichel, sondern mit Magensäften durchsetzt, es handelt sich also mit Sicherheit um Erbrochenes."

„Also möglicherweise ein Hustenanfall?"

„Hustenanfall oder Übelkeit, Luftkrankheit. Wobei ich eher auf Luftkrankheit tippe. Immerhin ist die Verstorbene aus eigener Kraft an Bord gegangen. Sie war nicht schwanger, sie war – im weitesten Sinne – nicht krank. Sie stand nicht in ärztlicher Behandlung, in ihrem Blut fanden sich weder Spuren von Medikamenten noch von Drogen. Und wir wissen, dass der Tod kurz nach dem Start in Taipei eingetreten sein muss; so kurz nach dem Start jedoch gibt es bei keiner Fluggesellschaft Hühnchen mit Gemüse und Reis. Aus reiner Neugierde habe ich mir die Menükarte des betreffenden ChinaAirlinesFluges besorgen lassen: In der EconomyKlasse wurde ungefähr zwei Stunden nach dem Abheben ein Nudelgericht serviert. Aber eben – mit Verlaub – Tote essen in aller Regel nichts mehr."

Craydon setzte sich zunächst mit dem BereichsManager von China Airlines in Verbindung. Dieser wiegelte zunächst ab: Es liegen keine Berichte zum Fluge CI-003 von jenem Tage vor. Außerdem seien sämtliche Unterlagen bei der zuständigen Dienststelle des Luftamtes hinterlegt – alles Routine. Auch die gewünschte Passagierliste könne er bedauerlicherweise nicht herausgeben.

Der Anwalt hörte geduldig zu, ohne Zwischenfragen zu stellen. Aus der Art, wie sich sein Gesprächspartner bog und wand schloss er, dass da etwas verheimlicht werden sollte. Nach einer Weile meinte er:

„Sie werden mir bis morgen Vormittag die Passagierliste zuschicken oder vielmehr eine Kopie, davon bin ich überzeugt. Und ich bin ferner davon überzeugt, dass es für Ihre Gesellschaft nur von Nutzen sein kann, wenn Sie sich zu einer Zusammenarbeit bereitfinden. Sie können doch kein Interesse daran haben, dass das Image Ihrer Firma durch Prozesse oder Pressemitteilungen in Mitleidenschaft gezogen wird, oder sehen Sie das anders? Ihnen werden doch sicherlich noch die diversen Zwischenfälle allein hier in San Francisco in Erinnerung sein. Na, und von den massenhaften Abstürzen andernorts wollen wir gar nicht sprechen. Manchmal ist es sicher besser, den Flaschengeist dort zu belassen, wo er keinen Unsinn machen kann, meinen Sie nicht auch?"

„Wir haben nichts zu verbergen! Zudem sterben wir alle einmal, und diese Frau hat es eben rein zufällig in einem unserer Flugzeuge erwischt. Hier in San Francisco kommen jedes Jahr durchschnittlich zwölf Passagiere mit kalten Füßen an, das heißt: Im Schnitt jeden Monat einer – oder eben eine."

„Also, wenn das Ihrer Meinung nach reine Routine ist, dass ab und an Passagiere im Flieger das Zeitliche segnen, dann sollte doch auch für die Piloten zur Routine gehören, dass sie zusammen mit den sterblichen Resten einen umfassenden Bericht abliefern und vorab die Bodenstellen sowie die Administration informieren. Das Luftrecht sieht vor, dass in diesem Falle der Captain die Verantwortung dafür trägt, dass zumindest die Formulare vollständig und vor allen Dingen fristgerecht eingereicht werden."

„Ich sagte Ihnen schon, wir haben nichts zu verbergen."

„Nach Auskunft der Flughafenbehörde waren Sie aber nicht sonderlich kooperativ. Ihrem Captain musste man offenbar jeden Wurm einzeln aus der Nase ziehen. Nach meiner Erfahrung wird sich der DistriktRichter nicht so geduldig erweisen."

„Das können Sie so nicht sagen, das ist eine Unterstellung. Und mit dem Gericht können sie uns schon gar nicht drohen, denn wir haben nichts zu verbergen."

„Und warum haben Sie dann vor den Beamten des Bundesluftfahrtamtes behauptet, das Datenaufzeichnungsgerät der Maschine sei unmittelbar nach dem Start in Taipei ausgefallen? Hat Ihnen die Blackbox diesen Befund zugeflüstert oder ist einer der Piloten während des Fluges in den drucklosen Hintern der Maschine gekrabbelt, um sich vom Ausfall dieses Gerätes zu überzeugen? Wie können Sie sich zu einer derartigen Aussage versteigen, ohne Beweise mitliefern zu können? Sollte dieses Gerät allerdings schon vor dem Start in Taipei unbrauchbar gewesen sein, dann hat China Airlines allein schon dadurch gegen geltendes Luftrecht verstoßen, dass man die Maschine auf Strecke geschickt hat."

„Ja, aber …"

„Und dann wäre noch zu klären, warum Sie die Techniker von der Herstellerfirma weggeschickt haben, als die sich den Schaden am rechten Vorflügel etwas genauer anschauen wollten."

„Sie wissen …?"

„Ich weiß gar nichts. Aber ich trinke gern mal ein Bier mit den Kerlen von den Bodendiensten, den Mechanikern, den Fahrern.

Und die haben nun mal Augen und Ohren."

„Sie können mich nicht übertölpeln. Wir haben nichts zu verbergen."

„Sehen Sie", entgegnete Craydon, „ich bin wie Sie davon überzeugt, dass Ihre Gesellschaft nicht einmal etwas verbergen könnte, selbst wenn sie es wollte. Und schon aus diesem Grunde werden Sie uns alle nötigen Unterlagen zur Verfügung stellen. Und vergessen Sie bitte nicht, eine Durchschrift aller aufgezeichneten Daten mitzuschicken. Aller Daten!"

„Das geht nicht. Nein, das ist unter gar keinen Umständen möglich!"

„Alles ist möglich, mein Freund! Und als Gegenleistung liefere ich Ihnen den ärztlichen Befund von zwei jungen Burschen und einer Frau – sie waren Passagiere auf jenem unglücklichen Nachtflug CI-003 – die sich mit Prellungen und ausgerenkten Armen behandeln lassen mussten. Wie gesagt: Nur Prellungen und Verrenkungen. Gedächtnis und Sprechapparat der Betroffenen sind vollkommen intakt."

Obwohl es nichts zu verbergen gegeben hatte, und obwohl sich der verantwortliche Flugzeugführer auf jenem denkwürdigen Flug keiner Schuld bewusst war – zu Hause in Taipei wurde ein voluminöses Protokoll erstellt – offerierte China Airlines dem Anwalt Craydon und dessen Mandanten 300 000. Dollar.

In seinem Verdacht bestätigt, hakte Craydon mit einer Schadensersatzklage und einer Forderung nach Schmerzensgeld in Höhe von fünf Millionen Dollar nach: Nach zähem Hickhack kam Chefpilot Hos Unvermögen die Firma mit der Pflaumenblüte auf zwei Millionen Dollar zu stehen.

Die Eingreiftruppe.

Ein Jahr lang hatten die Versicherungen zugesehen. Die ihnen zuhauf vorgelegten Organigramme, die bereits durchgeführten Programme und vor allen Dingen die geplanten Projekte zur Hebung des Sicherheitsstandards waren alle recht eindrücklich und vor allen Dingen sehr bunt dargestellt. Bedauerlicherweise standen sie im krassen Widerspruch zu den Zwischenfällen und Beinahe-Unfällen, die sich mit beängstigender Regelmäßigkeit im Flugbetrieb ereigneten; die Schere zwischen Anspruch und Wirklichkeit öffnete sich mit jedem Tag mehr. Da ließ sich beim besten Willen kein Unterschied feststellen zwischen der Zeit vor Nagoya und den Monaten und Jahren danach.

Auf das Wort der Firmenleitung mochte man nicht mehr setzen, zu viel war versprochen und zu wenig gehalten worden. Es erwies sich als großer Fehler Präsident Tungs, seine Gesprächs und Geschäftspartner außerhalb Taiwans gleichermaßen übertölpeln zu wollen wie die ihm hörigen Beamten in den Ministerien und im nationalen Luftamt.

Ob denn die Prämien trotz ihrer Höhe immer noch nicht ausreichten? Oh ja, die eingestrichenen Prämien waren gut, sehr gut sogar, und Taipei zahlte immer pünktlich. Aber bei den Rückversicherern war der Geduldsfaden gerissen, die mochten keine Geschäftsgrundlage mehr erkennen, die konnten nicht verstehen, dass man selbst in Usbekistan Veränderungen zum Guten herbeiführen konnte, indes in einem hoch technisierten Umfeld der Schlendrian bis zum Jüngsten Gericht fest zementiert bleiben sollte. Und so ergab sich – wieder einmal – die einfache Rechnung: Entweder würde man bei China Airlines endlich Nägel mit Köpfen machen oder der Versicherungsschutz würde nicht mehr aufrechterhalten werden können.

„Also wieder einen externen Berater?“

„Nein, keinen externen Berater, ein Berater-Team verlangen wir!“

Alles wurde zugesagt. Die Versicherer hätten Bedingungen stellen können, die nicht einmal vor der Selbstverleugnung Halt gemacht haben würden. Es wurde alles abgenickt und durchgewinkt. Nach Abschluss der Verhandlungen verblieb den Engländern dennoch ein schaler Geschmack im Mund, weil sie fürchten mussten, hinreichende Verbesserungen wieder nicht durchsetzen zu können; rückblickend mussten sie sich eingestehen, dass sie bis anhin immer und immer wieder geleimt worden waren. Die Leute in Taipei hatten die vorangegangenen Demütigungen nur hingenommen, weil sie genau wussten, dass sie die gestellten Forderungen immer wieder unterlaufen würden, dass der Boden in der Trickkiste noch lange nicht sichtbar war.

Und dann kam das Team an. Sommer 1996. Sechs Experten von der Lufthansa und zwei von der Swissair. Alles gestandene Piloten, Techniker und Kommunikationsspezialisten (die Lufthanseaten wollten ursprünglich auch eine Quotenfrau mitschicken, doch das ging nicht – die Gastgeber signalisierten, dass sie damit überfordert wären). Alle Neuankömmlinge waren hochqualifiziert und nicht eben billig: 90 Millionen USDollar für einen Dreijahresvertrag plus fünf Millionen als Bakschisch für den umsichtigen Zeitgenossen in der Geschäftsleitung, der das Abkommen eingefädelt hatte. Man fand einen großen, hellen Raum für das Team, jeder erhielt einen nagelneuen Laptop aus heimischer Fertigung, und schon konnte es losgehen. Die Frage war nur: Wo sollte und wo konnte begonnen werden?

Verständlicherweise hatte man die Experten über die wahren Zustände innerhalb des Betriebes im Dunkeln gelassen, denn wirklich tiefgreifende Veränderungen sollten ja gerade verhindert werden. Drei Jahre waren eine verdammt lange Zeit, und man konnte ja nicht voraussehen, mit welchen Einfällen diese Langnasen aufwarten würden. Also mal ganz langsam angehen lassen und die Bremsklötze jederzeit griffbereit halten!

Doch die Entscheidungsträger innerhalb der Firma hatten sich gründlich verrechnet: Die Lufthanseaten nahmen ihren Job verdammt ernst. Aussitzen war im Programm nun gar nicht vorgesehen. Die Kerle waren nicht mit dem Skalpell angerückt, sondern mit dem Hammer.

Als Erstes produzierten sie ein wunderschönes Flughandbuch, das allen Piloten zugestellt wurde. Der in dezentem Grau gehaltene Ordner enthielt Abhandlungen und Formeln zu den Grundlagen der Aerodynamik, zum Wetterradar, zu Scherwinden, zur Philosophie des Startabbruchs und vieles andere mehr, was der angehende Pilot eben so wissen muss. Besonderen Anklang erzielte bei den chinesischen Piloten das Kapitel zur Winteroperation in Eis und Schnee. In Taipei sinkt das Thermometer im Winter allenfalls mal auf plus 14 Grad plus ab, und die Flüge nach Alaska werden in der kalten Jahreszeit mehrheitlich von ausländischen Kapitänen durchgeführt. Doch die Vorstellung, dass man auch bei Schneetreiben und Schneematsch starten und landen könne, hatte irgendetwas Belustigendes an sich. Am wenigsten beeindruckt zeigten sich die älteren Semester im Pilotenkorps: Da sie so gut wie kein Englisch verstanden, blieb ihnen der Inhalt dieses herrlichen Konvoluts leider unzugänglich: der Ordner zierte vom ersten Tag an unberührt die Bücherablage.

Bereits während der ersten Tage ihres Expeditionsaufenthaltes in Taipei war den Experten aufgefallen, dass Fremdsprachenkenntnisse – ähnlich wie in Japan – nur ganz selten anzutreffen waren. Die Taiwanesen störte es nicht, wenn man sie nicht verstand. Selbst im firmeneigenen Reisebüro fand man unter siebzehn Berater-Nischen nur eine einzige, in der man seine Wünsche in Englisch an die Frau respektive an den Mann bringen konnte. Nur eben, dass diese Büroangestellten keine Abstürze fabrizieren konnten – im

Gegensatz zu ihren fliegenden Arbeitskollegen. Denn da sah es düster aus.

Bis auf die Kopiloten, die ihre Ausbildung in den USA abgeschlossen hatten, bezeugten alle anderen Luftkutscher erhebliche Mühe, sich in der international üblichen Fliegersprache zu verständigen. Für die Leute des Teams war es unfassbar, dass da Piloten um die Welt düsten, die nicht verstanden, was um sie herum gesprochen wurde. Die Frage war, wie sich da in nützlicher Frist Abhilfe schaffen ließ. Da besonders die älteren Kapitäne keinerlei Interesse zeigten, ihre Englischkenntnisse zu verbessern, kamen Abkommandierungen in Sprachschulen nicht infrage. Was blieb, war die Hoffnung, dass schon nichts passieren würde – und der zwingende Auftrag an den Einsatzplaner, dafür zu sorgen, dass auf jedem Flug zumindest ein Pilot Dienst tut, der mit dem Englischen einigermaßen gut zurechtkommt. Aber auch das hatten wir ja schon einmal. Im Nachhinein ist es immer leicht, Kritik zu üben. Ich bin jedoch nach wie vor davon überzeugt, dass sich das Team in diesem Punkt hätte durchsetzen müssen: Kein Englisch – keine Lizenz.

Bei der Selektion neuer Kopiloten allerdings, da konnte man neue Ideen einbringen, zielgerichtete Maßstäbe anlegen – und zum ersten Male so richtig ins Fettnäpfchen treten: Von der Luftwaffe hatten sich 28 Offiziere gemeldet, die bei China Airlines anheuern wollten. Nur ein Einziger zeigte sich dem Englischtest gewachsen, der erste Eklat war da. Der oberste Chef der Abteilung ‚Planung und Entwicklung', gerade mal ein halbes Jahr in seinem Job und selbst ein ausgesprochener Militärschädel, versuchte heftigst, das Ergebnis des Auswahlverfahrens zu kippen, doch die Langnasen machten klar:

„Wenn die Piloten ohne Englischkenntnisse kommen, dann sehen wir uns gezwungen zu gehen."

„Aber Sie können doch nicht einfach 27 erfahrene Luftwaffenpiloten, Offiziere und zum Teil sogar Stabsoffiziere ablehnen, nur weil sie sich nicht so gut in Englisch zu verständigen vermögen!"

„Doch, können wir."

„Aber…wenn der Herr Präsident oder unter Umständen gar der Herr Verkehrsminister und ganz sicher der Herr Verteidigungsminister…mein Gott…"

„Seien Sie getrost, Gott wird sich aus dieser Sache heraushalten. Und für die Herren Minister halten wir die Telefonnummern der Versicherer in London bereit."

„Aber…"

„Ein Pilot, der eine international anerkannte Lizenz halten will, muss doch wenigstens in den Grundsparten der Fliegerei des Englischen mächtig sein. Dazu gehören flugbezogene Konversation, Radiotelefonie und Meteorologie; des weiteren müssen Flugunterlagen und Handbücher, die ja alle in englischer Sprache abgefasst sind, verstanden werden. Wenn schon die Grundvoraussetzungen nicht erfüllt sind, dann braucht man mit der Ausbildung gar nicht erst anzufangen. Oder erwarten Sie, dass die ganze Welt wegen der paar Hansel aus Ihrer Luftwaffe gesamthaft Sprachkurse in Mandarin belegt?"

„ … „

„Na, und? Was schlagen Sie nun vor?"

„ … „ (Vorschlagen werde ich gar nichts. Aber diese Demütigung wird ganz sicher nicht ungesühnt bleiben).

Der Vertrag mit dem ‚Team Lufthansa', wie es vom ersten Tag an genannt wurde, beinhaltete auch aktiven Flugdienst. Mutig schwangen sich die neuen Kräfte in die Cockpits von Airbus, MD-11 und B-747. Was sie sahen, beeindruckte sie derart, dass sie vor dem dritten Bier gar nicht darüber zu sprechen vermochten. Ein 747-Captain – in über 35 Dienstjahren durch manche Stürme geritten – meinte nach solch einem Beobachterflug nachdenklich:

„Nein, so etwas habe ich bei Gott noch nicht erlebt. So etwas habe ich nicht einmal für möglich gehalten. Das ist ja schrecklich!"

Auch die anderen Herren kamen ratlos, wenn nicht gar zerknirscht von den Flügen zurück. Vor ihnen hatte sich ein Abgrund an Inkompetenz und unfassbarer Disziplinlosigkeit aufgetan und – schlimmer noch – sie fanden zunächst niemanden, der willens gewesen wäre, die Missstände als solche wenigstens ansatzweise anzuerkennen, geschweige denn sie auszuräumen: Diejenigen, die nichts zu sagen hatten, beschränkten sich auf ein Achselzucken oder zeigten sich verstört, weil sie an den vorherrschenden Zuständen nichts Veränderungswürdiges zu erkennen vermochten. Und die Entscheidungsträger selbst hielten sich bedeckt, denn man konnte ja nie wissen, ob die ganze Übung nicht doch wieder abgeblasen würde – wie vorangegangene Initiativen auch. Und in solch einem Falle würden sicher all die über die Klinge springen müssen, die sich zu weit aus dem Fenster gelehnt hatten. Eiserne Regel: Nur wer nichts macht, macht auch nichts falsch!

Also: Heftiges Treten auf der Stelle. Das Team hatte zwar sehr rasch die Schwachstellen im Flugbetrieb ausgemacht, aber die nötige Abhilfe ließ sich nicht durchdrücken, weil der Kern des Übels dort lag, wo die massiven Erschütterungen des tatsächlichen Geschehens allenfalls stark gefiltert und als feine Schwingungen wahrgenommen wurden – in der Nangking-Straße: Bereits nach vier Monaten war eine Vereinheitlichung der Verfahren für alle Flotten druckreif ausgearbeitet, doch niemand konnte oder wollte die Sache absegnen – die, die wollten durften nicht; und die, die gekonnt hätten, die mochten nicht.

Der erste Anlauf versandete im (vermeintlichen) Kompetenzgerangel zwischen dem Luftamt und der Firmenleitung. Gutachten drangen aus Bürostuben, Lobeshymnen wurden angestimmt. Das klang dann so:

„Wie begrüßen das zielgerichtete Vorgehen des Teams. Es war allerhöchste Zeit, dass sich in dieser Richtung etwas bewegt, und die Herren haben in kürzester Zeit ihre Kompetenz unter Beweis gestellt. Der Ball liegt nun beim Luftamt, und wir sind der festen Überzeugung, dass in Bälde…bla, bla, bla…"

Der Tenor aus dem Luftamt hörte sich dann so an:

„Wir stehen voll hinter der Arbeit des Teams, doch wir benötigen noch mehr Daten, noch mehr Unterlagen und vor allen Dingen Machbarkeitsstudien seitens der Flugbetriebsleitung. Es gilt zu bedenken, dass die Vereinheitlichung der Verfahren nach ihrer Einführung nicht mehr nur auf China Airlines beschränkt sein wird, sondern dass die neuen Verfahren für alle Halter von Nationalchinesischen Lizenzen bindend sein werden."

Man konnte den Lufthanseaten wahrlich keinen Vorwurf machen, dass sie solches Geschreibsel ernst nahmen; sie hatten den sie umgebenden, tiefen Sumpf noch nicht ausgelotet. Sonst würden sie schnell realisiert haben, dass EVA AIR oder zwei kleine, lokale Fluggesellschaften, die noch keinen einzigen Unfall zu beklagen hatten, natürlich an ihren eigenen Verfahren festhalten und sich von ein paar aufgeblasenen Typen bei China Airlines ganz sicher nicht dreinreden lassen würden.

Ein abgekartetes Spiel, ganz ohne Zweifel. Ein Vorgehen allerdings, zu dem sich – jedenfalls aus Sicht der Verantwortlichen – keine Alternative anbot. Denn so viel war klar: Würde auch nur ein einziger der alten Garde (vom Oberstleutnant bis zum Brigadegeneral a.D.) degradiert und in die Wüste geschickt, dann wäre ein Eklat erster Güte perfekt. Aus einer firmeninternen, auf den Flugdienst ausgerichteten Übung würde augenblicklich ein politischer Skandal erwachsen. Das Selbstverständnis der Kameraden der Luft wäre bis in die Grundfesten erschüttert, und keine drei Telefonate später würde sich der Generalsekretär der Kuomintang mit der Frage melden, ob bei der nationalen Fluglinie über Nacht alle den Verstand verloren hätten.

Die Hardliner innerhalb des Flugbetriebs, die dem LufthansaTeam von Anfang an ablehnend gegenübergestanden hatten, fühlten sich in ihrer Haltung bestätigt, als einem der LufthansaKapitäne ein peinliches Missgeschick widerfuhr: Beim Anflug auf Taipei setzte der Kopilot den Airbus zuerst mit dem Schwanz auf. Vorausgegangen war eine – trotz bester Wetterbedingungen – völlig verkorkste Anflugvorbereitung, die der Captain noch früh genug zu korrigieren vermochte; bei 400 Fuß über Grund war die Mühle hinsichtlich Geschwindigkeit, Fluglage und Gleitweg stabilisiert. Als dann aber der Kopilot während des Ausschwebens – aus welchen Gründen auch immer – die Steuersäule urplötzlich nach hinten riss, war es für jeden Rettungsversuch zu spät. Die Maschine musste für eine ganze Woche in die Werft.

Dieser Vorfall war Anlass genug, die anfängliche Zurückhaltung gegenüber den ausländischen Experten zunächst in offene Ablehnung und bald darauf in Häme umschlagen zu lassen.

‚In zehn Jahren ist es keinem unserer Piloten jemals gelungen, einen Airbus auf dem Schwanz landen zu lassen'.

Und: ‚Eigentlich hatte ich gehofft, dass uns die Lufthansa doch etwas kompetentere Leute schicken würde'.

Solche und ähnliche Bemerkungen machten die Runde und bedeuteten einen herben Rückschlag für die Bemühungen des Teams, so etwas wie Cockpit-Kultur, allem voran aber ein Minimalmaß an Disziplin in die Flotte von China Airlines zu implementieren. Wir diskutierten den Vorfall auch mit den Ausbildern auf der MD-11 durch. Der Fluglehrer findet sich immer wieder vor das gleiche Problem gestellt, wenn er den Flugschüler etwas tun (oder lassen) sieht, das über kurz oder lang in eine korrekturbedürftige Situation einmünden muss:

Kommentiert er zu früh, wird der Muckel von Flugschüler in neunzig von hundert Fällen behaupten, er sei gerade dabei gewesen, den Fehler zu korrigieren.

Greift der Fluglehrer zu früh ein, weiß der Kandidat nicht warum; er kann die Intervention des Ausbildenden nicht nachvollziehen und wird demzufolge auch nichts aus der Korrektur lernen können.

Greift der Fluglehrer aber auch nur eine Sekunde zu spät ein, hat er gute Chancen, vor dem Kadi zu landen.

Und wenn man nicht weiß, was in dem Schädel des Kollegen auf dem anderen Sitz vorgeht, dann kann es eben zu solch aberwitzigen Fehlhandlungen kommen wie bei der ‚Schwanzlandung' eines Airbus.

Bis Februar 1998 sah es ganz so aus, als ob die Übung mit den weißen Teufeln gekippt werden sollte. Maßgebliche Persönlichkeiten aus der Führungsetage dachten sogar laut darüber nach, ob es nicht sinnvoller sei, aus dem Vertrag mit der Lufthansa vorzeitig auszusteigen und die fällige Konventionalstrafe abzuschreiben. Unterstützt wurden sie dabei von Mitarbeitern, die am liebsten gleich alle ausländischen Piloten nach Hause geschickt hätten. Ihr Argument: Lieber ein paar Flieger und ein paar Strecken weniger, aber dafür die Identität wahren, weiterwursteln wie bisher, Augen zu und durch!

Doch dann ereignete sich jener grauenvolle Absturz von Tayouan, unmittelbar vor der Haustüre von China Airlines.

Der Crash von Tayouan.

Nur ganz wenige Unfälle in der Zivilluftfahrt sind derart gut dokumentiert wie jener vom 16.02.1998, als der Flug CI-676 insgesamt 202 Menschen in den Tod riss und China Airlines an die Spitze sämtlicher Unfallstatistiken katapultierte.

Nach dem 16.02.1998 entfielen auf das Konto dieser Fluggesellschaft 11,4 Tote auf je eine Million Passagiere. Das ist weitaus mehr als Delta Airlines, Alitalia, British Airways, Lufthansa, TWA (mittlerweile nicht mehr existierend), TAP, Swissair, Air France und Japan Airlines zusammen an Unfalltoten produzierten. Und nach menschlichem Ermessen wird China Airlines diesen traurigen Rekord auf alle Zeiten innehaben. Natürlich wird es immer wieder Abstürze geben, werden Opfer zu beklagen sein. Und an der Tatsache, dass in weit über 95 Prozent aller Unfälle die Ursachen in menschlichem Versagen liegen, wird sich auch nichts ändern – es sei denn, dass künftighin die Flugzeuge von Computern gesteuert nach Art der Drohnen um die Welt düsen. Doch die Öffentlichkeit wird in naher Zukunft nicht mehr zulassen, dass ein einziges Unternehmen weit über tausend Passagiere zu Opfern immer wiederkehrender, selbstinduzierter Katastrophen werden lässt.

Selbst hartgesottene Fachleute zeigten sich fassungslos, als bereits die allerersten Untersuchungen die Vermutung nahelegten, hier habe sich ein zweites Nagoya ereignet. Die Auswertung aller aufgezeichneten Daten – synchronisiert mit den Tonbandaufzeichnungen des Kontrollturms – brachte denn auch Gewissheit: Auch hier in Tayouan wurde eine normal funktionierende, technisch einwandfreie Maschine bei relativ gutem Wetter zum Absturz gebracht. Einzige Absturzursache: Unvermögen und Disziplinlosigkeit.

Bis genau zwölf Minuten vor dem Crash war auf dem Flug CI-676 von Bali nach Taipei alles normal verlaufen, sofern man bestimmte Gepflogenheiten – die sich, wie schon berichtet, besonders in der

Airbus A300/600 Flotte eingebürgert hatten – als normal anzusehen geneigt ist. So wird zum Beispiel über die Durchschrift der Tonbandaufzeichnungen aus dem Cockpit klar, dass es der Captain bis sieben Minuten vor dem Aufschlag nicht für nötig erachtet hatte, eine ordentliche Anflugbesprechung durchzuführen. Bezeichnend für die Geisteshaltung innerhalb des Flugbetriebes bei China Airlines ist die Tatsache, dass im Laufe der Untersuchungen nicht ein einziges Mal die Frage aufgeworfen wurde, w a r u m der Kopilot zu den ganz offensichtlich falschen Handlungen des Bordkommandanten geschwiegen hat.

Natürlich fällt eine Maschine nicht unversehens aus dem Himmel, nur weil die Piloten ihre Checklisten nicht heruntergebetet haben. Doch wenn der verantwortliche Flugzeugführer den einzig verfügbaren Mitarbeiter über seine Absichten gänzlich im Unklaren lässt, dann kann der auch nicht eingreifen, wenn tatsächlich Not am Mann ist. Ob der Kopilot allerdings einzugreifen gewagt hätte, sei dahingestellt: Er war erst seit einem Jahr auf dem Airbus ausgecheckt. Bei seinem Ausscheiden aus der Luftwaffe bekleidete er einen niedrigeren Dienstrang als der Captain. Und seine Unterhund-Mentalität ergänzte sich in tragischer Weise mit dem Macho-Gebaren seines Vorgesetzten. Die nachfolgenden ‚Nichttaten' des jungen Mannes auf dem rechten Sitz bestätigen: Die Akzeptanz des sicheren Endes, des Todes, steht vor Widerspruch und Auflehnung – von der Verantwortung den Menschen gegenüber, die nur wenige Meter hinter ihm ahnungslos in der Kabine sitzen, ganz zu schweigen.

Andernfalls müsste der Kopilot um 19:54 Uhr nach der Freigabe auf 7 000 Fuß durch die Anflugleitstelle auf zügigem Absinken bestanden oder die Notwendigkeit desselben zumindest ins Gespräch gebracht haben. Bereits eine Minute später erkennt der Radarkontrolleur, dass eine Kurskorrektur vonnöten ist, um etwas mehr Distanz für den Abbau der Höhe zu gewinnen: Der Kopilot bestätigt den vorgegebenen Kurs, doch der Captain sinkt immer noch nicht ab.

Um 19:57 Uhr erhält CI-676 die Freigabe auf 4 000 Fuß. Der Kopilot bestätigt die Freigabe gegenüber dem Fluglotsen auch diesmal korrekt und wiederholt nochmals den Platzdruck von 1017 Hektopascal. Er akzeptiert allerdings stumm, dass der Captain lediglich auf 14 000 Fuß absinkt.

Um 19:59 Uhr erfolgt eine nochmalige Kurskorrektur durch den Fluglotsen, der dabei die Freigabe auf 4 000 Fuß wiederholt; er hat längst erkannt, dass ein Anflug aus dieser Position völlig ausgeschlossen ist, doch er verzichtet auf einen entsprechenden Hinweis. Vier Monate später wird er anlässlich der Verhandlung vor dem Obergericht vom Staatsanwalt gefragt, warum er zu diesem Zeitpunkt keine Warnung an die Piloten von CI-676 ausgesprochen und auf die Tatsache hingewiesen habe, dass die Durchführung eines Anfluges gefährdet sei. Die Antwort:

„Ich hatte keine Lust verspürt, mich von diesen ebenso hochmütigen wie ignoranten Kerlen zusammenstauchen und lächerlich machen zu lassen.“

Der Staatsanwalt lässt nicht locker und unterstellt dem Fluglotsen, dass er eine letzte – wenn auch theoretische – Chance vertan habe, 202 Menschen das Leben zu retten, in dem er – nur um ein Beispiel zu nennen – für CI-676 einen sofortigen Durchstart angeordnet hätte. Und, einmal in Fahrt, fuhr der Ankläger fort:

„Sie hätten den Piloten auch sagen können, dass die Piste 05 Rechts gesperrt sei! Eine Erklärung hätten Sie hinterher ja immer noch nachschieben können“

„Wir vom Anflugradar sperren keine Pisten. Derartige Adhoc-Informationen erhalten die Piloten vom Kontrollturm. Zudem hätten die Piloten immer noch die Parallel-Piste, also 05 Links als zur Verfügung stehend angenommen.“

Die Staatsanwaltschaft musste von ihrem vermeintlichen Opfer ablassen; nach welchen Gesichtspunkten hätte man den armen

Kerl vom Radar auch verurteilen können? China Airlines hätte es natürlich gern gesehen, wenn dessen angeblich ‚Lasches Vorgehen' wenigstens als beitragender Faktor anerkannt worden wäre. Hätte ein wie auch immer zusammengedrechselter Vorwurf gerechtfertigt werden können?

Mit Sicherheit nicht! Denn niemand – weder in der Flugsicherung noch im Luftamt – steht hinter ihm, wenn er seinerseits ein Verfahren gegen inkompetente und disziplinlose Luftkutscher in die Wege leiten wollte. Gegebenenfalls würde den Betroffenen unter Umständen Lizenzentzug drohen. Das muss man sich einmal vorstellen: Die Anzeige eines beliebigen, zivilen Schirmbildmenschen löscht die Existenzgrundlage eines Kameraden der Luftwaffe aus!

Das Gegenteil machte da schon mehr Sinn: Der Whistle-Blower würde geächtet. Er würde unter Umständen sogar seinen Job verlieren, wenn er Zustände aufdeckte, über die man den Mantel des Schweigens zu legen von allerhöchster Stelle gehalten war. Versaute Anflüge sieht er jeden Tag. Nichtbeachten von direkten Anweisungen trägt er schon längst nicht mehr ins Rapportbuch ein. Seine Motivation wurde ihm bereits vor vielen Jahren ausgetrieben, als ihm so ein arroganter Luftwaffen-Heini empfahl, er solle seinen Kontrollturm fliegen – er, der Ritter der Lüfte fliege derweilen sein Flugzeug und lasse sich von einem Mikrophon-Jockey nicht herumkommandieren. Seither ist er nur noch bestrebt, möglichst bald in Rente zu gehen. Also, was soll's? Teilnahmslos erteilt er um 20:00 Uhr die Freigabe zum Endanflug auf Piste 05 Rechts und befiehlt den Frequenzwechsel zum Kontrollturm. Immerhin versieht er seine letzte Meldung an die Maschine mit dem Nachsatz: „Sie sind noch 16 Meilen von der Piste entfernt."

„Nur 16 Meilen, 7 000 hoch, wir gehen zum Kontrollturm", wiederholt der Kopilot. Er gibt also dem Mann am Radar zu verstehen, dass er sich der Lage bewusst ist. Von einem Psychologen wird dieser Satz so verstanden, dass er als Hinweis an den Captain gelten kann: ‚Wir sind viel zu hoch!'

Das Verhalten des Captains ist unerklärlich: Einerseits scheint er alles im Griff zu haben. Er antwortet ruhig auf die Frage des Kopiloten, ob die Zündanlage zuzuschalten sei; er bestätigt die korrekte Einstellung des Höhenmessers auf Platzdruck, kontrolliert die vorgeschriebene Minimalhöhe für den Endanflug nach Sichtflugregeln sowie die vorgewählte Geschwindigkeit. Aber wie kann er auch nur im Entferntesten daran denken, gerade einmal sechzehn Meilen vom Pistenanfang entfernt, aus 7 000 Fuß und in voller Fahrt eine Landung zu machen?

Alte Hasen werden nun einwenden, dass ein Anflug aus der soeben beschriebenen Position immer noch möglich und absolut kein Kunststück sei. Ist es auch nicht – vorausgesetzt, dass das Fahrwerk ausgefahren und verriegelt ist, die Klappen gesetzt sind, und die Eigengeschwindigkeit bis aufs Minimum zurückgefahren ist. CI-676 hatte an jenem Punkt aber noch nicht einmal die Klappenstufe Eins gesetzt. Und erst eine Ewigkeit später, um 20:02 Uhr und 05 Sekunden kommt der Befehl: „Fahrwerk ausfahren!"

Erst 30 Sekunden später meldet sich der Kopilot auf der Turmfrequenz, die bereits mit einem Flippen des Kippschalters auf der Radiokonsole angewählt worden ist; er meldet sich vorschriftsmäßig mit dem Rufzeichen CI-676. Doch dann stockt er plötzlich und fügt seiner Meldung eine Lüge bei: „Neun Meilen im Endanflug."

Tatsächlich ist die Maschine nur noch sechs Meilen von der Pistenschwelle entfernt. Dieses Stocken und die Falschaussage lassen den eindeutigen Schluss zu, dass dem Kopiloten die Problematik bewusst war. Mehr noch: Die Diskrepanz zwischen Realität und dem Ziel seines Bordkommandanten beschäftigt ihn derart, dass er sich für eine ausgesprochen dumme Lüge entscheidet, denn auch der Mann auf dem Kontrollturm kann einen Blick auf den Radarschirm werfen, um sich von der jeweiligen Verkehrslage ein Bild machen zu können. Zum wiederholten Male unterdrückt der Kopilot seine Zweifel an der Vorgehensweise des Captains; wie um

Zeit zu gewinnen wiederholt er unaufgefordert die Freigabe für die Piste 05 Rechts, sowie den unveränderten Platzdruck:

„1017 (Hektopascal), klar zur Landung, CI-676."

Um 20:03 Uhr und 13 Sekunden befindet sich das Flugzeug auf 3 000 Fuß über Grund, 7 900 Meter von der Pistenschwelle entfernt oder anders ausgedrückt: 1 800 Fuß über dem Sollgleitweg.

Um 20:03 Uhr und 31 Sekunden scheint dem Captain die Annäherung an die Realität noch einmal zu gelingen, er scheint die tatsächliche Situation noch einmal zu erfassen, denn das Tonband im Cockpit zeichnet seine Stimme auf:

„Oh, das ist zu hoch!" Doch unmittelbar darauf beruhigt er sich selbst und sagt:

„Das ist OK."

Um sich in der Richtigkeit seiner Erkenntnis zu bestätigen, befiehlt er sich selbst:

„Sink' weiter ab!"

Um 20:03 Uhr und 43 Sekunden – alle im Flugzeug haben noch zwei Minuten und fünfzehn Sekunden zu leben – gibt der Captain zu erkennen, dass er die Freigabe für den Endanflug offenbar überhört hat, denn er fragt nach rechts:

„Dürfen wir jetzt landen?"

„Ja", antwortet der Kopilot, „wir sind freigegeben, klar zur Landung auf 05 Rechts."

Ob der Captain die Antwort seines Assistenten mitbekommen hat, ist zu bezweifeln. Ob er einen inneren Kampf ausficht? Jedenfalls hat er sich aus der Kommunikation ausgeklinkt, denn auf dem Tonband schließt sich unmittelbar an die letzte Silbe des Kopiloten (…05 Rechts) ein weiteres Selbstgespräch an:

„Oh nein, nicht so!" Und weiter:

„OK, 2 000 (Fuß) sollten OK sein." Dann:

„So kann's nicht gehen. Klappen 20!"

Der Kopilot bestätigt das Setzen der Klappen 20.

Aus dieser Sequenz an sinnlosen Satzfetzen geht eindeutig hervor, dass dem Captain die Kontrolle über die Abläufe im Cockpit gänzlich abhandengekommen ist. Er ist nicht mehr in der Lage nachzuvollziehen, welche Möglichkeiten ihm in dieser Situation noch zur Verfügung stehen. Sein Koordinationsvermögen ist im Zerfallen begriffen. Ganze siebzehn Sekunden lang verharrt er in Schweigen. Dann, um 20:04 Uhr scheint es, als ob sich der Bordkommandant noch einmal zu einer – wenn auch subjektiven und völlig falschen – Analyse aufzuraffen gewillt ist; zumindest schafft er seinen Selbstzweifeln Raum, denn er stellt fest:

„Wir sind am Ende, wir…"

Objektiv betrachtet ist diese Aussage natürlich Blödsinn: Mit einer intakten Maschine, genügend Höhe und ausreichender Geschwindigkeit fliegt der Pilot schlicht und ergreifend einen Vollkreis, gibt dabei Höhe auf und findet sich nach diesem Manöver dort wieder, wo er – für den Endanflug – eigentlich schon vor vier Minuten hätte sein sollen. Im Grunde ist das nicht mehr als der letzte Teil einer normalen Platzrunde; die Passagiere merken nicht einmal, dass sich da vorne im Cockpit einer kräftig verschätzt hat. Und – mal ganz ehrlich – wer hat sich im Laufe seiner 35jährigen Pilotenlaufbahn nicht mindestens dreimal ordentlich verschätzt? Das war dann allenfalls Grund für eine Entschuldigung dem Kopiloten gegenüber, für ein großes Bier nach Dienstschluss und ein aufrichtiges ‚Sch…' auf den Lippen. Aber ganz sicher nicht das Ende.

Für den jämmerlichen Kerl im Airbus von China Airlines existiert die einzig vernünftige und vor allen Dingen sichere Lösung nicht, nämlich einen Kringel zu fliegen. Er vermag sich in seinem Innersten nicht einzugestehen, dass er sich verkalkuliert hat; mit ‚Ende' mag er wohl den unausweichlichen Gesichtsverlust gemeint haben, angesichts dessen das physische Ableben billigend und ohne jede Gegenwehr in Kauf genommen wird. Dies muss auch der Grund für seine unsinnige, nachgeschobene Schutzbehauptung sein (Aufzeichnung aus dem Cockpit):

„Der Rückenwind ist zu stark.“

Später bestätigt die Aufzeichnung der Flugdaten die Angaben des Flugwetterdienstes zur Zeit des Unfalls: Auf 1 000, 2 000 und 3 000 Fuß über Grund herrschte absolute Windstille.

Um 20:04 Uhr und 8 Sekunden fragt der Captain den Kopiloten:

„Haben Sie ihm (gemeint war wohl der Kontrollturm) das gesagt? Melden Sie es noch einmal!“

„Ja“, erwidert der Kopilot, obwohl er gar nicht wissen kann, was er melden soll; er fragt aber auch nicht zurück. Elf Sekunden später insistiert der Captain:

„Melden Sie dem Kontrollturm!“

Um 20:04 Uhr und 30 Sekunden bemerkt der Captain, dass sich im Fluglageinstrument die Anzeige für den elektronischen Gleitweg etwas bewegt und er kommentiert diese Beobachtung:

„Ah, da kommt er! 1 000 (Fuß) hoch. Klappen 30/40.“

„OK, Gleitweg“, wiederholt der Kopilot. Auch er realisiert nicht, dass dies unter gar keinen Umständen der richtige Gleitweg sein kann: Viel zu viel Höhe, viel zu wenig Distanz zur Piste. Doch ohne zu zögern fährt er fort:

„(Klappen) 30/40, Fahrwerk verriegelt, drei (Fahrwerksanzeigen) grün, Antiblockiersystem normal, Vorflügel/Klappen 30/40, Bremsklappen armiert, Landescheinwerfer an, Checkliste abgeschlossen.“

Noch während dieser Sequenz bricht die Maschine nach unten durch die geschlossene Wolkendecke und gibt den Blick frei auf die tief, tief unten liegende Piste. Erst jetzt fällt es dem Captain wie Schuppen von den Augen: Aus dieser Position kann er die Maschine unter gar keinen Umständen mehr auf die Piste hinunterwürgen. Bis sich diese Erkenntnis gesetzt hat, tut er nichts. Für weitere 20 lange Sekunden verharrt er im Schock, dann befiehlt er:

„Durchstart-Hebel. Durchstarten!"

Obwohl der Anflug bis zu diesem Zeitpunkt völlig missraten war, besteht dennoch keinerlei Gefahr: Die Maschine schwebt – fehlerfrei für den Landeanflug vorbereitet – über die Pistenschwelle, sie ist lediglich 1 200 Fuß zu hoch. Ein einmaliges Betätigen eines einzigen Hebels oder Knopfes (je nach Flugzeugmuster) genügt, und schon leitet die Automatik das Durchstart-Manöver ein. Acht Minuten später ist das Flugzeug wohlbehalten am Boden.

Nicht so im Fall von CI-676. Aus welchen Gründen auch immer schaltet der Captain mit dem Befehl zum Durchstarten den Autopiloten aus. Sechs Sekunden später sind die Triebwerke auf Durchstartleistung hochgefahren, der Captain nimmt die Nase der Maschine hoch, und die Maschine taucht nach oben in die Wolkendecke ein – die allerletzte Phase der Katastrophe nimmt ihren Lauf.

Einschub: In stiller Absprache mit zwölf Fluglehrern auf den Mustern B-747, MD-11 und Airbus wurden aus 91 Simulatorsitzungen insgesamt 137 automatisch gesteuerte Anflüge ausgewertet, die aus ‚meteorologischen' Gründen nicht mit einer Landung endeten, sondern zu einem Durchstart-Manöver führten. 86% der Flugkapitäne und 61% der Kopiloten schalteten die Automatik mit dem Einleiten des Durchstartens aus, ohne (in der Nachbesprechung der Übung) einen plausiblen Grund für ihr Vorgehen angeben zu können.

20:05 Uhr, 04 Sekunden:
Der Anstellwinkel der Maschine beträgt 20 Grad, die Geschwindigkeit liegt bei 151 Knoten.

20:05 Uhr, 09 Sekunden:

Der Anstellwinkel ist auf 35 Grad angestiegen, die Geschwindigkeit beträgt 134 Knoten, der Captain befiehlt das Einfahren der Klappen auf 20 Grad.

20:05 Uhr, 11 Sekunde
Anstellwinkel 40 Grad, Geschwindigkeit 123 Knoten. Der Captain hat die räumliche Orientierung verloren.

20:05 Uhr, 14 Sekunden:
Anstellwinkel 41 Grad, Geschwindigkeit 104 Knoten. Querlage 10 Grad nach links. Der Captain reagiert nicht mehr.

20:05 Uhr, 16 Sekunden:
Anstellwinkel 43 Grad, Geschwindigkeit 82 Knoten. Querlage nach links 9 Grad. Die Strömung über den Flügeln ist abgerissen. Starkes, rumpelndes Geräusch im Cockpit. Die Flugzeugnase beginnt, sich abzusenken.

20:05 Uhr, 25 Sekunden:
Anstellwinkel 0 Grad, Geschwindigkeit 43 Knoten. Querlage nach links 38 Grad. Die Maschine hat mit 3 751 Fuß Höhe über Grund ihren Kulminationspunkt erreicht.

20:05 Uhr, 29 Sekunden:
Die Flugzeugnase hat sich auf 22 Grad unter den Horizont gesenkt. Geschwindigkeit 103 Knoten.

20:05 Uhr, 34 Sekunden:
Anstellwinkel minus 45 Grad, Geschwindigkeit 173 Knoten. Querlage 20 Grad nach rechts.

20:05 Uhr, 36 Sekunden:
Anstellwinkel minus 36 Grad, Geschwindigkeit 203 Knoten, die

Sendetaste des Bordmikrophons wird gedrückt, doch es wird nicht gesprochen.

20:05 Uhr, 45 Sekunden:
Stimme des Captains: „OK." Unmittelbar danach: „Oh, oh, nein!"

20:05 Uhr, 53 Sekunden:
Stimme des Kopiloten: „Hochziehen, zu tief!"

20:05 Uhr, 58 Sekunden:
Aufschlag.

Die Untersuchung des Unfalls gestaltete sich nach dem altbewährten Muster von China Airlines: Weiträumige Abriegelung des Unfallgeländes. Striktes Kameraverbot. Aussperrung aller Journalisten. Sprechverbot auch für Polizei, Feuerwehrleute und Rettungsmannschaften. Anberaumung von Pressekonferenzen (mit Anwesenheitskontrolle), auf denen gesagt wurde, dass es nichts zu sagen gibt. In einer konzertierten Aktion wurden gleichzeitig Tatbestände vernebelt, Untersuchungen direkt oder indirekt behindert und nötigenfalls verzögert: Der zur Zeit des Absturzes diensthabende Fluglotse war krank gemeldet und nicht auffindbar. Zusammenhänge wurden entstellt wiedergegeben. Als flankierende Maßnahme wurden die Flugtarife kräftig gesenkt: Während einer kurzen Periode konnte man für 500 USDollar nach Los Angeles und zurück düsen. Erschüttert ein Absturz andere Fluggesellschaften bis in ihre Grundfesten – bei China Airlines war so ein Vorkommnis Routine. Unangenehm, sicher. Aber ganz sicher nichts Weltbewegendes!

Schließlich dauerte es ganze einundzwanzig Tage, bis der für die Flugsicherheit zuständige Direktor vor die Presse trat und zunächst mal technische Mängel an der Maschine ausschloss. Die Pressekonferenz dauerte eine Stunde und zehn Minuten. Fragen waren nicht zugelassen. Die Pressemeute hielt sich an die Vorgaben. Bis auf einen jungen Typ, der den Vortragenden mit einem einzigen Hauptsatz aus dem Gleichgewicht brachte:

„Die Maschine war in technisch einwandfreiem Zustand und fiel einfach so aus dem Himmel.“

Schweigen im Saale.

Nach einer Gedenkminute flüchtete Herr Yeh in die schale Ausrede, dass die Untersuchungen ja noch nicht abgeschlossen seien. Und dies, obwohl die Durchschriften der Datenaufzeichnungsgeräte wie des Cockpit-Voice-Recorders vor ihm auf dem Pult lagen. Er konnte sich einfach nicht zu der Aussage durchringen, dass der Absturz einzig und allein auf das Versagen der Piloten zurückzuführen ist.

Dabei ist unwidersprochene Tatsache, dass der Captain während der letzten 55 Sekunden vor dem Absturz nichts unternommen hat, um das Unglück doch noch abzuwenden; er hockte einfach auf seinem Sitz. Nach übereinstimmenden Aussagen eines Neurologen und eines Psychiaters ist es durchaus möglich, dass der Pilot angesichts der für ihn (subjektiv) aussichtslosen Situation – verbunden mit dem totalen Verlust der räumlichen Orientierung – in eine Art Lähmung verfallen ist, die es ihm verunmöglichte, zu reagieren. Ein Herzstillstand während dieser Phase scheidet jedoch aus, denn dreizehn Sekunden vor dem Aufschlag hat er ja noch gesprochen.

Und der Kopilot? Warum hat er nicht eingegriffen? Warum hat er nicht die Steuersäule erfasst? Warum hat er nicht wenigstens laut und beharrlich auf den Bordkommandanten eingesprochen? Alles was er während des völlig missratenen Durchstartmanövers hätte tun müssen, war, die Flugzeugnase auf einen Anstellwinkel von plus zehn bis fünfzehn Grad zu bringen und null Grad Querlage einzunehmen. Fertig! Der Airbus ist derart idiotensicher konzipiert und so einfach zu handhaben, dass jeder Flugschüler mit ein paar

Stunden Flugerfahrung auf irgendeinem beliebigen Flugzeugmuster solch ein Korrekturmanöver durchführen kann.

69 Kopiloten habe ich in der Folgezeit die Frage gestellt, ob sie angesichts des drohenden Unheils würden eingegriffen haben. Die Reaktionen und die Antworten der jungen Männer, die doch in absehbarer Zeit selbst das Rückgrat der Fluglinie bilden sollen, haben mich zutiefst erschüttert:

46 Kollegen – allesamt vormalige Militärpiloten – lehnten eine Stellungnahme ab; zwei dieser Herren – der Airbus-Flotte angehörend – meinten sogar, ich solle meine Nase nicht in Sachen stecken, die mich nichts angingen. Und außerdem, so ließ sich ein angehender Captain vernehmen, solle man die Toten ruhen lassen; schließlich würden auch die präzisesten Analysen keines der Opfer ins Leben zurückbringen.

17 Kollegen sagten, sie würden unter gar keinen Umständen eingegriffen haben. Und zwar aus Angst vor Bestrafung für den Fall, dass alles doch noch gut ausgegangen wäre.

Lediglich sechs Kopiloten – bemerkenswerterweise mit Qualifikationen, die eindeutig über dem Durchschnitt lagen – erklärten, sie würden zumindest versucht haben, das Steuer zu übernehmen (darunter auch die bis dahin einzige Kopilotin bei China Airlines).

Und nach dem Absturz?

Allen war – wieder einmal – klar, und alle äußerten sich (gefragt wie ungefragt) dahingehend, dass hier und jetzt etwas passieren muss. Aber das hatten wir ja schon jahrelang immer und immer wieder gehört. Oder etwa nicht? Dass die ausländischen Medien über die Fluggesellschaft herfallen würden wie die Geier, das war zu erwarten gewesen. Doch dass die heimische Presse bar jeder Zurückhaltung längst verdrängte, uralte Vorkommnisse aufwärmte und sich nicht entblöden konnte, hämische Artikel der kommunistischen Festlandchinesen einzurücken, das war neu, das war unerhört! Und auf das Nationalchinesische Luftamt wurde eingedroschen, dass es seine Art hatte – auch das hatte es bis anhin nicht gegeben.

Da half auch nur wenig, dass der Pressesprecher von China Airlines die vorausgegangene Aussage des Direktors für Flugsicherheit (wir erinnern uns: ‚Keine technischen Mängel am Flugzeug') relativierte und darauf beharrte, dass eine technische Fehlfunktion am (noch recht jungen) Airbus zumindest als beitragender Faktor am Absturz gewertet werden müsse. Zwischenfrage eines aufgebrachten Journalisten:

„Warum hat denn der Pilot dem Kontrollturm nicht gemeldet, dass mit der Maschine etwas nicht in Ordnung ist?"

„Woher wissen Sie, dass er dem Kontrollturm nichts gesagt hat?"

„Die Tonbandaufzeichnungen geben keinen Hinweis auf eine Meldung dieser Art."

„Woher haben Sie die Tonbandaufzeichnungen?"

„Gefunden in …" Der Rest des Satzes geht in schallendem Gelächter unter.

Neu war das alles nicht. Bereits vor vier Jahren hatte man nach der Katastrophe von Nagoya versucht, den Schwarzen Peter den

Airbus-Herstellern zuzuschieben. Probieren konnte man es ja. Aber das Untersuchungsteam, dem neben AirbusLeuten auch unabhängige Sachverständige angehört hatten, gelangte zu dem eindeutigen Befund, dass der Absturz ausschließlich auf menschliches Versagen zurückzuführen war.

Zwar wurde auch diesmal eine Expertengruppe von Airbus-Industries aus Toulouse herangekarrt, doch die Herren mochten sich das alberne Gezeter der China-Airlines-Mannschaft gar nicht erst anhören: Sie schnappten sich die Datenaufzeichnungsgeräte der Unglücksmaschine, dazu die Durchschriften der Tonbandaufzeichnungen (Cockpit und Cockpit/Kontrollturm) und machten sich auf den Flug zurück nach Hause. J. Chiang, seines Zeichens Chef Technik, verlor vor der Verabschiedung auf dem Flughafen kurz die Fassung:

„Aber es könnte ja immerhin sein, dass sich die Ladung aus der Verankerung gerissen, den Schwerpunkt dramatisch verschoben und so die Maschine unkontrollierbar gemacht habe. Oder etwa nicht?"

Der Delegationsleiter von AirbusIndustries guckte Chiang ungläubig an, schüttelte den Kopf und entgegnete kühl:

„Als Chef Technik hätte ich Ihnen weiß Gott mehr Verstand zugetraut: Wenn sich die Ladung löst und verschiebt, dann beim Start unter Einfluss der größten Beschleunigung und des größten Anstellwinkels; in diesem Falle wäre Ihre Büchse bereits nach ihrem Start in Bali in den Bach gefallen. Sollte sich die Fracht jedoch erst hier vor Ihrer Haustüre verschoben haben, dann müssen Sie mir erklären, mit welchen aberwitzigen Manövern Ihr Captain die Beschleunigungen erreicht hat, die größer waren als diejenigen beim Start in Bali. Zudem scheint Ihrer Aufmerksamkeit entgangen zu sein, dass Ihr Flieger in Nagoya nach demselben Muster heruntergeplumpst ist wie hier in Tayouan – und damals war nicht ein einziges Kilo Fracht geladen. Warum machen Sie Ihre Bude nicht einfach dicht? Das würde Ihnen einen Haufen Ärger und uns diese elend langen Nachtflüge ersparen!“

Das also war der gültige Tarif. Und zu diesen Vorgaben wurde die Parole ausgegeben. Frei nach Musils ‚Mann ohne Eigenschaften‘ hieß es ab sofort: Es muss etwas geschehen.

Und so geschah es:

→ Die gesamte AirbusFlotte wurde für eine Woche mit Startverbot belegt. Danach, so war man überzeugt, würde der ganze Unfall vergessen sein.

→ Ab sofort war es verboten, dass aktiv Dienst tuende Piloten und ihre Familienangehörigen in derselben Maschine flogen; da hatte doch ein pfiffiger Angestellter vom Freiflug-Schalter herausgefunden, dass sich des Captains Frau und seine beiden Kinder an Bord der Unglücksmaschine befunden hatten. Welch ein Zusammenhang! Und wir alle sind natürlich gespannt, wie sich Chefpilot Ho eine Ausnahmeregelung zusammenbasteln wird, um seine Lieben aus San Francisco nach Hause zu holen.

→ Ab sofort war es verboten, Kopiloten fliegen zu lassen, obwohl klar erwiesen war, dass der Captain die Maschine in den Boden gerammt hatte.

→ Mit sofortiger Wirkung wurde ein Simulatorprogramm aufgelegt, das jeder Airbus-Pilot zu absolvieren hatte: Man übte Durchstartmanöver – einmal mit Autopilot, einmal ohne Autopilot. Eine Auswertung der Simulatorübungen erfolgte aber nicht, da auch eine differenzierte Beurteilung der einzelnen Piloten weder vorgesehen noch vorgenommen worden war. Man hatte es offenbar locker angehen lassen in Bangkok, denn die tollen Puffsausen in der PatPong hatten bei den Piloten einen weitaus tieferen Eindruck hinterlassen als die Sitzungen im Übungsgerät.

Vier Wochen nach dem Unglück wurden ohne Vorwarnung alle Piloten von China Airlines zusammengetrommelt, die sich in der näheren und weiteren Umgebung von Taipei auffinden ließen.

Zwei Kollegen waren – mit Verspätung aus Los Angeles kommend – eben erst ins Bett gekrochen, als man ihnen befahl, sich binnen 60 Minuten im Operationszentrum einzufinden. In Uniform.

Der Auftrieb an in Dunkelblau gewandeten Männern war beeindruckend. Ich hatte mir gar nicht vorstellen können, dass China Airlines über derart viele Piloten verfügte. Die geräumige Eingangshalle im Operationszentrum war proppenvoll, und man fragte sich, wer denn eigentlich noch auf Strecke sei.

Shieh I Ming, der stellvertretende Flugbetriebsleiter, bat um Ruhe und kündigte an, dass der Herr Präsident der Gesellschaft persönlich zu den Piloten sprechen werde. Als ein amerikanischer Kollege fragte, ob die Ansprache in Mandarin erfolgen würde, entgegnete Shieh: „Natürlich!"

„Na, dann können wir ja gehen", meinte der Amerikaner.

„Sie werden bleiben, Sie alle werden bleiben!". Der schneidende Befehlston des sonst so umgänglichen Shieh überraschte.

Also blieben die ausländischen Piloten. Sie wurden allerdings in den hinteren Teil der riesigen Halle komplimentiert, und als nach ein paar Minuten der Präsident samt Gefolge am Empfangstresen vorbei durch die beidseitig geöffneten Flügeltüren angerauscht kam, scherte aus der Begleiter-Truppe eine mit Notizblock und Bleistift bewaffnete junge Frau aus, die inmitten der Ausländer Platz nahm und fortan dolmetschte, was der Herr Präsident so von sich gab.

Mit versteinerter Miene verlas der Präsident seine Rede, ohne seine Stimme zu heben oder zu senken. Mit versteinerter Miene nahmen seine Untergebenen die Nachricht auf: Das Schicksal habe wieder einmal zugeschlagen, übersetzte die Dolmetscherin, und nun müsse China Airlines wieder einmal als Prügelknabe für die gesamte Luftfahrtindustrie herhalten. Den Medien, die sich geschlossen gegen die traditionsreiche Fluglinie stellten, gelte es ebenso entschlossen entgegenzutreten. Und im Übrigen warne er Nestbeschmutzer, die stets nur nach Negativem suchten, um ihrer

Profilierungssucht neues Futter zu liefern. Eine große Familie sei man. Und wie in einer Familie müsse man zusammenstehen. In der Not. Zum Wohle aller…

Die Auflistung abgestandener und inhaltloser Phrasen dauerte noch eine ganze Zeit lang, dann erhielt der Flugbetriebsleiter Tsu Lin das Wort.

„Ich lehne jede Verantwortung für diesen Unfall ab. Ich trage keinerlei Schuld. Ich habe alles in meiner Kraft stehende getan. Und ich trete mit sofortiger Wirkung von meinem Posten als Flugbetriebsleiter zurück."

„Das war's", meinte die Dolmetscherin.

„Was heißt denn das?" „Wieso?" „Woher wollen Sie wissen, dass Lin nichts mehr sagt?" Mehrere Fragen auf einmal prasselten auf die offensichtlich verunsicherte Übersetzerin nieder.

„Ich hatte die Reden der beiden Herren bereits vor ein paar Tagen zur Vorbereitung erhalten." Damit erhob sich das zierliche, krummbeinige Wesen mit einem angedeuteten Lächeln von seinem Stuhl, schlängelte sich durch die reglos verharrenden Piloten und war auch schon verschwunden.

Nach dieser kräftigen Seelenmassage durch den Firmenpräsidenten und nach dem Rücktritt des Chefs der Flugbetriebsleitung, wurde Captain Chou Yu Sen zum geschäftsführenden Flugbetriebsleiter ausgerufen. Offiziell ließ Chou, den nur die wenigsten kannten, verlauten, er fühle sich durch die völlig überraschende Berufung zwar geehrt, doch betrachte er sich lediglich als Zwischenlösung; ihm komme es hier und jetzt in erster Linie darauf an, der Mannschaft – in der Stunde der Not – zur Seite zu stehen. Er wolle seine Schaffenskraft einsetzen, wo immer sie gerade benötigt werde, und jeder sei jederzeit willkommen, ihm bei dieser schweren Aufgabe zu helfen.

Tatsächlich musste dieser Chou, der sich selbst nur als ‚temporär', also gewissermaßen als Troubleshooter sah, ein wahrer Tausendsassa sein. Denn obwohl ‚völlig unerwartet' mit dem neuen Job beauftragt, hatte er bereits sechzehn Stunden nach Dienstantritt ein Rundschreiben mit vierzehn und eines mit elf Seiten unters Volk gebracht, hatte eine großangelegte Evaluation sämtlicher Piloten angekündigt und unter dem Namen Gai Jin (was so viel bedeutet wie ‚Verbesserung') ein flächendeckendes Programm mit den Schwerpunkten Flugsicherheit und Standardisierung angeschoben. Nebenher ließ er seine Mitarbeiter wissen, dass jeder einzelne Verbesserungsvorschlag ernsthaft geprüft würde.

Naheliegender ist wohl die Vermutung, dass Chou – wie die Dolmetscherin im Operationszentrum ein paar Tage zuvor – bereits im Voraus von seinem großen Sprung nach vorn (oder ins kalte Wasser) in Kenntnis gesetzt worden war.

Im Laufe der Zeit gewann Chou so etwas wie Profil. Man sah ihn zwar nie, und die unter seinem Namen losgetretene Papierlawine trug in dieser Hinsicht auch nicht viel zu Verbesserungen bei, doch in der Gerüchteküche brodelte es gewaltig. Allerhand wurde hinter vorgehaltener Hand getuschelt. Und bald darauf war klar, dass sich Chou allerhöchster Rückendeckung sicher sein konnte: Eine als ‚zuverlässige Quelle' bezeichnete Person, die dem Verteidigungsministerium nahestehe, hatte gegenüber der ‚China Post' am 6.3.1998 zu verstehen gegeben, dass man nun ‚den richtigen Mann am richtigen Ort' platziert habe. Es stand also zu erwarten, dass sich der neue Mann sehr gut in die Phalanx der Betonköpfe einfügen würde – na denn Prost!

Doch zunächst einmal übertönte auffallend schrilles Schweigen seitens der Versicherungsmenschen in London alle Aktivitäten: Keine Untersuchung zum Unfall, keine Stellungnahme, keine Drohungen. Man munkelte allerdings, dass ein Engländer vormittags in der Nangking-Straße aufgetaucht sei und Taipei am Abend mit zwei schweren Koffern an Bord einer SwissairMaschine verlassen habe. Alles nur Vermutungen…

Der Alltagstrott bescherte weniger Aufregendes: Da liefen wieder einmal die Drucker heiß. Zwei Bulletins wurden in einem Gemischtwarenladen neben dem alten Flughafengebäude vervielfältigt, weil ihre Verfasser fürchteten, andernfalls ihre Ergüsse nicht rechtzeitig unters Volk bringen zu können. Eines der voluminösen Pamphlete stammte aus der Feder von Hsiao Run Jung, dem neu ernannten Direktor des Flugsicherheitsbüros. In völliger Verkennung der Sachlage verwies er auf die außerordentlichen Erfolge, die von seiner Dienststelle erzielt worden seien.

„Die Flugsicherheit war immer unser allerwichtigstes Ziel, und wir sind stolz auf das, was wir erreicht haben. Leider entwickeln sich die Dinge nicht immer so, wie wir uns das erhoffen. Und ich kann Ihnen schon heute versichern, dass sich auch nicht ein einziges Mitglied der Geschäftsleitung aus der Verantwortung stehlen wird.“ Das allerdings war bei den fürstlichen Gehältern, die in der Nangking-Straße zur Auszahlung gelangten, auch nicht anders zu erwarten.

Und mit einer Freudschen Fehlleistung krönt Herr Hsiao, der sich bis anhin hartnäckig gegen alles gesträubt hatte, was nach Veränderung aussah, seinen Sermon:

„Die Verhinderung von Flugsicherheit (gemeint war wohl die Verhinderung von Unfällen) erfordert endlose Arbeit und nimmer ermüdendes, persönliches Engagement.“

Schließlich meldete sich dann auch noch der Vorsitzende des Verwaltungsrates von China Airlines mit einem offenen Brief an alle Mitarbeiter zu Wort; das hatte es nicht einmal nach Nagoya gegeben! Schwerpunkte seiner Ausführungen: Die Qualität der Flugzeuge, das relativ junge Alter der Flotte, die Zuverlässigkeit der Wartung, der Ausbau der betriebsinternen Kommunikation (er hatte wohl das Tonband aus dem Cockpit von CI-676 noch nicht abgehört). Und dann natürlich die laute Klage über den kollektiven Ehrverlust, über die ungerechtfertigte, ja hemmungslose Kritik aus der Öffentlichkeit und den Verlust an Solidarität. Zum Schluss kam dann noch die trottelhafte und völlig verfehlte Bemerkung, dass überall dort Späne fallen müssen, wo gehobelt wird.

Von den Verfassern der Pamphlete hatte jeder ein Studium abgeschlossen. Wie also konnten sie einem derart gravierenden Realitätsverlust verfallen?! Diese Sesselfurzer mochten sich die Finger wund schreiben, sie mochten ihre Stimmbänder malträtieren: An der Mentalität und am Verhalten ihrer Mannschaft vermochten sie nichts zu verändern, selbst wenn sie sich aufrichtig bemühten.

Denn die Realität sah anders aus. Ganz anders: Genau 30 Stunden nach Captain Chous offiziellem Amtsantritt wäre es um Haaresbreite zu einem weiteren Absturz einer Maschine von China Airlines gekommen.

Der Flug CI345 sollte nach einer Zwischenlandung in Penang über Abu Dhabi nach Luxemburg fliegen. Der Frachter vom Typ B-747/200 hatte zwei komplette Cockpitbesatzungen an Bord: Zwei Captains, zwei Kopiloten und zwei Flugingenieure.

Nach einem bis dahin ereignislosen Flug erhielt CI345 die Freigabe, von der Reiseflughöhe auf Flugfläche 350 auf die Flughöhe von 18 000 Fuß abzusinken. Als die Maschine 160 Kilometer von Penang entfernt im Sinkflug die Flugfläche 220 passierte, wurde sie angewiesen, mit der Nahbereichskontrolle Kontakt aufzunehmen. Vorschriftsmäßig meldete sich der Kopilot beim Fluglotsen mit einer Positionsangabe und bat um die letzte aktuelle Wetterbeobachtung. Penang meldete Wind aus südwestlicher Richtung mit 14 Knoten, Sicht 6 Kilometer in leichtem Regen, geschlossene Wolkendecke mit einer Untergrenze von 300 Metern, Temperatur 28 Grad, auf Meereshöhe bezogener Platzdruck 1012 Hektopascal. Nach dem Wetterbericht erteilte der Fluglotse die Freigabe, auf 2 000 Meter abzusinken und direkt das Platzfunkfeuer anzufliegen.

Wie üblich reichte der Kopilot dem Captain die Notizen zum Wetter über die Mittelkonsole. Captain Huong las die Zahlen, nickte und meinte:

„OK, Instrumentenanflug Piste 04."

Das schien wohl die ganze Anflugbesprechung zu sein. Kopilot

Kann Wei, der mit diesem Bordkommandanten noch nie unterwegs gewesen war, räusperte sich und meinte dann:

„Entschuldigen Sie, Captain Huong, aber bei vierzehn Knoten Rückenwind dürfen wir nicht auf der Piste 04 landen, die maximal zulässige Rückenwindkomponente liegt bei zehn Knoten."

Captain Huong gab zunächst nur einen Knurrlaut von sich. Dann wandte er sich an den Kopiloten und schob eine bemerkenswert abenteuerliche Erklärung nach:

„Mein junger Freund – wenn ich Sie so nennen darf, denn wir sind noch nie zusammen geflogen – sehen Sie, erstens ist es Nacht, und zweitens sind wir die einzigen, die hier und jetzt in Penang anfliegen wollen."

Kopilot Wei glaubte, sich verhört zu haben. Er drehte sich fragend zum Flugingenieur um, doch der schüttelte nur unwillig den Kopf und machte sich intensiv an seiner Instrumententafel und an den Tankschaltungen zu schaffen; er kannte den Huong zur Genüge und verspürte keine Lust, sich von diesem unsympathischen Kerl zusammenstauchen zu lassen.

Der Mann am Radar kam einer möglichen Auseinandersetzung zuvor und ersparte dem Captain die Suche nach einer Entscheidung, indem er die Freigabe für den Endanflug erteilte:

„CI345, Sie sind freigegeben für einen Anflug auf Piste 22. Folgen Sie nach dem Passieren des Platzfunkfeuers dem Peilstrahl 040 bis zu 9,5 nautischen Meilen. Fliegen Sie dann die Umkehrkurve und sinken Sie ab auf 450 Meter über Grund. Folgen Sie anschließend dem Peilstrahl 220 in Richtung Piste 22 und sinken Sie fünf nautische Meilen vor der Piste auf Ihr Minimum ab. Das Wetter ist unverändert."

Kopilot Wei wiederholte die Freigabe und wartete darauf, dass Captain Huong nun endlich eine vernünftige Anflugbesprechung durchführen würde; zumindest das Setzen der Funkfeuer und des Minimums auf dem Radiohöhenmesser musste seiner Meinung nach angesprochen und gegenseitig kontrolliert werden – so jedenfalls hatte man ihm das während der Ausbildung eingetrichtert. Doch der Captain mochte sich mit solchen Formalitäten offenbar gar nicht befassen. Vielmehr drehte er sich in seinem Sitz etwas nach rechts und befahl über seine Schulter in Richtung Flugingenieur: „Anflugcheckliste!“

Die wenigen Punkte dieser Checkliste waren rasch abgehandelt, wenn man davon ausging, dass der Herr Flugkapitän die Anflugbesprechung auf ewig und drei Tage schuldig bleiben würde. Flugingenieur Kuang hätte gemäß Vorschrift nun seinerseits auf einer verbalen Erörterung aller für den Anflug wesentlichen Punkte bestehen müssen, doch er war mit Captain Huongs aufbrausendem Wesen von früheren Flügen her nur allzu gut vertraut. Warum sollte er sich ohne Not in die Nesseln setzen?

Bei 4 200 Metern war die Maschine in die dichte Wolkenmasse eingetaucht, der gar nicht so feine Regen rauschte gleichmäßig stark gegen die Frontscheiben. Hauchdünne, fein verästelte statische Entladungen, die aus den unteren Fensterrahmen zu sprießen schienen und nach oben abstrahlten zeigten an, dass die Wolkenuntergrenze noch lange nicht erreicht war.

So erreichte die altehrwürdige B-747 das Platzfunkfeuer und schwenkte auf den neuen Kurs 040. Ein paar Sekunden später besserte Captain Huong auf Kurs 055 nach, um den vorgeschriebenen Peilstrahl 040 zu erfliegen; dies gelang ihm dann auch, noch bevor sich der Flieger acht nautische Meilen vom Platz entfernt hatte. Als der Entfernungsmesser neun Meilen anzeigte, steuerte der Captain auf Kurs 350 und begann, auf 450 Meter abzusinken.

Kopilot Wei, ein wirklich mutiger Kerl, meldete sich schon wieder:

„Entschuldigen Sie, Captain, aber gemäß Freigabe durch den Fluglotsen dürfen wir erst nach Beendigung der Umkehrkurve auf 450 Meter absinken.“

„Ach ja?“

„Jawohl, Captain, erst nach, n a c h der Umkehrkurve!“

„Aber da waren die 450 Meter über Grund bereits erreicht, der Captain befahl das Ausfahren der Vorflügel und der ersten Stufe der Landeklappen. Dann drehte er nach links auf Kurs 160.

„Halt, Captain, halt! Sie drehen nach der falschen Seite! Sie dürfen nicht nach links drehen, Sie müssen nach rechts drehen, nach rechts! Mein Gott, auf der linken Seite befindet sich der 900 Meter hohe Berg. So hören Sie doch, auf diesem Kurs fliegen wir direkt in der Berg!“

„Verdammt noch mal, nun hören Sie endlich auf, mir in meine Fliegerei hineinzuquasseln, Sie Eselskopf! Als Kopilot haben Sie den Mund zu halten, zum Donnerwetter! Von der Fliegerei, von ökonomischer Navigation haben Sie doch überhaupt keine…“

„CI345 ziehen Sie hoch! Hochziehen! Starten Sie sofort durch, Durchstarten, 345!“ Die Stimme des Mannes am Radar überschlug sich.

Noch während die quäkende Stimme des gestressten Fluglotsen aus den Lautsprechern drang, hatte Flugingenieur Kuang alle vier Leistungshebel nach vorne gerammt, beinahe bis zum Anschlag. Captain Huong reagierte augenblicklich, er riss die Steuersäule nach hinten. Noch im Hochziehen streifte das Licht der Landescheinwerfer durch die Wolkenfetzen hindurch einige Palmenwipfel des in unmittelbarer Nähe bedrohlich aufragendes Berges.

Captain Huong fädelte nach dem ziemlich ruppig ausgeflogenen Durchstartmanöver nochmals über dem Platzfunkfeuer. Kommentarlos flog er diesmal bis vierzehn Meilen vom Platz weg, bevor er die Umkehrkurve einleitete – diesmal allerdings zur korrekten Seite hin. Aus dem einigermaßen stabilisierten Anflug erfolgte kurz darauf eine ereignislose Landung.

Nach der Landung schaute der Kopilot der Reservecrew, die die Maschine von Penang nach Abu Dhabi schippern sollte, kurz ins Cockpit und bemerkte: „Na, letztes Mal ließ uns dieser Trottel von Fluglotse auch eine Zusatzrunde absolvieren; das scheint sich hier allmählich einzubürgern.“

Keiner widersprach. Aber es lachte auch keiner. Kopilot Wei und Flugingenieur Kuang schauten den jungen Mann nur ernst an, so dass sich dieser verstört zurückzog.

Erste disziplinarische Würdigung des Vorfalls: Fehlanzeige.

Da weder Kopilot Wei noch Flugingenieur Kuang den Mut aufbrachten, eine Meldung zu dem beinahe tödlichen Zwischenfall zu erstellen, flogen alle weiter, als wäre überhaupt nichts geschehen.

Zweite disziplinarische Würdigung des Vorfalls:

→ Der Fluglotse vom Flughafen Penang, der an jenem Abend den Flug CI345 vor dem sicheren Absturz bewahrt hatte, fertigte zu Händen des Malaysischen Bundesluftfahrtamtes einen ausführlichen Bericht an. Um sich bei seinen Vorgesetzten für die längst fällige Beförderung in Erinnerung zu rufen, fügte er auch noch den Vorschlag bei, die Umkehrkurve für den Anflug auf Piste 22 auf die vom Berg abgewandte Seite zu verlegen.

→ Auch der diensthabende Beamte, der diesen Bericht aus Penang zwei Tage später auf seinem Schreibtisch vorfand, tat etwas für seine Personalakte: Erstens verfasste er einen Kommentar zu Händen seines Vorgesetzten mit Bitte um Weiterleitung an das Verkehrsministerium. Zweitens setzte er den eigentlichen Bericht zusammen mit einem geharnischten Anschreiben und einer hochoffiziellen Verwarnung an die Adresse von China Airlines in Marsch. Drittens wandte er sich an das Nationalchinesische Luftamt in Taipei mit der dringenden Bitte, der Sache mit aller Schärfe nachzugehen und sich allen Abwimmelungsversuchen seitens der Airline standhaft zu widersetzen.

→ Der Beauftragte für Flugsicherheit im Nationalchinesischen Luftamt – ein ehemaliger Captain bei China Airlines – reichte den Schrieb aus Kuala Lumpur kommentarlos an den Chefpiloten der B-747/200Flotte weiter.

→ Der Chefpilot, der angesichts seiner in wenigen Monaten anstehenden Beförderung auf die neue B-747/400 alles andere gebrauchen konnte als gegen ihn und seine Flotte gerichtete Berichte, dachte sehr lange über den Bericht aus Penang nach: Einerseits waren seine Jumbos während der letzten Monate von größeren Zwischenfällen verschont geblieben (sieht man einmal davon ab, dass er selbst vor zwei Wochen mit viel zu wenig Sprit in Richtung Anchorage gedampft war und in Sapporo zwischenlanden musste), andererseits würde er erpressbar sein, wenn es dem Luftamtfritzen einfallen sollte, der unfeinen Angelegenheit nachzugehen. Aber da die Wellen um die von Chou angekündigten Maßnahmen noch lange nicht verebben würden, glaubte er sich ungefährdet: Der Bericht zur BeinaheKatastrophe in Penang wanderte ‚zu den Akten', d.H. in den Papierkorb. Dem fehlbaren Captain Huong ließ er den Vorschlag übermitteln, ihn selbst und den Kerl vom Luftamt zu einem ordentlichen Abendessen mit anschließendem Ringelpiez einzuladen.

Bei China Airlines erfährt man alles – man muss sich nur gedulden können. Als ich bei Captain Hsiao (Direktor Flugsicherheit) über den Vorfall bei Penang berichtete, überraschte er mich mit der Bemerkung:

„Ja, das war schon eine schlimme Sache! Nicht auszudenken, wie wir heute dastehen würden, wenn das Ding in die Hose gegangen wäre."

„Aber, äh, ich meine, wie haben Sie davon erfahren?"

„Nun, genauso wie Sie. Ich meine damit: Auf dem kleinen Dienstweg."

„Und?

„Was meinen Sie mit ‚Und'?"

„Und, was gedenken Sie in dieser Angelegenheit zu unternehmen? Haben Sie Chou bereits informiert?"

„Warum sollte ich Chou informieren? Bitte glauben Sie mir, der hat gegenwärtig ganz andere Sorgen im Kopf."

„Sie finden also nicht, dass diesem Vorfall in Penang nachgegangen werden sollte? Von Ihrer Dienststelle wenigstens? Immerhin wären um ein Haar sechs Menschen umgekommen, mal ganz abgesehen von dem Verlust eines weiteren Flugzeuges. Und der fürchterlichen Reputation Ihrer Gesellschaft, die innerhalb von 100 Tagen gleich zwei Schrotthaufen produziert!“

„Tja, natürlich könnte ich die Sache Chou vortragen. Aber man würde mich nur fragen, ob denn tatsächlich jemand zu Schaden gekommen ist.“

„Auch Chou selbst?“

„Auch Chou!“

Ich vermochte mir nicht vorzustellen, dass der geschäftsführende Flugbetriebsleiter hinsichtlich der Penang-Geschichte nicht Bescheid wissen sollte, wenn alle anderen informiert waren. Also versuchte ich herauszufinden, warum eine derartige Fehlleistung unter den Teppich gekehrt werden sollte. Mit seinem Bulletin vom 10.04.1998 in der Hand, in dem jeder Mitarbeiter aufgefordert wird, seine Vorstellungen, Beobachtungen und Vorschläge einzubringen, drang ich bis zu Chous Vorzimmerdame vor.

Möglicherweise hatte dieser Hsiao vorausgesehen, dass ich mich persönlich an Chou zu wenden versuchen würde. Und offenbar hatte er auch Chous Sekretärin entsprechend vorgewarnt. Jedenfalls sprach sie mich mit vollem Namen an und teilte mir mit, dass Captain Chou nicht zu sprechen sei. Als eine Mitarbeiterin mit einer Handvoll Unterlagen ins Büro kam und in einem Wandschrank etwas zu suchen schien, überraschte mich Frau Waji mit dem in tadellosem Französisch vorgetragenen Satz:

„Malaysia ist sehr weit weg, nicht wahr?“

Und gleich darauf belehrte sie mich – nun wieder in Englisch – dass Captain Chou wohl auch nicht am Nachmittag zu sprechen sein würde, oder morgen. Sie rechne mit meinem Verständnis, denn er habe gegenwärtig enorm viel zu tun. Möglicherweise vermutete Frau Waji, dass ich noch etwas sagen wollte, denn sie komplimentierte mich ziemlich unzeremoniell aus ihrem Einzugsbereich hinaus:

„Sie können jetzt gehen."

Dass Chou viel zu tun hatte, leuchtete ein. Denn das Programm, das sich der Gute vorgenommen hatte, war gewaltig. Weil er offenbar glaubte, nur eine Vereinheitlichung der cockpitinternen Verfahrensabläufe könne die Flugsicherheit erhöhen, ließ er neue, in allen Flotten gleich anzuwendende Verfahren zusammenschreiben und neue Checklisten drucken. Das LufthansaTeam hatte vergeblich auf die Tatsache hingewiesen, dass ein zwanzig Jahre alter Flieger mit drei Mann Besatzung anders zu handhaben ist als ein Muster der neuesten Generation mit vollelektronischem Cockpit. Die Druckmaschinen rasselten. Das Chaos war nicht nur sorgfältig geplant, es trat auch umgehend ein. Und nach einer der chinesischen Kultur angemessenen Denkpause wurde für die ganze Übung Marschhalt angeordnet. Allerdings noch kein Rückzug.

Nun erhielten die einzelnen Flottenchefs den Auftrag, die Verfahrensabläufe – typenabhängig – nach den vorgegebenen Kriterien zu standardisieren; bis zum 1.8.1998 sollte das Training abgeschlossen, jeder Pilot überprüft sein. Bis zum 1.8.1998 dürfe man allerdings noch diejenigen Verfahren anwenden, die man für angebracht halte; na, schon mal was vom Turmbau zu Babel gehört? Chaos perfekt, weil sich die älteren Semester weigerten, die neuen Verfahren anzuwenden, indes ihre Kopiloten, die ihre ‚Umerziehung' bereits hinter sich gebracht hatten, wieder zurückbuchstabieren mussten und nach den alten Checklisten zu arbeiten hatten. Aber warum aufregen? Im Laufe der Zeit würde sich alles einspielen. Rom wurde schließlich auch nicht an einem einzigen Tage gebaut. Jetzt galt es erst einmal, die anderen Projekte voranzutreiben.

Aus schierer Neugierde nahm ich Kontakt auf zu einem amerikanischen Kollegen, der bis zu seiner vorzeitigen Pensionierung für

Delta Airlines die MD-11 bewegt und anschließend bei EVA AIR angeheuert hatte. Wir hatten uns vor einigen Jahren in Atlanta bei einem Baseball-Spiel kennengelernt. Als ich ihm von dem fürchterlichen Durcheinander bei China Airlines berichtete und wissen wollte, nach welchen Verfahren bei EVA geflogen wurde, schaute er mich verwundert an:

„Wir haben einfach die Vorschriften vom Hersteller übernommen; bis jetzt ist es noch niemandem eingefallen, daran etwas zu ändern."

„Und?"

„Nun, EVA AIR hatte seit ihrer Gründung noch keinen einzigen Unfall. Und der einzige Zwischenfall ereignete sich in Paris, als ein unaufmerksamer Amerikaner mit seiner alten DC10 in unsere eingeparkte 747 rumpelte. Wahrscheinlich kommt es nicht darauf an, welche Verfahren man anwendet, sondern o b man sie anwendet.

Der Mann hatte gut reden. Und er hatte Recht!

Bei China Airlines aber wurde weiterrotiert. Da stand nun zuvorderst das neue Ausbildungskonzept. Zugegeben, so neu war das Konzept eigentlich nicht, denn Lufthansa, Swissair und KLM wandten es seit über 25 Jahren mit Erfolg an. Die Idee dahinter ist einfach: Erstens soll die Angst vor der Prüfung und natürlich auch die Angst vor dem Scheitern abgebaut und zweitens die handwerkliche Fertigkeit gefördert werden. Und zwar im Simulator: Kostengünstig, wetterunabhängig, flächendeckend, umweltfreundlich. Beim obersten Fluglehrer geht's los, beim jüngsten Kopiloten hört's auf. Alle fliegen die gleichen Übungen durch, keiner kann durchfallen, niemand kann bestraft werden oder seine Lizenz und damit sein Gesicht verlieren. Klappt eine Übung nicht auf Anhieb, wird sie sofort wiederholt – solange b i s sie klappt.

Bedauerlicherweise kann man nun einem altgedienten Fluglehrer offenbar nicht zumuten, etwas zu übernehmen, was nicht auf seinem eigenen Mist gewachsen ist. Ich werde also meinen verehrten Kollegen weismachen müssen, dass sie schon seit geraumer Zeit mit diesen Ideen – gewissermaßen unbewusst – schwanger gegangen sind und nur noch nicht wussten, wem sie das Projekt verkaufen könnten. Und dass lediglich die dröge Administration Schuld daran trage, dass man über das Planungsstadium noch nicht hinausgelangt sei.

Und nun? Erfolg?

Der gutgemeinten Theorie folgte alsbald die Ernüchterung. Es stellte sich heraus, dass weniger als die Hälfte der Fluglehrer in Anwesenheit eines zum LufthansaTeam gehörenden Captains in der Lage waren, nach einem Triebwerksaussetzer einen konventionellen Anflug mithilfe eines ungerichteten Funkfeuers durchzufliegen; einige fielen einfach aus dem Himmel. Dabei war das ursprüngliche Simulatorprogramm schon einal entschärft worden, als sich herausgestellt hatte, dass verschiedene Herren nicht einmal fehlerfrei in eine Warteschleife einzufädeln vermochten. Ein paar Mitglieder des Ausbildungskaders erschienen erst gar nicht im Simulator: Sie ließen ihren Chefpiloten ausrichten, dass sie nicht gewillt seien und dass sie es auch nicht nötig hätten, sich von Langnasen beurteilen zu lassen (obgleich gar keine Beurteilung erstellt wurde). Eher würden sie ihr Amt als Fluglehrer zur Verfügung stellen, als sich von diesen vaterlandslosen, dahergelaufenen Söldnertypen sagen zu lassen, welche Übungen sie wie zu fliegen hätten. Die erste, fette Krise war da – und Chou knickte ein.

Müßig zu erwähnen, dass sämtliche Fluglehrer – in Abwesenheit der fremden Teufel – zwei Wochen später allen Anforderungen Genüge geleistet hatten und nun ihrerseits die anderen Piloten in die Mangel nahmen. Chou hatte eine einmalige Chance vertan. Der Vorschuss an Vertrauen war unrettbar und unwiederbringlich verloren. Besonders die ausländischen Piloten waren bitter enttäuscht. Ein Mann des LufthansaTeams warf das Handtuch – er habe genug von diesem Affenzirkus, für derartige Kalbereien sei ihm die

Zeit zu schade (dies ließ sich nur mit Schwierigkeiten und in weit umschreibender Wiese ins Mandarin übertragen).

Die gute Nachricht: Erstmals meldeten sich auch ein paar aufgeschlossene, chinesische Kollegen, die sich mit dem Vorgehen Chous rund um die Evaluation nicht einverstanden erklärten. Leider hörte man in der Führungsetage nicht auf sie. Frei von allen Selbstzweifeln verkündete Chou gegenüber der Presse: „Wir sind auf dem richtigen Wege, also werden wir ihm weiter folgen."

Auf dem ‚richtigen' Wege lag da allerdings noch ein rechter Brocken, der zu allererst beseitigt werden musste: Die Airbus A300/600-Flotte mit ihren unübersehbaren, strukturellen Defiziten und den selbstinduzierten Problemen.

Weil zu den Opfern von Tayouan auch ein Minister gehörte, entschloss man sich im Verkehrsministerium zur Intervention und setzte einen Staatssekretär in Marsch. Der gute Mann führte sich beim Flugbetriebsleiter damit ein, dass er zugab, von der Fliegerei überhaupt nichts zu verstehen; er sei hier, um sich mit peripheren Problemkreisen auseinanderzusetzen. Captain Chou kroch dem Ministerialen auf den Leim. Er glaubte, den Regierungsabgesandten mit ein paar Zahlen und einem Stoß von Computerausdrucken abspeisen und ihm die Wolle über die Augen ziehen zu können: Alle AirbusPiloten hatten ja ihr Zusatztraining längst bestanden, speziell die Übungen mit den verschiedenen Durchstartmanövern.

Chou hatte sich verrechnet. Verbiestert musste er zur Kenntnis nehmen, dass sich der Herr Staatssekretär TzoWei kundig gemacht hatte. Zwei Tage lang hatte sich TzoWei von Captain Lamieux – der von AirbusIndustries für unbestimmte Zeit nach Taipei abkommandiert war – und von Captain Kagan, einem ausgebildeten Testpiloten und kompetenten Fluglehrer über die unhaltbaren Zustände bei den A300-Leuten aufklären lassen. Dann war er für vier Tage verschwunden. Am fünften Tage meldete er sich – aus Bangkok kommend – zurück bei Chou. Allem voran begehrte TzoWei zu wissen, wie viel Simulatorzeit jedem Piloten gewährt worden war, welche Übungen jeder einzelne absolviert hatte, wer die Lektionen überwacht und wer sie schließlich beurteilt habe. Mit unverhohlenem Genuss ließ der Ministeriale den Ober-Piloten schmoren:

„Chou, finden Sie es nicht verwunderlich, dass Sie 107 AirbusPiloten in weniger als vier Wochen auf einen guten Sicherheitsstandard trimmen können, wo die Bemühungen von immerhin vier Jahren nichts gefruchtet haben?"

„Ja, wissen Sie..."

„Nein, ich weiß nicht. Alles was ich weiß ist, dass der Belegungsplan des Thai-Simulators in Bangkok für die betreffende Periode Ihrer grandiosen Zusatzausbildung lediglich sechzehn zusätzliche Sitzungen aufweist. Ist doch komisch, oder nicht?"

Chou trommelte den Chef Flugtraining, zwei Inspektoren der Abteilung ‚Training Standards' und den Verantwortlichen für die Sektion ‚Management of Human Resources' zusammen. Nach kurzer Beratung mussten sie allesamt zerknirscht passen und zugeben, dass die ganze Übung getürkt war. Der Ministeriale hatte wohl nichts anderes erwartet, denn es kam zu keinerlei Verwerfungen; und vor allen Dingen: Chou blieb im Amt!

Aber auch TzoWei blieb. Das heißt, er kam zwei Arbeitswochen lang jeden Tag zu China Airlines. Er ließ sich nicht abwimmeln. Er überwachte die Ausarbeitung eines ganz neuen Trainingsprogramms für die Airbus-Piloten. Er legte fest, dass diese ab sofort jeden zweiten Monat einen Überprüfungsflug zu bestehen hatten. Er suchte sich Inspektoren vom Luftamt, die weder unter Druck gesetzt noch bestochen werden konnten; diese Fachleute ließ er nach Bangkok karren und mit Thai-Fluglehrern eben jene Übungen abfliegen, wie sie für die Kerle aus Taipei vorgesehen waren und nun tatsächlich von diesen Hallodris abgesessen werden mussten. Die Luftamtleute wurden dazu vergattert, jeden einzelnen Flug zu protokollieren, die Daten sämtlicher Anflüge auszudrucken und sie – zusammen mit einer aussagekräftigen Gesamtbeurteilung

– an ihn, TzoWei ins Verkehrsministerium weiterzuleiten; wenn die Herren Beamten wollten, könnten sie Kopien der Unterlagen auch an China Airlines schicken, am besten gleich an Chou selbst.

Na gut, man hatte ihn, Chou, auf dem falschen Fuß erwischt. Aber das konnte schließlich jedem passieren, der Neuerungen anstrebte, der etwas zu bewegen suchte. Und war es denn seine Schuld, dass sich die Airbus-Idioten erwischen ließen? Konnte man ihn dafür verantwortlich machen, dass ein Politikmensch den Deckel von einer Büchse abschraubte? Aber er würde dem Kerl vom Ministerium noch Respekt abnötigen; schließlich hatte er sein Pulver noch lange nicht verschossen. Mit einigen seiner Projekte würde er noch gewaltig Staub aufwirbeln. Er würde es diesen Tagedieben, die sich in ihren Verwaltungspalästen auf Kosten der Steuerzahler den Arsch wund saßen schon noch zeigen. Sie würden – ob sie nun wollten oder nicht – seine Projekte gutheißen müssen!

Eines davon betraf die so genannten ‚organisatorischen' Faktoren, die unter Umständen zu Unfällen beitragen konnten. Ganz genau wusste Chou zwar nicht, was es mit diesen komischen Faktoren auf sich hatte. Und dass ein Kopilot dazu befähigt sein sollte, organisatorische Abläufe innerhalb der Firma zu verstehen, mochte er sich erst gar nicht vorstellen. Aber er hatte da etwas von Fachleuten aus Amerika gelesen. Von Spezialisten, die sich in Zusammenarbeit mit der NASA und der Universität von Texas um etwas bemühten, das sie unter dem Sammelbegriff ‚Corporate Resource Management' verkauften. Wenn es auch nichts nützte, so würde es zumindest auch nicht schaden.

Schon war der weltberühmte Luftfahrt-Psychologe Dr. R. Helmreich für eine riesige Summe unter Vertrag genommen. Helmreich würde eine umfangreiche Befragung aller Piloten durchführen und anhand der eingegangenen Daten eine Analyse erstellen, die – und daran zweifelte niemand – das Innenleben der ganzen Firma offenlegen würde. Der Umfrage würde man das Etikett ‚Streng Vertraulich!‘ verpassen; die Piloten mussten glauben, dass ihre Aussagen direkt auf Helmreichs Schreibtisch landeten.

Das Ergebnis der Aktion war beeindruckend – wenn auch nicht gerade im Sinne Chous. Denn um Zeit zu sparen hatte man mit dem Helmreich auch gleich dessen Fragebögen eingekauft, die dieser vor vielen Jahren zum Probelauf an der Texas State Univesity entwickelt hatte. Eine Besonderheit der Fragen war, dass zu jedem Punkt, der nicht mindestens mit ausreichend eingestuft wurde, eine Begründung abgegeben werden musste.

Die Auswertung der Formulare, über deren Rücklauf genauestens Buch geführt wurde, enttäuschte vor allem Helmreich selbst. Bei einem Bier mit ausländischen Piloten beklagte er, dass da irgendetwas nicht stimmen könne:

→ Für die chinesischen Captains sei alles gut oder sehr gut.

→ Alle Kopiloten hätten die Formulare unausgefüllt zurückgegeben.

→ Von den ausländischen Piloten sei kein einziges Formular ausgefüllt worden.

Einen Moment lang war es still, dann brachen alle – mit Ausnahme Helmreichs – in ein homerisches Gelächter aus. Helmreich schien einigermaßen verstört, blickte verständnislos von einem zum anderen und brachte nur ein: „…aber warum, ich verstehe gar nicht…“ heraus. Endlich erlöste Pieter Forster, ein südafrikanischer Veteran mit sieben Jahren ChinaAirlinesErfahrung den armen Psycho-Klempner mit einer einfachen Erklärung:

→ Die chinesischen Captains hassen Veränderungen, welcher Art auch immer diese sein mögen. Und sie beurteilen alles mit ‚gut‘ oder ‚sehr gut‘, damit sie keine Begründung schreiben müssen.

→ Die Kopiloten wissen aus Erfahrung, dass ihre Antwortzettel genauestens ausgewertet werden, und sofort einen Niederschlag in ihren Personalakten finden. Sie fürchten, identifiziert und anschließend abgestraft zu werden.

→ Die Fragebögen der Ausländer wurden von den Chefpiloten unmittelbar nach Eingang im Büro vernichtet.

Phantomladungen.

Wenn man einmal ein paar Jahre auf einem bestimmten Flugzeugtyp abgesessen hat, dann entwickelt sich so etwas wie ein siebter Sinn für all die Dinge, die in keinem Handbuch zu finden sind und die im hektischen Getriebe zwischen Jetströmen, technischen Aussetzern und Verspätungen untergehen. Nicht zu vergessen die Gerüche, besondere Geräusche und Vibrationen. Ganz nebenbei entwickelt sich das Gespür für die Möglichkeiten und den Leistungsrahmen der Maschine. Natürlich trifft jeder einzelne Flug immer wieder neue Rahmenbedingungen an; einige Vorgaben werden immer berechenbar bleiben, auf andere Einflüsse kann man allenfalls reagieren. Liegen z.B. die spezifischen Werte einer trockenen Piste vor, dann genügen Außentemperatur, Bodenwind und Luftdruck, um das maximale Startgewicht zu berechnen. Aber selbst wenn die Daten für Streckenlänge, Streckenwetter und Streckenführung detailgenau vorliegen, wenn das Wetter am Bestimmungsort bekannt ist, und die Größe der Zuladung sowie deren Verteilung im Frachtraum auf dem Papier dargestellt sind, heißt das noch lange nicht, dass man mit der geplanten und geladenen Treibstoffmenge auch dort ankommt, wo man hin will.

Unberechenbar bleiben immer noch – genau wie vor 50 Jahren – Launen und ‚Tagesform' der oft zu Unrecht geschmähten Fluglotsen. Auf einem Flug von Bangkok nach Frankfurt hat man es immerhin mit 37 verschiedenen Flugverkehrsleitern zu tun, die einen Flug – aus welchen Gründen auch immer – umleiten oder verzögern können, die Warteschleifen verordnen oder die optimale Flughöhe verweigern. Eher selten kommt es vor, dass der benötigte Treibstoff nicht in die Tanks passt, weil sein spezifisches Gewicht aufgrund hoher Temperaturen zu gering ist.

In zweieinhalb Jahren habe ich 72 Flüge von Bangkok nach Amsterdam selbst durchgeführt und weitere 181 Flüge auf dieser Strecke ausgewertet. Die durchschnittliche Auslastung lag bei 94%;

waren gelegentlich ein paar Sitze frei, wurde mit Fracht bis zum maximalen Startgewicht, also bis zum Stehkragen aufgefüllt. Während des Sommerhalbjahres betrug die durchschnittliche Flugzeit 11 Stunden und 34 Minuten. Im Winterhalbjahr dauerte es dann etwas länger: 12 Stunden und 28 Minuten lang mussten sich die Passagiere im Schnitt gedulden, bis sie am Ziel waren. Im Durchschnitt aller Flüge lag der Treibstoffverbrauch vom Start bis zur Landung in Amsterdam 1,95% über den gerechneten Werten im Flugplan; diese Ablagen sind normal, weil nur in den seltensten Fällen von Beginn an die optimale Flughöhe eingenommen werden konnte. Selbstverständlich kann man auf diesen langen Reisen auch eine weitaus größere Menge Treibstoff verpulvern – man muss nur langsam genug fliegen – doch das ist eine ganz andere Geschichte (siehe Captain Ho).

Auf den Flügen von Kuala Lumpur nach Frankfurt bot sich dagegen ein völlig anderes Bild. Auf 29 Flügen, die ich selbst durchgeführt hatte und auf 82 Flügen, die ich ausgewertet habe, fehlten nach der Landung im Schnitt 5,1% Treibstoff; und dies ist eine Menge, die im Winterhalbjahr Sicherheitsrelevanz erreicht. An Verzögerungen im Anflug konnte es nicht liegen, denn die deutschen Fluglotsen arbeiten nicht weniger effizient als ihre holländischen Kollegen. Auf den Flügen, die ich selbst machte, ging bei der Betankung in Kuala Lumpur ganz sicher alles mit rechten Dingen zu (weil ich der Frau des Stationsleiters regelmäßig bayerische Weißwürste, Bretzeln und süßen Senf aus München mitbrachte). Wo, zum Teufel, steckte also der Fehler?“

Beim Durchkämmen der Ladedokumente stieß ich auf keinerlei Unregelmäßigkeiten. Auch Herr Yang, Kopilot auf der MD-11, der sich für das Problem interessierte und zur Erfassung der Zahlenkolonnen ein kleines ComputerProgramm zusammengeschrieben hatte, konnte keine Fehler entdecken. Richtig stutzig wurde ich aber erst, als ich beim Direktor der ‚Abteilung und Entwicklung‘ um eine Auswertung sämtlicher Ladedokumente auf den Strecken von Fernost nach Europa bat. Der gute Mann betrachtete mich eine ganze Weile mit ausdrucksloser Miene bevor er mir mit ruhiger Stimme erklärte, dass ich seiner Meinung nach für chinesische Verhältnisse doch ein bisschen zu neugierig sei.

„360 Tonnen verlorenen Treibstoffs und fünf außerplanmäßige Landungen pro Jahr wegen Treibstoffmangels – dazu noch entgangene Einnahmen – die sollten der Firma doch ein wenig Neugierde wert sein, meinen Sie nicht auch?“

„Ich meine gar nichts!“

Damit war das Problem für den Herrn Direktor aus der Welt geschafft, nicht aber für mich. Wenn die Ladedokumente getürkt waren, und sich tatsächlich mehr Ladung an Bord befand als auf dem Papier angegeben war, dann war das schon eher ein Fall für den Herrn Staatsanwalt, der mit Transportgefährdung, Gefährdung der öffentlichen Sicherheit und Urkundenfälschung wesentlich besser umzugehen wusste als der Planungs- und Entwicklungsmann. Das Knifflige an der ganzen Sache war nur, den Beweis dafür zu erbringen, dass nicht registrierte Fracht transportiert wurde.

Der sogenannte Trim-Index kann bei der Ursachenforschung ein Indiz sein: Diese Kennzahl, die sich aus dem Gewicht der Ladung und aus deren Verteilung auf die verschiedenen Frachträume errechnet, bestimmt die Einstellung der Höhensteuer-Flächen für den Start; je kleiner dieser Index ausfällt, desto mehr muss die Flugzeugnase während des Reisefluges nach oben getrimmt, und desto mehr Treibstoff wird auf dem bevorstehenden Flug verbraucht werden. Verantwortlich für die Frachtaufteilung ist immer der Lademeister, er unterzeichnet auch die Frachtdokumente. Wenn der Kerl seine Arbeit nicht gut macht, hat er bald einen schlechten Ruf – und kurz darauf seinen Job verloren. Der Lademeister ist aber nicht immer der Mann, der die Frachttüren verriegelt; hat er eine Beladung abgeschlossen, kann er unter Umständen schnell zu einer anderen Maschine gerufen werden…

Diese und ähnliche Überlegungen unterbreitete ich dem Gesamt-Flottenchef Hsi I Minh, als ich mit ihm einen der Flüge von Kuala Lumpur nach Frankfurt durchführte. Wir hatten bereits über Teheran 4,8 Tonnen Treibstoff ‚verloren', obwohl wir seit dem Start alle für unser Gewicht optimalen Flughöhen einnehmen durften.

„Meinen Sie nicht auch, dass die einzige Möglichkeit, um diesen Schummeleien auf die Spur zu kommen, darin besteht, die ganze Maschine nach der Landung in Frankfurt wiegen zu lassen?"

„Hm, die Idee hat etwas für sich. Aber bitte bedenken Sie auch, dass das eine teure Übung werden kann: Wenn sich keine Unregelmäßigkeiten finden lassen, werden Sie derjenige sein, den man für die Auswiegerei zur Kasse bittet." Und nach einer Weile:

„Wissen Sie, warum Captain Baker vor vier Monaten entlassen wurde?"

„Nein, keine Ahnung."

„Nun, er hatte in New York seine B-747 nach der Landung nachwiegen lassen."

„Und weil man nichts Abnormales gefunden hatte, wurde er entlassen?"

„Falsch, mein Lieber, man h a t t e gefunden."

Ungefähr eine halbe Stunde vor der Landung in Frankfurt fragte I Minh unvermittelt:

„Sagen Sie, wie lange läuft eigentlich noch Ihr Vertrag?"

Wissen ist Macht – Nichtwissen macht nichts.

Viele Dinge sind in der Fliegerei möglich, nur ganz wenige unmöglich. Zu den absolut unmöglichen Dingen zählt die Vereinheitlichung von Verfahren. Selbst die kleinste Airline legt Wert darauf, ihre Eigenständigkeit mittels selbstgehäkelten Checklisten und Verfahren unter Beweis zu stellen.

„Doch, doch, Ihre Vorschläge sind hervorragend, das ist sehr gut, aber bei uns machen wir das eben so…"

China Airlines bildet da nicht nur keine Ausnahme, sondern fühlt sich – als vermeintlich traditionsreichste Gesellschaft der gesamten östlichen Hemisphäre – ihrer Vorreiterrolle, ihrer Eigenbrötelei geradezu verpflichtet.

Vor jedem Start hat der Captain seine Mitarbeiter im Cockpit unter anderem darüber zu informieren, was er im Falle von außergewöhnlichen Vorkommnissen zu tun gedenkt (das ist allgemein gültiger Standard). Wie er zum Beispiel einen Startabbruch im Falle eines Motorenaussetzers vor der Entscheidungsgeschwindigkeit V1 zu handhaben beabsichtigt. Welchen Plan, welche Aktionen er sich bei einem Feuerausbruch vor V1, nach V1 oder nach dem Abheben zurechtgelegt hat. Um Chaos im Cockpit von vornherein auszuschließen, muss klar sein, wer im Falle eines Falles was macht: Wer fliegt? Wohin fliegt man? Wer ist für den Funkverkehr zuständig? Wer füttert den Computer mit neuen Daten? Früher, in den ‚guten alten Zeiten', als Dinge wie die automatische Triebwerksteuerung oder GPS noch nicht einmal angedacht waren, als alle Flieger noch eine ordentliche Steuersäule hatten, an der man sich festhalten konnte, da schaute man bei einem Problem einfach nach hinten zum Flugingenieur: Wenn der ruhig blieb, konnte der Schaden nicht allzu groß sein.

Bei China Airlines hält man es für wichtig, auch die Möglichkeit eines doppelten Triebwerksausfalls n a c h der Entscheidungsgeschwindigkeit V1 abzuhandeln. Das kommt daher, dass viele der Captains, die zur Umschulung auf die MD-11 verdonnert wurden, von der alten B-747/200 kamen; und da – so sagt man – sei es möglich, mit nur zwei Motoren in die Luft zu kommen. Bei der MD-11 geht das nun leider nicht: Mit nur 33% der normalen Schubleistung kriege ich die Mühle nicht vom Beton.

Auf meinem zweiten Überprüfungsflug von Bangkok nach Amsterdam, wo das Startgewicht ohnehin bis zum letzten Gramm ausgereizt ist, fragte mich CheckCaptain Chun in dem Augenblick, als wir auf die Piste rollten:

„Und was machen Sie, wenn nach der Entscheidungsgeschwindigkeit V1 zwei Triebwerke ausfallen?"

„Tja, dann sind wir wohl das schnellste Dreirad der Welt", gab ich zur Antwort.

Captain Chun fand die Antwort offenbar unerhört und fauchte: „Nicht bestanden!"

Nach dem Abarbeiten der Checkliste und nach Erreichen der ersten Reiseflughöhe drehte ich mich zu Chun um und erklärte ihm, dass unser Vogel bei 33 Grad Außentemperatur einmotorig nicht genügend Schub entwickelt, um abzuheben, selbst wenn die Piste 100 Kilometer lang wäre. N a c h dem Abheben würden wir – einmotorig und unter optimalen Bedingungen – gute Chancen haben, uns in der Luft zu halten.

Chun zeigte sich unbeeindruckt:

„Es kann ja sein, dass wir einmotorig nicht in die Luft kommen. Doch sollten wir sterben, dann doch in dem Bewusstsein, unseren Checklisten bis zum Ende Genüge geleistet zu haben."

„Mit Verlaub, für diesen Fall gibt es keine Checklisten."

„Macht nichts. Nicht bestanden!"

Was soll der Lärm?

Eigentlich hatte der Wetterfrosch für die vorgesehene Landezeit ja gutes Wetter versprochen – sofern man so etwas in Anchorage zwischen November und April überhaupt erwarten kann. Eine dicke Warmfront war auf der Wetterkarte eingezeichnet, die sich vom Norton Sund her über Fairbanks bis nach Juneau erstreckte (wobei man den Begriff der Warmfront nicht allzu wörtlich nehmen sollte: Das Thermometer zeigt dann anstatt minus 42 Grad eben nur minus 12 Grad). Die Sicht würde nicht unter drei Meilen sinken, und Niederschläge seien nicht zu erwarten.

Captain Kang – einer der wenigen chinesischen Bordkommandanten, die sich im Winter nach Alaska wagten – der mit seinem B-747/200Frachter von New York kommend nach Anchorage unterwegs war, mochte (aus welchen Gründen auch immer) die Warmfronten lieber als die Kaltfronten. Möglicherweise vermochte er die eine von der anderen nicht zu unterscheiden, denn als das Flugzeug während des Sinkfluges in etwa 3 000 Metern Höhe massiv Eis anzusetzen begann, zeigte er sich doch einigermaßen überrascht: „Da, sehen Sie nur“, wandte er sich an den Kopiloten, „die Scheibenwischer starren vor Eis, die ganze Frontscheibe beginnt mit Eis zuzuwachsen!“

Aber was soll's: Runter musste man so oder so. Der umsichtige Flugingenieur hatte die Enteisung für Motoren und Flügel längst eingeschaltet, und um aus diesem verdammten Eis rauszukommen, sinkt man besser früher als später ab!

„Verlangen Sie die Freigabe auf 5 000 Fuß“, ordnete der Captain an.

Der Kopilot tat wie befohlen, doch die Nahbereichskontrolle von Elmendorf verweigerte die Freigabe: „Das Gelände, über das Sie gerade fliegen, ist zu hoch; Sie dürfen nur auf 7 000 Fuß absinken. China Airline, bitte wiederholen Sie: 7 000 Fuß!“

„China Airlines 127, verstanden, absinken auf 7 000 Fuß.“

„Also sagen Sie dem Kerl, dass wir Bodensicht haben und wegen starker Vereisung runter müssen, nun machen Sie schon“, beharrte Kang gegenüber dem verdutzten Kopiloten.

„Aber Captain, äh, wir haben doch gar keine Bodensicht!“

„Macht nichts! Die Wolken werden schon dünner. Da, links, sehen Sie? Da, die Wälder! Also sagen Sie ihm das schon!“

Der Kopilot neigte sich nach vorne und versuchte, am Captain vorbei durch das linke Seitenfenster etwas von den angedeuteten Wäldern zu sehen. Doch weder links noch rechts sah er etwas anderes als undurchdringliches Grau. Trotzdem meldete er dem Fluglotsen:

„China Airlines 127, wir haben Bodenkontakt, wir müssen wegen starker Vereisung sofort absinken.“

„China Airlines 127, sinken Sie ab auf 5 000 Fuß, behalten Sie Sichtkontakt und steuern Sie Kurs 210.“

Noch bevor der Kopilot die Freigabe bestätigen konnte, quäkte es unüberhörbar aus den Deckenlautsprechern: ‚Terrain, Terrain, Terrain‘. Die Warnung dafür, dass sich die Maschine sehr schnell dem Boden annäherte, ohne dass die Landeklappen gesetzt und das Fahrwerk – wie für die Landung – ausgefahren und verriegelt waren.

‚Terrain, Terrain, Terrain‘, dazu zeigte der Radiohöhenmesser abwechselnd zwischen 2 100 und 800, kurzzeitig sogar nur 350 Fuß lichte Höhe zwischen dem Flugzeug und dem Gelände an. Indes der Kopilot in Erwartung des sicheren Endes und zu keiner Aktion fähig wie gelähmt auf seinem Sitz hockte und den Captain wortlos anstarrte, focht den guten Kang das alles nicht an. Als sich diese impertinente ‚Terrain-Stimme‘ immer und immer wieder meldete, drehte er sich zum Flugingenieur um und fragte barsch: „Können Sie diesen verdammten Lärm denn nicht endlich abstellen?“ Der Flugingenieur konnte natürlich nicht.

Einem Zufall ist es zu verdanken, dass die Maschine nicht in einen Berg geknallt ist: Eine Rotte Abfangjäger der amerikanischen

Luftwaffe war von Elmendorf Air Force Base zu einem Alarmstart aufgestiegen, und der Fluglotse hatte den Chinesen-Frachter auf Kurs 255 Grad geschickt, um den Sektor für die Militärflieger freizumachen. Auf seinem ursprünglichen Kurs von 210 Grad hätte der Jumbo seinen Zielflughafen Anchorage nie erreicht: 34 Meilen vor der Piste wäre er an einem steil aufragenden, bewaldeten Berghang zerborsten.

Einem weiteren Zufall ist es zu verdanken, dass die Beinahe-Katastrophe ans Licht gekommen ist: Der für die Flugsicherheit in Anchorage zuständige Beamte war an diesem Morgen verspätet zum Dienst erschienen – ein Plattfuß hatte sein Auto lahmgelegt. Endlich im Büro angekommen, ließ er routinemäßig die Tonbandaufzeichnungen aus den Cockpits der drei zuletzt gelandeten Maschinen sicherstellen – und war bei China Airlines fündig geworden. Zunächst traute er seinen Ohren nicht. Um ganz sicher zu sein, rief er die Wetterdaten der Beobachtungsstation Kuyajha ab, die etwa 45 Kilometer nordöstlich auf 2 800 Fuß Höhe liegt: Windstill, Sicht Null, Temperatur minus 8 Grad, 1008 Hektopascal.

Routine war dann auch die disziplinarische Aufarbeitung des Vorfalls: Wie üblich wies Captain Kang jede Schuld weit von sich. Ha, wie sollte denn ein Flugsicherungsmensch von seinem Büro aus beurteilen können, was er, Captain Kang, aus seinem Cockpitfenster zu sehen in der Lage war?!

„Zu dumm, dass Ihr Kopilot auf dem Tonband – wollen Sie es vielleicht noch einmal mit mir zusammen anhören? – den Sichtkontakt zum Boden klar in Abrede stellt“, beharrte der Flugsicherheitsbeamte Ben Fisher.

Kang blieb bei seiner Aussage:

„Dann soll der Kopilot das nächste Mal seine Augen besser aufmachen!“

Kang weigerte sich zunächst auch standhaft, das juristisch verwertbare Protokoll zu unterschreiben; erst als Fisher mit sofortiger

Festnahme drohte, ein Verfahren wegen Transportgefährdung in Aussicht stellte und anordnete, den Frachtjumbo von China Airlines an die Kette zu legen, fügte er sich.

Der Kopilot wurde gar nicht vernommen – so klar lag der Fall.

Drei Tage später hatte Captain Kang wieder heimischen Boden unter den Füßen – und die Aufforderung in seinem firmeninternen Postfach, sich beim Chefpiloten zu melden. Dort übergab ihm Han Yi wortlos ein Bündel Papiere: Das Protokoll mit seiner Unterschrift; aber das kannte er ja schon. Die Androhung von Sanktionen seitens der Luftamtmenschen in Anchorage im Wiederholungsfalle und einen Bußgeldbescheid über 30 000 Dollar. Nachdem Kang die Schriftstücke gelesen hatte, reichte er sie zurück. Han Yi faltete die Dokumente zweimal und steckte sie in den Papierkorb.

Dem Kopiloten wurden die ihm zustehenden Freitage gestrichen: Er erhielt sieben Tage Reservedienst aufgebrummt, allerdings mit der Auflage, aus dieser Reserve nicht fliegen zu dürfen. Er wurde in die technische Bibliothek verbannt, wo er Flughandbücher auf Druckfehler zu durchforsten hatte.

Das würde ihn hoffentlich lehren, nächstes Mal seinem Captain nicht zu widersprechen.

Wie man's macht ist's falsch!

Herr Chin, seines Zeichens Chef der Besatzungsplanung bei China Airlines und mit drei Jahren Verweilzeit auf diesem Posten schon beinahe so etwas wie ein Fossil, sah sich mit einer äußerst kniffligen Aufgabe konfrontiert: Da waren im Mai acht nagelneue B-747/400 bestellt worden, und er hatte keine Piloten, die diese Dinger hätten bewegen können.

Er war beim Personalchef vorstellig geworden, doch der gab sich ebenso hilflos, konnte oder wollte ihm nicht weiterhelfen und entließ ihn mit allen guten Wünschen sowie der wenig hilfreichen Bemerkung: „Mein Lieber, Sie haben das bis anhin immer geschafft. Warum sollte es ausgerechnet diesmal nicht klappen?" Und zu allem Überfluß kam dann noch die – mit einem erhobenen Zeigefinger unterstrichene – blödsinnige Bemerkung aus der Geschäftsleitung: „Das Kontingent an Ausländern darf unter gar keinen Umständen erhöht werden! Haben Sie das verstanden?" (Der Arsch, der diesen Zettel verfasst hatte musste wohl Angst vor der eigenen Courage gehabt haben, denn sein Name ließ sich auf dem Wisch nicht finden).

Jawohl, Chin hatte verstanden und machte sich ans Werk. Zusammen mit den Chefpiloten der Airbus und der 747/200Flotte suchte er nach geeigneten Kandidaten, die diese neu zur Flotte stoßenden Maschinen fliegen sollten. Die Aufgabe erwies sich als äußerst mühsam: Viele der älteren Frachterkutscher lehnten die Umschulung rundweg mit der Begründung ab, sie würden – solange sie lebten – nie ohne Flugingenieur herumfliegen. Andere gaben zu verstehen, dass sie kein rechtes Vertrauen in die Elektronik der neuen Vögel hätten (in Wirklichkeit hatten sie nur Angst, die Umschulung nicht zu bestehen).

Von der B737 meldeten sich viele, die gerne die große Büchse mit dem großen Gehalt bewegt hätten, doch die durften wieder nicht an den Airbus-Leuten vorbei befördert werden. Mit anderen Worten: Für einen Piloten, der dann schließlich auf der neuen B-747/400 eingesetzt werden konnte, musste man zwei Umschulungen durchziehen. Was für ein Basar! Es wurde gefeilscht und gedroht, Beziehungen wurden ins Spiel gebracht. Um die einflussreiche Gattin des einen nicht zu vergraulen, musste man auf die Empfindlichkeiten des Onkels des anderen eingehen. Zum Kotzen! Und immer noch mehr Rücksichtnahme war gefordert. Dann, bitte, die Hackordnung, die es schließlich auch noch zu berücksichtigen gilt. Und natürlich das Senioritätsprinzip, das es bei China Airlines zwar noch nie gegeben hat, das aber von denen eingefordert wurde, die sich durch die haarsträubende Mauschelei benachteiligt fühlten, und, und… Doch schließlich war's geschafft, die ersten Kurse konnten über die Bühne gehen.

Das absonderliche Auswahlverfahren der Kandidaten hatte zur Folge, dass mehrheitlich jüngere Kapitäne umgeschult wurden. Die zeigten sich begeistert, lernwillig und hoch motiviert, doch mangelte es ihnen einfach an Erfahrung – von ihrer Befähigung als Piloten einmal ganz abgesehen. Erschwerend kam hinzu, dass sich ihre praktische Ausbildung über mehrere Monate erstreckte; wenn sie endlich wieder einen Flug machen durften, dann hatten sie schon wieder vergessen, was ihnen auf dem letzten Flug gezeigt worden war. Da lobe ich mir doch die kernige Aussage des vormaligen Chefpiloten der LTU, Flugkapitän Katlik, der meinte: „Wenn einer das in 30 Tagen nicht lernt, dann lernt er es auch in dreißig Jahren nicht!" Und nach 90 Flugstunden war der Kandidat dann ausgebrütet.

Einigen Männern war selbst während der Streckeneinführung anzumerken, dass sie im neuen Cockpit völlig überfordert waren – wenn da nur nichts in die Hose ging! Ein paarmal jedenfalls wurde es knapp. So, als Flug CI004, von San Francisco kommend, die erste Freigabe erhielt, die Reiseflughöhe zu verlassen und in Richtung Taipei auf Flugfläche 220 abzusinken. Der Kopilot hatte die Freigabe gegenüber der Radarführung bestätigt, der Captain hatte die neue Sollhöhe in den Flugrechner eingegeben (jedoch nicht angewählt). In der Absicht, möglichst rasch abzusinken, wählte Captain OngLiu eine neue, um 35 Knoten geringere Geschwindigkeit und nahm die Leistungshebel auf Leerlauf zurück. OngLiu konnte sich erinnern, dass er bei seinem ersten Einführungsflug mit Captain Rudolphus deJager sehr beeindruckt war: Vom Verlassen der Reiseflughöhe bis hinunter zum Endanflug hatte deJager die Leistungshebel nicht ein einziges Mal berührt.

Das wollte Ong jetzt auch machen. Bereits nach 20 Sekunden war die neue Sollgeschwindigkeit erreicht, doch die Maschine sank nicht ab. Der automatische Pilot hielt – wie sich das gehört – Höhe, Kurs und Geschwindigkeit. Die automatische Triebwerksteuerung fuhr die Motorenleistung auf 84% hoch, und mit einem Anstellwinkel von elf Grad zuckelte die metallene Röhre auf satten 37 000 Fuß dahin wie eine schwangere Ente.

„Hm, sie sinkt nicht ab“, brummte der Captain vor sich hin und zog die Gashebel wieder nach hinten. Doch wieder glitten diese, wie von Geisterhand angeschoben, nach vorne; diesmal allerdings schon auf 91% Leistung. Ong hätte nun den Autopiloten ausschalten können, um manuell auf die neue Höhe abzusinken, doch damit hätte er dem Kopiloten gegenüber eingestanden, dass er die Elektronik nicht im Griff hat. Bedauerlicherweise waren ihm die anderen Möglichkeiten, nun endlich abzusinken, total entfallen: Dem Rechner den sogenannten ‚Profilmodus‘ aufzuschalten, die neue Höhe konkret anzuwählen – wobei die Motoren von selbst auf Leerlauf zurückfahren – oder eine frei wählbare Sinkgeschwindigkeit einzugeben.

Gewissermaßen um den Sinkflug zu erzwingen, zog der Captain nun die verdammten Leistungshebel noch einmal kräftig zurück und ließ sie nicht mehr los. Er spürte sehr wohl, wie die Automatik die Hebel nach vorne zu befördern trachtete, immer wieder ruckten diese Dinger unter seiner rechten Hand. Doch er behielt die Oberhand, er hielt die Schieber an ihren Knäufen zurück. Er hatte es dem bockigen Automaten gezeigt, der partout nicht absinken wollte!

OngLius stiller Triumph währte indes nicht sehr lange, denn der riesige Vogel nahm innerhalb von wenigen Sekunden die Nase auf sechzehn, nun schon auf achtzehn Grad hoch und begann sich zu schütteln wie ein nasser Hund – die Strömung war im Begriff, abzureißen. ‚Stall' nennt man diesen Strömungsabriss in der Fliegersprache, ein besonders in dieser Höhe äußerst gefährlicher Flugzustand, den die Piloten fürchten wie der Teufel das Weihwasser, und den zu vermeiden sie von der ersten Flugstunde an gedrillt werden.

In diesem Augenblick und noch bevor sich der Autopilot von selbst ausschaltete, betätigte Kopilot Han das kleine, schwarze Plastikrädchen für die frei wählbare Sinkgeschwindigkeit. Das Ding befindet sich in der Mitte der Konsole über den Hauptinstrumenten auf Kinnhöhe. Minus 2 000 stellte er ein. Kommentarlos. Augenblicklich begann sich die Flugzeugnase sanft der Horizontlinie zu nähern, senkte sich leicht darunter und stabilisierte sich bei minus drei Grad. Das hässliche Rumpeln und Schütteln hörte sofort auf, die Geschwindigkeit pendelte sich auf dem vorgewählten Wert ein. Und nun blieben auch die Leistungshebel im Leerlauf, ohne dass sie der Captain mit Gewalt zurückhalten musste.

OngLiu kommentierte die Aktion seines Kopiloten mit keiner Silbe. Der Rest des Anfluges auf Taipei und die Landung auf Piste 23 Links erfolgten ebenso routinemäßig wie die anschließende Busfahrt vom Flughafen ins Stadtinnere. Im Operationszentrum meldete man sich dann beim Einsatzleiter ab, verabschiedete sich von den Mitarbeitern der Kabinenbesatzung, guckte vielleicht noch im Dienstpostfach nach und ging dann seiner Wege – normalerweise.

„Sie warten hier, bis ich beim Chefpiloten war", teilte Captain OngLiu dem verdutzt dreinschauenden Kopiloten mit, und bevor dieser nach dem Grund dieser Anordnung fragen konnte, stand er schon allein da. Nach etwa zehn Minuten kam OngLiu zurück und befahl Han: „Sie gehen jetzt zum Chefpiloten."

Han betrat das Büro des Chefs, nahm Haltung an und verbeugte sich. Captain Chi Huei, ein bärbeißiger Gnom von gerade mal 162 cm lichter Höhe, empfing den Kopiloten nicht eben freundlich. Übergangslos und ohne den Gruß zu erwidern bellte er los:

„Sie haben auf dem Flug CI004 unbefugt in die Steuerführung Captain OngLius eingegriffen. Trifft das zu?"

„Jawohl. Das heißt, von Eingreifen kann man gar nicht sprechen, ich habe ihm lediglich geholfen abzusinken."

„Sie haben eingegriffen! Ich bezeichne das als Eingriff, wenn Sie ohne zu fragen eine Manipulation durchführen, die auf das Flugverhalten der Maschine essentiellen Einfluss hat. Haben Sie das verstanden?"

„Jawohl, Captain Chi Huei."

„Und warum haben Sie eingegriffen, ohne zu fragen?"

„Weil sich die Maschine trotz 98% Triebwerksleistung aber mit einem ungewöhnlich hohen Anstellwinkel von achtzehn Grad in dem Geschwindigkeitsbereich befunden hat, in dem die Strömung abzureißen beginnt. Das für diesen Zustand typische Rütteln war bereits deutlich zu spüren."

„Dann hätten Sie den Captain aufmerksam machen müssen, bevor Sie selbst herumzufummeln begannen."

„Dazu verblieb keine Zeit mehr. Außerdem muss Captain Ong ebenfalls gemerkt haben, wie sich das Flugzeug geschüttelt hat."

„Wie wollen Sie als Kopilot beurteilen können, wozu noch Zeit verbleibt und wozu keine Zeit verbleibt?"

„Ich hatte Angst, wir könnten abstürzen."

„Sie sind aber nicht abgestürzt!"

„Jawohl. Äh, ich meine natürlich nein, wir sind nicht abgestürzt."

„Also merken Sie sich für alle Zeiten: Sie sind Kopilot. Kopilot, verdammt noch mal! Sie haben weder eine Entscheidung zu fällen, noch eine Manipulation durchzuführen, wenn Sie nicht ausdrücklich dazu aufgefordert worden sind. Ist Ihnen das klar?"

„Jawohl."

„Abtreten!"

Natürlich war es kein Zufall, dass auf Hans nächstem Flug, der nach Tokio führte, Chefpilot Chi Huei höchstpersönlich den Bordkommandanten mimte. Chi wollte dem jungen Schnösel – der nicht nur sein Studium als Wirtschaftsingenieur abgeschlossen hatte sondern auch noch einen ganzen Kopf größer war als er selbst – mal zeigen, wo Gott hockt. Schon vor der Flugwetterbesprechung setzte er dem jungen Mann auseinander, auf was es in der Fliegerei ankommt. Er erklärte ihm ausführlich den Unterschied zwischen einem Captain und einem Kopiloten und vor allen Dingen, wer an Bord das Sagen hat.

„Alle Entscheidungen an Bord treffe ICH. Haben Sie das verstanden? ICH, ist Ihnen das klar?"

„Jawohl, Captain Chi, ich habe verstanden."

Flugvorbereitung, Bodenoperation, Start und Steigflug – alles reine Routine. Einerseits hielt sich der Chefpilot peinlich genau an Checklisten und geltende Vorschriften. Vorbildfunktion war gefragt dieser Tage, natürliche Autorität, Management of Human Resources (oder wie sich das Zeug nannte). Und vor allen Dingen musste er alles vermeiden, was zu einem Gesichtsverlust führen konnte. Andererseits machte Kopilot ohnehin alles richtig; eine Fangfrage seines Captains, ob denn die gerechnete Reiseflughöhe optimal sei, hatte er über eine Formel, die neben dem zu erwartenden Gegenwind auch das Gewicht nach Ende des Steigfluges einbezog, schlüssig beantwortet. Han war nicht nur ein heller Kopf: Man hatte ihn zum allerersten Umschulungskurs eingeteilt, und mittlerweile hatte er sich das ganze ‚Innenleben' der 747/400 einverleibt, so dass er die Mühle besser kannte als mancher Captain.

Etwa 40 Minuten nach dem Start – die Reiseflughöhe war erreicht – meldete der Chefsteward ins Cockpit, dass das Essen für den Herrn Flugkapitän angerichtet sei. Han betätigte die elektrische Entriegelung der Cockpittüre in der Annahme, dass nun das Futter für den Bordkommandanten angeschleppt würde. Doch dem war nicht so. Statt dessen klopfte es zunächst zaghaft, dann etwas bestimmter, die Türe öffnete sich einen Spalt breit, und die Stewardess, die auf dem Oberdeck die Passagiere betreute, teilte dem Captain mit, dass nun alles bereit sei.

„Ich gehe jetzt zum Essen“, teilte Chi dem überrascht dreinblickenden Kopiloten mit, während er sich aus dem Sitz schälte.

„Jawohl“, antwortete Han, klickte vorschriftsmäßig seine Schultergurte ein und fuhr seinen Sitz weiter nach vorne.

Das hatte Han bislang noch nicht erlebt! Er war während seiner Zeit bei China Airlines schon mit manchen Marotten seiner Vorgesetzten konfrontiert worden, aber dass sich ein Captain zum Essen in die Kabine zurückzog, das war ihm bis anhin dann doch noch nicht untergekommen. Die Vorschriften besagten zwar, dass Piloten ‚physiologischer Notwendigkeiten‘ halber das Cockpit verlassen durften (allerdings auch nur während des Reisefluges), doch seinem Chef, dem Herrn Chefpiloten, der zu den größten Kopiloten- und Ausländerfressern in der Firma zählte, würde er nur schwerlich Vorwürfe machen können. Han malte sich aus, was ihm Chi wohl erzählen würde, sollte er seinerseits zum Essen ins Abteil der Ersten Klasse hinuntergehen wollen. Der würde ihn sicher glatt…

„CI152, hier spricht Naha Bereichskontrolle, bitte kommen.“

„Naha Bereich, von CI152, bitte kommen.“

„CI152, wir haben hier ein kleines Problem: Wegen konvergierenden Verkehrs auf Ihrer gegenwärtigen Flughöhe müssen Sie Ihre Höhe verlassen. Sie müssen entweder auf Flugfläche 290 absinken oder auf Flugfläche 370 steigen. Teilen Sie uns bitte Ihren Entschluss mit.“

„Naha Bereichskontrolle von CI152, ich habe verstanden. Ich werde Sie umgehend zurückrufen.“

„OK, CI152, ich erwarte Ihren Entschluss."

Tja, was konnte der gute Han in dieser Situation tun? Normalerweise guckt man kurz in die Tabellen, stellt fest, ob es Sinn macht, mit dem gegenwärtigen Gewicht eine Etage höher zu steigen oder ob die niedrigere Höhe – zum Beispiel wegen der höheren Geschwindigkeit über Grund – mehr Vorteile bietet. Nur, Hans Problem war anders gelagert. War er doch dazu vergattert worden, a l l e Entscheidungen dem Bordkommandanten zu überlassen. Keine Wahl also: Han fuhr seinen Stuhl zurück, löste die Sicherheitsgurte und machte sich auf den Weg in die Kabine, um die Anweisung des Captains einzuholen.

Chi Huei fiel beinahe das Besteck aus der Hand, als er seinen Stellvertreter erblickte; um ein Haar hätte er sich verschluckt.

„Sie? Sie hier?" Er wollte gerade anfangen zu brüllen, realisierte aber noch rechtzeitig, dass um ihn herum etwa ein Dutzend Passagiere saßen, die eine derartige Szene möglicherweise missverstanden hätten. Also zog Chi seinen Kopiloten an dessen Krawatte brüsk zu sich herunter und zischelte ihm ins Ohr: „Was, zum Teufel, machen Sie hier? Scheren Sie sich auf dem schnellsten Wege zurück ins Cockpit! Sie, Sie..."

„Ja, natürlich, aber Naha verlangt von uns eine Entscheidung hinsichtlich der Flughöhe", zischelte Han zurück. Und dann: „Naha besteht darauf, dass wir entweder auf 370 steigen oder auf 290 absinken. Und weil Sie mir gesagt haben, dass Sie allein alle Entscheidungen..."

„Aber, um alles in der Welt, wie können Sie nur, Sie...? Ach, gehen Sie auf die Seite, zur Seite, sage ich!"

Chi klappte das vor ihm befindliche Tischchen samt Tellern, Gläsern und Besteck leicht nach oben, wuchtete sich aus seinem Sessel und trabte nach hinten in Richtung Aufgang zum Oberdeck. Dicht hinter ihm Kopilot Han. Rauf die Treppe. Dann scharf links. Aber da versperrt der Getränkekarren ihren Weg. Die Stewardess bedient gerade die Passagiere in der vorletzten Reihe und blickt verwundert auf die beiden Piloten, von denen einer noch seine Serviette im Hemdkragen stecken hat. Noch bevor sie die Bremsen ihres Wägelchens lösen kann, versuchen sich die beiden Männer vorbeizuquetschen. Der kleine Dicke schafft es nicht ganz, er bleibt mit seinem Hemd hängen, befreit sich aber mit einem Ruck (dadurch wird ihm das Hemd auf der linken Seite aus der Hose gezogen). Weiter eilen die beiden Piloten. Nach vorne. Sie erreichen die Cockpittüre – die aber ist verschlossen.

„Zu“, stellt Chi mit tonloser Stimme fest.

„Klopfen?“ fragt Han kleinlaut.

„Wer, meinen Sie, kann sich wohl im Cockpit versteckt haben? Vielleicht ein Geist?“

Nur mit Mühe konnte Chi an sich halten. Am liebsten hätte er diesen Trottel von Kopiloten auf der Stelle erwürgt. Alle Farbe war aus seinem aufgedunsenen Gesicht entwichen. Er schnappte nach Luft. Er suchte offenbar nach Worten, brachte aber nur ein gequältes „Ich, ich…“ heraus. Und dann: „Wir müssen die Cockpittüre aufwuchten. Am besten mit der Feueraxt. Bringen Sie die Feueraxt!“

Han entgegnete nichts, er zeigte nur mit dem Daumen auf die verschlossene Cockpittüre.

„Im Cockpit?“ fragte Chi.

Han nickte. „Links oben an der Rückwand.“

„Dann eben das Relais für die Türverriegelung stromlos machen!“

„Auch drinnen.“

„Und jetzt?“

„Jetzt sind wir alle nur noch Passagiere.“

„Oh Sie, Sie…!“

Chefpilot Chi Huei geriet in Panik. 376 Menschen in einer führerlosen Maschine. Auf 33 000 Fuß. Mit 85% der Schallgeschwindigkeit. Was, wenn der Autopilot aus irgendwelchen Gründen ausstieg? Ach, es genügte ja schon, wenn sie nur durch eine dieser

Blumenkohlwolken hindurchdonnerten! Vereisung an den Triebwerken, Hagel, allerschwerste Turbulenzen, denen die automatische Steuerung nicht gewachsen war. Sie mussten ins Cockpit, hier und jetzt!

„Aufwuchten!“ befahl Chi, „mit der Schulter gegen die Türmitte!“

„Der Vorhang“, warf Han ein. „Wenn uns die Passagiere zusehen, wie wir uns mit Gewalt Zugang zum Cockpit verschaffen wollen, geraten Sie vielleicht in Panik. Unter Umständen halten sie uns für Hijacker und überwältigen uns.“

„Also dann ziehen Sie schon diesen verdammten Vorhang zu! Und dann los, zusammen! Eins, zwei…“

Die beiden Piloten wollten gerade Anlauf nehmen, um sich gegen die Cockpittüre zu werfen, als der Chefsteward den Trennvorhang zur Seite schob und buchstäblich auf die beiden Männer auflief.

„Etwas nicht in Ordnung?“ fragte er lächelnd. Und dann, als er begriffen hatte, dass sich die beiden Kerle mit den vielen Streifen auf den Schulterstücken auf der falschen Seite der Cockpittüre befanden, fasste er sich mit der linken Hand an den Hals, indes er die rechte über seinen Mund hielt, um einen Schrei zu unterdrücken. Dann aber fasste er sich, kramte aus seiner Jackentasche einen kleinen Schlüssel hervor, öffnete das Cockpit und ließ die beiden Luftkutscher an ihren Arbeitsplatz zurückkehren.

Ein Flug mit ausgesprochen wunderbarem Ende: Kopilot Han wurde weder bestraft noch entlassen.

‚…nein, auch im Winter, wenn es schneit.'

„Wir werden auch Zürich bedienen. Der Flug von Taipei über Kuala Lumpur nach Frankfurt wird nach Zürich weitergeführt."

„Und Sie meinen, ein Schweizer fliegt über Frankfurt und Kuala Lumpur dorthin, wo er auch mit einer Zwischenlandung weniger hinkommt und wo er vier Stunden weniger lang unterwegs ist?"

„Warum nicht? Wir sind dafür um mehr als vier Stunden billiger!"

„Und das rechnet sich?"

„Das spielt keine Rolle. Wenn wir in der Schweiz landen dürfen, haben wir wieder einen Fuß mehr in der Türe, wenn Sie verstehen, was ich meine. Wir machen das jetzt. Und zwar mit Beginn Winterflugplan."

„Aber, das ist ja schon in drei Wochen!"

„Ich weiß. Und deswegen stehen Sie ja hier. Sie werden für Piloten, die diese Route befliegen, Unterlagen zur Winteroperation erarbeiten. Dazu einen Beurteilungsbogen für die Einführungsflüge."

„Die Einführung sollte kein Problem sein. Alle unsere europäischen Captains kennen Zürich mitsamt seinen winterlichen Besonderheiten zur Genüge und…"

„U n s e r e Instruktoren werden die Einführung vornehmen. Nicht die Finnen, nicht die Deutschen und auch nicht die Holländer."

So also hatte der Chef gesprochen. Und seinen Anweisungen entsprechend wurde in einer Nacht- und Nebelaktion ein Handbuch zur ‚Europäischen Winteroperation' zusammengestellt. Um sicherzugehen, dass auch nichts Wesentliches vergessen worden war, zeigte ich den Entwurf Herrn Henzi, einem Veteran der Schweizerischen Flugsicherung, der bereits im damaligen Biafra tätig gewesen war, und von dem ich behaupten möchte, dass es in seinem Fachgebiet sicherlich nichts gibt, das er nicht schon selbst erlebt hätte. Sein Urteil:

„Wenn nur die verdammte Praxis nicht wäre!"

Schwerpunkte des Pamphlets bildeten die Kapitel zur Enteisung am Boden, die Auswirkungen von Eis und Schnee auf die Piste sowie die Interpretation von Wettermeldungen und Pistenzustandsberichten. Das Material sollte zunächst ins Mandarin übertragen und anschließend zum Selbststudium abgegeben werden. Meine Frage, warum die englische Fassung nicht ausreiche, beschied der Chefpilot:

„Weil wir eine chinesische Fluglinie sind."

Überraschenderweise ging während der ersten beiden Monate alles gut. Das Wetter verhielt sich bis in den Dezember hinein wohlwollend. Ein paar kurze, aber ergiebige Schneefälle fanden dienstags und donnerstags jeweils nach dem Abflug von CI062 um 1135 Uhr statt. Ein einziges Mal zogen starke Schneeschauer mit böigen Westwinden im Gefolge einer kräftigen Kaltfront über den Flughafen von Zürich hinweg, während unser wohlbekannter ‚Technischer Pilot' C. C. Lee anzufliegen versuchte.

„CI-061, folgen Sie dem Instrumentenanflug-System auf Piste 16, sinken Sie auf 1500 Fuß über Grund ab und machen Sie einen Kreisanflug auf Piste 28. Wind 290 Grad mit 34 Knoten. Sicht 3 600 Meter in Schneeschauern. Die Wolkenuntergrenze liegt bei 1600 Fuß über Grund, zeitweise auf 1100 Fuß sinkend. Platzdruck 1001 Hektopascal."

„ … "

„CI-061, haben Sie verstanden?"

„Jawohl, äh, CI-061, wir haben verstanden, Piste 16."

„CI-061, bestätigen Sie die Freigabe: Sie dürfen n i c h t auf Piste 16 landen! Ich gebe Sie frei für einen Kreisanflug auf Piste 28. Sinken Sie n i c h t unter 1500 Fuß ab! Haben Sie verstanden?"

Nochmalige, diesmal längere Pause. Und dann:

„OK, Kloten, von CI-061, wir fliegen zurück nach Frankfurt.

Erbitten Freigabe zum Steigflug.“

Der Stationsleiter von China Airlines in Zürich weiß zwar auch nicht, warum sein Vogel kehrt gemacht und zurück nach Frankfurt gedüst ist – alle anderen Maschinen sind in Zürich auf Piste 28 gelandet – doch als Pragmatiker konzentriert er sich auf das Naheliegende und bucht seine Passagiere nach Taipei auf andere Flieger um. Sollen sich die knapp 40 gestrandeten Hansel mit Cathay Pacific über Hongkong oder mit Thai International über Bangkok nach Taiwan vorarbeiten! Für ihn ist die Sache mit dem Eintrag ins Stationsjournal (eine Kopie davon geht nach Frankfurt und eine nach Taipei) ausgestanden. Und da steht dann: ‚Wegen schwerer Schneestürme ist der Flughafen Zürich an diesem Tage geschlossen gewesen, die Maschine war gezwungen, nach Frankfurt umzukehren‘.

Auch eine Lösung! Nicht schön zwar, aber auch nicht gefährlich.

Ganz anders machte es da schon Captain Cha Tung, als er Mitte Februar 1996 – von Bangkok kommend – in Amsterdam landen wollte. Der Wetterfrosch hatte zwar auf der synoptischen Wetterkarte zwischen Paris und Hamburg eine ordentliche Warmfront eingezeichnet, doch Cha nahm aus Gewohnheit das Papierzeug nicht allzu ernst. Sein Job bestand schließlich darin, Passagiere und Fracht von A nach B zu karren und nicht die handkolorierten Riesenpapiere mit all den Linien, den aufgereihten Dreiecken und Halbkreisen zu entziffern. Diese Meteorologen mochten Zahlenkolonnen nach Lust und Laune produzieren so viel sie wollten, Tatsache blieb, dass ihre prognostizierten Winde weder hinten noch vorne stimmten.

Eine lange Nacht war das wieder einmal gewesen. Zum Glück würde man bald in Amsterdam in der Koje liegen. Die Checklisten waren so weit abgehandelt, die Freigabe direkt hinunter auf 7 000

Fuß war bestätigt. Mit der anfänglichen Schubreduktion hatte sich die Nase der Maschine leicht unter den Horizont abgesenkt. Bei etwa 23 000 Fuß tauchte die MD-11 während ihres Sinkfluges in die geschlossene Wolkendecke ein. Normalerweise schaltet man in dieser Situation die Enteisungsanlage für die Triebwerke, die Flügel und die Höhenruder ein. Eine reine Vorsichtsmaßnahme, die sich immer wieder bewährt. Denn wer kann schon wissen, wie dick die Wolken sind, die man durchpflügen wird, und vor allen Dingen, wie viele unterkühlte Wassertröpfchen sich in ihnen befinden. Denn die Maschine – seit gut zehn Stunden in Außentemperaturen von minus 56 Grad unterwegs – ist total unterkühlt. Selbst wenn die Anzeige für die Gesamttemperatur (Außentemperatur minus Reibungshitze) im Sinkflug lediglich minus fünf oder gar plus zwei Grad angibt, genügt das schon, um auch das kleinste Wasserteilchen, das auf die Flügelvorderkante oder die Vorderkante des Triebwerksgehäuses trifft, augenblicklich zu Eis erstarren zu lassen. Eine weitere Möglichkeit, der Vereisung zu entgehen ist, die Eigengeschwindigkeit hochzuhalten, das heißt, mehr Reibungshitze zu erzeugen: Bei 330 Knoten am Stau klettert die Gesamttemperatur rasch auf ‚vereisungsfreie' Pluswerte.

An diesem Morgen jedoch lief vieles anders, als es im Katalog steht:

→ Die Radarführung verlangte von allen anfliegenden Maschinen die Einhaltung einer Höchstgeschwindigkeit von 250 Knoten; sobald 10 000 Fuß unterschritten waren, musste die Geschwindigkeit sogar auf 220 Knoten gedrosselt werden.

→ In der Platzwettermeldung wurde östlich und südöstlich von Amsterdam starke Vereisung zwischen 5 000 und 11 000 Fuß angekündigt.

→ Captain Juhannen, ein Finnischer Veteran (mit sechs Jahren China-Airlines-Erfahrung), der als zusätzlicher Pilot die erste Hälfte des Fluges durchgeführt hatte, befand sich im hinteren Teil der Kabine, wo er zusammen mit dem Chefpurser versuchte, einen

Kurzschluss zu lokalisieren, der sämtliche Öfen auf der linken Seite der Kombüse außer Gefecht gesetzt hatte.

→ Und da war natürlich noch Captain Cha Tung, der immer noch damit beschäftigt war, das Anflugverfahren für die Piste 27 in den Rechner einzugeben (obwohl er zu diesem Zeitpunkt noch gar nicht wissen konnte, ob er denn auch wirklich auf 27 anfliegen durfte) und der die dringliche Vereisungswarnung völlig außer Acht ließ.

Und dann ging alles sehr schnell. Während die Maschine mit 1 500 Fuß pro Minute absank, packte sie zwischen 10 000 und 6 000 Fuß eine gewaltige Menge Eis auf. Die Frontscheibe war im Nu ‚zugewachsen', die automatische Triebwerksteuerung fuhr die Motoren hoch, und der Anstellwinkel nahm – vom Captain wie vom Kopiloten zunächst unbemerkt – in beängstigendem Maße zu. Schon waren 7 000 Fuß erreicht, und der automatische Pilot hätte diese Höhe auch einhalten müssen, doch er schaffte es nicht. Das System war überfordert: Die Motoren liefen auf Volllast, doch sie vermochten nicht den Schub zu liefern, der nötig gewesen wäre, um die Profilveränderung an den Flügeln, den dadurch bedingten Auftriebsverlust und die dramatische Gewichtszunahme auszugleichen.

In diesem Augenblick kam Captain Juhannen ins Cockpit zurück. Hinten in der Kabine konnte er sich zunächst keinen Reim auf die Tatsache machen, dass die Triebwerke immer höher gefahren wurden. Doch nun sah er das Eis auf der Frontscheibe. Er sah den unwirklich hohen Anstellwinkel auf dem künstlichen Horizont und stellte mit Entsetzen fest, dass die Anlage zum Aufheizen der Flügelvorderkanten und der Höhenruder ebenso wenig eingeschaltet war wie die Triebwerkenteisung.

„Enteisung einschalten!" befahl er dem Kopiloten. „Schalten Sie augenblicklich die Enteisungsanlage für die Flügel, die Höhenruder und die Motoren ein!"

Kopilot Li ShaoKuen fuhr zusammen und blickte über die Mittelkonsole zu Captain Cha hinüber. Er konnte sich einfach nicht vorstellen, dass er ungestraft einen Befehl ausführen durfte, der nicht vom Mann auf dem linken Sitz erteilt wurde.

„Verdammt noch mal!“ entfuhr es Juhannen. Er trat dicht hinter den Sitz des Kopiloten und betätigte die entsprechenden Kippschalter. Dann wartete er, bis die Anzeige bestätigte, dass sämtliche Heißluftventile geöffnet waren. Noch bevor er seinem Ärger Luft machen konnte und Captain Cha ein paar entsprechende Worte sagen konnte, wurde er von der Warnung unterbrochen, die der Autopilot auslöst, wenn er ausgeschaltet wird oder sich selbst verabschiedet, weil er seinen Job nicht mehr ausführen kann.

Warum das Flugzeug von diesem Augenblick an in jedem Fall nur noch manuell gesteuert werden konnte, spielte auch gar keine Rolle mehr. Wichtiger war die Feststellung, dass dieser Cha immer noch die Nase hochzuhalten versuchte, obwohl die Geschwindigkeit nur noch wenige Knoten über dem absoluten Minimum lag.

„Nase runter! Bringen Sie die Nase auf null Grad, Mensch!“

Juhannen war nahe daran, die Fassung zu verlieren. Als Cha sich zu ihm umwandte und offenbar etwas sagen wollte, fuhr ihm Juhannen dazwischen und brüllte:

„Gucken Sie jetzt nach vorne! Halten Sie die Nase auf null Grad und lassen Sie nicht den linken Flügel hängen, zum Teufel noch mal!“ Und zum Kopiloten gewandt:

„Sagen Sie dem Bereichsradar, dass wir in diesem Augenblick den Notfall erklären und auf 3 000 Fuß absinken. Wir müssen wegen starker Vereisung sofort absinken.“

Als der völlig verunsicherte Kerl wieder zum Captain hinüberschaute, schnappte sich Juhannen das Mikrophon von der Seitenkonsole, erklärte CI-065 für in Notfall befindlich und forderte die sofortige Freigabe auf 3 000 Fuß wegen extremer Vereisung.

Der Fluglotse bestätigte die Notlagemeldung mit Uhrzeit, gab die angeforderte Höhe frei und fragte nach dem genauen Grund für das ungewöhnlich tiefe Absinken.

„Wenn wir das hier überleben und sich die Maschine auf 3 000 Fuß abfangen lässt, werde ich Ihnen nicht nur die Informationen zu dieser verdammten Situation, sondern auch ein Amstel überreichen, sobald wir in Amsterdam am Boden sind", erwiderte Juhannen, der sich gefangen hatte und absehen konnte, dass es gerade noch einmal reichen würde.

„Beantragen Sie Priorität für Anflug und Landung in Amsterdam?" wollte der RadarMensch noch wissen.

„Nein, danke, wir werden in etwa zwei Minuten wieder eisfrei sein und benötigen von diesem Zeitpunkt an keine Priorität mehr."

Elf Minuten später waren sie in Amsterdam am Boden. Doch kaum hatten sie angedockt, teilte Captain Cha dem verdutzten Juhannen – dem immer noch die Schweißperlen auf der Stirn standen – mit, dass er nach Ankunft in Taipei einen Bericht einzureichen gedenke, und zwar beim Chefpiloten ebenso wie beim Chef der Flugbetriebsleitung. Und natürlich auch beim Luftamt – wegen Transportgefährdung.

„Das machen Sie mal!" meinte Juhannen ruhig. „Wenn Sie wünschen, kann ich Ihnen dazu auch die Tonbänder vom Bereichsradar besorgen, damit der Chefpilot etwas zum Lachen hat. Und vergessen Sie um Gottes willlen nicht, sich für Ihr umsichtiges Verhalten sowie für Ihr hohes, technisches Verständnis ordentlich zu loben!"

Da klemmt's doch irgendwo…

Man hätte es eine Symbiose nennen können, doch im Neuhochdeutschen spricht man heute nur noch von einer ‚Win-Win-Situation': Der Einsatzplaner suchte händeringend nach Piloten, die die unbeliebte Strecke Taipei-Anchorage-New York und zurück absaßen, und Captain Tchan ließ sich gern zweimal pro Monat auf diese Strecke schicken, weil er die üppigen Auslandszulagen ebenso schätzte wie den gleichfalls üppigen Vorbau seiner Freundin Sue Rousman, die als Stationsverantwortliche für die regionale Fluglinie Aleutean Airways tätig war.

Eigentlich mochte Captain Tchan Alaska nicht. Und besonders Anchorage mochte er nicht. Er hasste den Flugplatz, seitdem er ihn das erste Mal angeflogen hatte, damals, als Kopilot unter der Fuchtel des fürchterlichen Wu Chan als Checkpilot. Der Wu hatte ihn schon während des Sinkfluges derart drangsaliert, dass er schließlich vergessen hatte, das Fahrwerk rechtzeitig ausfahren zu lassen. Na, und dann erst die Landung selbst! Ein mehr oder weniger kontrollierter Aufschlag war das zunächst, wie er ihm nicht einmal während seines Umschulungstrainings passiert war. Ein Bumms, kurz und trocken, dem sich in Folge noch ein paar zusätzliche, unkontrollierte Sprünge anschlossen. Der Vorgang veranlasste den Menschen auf dem Kontrollturm zu der von einem herzhaften Lachen unterbochenen, hämischen Bemerkung:

„China Airlines 124, Sie dürfen über den Rollweg ‚E' zu Ihrem Abstellplatz vor der Frachthalle Ost hüpfen."

Auf diese Bemerkung hin wurde Wu von einem derartigen Lachanfall geschüttelt, dass ihm die Tränen über seine Speckbacken zu rinnen begannen. Ja, er musste sogar kurzfristig beim Rollen anhalten, weil er vor lauter Lachen die Bugradsteuerung nicht mehr zu bedienen in der Lage war. Da fehlte gar nicht viel, und Tchan hätte die Fliegerei an den Nagel gehängt.

Später dann, während seiner Ausbildung zum Captain auf der

B-747, hatte ihm einmal das Wetter einen bösen Streich gespielt. Mit dem allerletzten Tropfen Sprit hatte er nach Fairbanks ausweichen und bei miserablen Sichtbedingungen landen müssen. Mitte Januar. Ohne lange Unterhosen. Die Skala des Thermometers vor seinem Hotelzimmerfenster reichte zwar von plus 40 bis minus 40 Grad, doch vom Quecksilber selbst war nichts zu sehen. Achtzehn Stunden hatte er in diesem gottverlassenen Nest ausharren müssen, weil zu allem Übel ein Schneesturm alles in weißes Chaos versenkt hatte.

Vieles hatte sich seither geändert in Anchorage: So hatte man dem Flughafen eine zweite Piste verpasst. Und die amerikanische Luftwaffe hatte das nahegelegene Elmendorf als Ausweichflughafen freigegeben. Auch die Wetterprognosen schienen zuverlässiger geworden zu sein. Nur das Wetter selbst, das fand immer noch draußen statt und das war immer noch ein Gräuel. Ach, das konnte man schon gar nicht mehr Wetter nennen – schlimm war das, eine ausgemachte Schweinerei, ausgeheckt möglicherweise von den rachelüsternen Geistern der Ureinwohner, die selbst im Jenseits immer noch ihren von den Goldsuchern ausgerotteten Karibus nachtrauerten.

Und es hörte und hörte nicht auf zu schneien. Vor vier Stunden hatte es angefangen. Ohne Unterbruch waren dicke, wattige Flocken niedergegangen. Seit zwei Stunden war die Beladung abgeschlossen, waren die Frachttore verriegelt. Und die Tragflächen hatten sie auch schon mit Enteiserflüssigkeit besprüht. Doch wie's der Teufel will:

Tchan schien den Abläufen immer ein klein wenig hinterherzuhinken: Just nach dem Enteisen der Maschine war die Piste wegen Schneeräumung geschlossen worden. Dann war die Piste geräumt, und die ersten Mühlen gingen raus. Kurz bevor die Reihe an ihm gewesen wäre, teilte man ihm mit, dass der Flugplan abgelaufen sei (der Hohlkopf von Stationsmanager hatte offenbar vergessen, die Papiere aufs Geratewohl zu verlängern). Und als er dann schließlich

Start und Streckenfreigabe erhalten hatte, konnte er das bestätigte Startfenster nicht wahrnehmen, weil er wieder enteisen musste. Er hätte sich vielleicht noch in die Startreihe hineinmogeln können, doch der offizielle Bremskoeffizient war so klein, dass auch eine zehn Kilometer lange Piste nicht ausgereicht hätte, seine Büchse im Falle eines Startabbruchs zum Stehen zu bringen. Na, und da kamen schon wieder die Räumfahrzeuge in Sicht. Doch diesmal würde er schlauer sein. Tchan war entschlossen, diesen ungastlichen Platz schnellstmöglich zu verlassen. Nach Rücksprache mit dem Stationsmanager bestellte er einen dieser riesigen Traktoren, der ihn und seine B-747 vom Abstellplatz bei den Frachthallen etwas näher an die Startpiste bugsieren sollte. So würde er mindestens zehn Minuten Rollzeit sparen und als erster losdüsen können, sobald sich dazu die nächstbeste Gelegenheit bot.

Tatsächlich dauerte es dann nur ein paar Minuten, bis der monströse Schlepper fauchend und brummend aus dem grauen Schneegewirbel auftauchte und den Frachtjumbo auf den Haken nahm; durch den sicherlich 30 Zentimeter dicken Neuschneee ging es gemütlich auf den bewilligten Parkplatz in Pistennähe zu. Um ja nichts anbrennen zu lassen, mussten auch die Enteisungsfahrzeuge nochmals vorbeikommen. Tchan demonstrierte gegenüber dem Stationsleiter sein Fachwissen, indem er darauf verwies, die Enteisungsflüssigkeit müsse mindestens 60 Grad Celsius (an der Austrittsdüse gemessen) betragen, sonst könne man auf die ganze Übung ebenso gut verzichten. Aber da tönte es auch schon aus den Bordlautsprechern:

„CI-127, können Sie innerhalb der nächsten sechs Minuten in der Luft sein?“

„Ja, können wir.“

„OK, CI-127, können Sie von Ihrer Position aus die blauen Begrenzungslichter des Rollwegs ‚Q‘ ausmachen?“

„Ja, wir sehen die blauen Lichter.“

„Gut, CI-127, folgen Sie dem Rollweg ‚Q‘. Nach etwa 150 Metern gelangen Sie auf den Rollweg ‚A'; folgen Sie diesem Rollweg und melden Sie sich, wenn Sie vor der Piste angekommen sind. Ihre Freigabe bleibt unverändert: Nach dem Start geradeaus, steigen auf 5 000 Fuß."

„Turm, von CI-127, wir haben verstanden. Wir melden uns vor der Piste."

„Der Kerl auf dem Turm glaubt wohl, wir stehen mit laufenden Triebwerken herum", brummelte Tchan mehr zu sich selbst und dann, zum Flugingenieur gewandt:

„Checklisten. Motoren starten!"

Tchan kannte das Wort ‚bitte' nicht. Die paar wenigen verbleibenden Punkte auf der Checkliste waren schnell abgehandelt. Kurze Verabschiedung von Stationsleiter und Stationsmechaniker über das Bord/BodenTelefon. Startgerät zur Seite fahren. Die Kontrolle der Trägheitsnavigation würde man noch später durchführen können. Indes Flugingenieur Shin den letzten der angelassenen Motoren, das heißt die Nummer eins auf Touren zu bringen suchte, schaltete der Kopilot die Heizung in den Triebwerks-Eintrittskanten der Reihe nach zu, und der Captain drückte die Leistungshebel stückchenweise nach vorne.

„Melden Sie, dass wir unterwegs sind zur Piste", wies er den Kopiloten an. Durch das linke Seitenfenster sah er, wie ihm der in eine dicke Daunenjacke verpackte Bodenmechaniker die Sicherungsbolzen der Fahrwerke mit den roten Strippen entgegenhielt und am ausgestreckten Arm hin und herschwenkte.

„CI-127, wir rollen Richtung ‚A'."

Das war nun eine fette Lüge. Aber vielleicht hatte der Man auf dem Turm gerade keine Lust, auf den Radarbildschirm zu gucken. Die 747 jedenfalls war noch nicht unterwegs. Sie stand wie festgebacken. Captain Tchan legte noch ein paar Prozente zu, hielt dem Bodenmechaniker den nach oben weisenden Daumen entgegen und wunderte sich, dass der alte Hobel unter seinem Hintern immer noch keine Bewegung erkennen ließ. „Verdammter Schnee“, brummte er und schob auf 70% Leistung an.

Zunächst passierte gar nichts (abgesehen davon, dass der Schnee hinter der 747 gegen den in siebzig Metern entfernten Zaun geblasen wurde und dort eine Wechte mittlerer Bungalow-Größe bildete), aber dann setzte sich der Vogel ruckend in Bewegung. „Na endlich!“ Und kurz darauf befahl Tchan „Checkliste“. Um keine Zeit mit albernen Fragen zu verschwenden, übernahm Tchan auch gleich noch die Rolle des Funkers:

„Turm, von CI-127, wir befinden uns am Pistenanfang.“

„CI-127, verstanden, Wind schwach und umlaufend. Sicht 300 Meter. Behalten Sie Pistenkurs bis 5 000 Fuß. Nach dem Start Frequenz 119,7. Klar zum Start.“

„Turm von CI-127, verstanden, klar zum Start, Pistenkurs, 5 000, 119.7.“

Die Position ‚Pistenanfang‘ stimmte natürlich nicht, noch hoppelte der Frachter den Rollweg ‚A‘ entlang, indem seine Nase abwechselnd mal ein bisschen nach rechts und dann wieder nach links aus der Rollwegachse zeigte; doch wo kein Radar, ist bekanntlich auch kein Richter!

„CI-127, bestätigen Sie, dass Sie rollen!“

„Äh, ja, CI-127, wir rollen. Ja, wir rollen.“

Die letzten Worte des Kopiloten gingen im Lärm der aufheulenden Motoren unter, als die 747 zügig auf die Piste einschwenkte. Nur ganz langsam gewann sie an Geschwindigkeit. Langsam und ruckweise.

„Volllast!“ Tchan rammte die Leistungshebel beinahe bis zum Anschlag.

„Oh, oh, die Austrittstemperatur! Die Triebwerke werden viel zu heiß, Captain, die Triebwerke!“ intervenierte Flugingenieur Shin.

Doch der Captain hielt seinen rechten Arm steif gegen die Gashebel gestemmt. Ein kurzer Blick auf die Abgastemperatur: Der rote Bereich war noch nicht einmal angekratzt! Und die Drehzahl der Primärwelle befand sich mindestens noch zwei Prozent unter dem Maximum. Aber die Beschleunigung! Das war keine Beschleunigung, ein verdammter Leichenzug war das! Der Schnee auf der Piste war doch bis auf wenige Millimeter geräumt, man konnte ab und zu sogar etwas vom Beton sehen. Aber die Maschine beschleunigte einfach nicht. So würden sie niemals in die Luft kommen!

Tchan brach den Start ab. Und noch bevor der volle Umkehrschub gesetzt war, stand die Mühle auch schon still. Von rechts hinten meldete sich Shin mit eher ängstlicher Stimme:

„Captain, die Parkbremsen sind gesetzt, ich meine, äh, immer noch…"

Sechzehn Reifen total zerfetzt. Sechzehn Felgen abgefräst. Sechzehn Sätze Bremsscheiben zerbröselt. Acht Zuführleitungen abgerissen. Bremsflüssigkeit auf der Piste. Piste geschlossen.

Aber sonst waren alle wohlauf (und Captain Tchan konnte bis zum Abschluss der Reparaturen noch ein paar Zusatzrunden bei Sue drehen).

Eine teure Geburtstagsfeier.

Captain Wang Nai Bing hatte zu seinem Geburtstag nicht frei bekommen. Schade, denn es war immerhin sein Fünfzigster. Aber wegen der Erkrankung eines Kollegen hatte man ihn ohne Vorwarnung aus der Reserve als Passagier nach Kuala Lumpur geschickt, und von dort flog er zwei Tage später mit mir nach Frankfurt. Ich hatte bereits einmal mit Wang Nai Bing zusammengearbeitet und schätzte ihn, weil er sehr zuvorkommend war und obendrein über eine ganze Menge Fachwissen verfügte (anlässlich einer Wette, bei der es um zwei Relaisdiagramme der Notstromversorgung auf unserem Flieger ging, hatte ich ein Abendessen verloren). Zudem zählte er zu den wenigen chinesischen Flugkapitänen, die den Kahn nicht nur hundertprozentig im Griff hatten, sondern auch noch hervorragend instruieren konnten.

Noch vor der Flugvorbereitung in Kuala Lumpur lud mich Nai Bing zu seiner Geburtstagsfeier ein, die er – fern der Heimat – zusammen mit der ganzen Besatzung im Interconti in Frankfurt steigen zu lassen beabsichtigte. Zunächst sträubte ich mich: Was sollte ich auch auf einer Fete mit siebzehn Chinesen, wenn ich nicht einmal fünf Sätze in Mandarin zusammenstoppeln konnte! Doch Nai Bing ließ nicht locker:

„Da machen Sie sich mal keine Sorgen wegen der Verständigung! Bei unseren Feiern wird in erster Linie gegessen und getrunken. Missgünstige oder gar bösartige Worte sowie politische Agitation nach kommunistischem Vorbild sind streng verboten. Tanzen können unsere Mädchen ohnehin nicht, und philosophische Erörterungen überlassen wir in aller Regel Leuten, die das entweder gelernt haben oder die dafür bezahlt werden.“

Das musste ich wohl gelten lassen. Zudem wunderte ich mich schon lange, ob die chinesischen Stewardessen wenigstens in ihrer Freizeit ihr hölzernes, nachgerade marionettenhaftes Gehabe ablegen und sich aufführen würden wie andere junge Frauen auch.

Und da gab es ja auch noch Hu Pe Lien, die Purserin, die mit einem Amerikaner verheiratet war und sich zudem sehr gut in Französisch unterhalten konnte. Also abgemacht: Um sieben Uhr abends, Suite 1201.

Tja, da konnte ich nur staunen: Der Lärm, der mir aus 1201 entgegendrang, hallte den ganzen Gang entlang bis zum Lift. Eine ausgelassene Bande empfing mich. Die jungen Damen hatten sich fein gemacht. Keine Stützstrümpfe, keine Jeans, keine Turnschlappen. Gepflegtes MakeUp. Und die albernen Haarknoten, die während des Dienstes an Bord die Schädel wie ein Dampfdeckel-Knopf verunzierten, waren lockeren, wenn auch nicht gerade extravaganten Frisuren gewichen. Wer es sich leisten konnte, war in keckem Minirock erschienen. Wer mit allzu krummen Beinen gestraft war, hatte Hosenkleidern oder bodenlangen Röcken den Vorzug gegeben. Hu Pe Lien war in einem eleganten, schwarzen Abendkleid mit einem – für taiwanesische Verhältnisse – gewagten Ausschnitt erschienen (der allerdings nur einen großen Teil ihrer Wirbelsäule freigab, weil er an der falschen Seite angebracht war). Einen Steward hätte ich beinahe nicht wiedererkannt: Er begrüßte mich in einem Kung-Fu-Kostüm, barfuß – und mit Ausfallschritt.

Und dann fiel mein Blick auf den mobilen Küchenwagen, hinter dem zwei echte chinesische Köche an drei Woks hantierten und allerlei Köstlichkeiten zubereiteten, die umgehend zur Verteilung gelangten. Von wegen ‚Fleit Leis'! Verschiedenes Meergetier stand zur Auswahl (der Teufel mochte wissen, wo Nai Bing die Abalonen und die Glasaale aufgegabelt hatte). Hinter den Köchen zog eine – nicht ganz so chinesische – Küchenhilfe lebendigen Fröschen die Haut ab. Langusten gab es, Innereien vom Rind, Schweinefüßchen, Pilze. Und natürlich Ente in Soya, Sesam und Honig sowie Sehnen vom Rind und alle möglichen Arten von Gemüse – mitten in Frankfurt. Nein, da war in der Tat keine Zeit für tiefschürfende Gespräche; es genügte schon, dass mir Hu Pe Lien die einzelnen Gerichte erklärte.

Nai Bing stand inmitten des Trubels. Er strahlte wie ein leibhaftiger Buddha (ja, die Figur dazu hatte er) und mampfte, dass es seine Art hatte. Und da er dem mitgebrachten Schnaps ordentlich zusprach – die Damen füllten sich hemmungslos und bis zum Kragen mit Mineralwasser ab – hatten seine Bäckchen bald einmal eine rosige Färbung angenommen. Doch das störte niemanden. Ich ließ mir von Hu Pe Lien gerade erklären, wie man die Zunge einer gebratenen Ente fachgerecht auslöst, als sich Nai Bing an mich wandte: „Sehen Sie, Weißer Mann, auch wir verstehen Feste zu feiern, meinen Sie nicht auch?"

Da konnte ich nur zustimmen. Die Wellen schlugen hoch. Und fliegen mussten Nai Bing und seine Truppe erst übermorgen. So gegen zehn Uhr hatte ich alles gesehen und vom meisten probiert. Sandmännchen kam. Und zudem hatte ich am nächsten Morgen den kurzen Flug nach Zürich durchzuführen. Ich bedankte mich beim Geburtstagskind für die Einladung, verabschiedete mich vom Rest der Besatzung mit einem holprigen ‚mingtiân jiàn' und ging auf mein Zimmer. Es sollte das letzte Mal sein, dass ich Captain Wang Nai Bing gesehen habe.

Nein, nein, kein Drama, kein Absturz (wenigstens nicht in herkömmlichem und bei China Airlines gewohntem Sinne). Allenfalls eine weitere Lektion in Sachen Chinesischen Sozialverhaltens. Eine Geschichte jedenfalls, die ich zwei Wochen nach der wilden Geburtstagsparty im Frankfurter Interconti erfuhr, und die mich noch mehr staunen machte als sämtliche Köstlichkeiten der mobilen Küche im Hotel. Lau Jun Wei, der die Reise als Kopilot mitgemacht hatte, erzählte mir vom Ausgang der Sause und den Nachwehen, die sich daraus ergeben hatten.

Während des allgemeinen Aufbruchs, der so gegen Mitternacht stattgefunden habe, hätten sich einige der jungen Damen anerboten, ein wenig Ordnung zu machen, Gläser und Flaschen abzuräumen, Aschenbecher zu leeren und die Räume etwas zu lüften. Dabei müsse der gute Captain Nai Bing, der zweifelsohne mächtig über seinen Durst getrunken hatte, kurzfristig die Kontrolle über seine Hände verloren haben, denn die hielten plötzlich nicht mehr leere Flaschen, sondern Teile der durchaus gut entwickelten Vorderseite der Stewardess Shen HangVa. Frau Shen ihrerseits habe diesem unterstützenden Unter-die-Arme-Greifen offenbar gar nichts Positives abgewinnen können. Sie habe Gläser Gläser sein lassen, habe Wang Nai Bing ein paar wenig freundliche Worte hören lassen und sei auf ihren Pumps aus der Suite 1201 in Richtung Lift gestöckelt.

Am nächsten Morgen habe sich Captain Wang Nai Bing – nun wieder mit mehr oder weniger klarem Kopf – bei der Stewardess Shen in aller Form entschuldigen wollen. Die junge Frau sei aber immer noch sehr erbost gewesen und habe Wang aufgefordert, sich seine Entschuldigung bis nach der Ankunft in Taipei aufzuheben; dort könne er ja bei ihr zu Hause anrufen und vorbringen, was er vorzubringen habe. Und in der Zwischenzeit sollte er sich mal Gedanken zu seinem unerhörten Verhalten machen.

Wang aber machte sich keine sonderlichen Gedanken. Er flog anderntags nach Zürich und zurück, brachte nach weiteren zwei Tagen Kurs CI062 nach Kuala Lumpur und später nach Taipei. Nachdem er sich von den Strapazen der Nachtflüge (und der nicht ganz nach seinen Vorstellungen verlaufenen Geburtstagsfeier) erholt hatte, wollte er sich der eher unangenehmen Pflicht entledigen, sich dieser Schnepfe Shen gegenüber nochmals zu entschuldigen. Er wählte ihre Nummer und wollte sein Sprüchlein, das er sich zurechtgelegt hatte, gerade loswerden, als sie ihn – auch nicht besonders höflich – unterbrach:

„Warum haben Sie mich auf Ihr Zimmer gelockt?“

„Ich habe Sie nicht gelockt. Ich habe Sie – wie die gesamte Besatzung und den Stationsmanager von Frankfurt – zu meiner Geburtstagsfeier eingeladen.“

„Hatten Sie schon zu Beginn des Abends, also vor Beginn Ihrer sogenannten Feier, die Absicht, mich sexuell zu attackieren?“

„Also hören Sie, ich habe Sie doch nicht sexuell attackiert!"

„So? Was war das denn sonst? Wie würden Sie das denn bezeichnen, wenn Sie einer Frau plötzlich am Busen herumgrabschen wie Schwarzenegger?"

„Mein Gott, ich fand Sie eben attraktiv. Ich hatte wohl etwas zu viel getrunken, na, und dann sind mir halt die Hände ausgerutscht. Und dafür möchte ich mich bei Ihnen in aller Form entschuldigen – es tut mir leid."

„Sie hören von mir, Sie Lüstling!"

Wang hörte bereits fünf Minuten später wieder von ihr.

„Captain Wang Nai Bing, ich habe unser Gespräch von vorhin aufgezeichnet. Das Tonband ist mir 100 000 Dollar wert; USDollar und keine TaiwanDollar."

„ … "

„Captain Wang, sind Sie noch da? 100 000 USDollar, haben Sie das verstanden? Und falls Ihnen das zu hoch erscheint, Sie schamloser Lustmolch, werde ich das Band Ihrem Chefpiloten und dem Chef der Flugbetriebsleitung zuschicken. Das wird deren eher tristen Alltag sicherlich aufheitern, meinen Sie nicht auch?"

„Nânchî é!" (ungenießbare Ente) entfuhr es Wang, dann legte er auf.

Das war nun ein folgenschwerer Fehler: Frau Shen – Tochter eines Luftwaffen-Generals – hatte keine leere Drohung ausgestoßen: Das Tonband landete bei Chefpilot Ho (der sich vor Lachen geschüttelt haben soll), und anderntags war Captain Wang Nai Bing seinen Job los – so streng sind da die Bräuche…

Hallo Rom, wir kommen!

In der Einsatzleitung von China Airlines vermag man sich nicht vorzustellen, dass ein normaler Pilot ohne langwierige und kostspielige Unterweisung – einfach so – von A nach B fliegen kann. Böswillige Zeitgenossen behaupten sogar, das mit der Fliegerei ginge ja noch, wenn nur die verdammte Rollerei auf dem Vorfeld nicht wäre. Wie dem auch sei: Auftragsgemäß blieben die Flugbetriebsmenschen der Maxime treu, einen neu ins Programm aufgenommenen Flughafen erst dann von ‚normalen' Linienpiloten anfliegen zu lassen, wenn eine Vorhut die Besonderheiten des betreffenden Zielortes ausgekundschaftet hatte.

Als Rom neu mit der MD-11 bedient werden sollte, schickte man deshalb einen Spähtrupp, bestehend aus einem erfahrenen Captain, einem ebenso altgedienten Kopiloten und einem Flugingenieur mit einem B-747-Frachter über Abu Dhabi in die ewige Stadt, um erste Eindrücke zu sammeln, was die Gegebenheiten auf und um den Flugplatz Rom Fumicino betrifft; ein Kopilot aus der MD-11Flotte hatte – mit Tonbandkassette und Notizblock ausgerüstet – die Rolle des Protokollführers zu übernehmen (von ihm stammen die Aufzeichnungen, die diesen denkwürdigen Anflug dokumentieren). Ein MD-11-Captain (Mit dem Chef de Mission gut befreundet) kam als Logiermeister mit.

Die Arbeitsteilung für diese außerordentliche Expedition war bereits in Taipei festgelegt worden: Kopilot alt (vom Jumbo) und Kopilot jung (von der MD-11) würden sich mit den technischen Belangen zu befassen haben, indes sich die beiden Bordkommandanten mit den Besonderheiten des Römischen Nachtlebens im Allgemeinen und der Italienischen Küche im Besonderen vertraut machen würden. Freilich hätte man alles etwas einfacher haben können, da zu der Zeit gerade zwei italienische Piloten bei China Airlines angeheuert hatten, die während ihrer zwanzigjährigen Dienstzeit bei Alitalia jeden Heustadel in Italien kennengelernt hatten. Doch wie gesagt, in Taipei gehen nun mal die Uhren anders.

Neapel war bereits überflogen, irgendwann hatte irgendwer die Freigabe auf eine niedrigere Flugfläche beantragt und den Sinkflug eingeleitet. Es ging alles sehr locker zu im Jumbo-Cockpit, und die beiden alten Captains schweinigelten, dass es schlimmer nicht mehr ging. Lachsalven zeigten an, dass eine Pointe wieder einmal saß (das alles durfte natürlich nicht aufs offizielle Tonband). Dem Kopiloten auf dem rechten Sitz machte der Lärm nichts aus, denn er hatte sich seine Kopfhörer übergestülpt und versuchte, seinen multiplen Aufgaben so gut wie eben nur möglich gerecht zu werden: Freigaben der Flugverkehrsleiter entgegenzunehmen und zu bestätigen. Vertikale und horizontale Navigation. Setzen der Koordinaten im TrägheitsnavigationsSystem. Überprüfen der Funkfeuer. Steuern der Maschine. Abhören des Platzwetters. Nachführen des Flugplans und Kontaktaufnahme mit dem Stationsmanager von China Airlines, um die Parkposition zu erfragen. Er hätte dringend nach hinten gehen müssen, um zu pinkeln, doch dazu war jetzt keine Zeit mehr, denn über kurz oder lang würde man über Rom angekommen sein, und der Herr Flugkapitän auf dem linken Sitz erweckte nicht den Eindruck, als ob er sich mit der bevorstehenden Niederkunft schon auseinanderzusetzen gewillt sei – er führte sich immer noch auf wie ein Passagier.

Was Wunder, geriet angesichts dieser ungerechtfertigten Überlastung des Kopiloten einiges unter Eis, und der ehrwürdige Frachter brauste mit 340 Knoten am Stau auf Flugfläche 240 über das Funkfeuer Latina, obwohl er diese Position mit 250 Knoten und auf der Flugfläche 120 hätte passieren müssen. Der Fluglotse, der an diesem Morgen um acht Uhr mit der Kontrolle des südlichen Sektors betraut war und während dieser Tageszeit regelmäßig zwischen 25 und 30 Maschinen auf dem Bildschirm hatte, traute seinen Augen nicht. Das durfte doch nicht wahr sein! Sieben Maschinen hingen im Warteraum über Latina, vier warteten über Ciampino auf die Freigabe zum Endanflug, und dieser Clown aus

Taiwan führte sich auf wie die Axt im Walde!

„Dynasty 345 (das kodierte Rufzeichen für China Airlines), reduzieren Sie augenblicklich Ihre Geschwindigkeit, sinken Sie auf 9 000 Fuß ab und begeben Sie sich in die Warteschleife über dem Funkfeuer Latina!“

„ … “

„Dynasty 345, haben Sie verstanden?“

„Jawohl, Dynasty 345, wir haben verstanden.“

Captain Kang Chi musste wohl etwas von der Aufforderung des Radarmenschen mitbekommen haben, denn plötzlich grabschte er nach dem kleinen Rädchen in der Mitte der Frontscheiben-Konsole und wählte Kurs Süd. Anschließend brachte er die Triebwerke in Leerlauf, rief dem Flugingenieur „Checkliste“ zu, erhöhte die Absinkgeschwindigkeit auf 3 500 Fuß pro Minute und fragte den Kopiloten, wo denn diese verdammte Warteschleife sei, in die man einzufliegen habe.

„Die Warteschleife ist über dem Funkfeuer Latina, Standlinie 360 Grad, Standard-Dimension mit Rechtskurven. Grüner Zeiger.“

„Hm“, brummte der Captain, der weder eine Anflugbesprechung für nötig befunden hatte noch wusste, was genau sein Assistent mit ‚Standlinie‘ meinte oder wie er in diese komische Latina-Schleife würde einfliegen müssen. Er hielt also zunächst mal auf das Funkfeuer zu, da konnte ja nicht allzu viel danebengehen!

Es kam, wie es kommen muss, wenn ein Pilot seine Eigengeschwindigkeit bzw. Geschwindigkeitsveränderungen oder den vorherrschenden Wind außer Acht lässt: Die Maschine fliegt eine Hundekurve, die gegen den Zielpunkt hin immer enger wird, die Standlinie wird meilenweit überschossen, und die Warteschleife verkommt zu einem mickrigen Kringel. Doch so weit ließ es der Fluglotse gar nicht erst kommen. Er hatte seinen Kollegen über die Schulter hinweg gefragt, wer diese ‚DynastyFritzen‘ denn seien (als Antwort kam: ‚Ich glaube es sind Reiskörner‘) und angesichts des sich auf dem Bildschirm abzeichnenden Gewurstels angeordnet:

„Dynasty 345, fliegen Sie in die Warteschleife über dem Funkfeuer Ciampino ein, ich wiederhole: Ciampino! Sinken Sie auf 7 000 Fuß ab. Ihr Kurs 080 ist gut. Haben Sie verstanden?“

„Verstanden. Dynasty 345, wir sinken ab auf 7 000 Fuß. Aber eben war es doch noch Funkfeuer Latina.“

„Porca Miseria! Dynasty 345, ich wiederhole: Fliegen Sie in die Warteschleife über dem Funkfeuer Ciampino ein und reduzieren Sie augenblicklich Ihre Geschwindigkeit! Sie fliegen 40 Knoten über der zulässigen Höchstgeschwindigkeit!“

„Dynasty 345, verstanden, Warteschleife Ciampino. Wir fliegen schon langsamer.“

Zumindest jetzt hätte Captain Kang noch eine Anflugbesprechung nachschieben können, wenigstens die Minimalhöhen und das Durchstart-Verfahren. Doch wozu auch: Das Wetter war schön, und durchgestartet war er sein ganzes Fliegerleben lang allenfalls im Simulator. Zudem hatte er jetzt auch viel Wichtigeres zu tun, denn vor ihm, ziemlich weit unten – welche Überraschung – tauchte auch schon die Piste auf! Er klaubte all seine Englischkenntnisse zusammen, schnappte sich das Mikrophon und teilte dem überraschten Mann am Radarschirm mit:

„Dynasty 345, wir haben die Piste vor uns in Sicht, wir beantragen einen Anflug nach Sichtflugregeln.“ Gleichzeitig befahl Kang das Ausfahren von Vorflügeln, Landeklappen und Fahrwerk. Dann drehte er sich etwas nach rechts, streckte den Kopf weit nach hinten und bestellte beim Flugingenieur jovial die Abhandlung der letzten, noch offenen Punkte auf der Checkliste.

Mittlerweile hatte sich der Fluglotse soweit gefangen, dass ihm klar war: Hier wollte ihn nicht etwa ein Luftkutscher verscheißern, sondern hier hatte er es mit einem Ausbund an Inkompetenz zu tun, der – mit vier starken Motoren unter seinem Hintern – den ganzen Luftraum über Rom verunsicherte. Der Kerl stellte eine Gefahr für alle dar, den musste man schnellstens auf den Boden bringen! Gelassen und freundlich gab er durchs Mikrophon:

„Dynasty 345, der Flugplatz Rom Fiumicino, den Sie gemäß Ihrem Flugplan anzufliegen wünschen, der liegt 28 Kilometer links hinter Ihnen. Wenn Sie allerdings in Ciampino landen möchten, dann lassen Sie es mich bitte etwas früher wissen!"

„Dynasty 345, äh…"

„Dynasty 345, sagen Sie uns einfach, wohin Sie heute fliegen möchten."

„345, Fumicino."

„Wunderbar! Dynasty 345, machen Sie jetzt eine Rechtskurve. Ich wiederhole: Eine Rechtskurve – rechts ist dort, wo der Daumen links ist – bis Sie Kurs 200 anliegen haben. Sinken Sie jetzt auf 4 000 Fuß ab. Haben Sie das verstanden?"

„Dynasty 345, verstanden. Rechtskurve, Kurs 200, 4 000 Fuß."

„Bravo, Dynasty 345! Gehen Sie jetzt auf die Turmfrequenz 118,1. Der Mann auf dem Turm wird Ihnen sicher gerne weiterhelfen."

Die anschließende Landung erfolgte ohne weitere Vorkommnisse. Mit der Rollerei klappte es zwar nicht auf Anhieb, weil sich Kang nicht die Mühe gemacht hatte, das Kleingedruckte in seinen Unterlagen zu lesen: Plötzlich fand er sich mit seiner Rumpelkiste in der Reihe der Maschinen wieder, die zum Start auf die Piste 26 zurollten. Doch zu guter Letzt war der Abstellplatz erreicht. Schon hatte die Bodenmannschaft die Bremsklötze in Position gebracht, schon waren die Triebwerke abgestellt, schon stand der Stationsbevollmächtigte mit dem obligaten Stapel Papier unter dem Arm und einem freundlichen Lächeln auf dem Gesicht im Cockpit.

Captain Kang drehte sich zum mitfliegenden MD-11Kopiloten um (dem der Schreck immer noch ins Gesicht geschrieben stand) und meinte gönnerhaft:

„Na, sehen Sie, so locker geht das hier in Rom zu und her – ankommen, runter und rein! Einfach, oder?"

Verdammte Technik…

So ungefähr eine knappe Viertelstunde nach dem Start ist auf einem Langstreckenflug so ziemlich alles ausgestanden; das heißt, normalerweise. Die mühsame Bodenoperation: Die (angeblich) immer wieder unvermeidbare Verspätung – ausnahmsweise einmal nicht ein Passagier zu wenig, sondern deren drei zu viel, was im Klartext bedeutet, dass nach deren Gepäck gesucht werden muss. Und dann das Warten auf die Startfreigabe, gefolgt von der (scheinbaren) Erlösung, nämlich den Startvorgang selbst, der einen im wahrsten Sinne des Wortes abheben soll von dem zähen Gewusel am Boden. Hat dann noch der Fluglotse ein Einsehen, indem er eine einigermaßen akzeptable Höhe zuweist, so dass nicht bereits in der ersten halben Stunde der Sprit vergeigt wird, der einem dann am Bestimmungsort fehlt, tja, dann ist die ganze Ungemach auf fünf Kilometern über Grund auch schon vergessen. Die Anspannung verflüchtigt sich sehr schnell, die vielzitierte Ruhe nach dem Sturm kehrt ins Cockpit ein.

Auf dem Flug CI067 von Taipei nach Rom am 23.11.1998, der mit einer Zwischenlandung in Abu Dhabi geplant war, lief allerdings alles ein bisschen anders ab:

Die MD-11 hatte soeben Tainan überflogen und befand sich im Steigflug auf die erste Reiseflughöhe von 31 000 Fuß. Vereinzelte, entlang der Westküste Taiwans herumstehende Gewittertürme sanken bereits in sich zusammen, ihre Konturen zerfielen, und von den angekündigten, schweren Turbulenzen war weit und breit nichts zu spüren. Und dann muss Captain Sun LaiShen wohl eingefallen sein, dass er seit mehr als fünf Stunden nichts mehr gegessen hatte, denn er ließ die für die Betreuung des Cockpits zuständige Stewardess nach vorne kommen.

„Bringen Sie mir bitte einen Nudeltopf, Sie wissen schon, diese Minuten-Nudeln. Und wenn es sich machen lässt, bitte keinen Fischgeschmack!“

„Einen Nudeltopf ohne Fisch, ja gleich." Und schon war Hsu ChiWen verschwunden; der Kopilot hatte zwar auch Hunger, aber er musste sich noch etwas gedulden, bis er seine Nudeln bestellen konnte.

Zu diesem Zeitpunkt wusste Captain Sun noch nicht, dass er auf seine Zwischenmahlzeit würde verzichten müssen, und zwar noch mindestens zwei ganze Stunden lang; seine Nudeln in dem Styroporbecher würden erst pappig werden, dann kalt und schließlich ungenießbar. Denn in Captain Suns Fluglageinstrument schien es plötzlich zu spuken.

Die Darstellung des Künstlichen Horizonts war zwar in Ordnung, ebenso wie die darunterliegende Kompassrose mit den Anzeigen für Kurs und Driftwinkel. Aber die Geschwindigkeitsanzeige war weg. Und die Referenzgeschwindigkeit ebenso wie die Trendanzeige sowie die gelben Markierungen für die Geschwindigkeitsbegrenzungen sowohl nach unten wie auch nach oben. Zudem fehlten auf dem rechten Band neben dem Horizont die Anzeigen für die tatsächliche Höhe und für die Vertikalgeschwindigkeit. Dafür rahmten nun zwei senkrecht stehende, langgezogene rote Kreuze die Fluglage-Anzeige ein. Die vorgewählte Sollhöhe war zwar noch sichtbar, doch der kam im Augenblick ohnehin keinerlei Bedeutung zu. Darunter aber nur rote Kreuze über grauem Grund. Das hatte gerade noch gefehlt. Was, zum Teufel, hatte das zu bedeuten?! Während der ganzen Umschulung auf diesen hässlichen Flieger hatte er solch eine blödsinnige Warnung ganz sicher noch nicht gesehen. Oder doch? Jedenfalls vermochte er sich jetzt nicht mehr daran zu erinnern. Erinnern konnte er sich nur an die Worte seines Schwagers, der ihm geraten hatte, die MD-11 in der Umschulungspriorität auszulassen und auf die B-747/400 zu warten.

Doch für derlei Überlegungen war es nun doch wohl etwas zu spät. Und außerdem: Der Autopilot funktionierte ja noch! Alle Anzeigen, die sich auf die automatische Steuerung bezogen, schienen normal – das Flugzeug hielt Höhe, Kurs und Geschwindigkeit.

Der Kopilot war mit dem Nachführen des Flugplans beschäftigt und hatte vom Ausfall der barometrischen Anzeigen auf der Seite des Captains gar nichts bemerkt; zudem begann auch ihn der Hunger zu plagen. Um so erschrockener fuhr er herum, als der Captain ihm befahl:

„Übernehmen Sie das Steuer! Sie haben jetzt Kontrolle über die Maschine."

„Jawohl, äh, ich habe Kontrolle", bestätigte Kopilot Fen. Er fuhr seinen Sitz etwas näher an die Steuersäule heran und fragte:

„Soll ich von Autopilot Nummer eins auf Autopilot Nummer zwei umschalten?"

„Hm? Was meinen Sie damit? Ach so. Nein, nein, das ist nicht nötig. Sie sehen ja, der Autopilot eins funktioniert."

Dies war der erste Fehlentscheid – und es sollten noch mehrere folgen – den Captain Sun in dieser Situation fällte. Er traf eine Maßnahme, bzw. er verhinderte eine Maßnahme des Kopiloten, ohne eine gründliche Analyse des Aussetzers durchgeführt zu haben. Wusste er doch nicht einmal, was mit seinen Druckinstrumenten nicht in Ordnung war.

Die Frage des Kopiloten hatte durchaus ihre Berechtigung. Denn erstens werden klare Verhältnisse im Cockpit geschaffen und Verwechslungen ausgeschlossen. Die einfache Formel lautet: Linker Sitz = System Nummer eins, rechter Sitz = System Nummer zwei. Und zweitens ist es nur logisch, wenn – im Falle einer Fehlfunktion – das Flugzeug von der Seite gesteuert wird, auf der (nach Möglichkeit) alles funktioniert.

Sun, um dessen technische Kenntnisse es auch früher, auf der guten, alten 747/200 nicht sonderlich gut bestellt war und der ohne die Mithilfe seiner Flugingenieure wohl nie in die Luft gekommen wäre, hatte sich nur mit Mühe durch einen der ersten Umschulunskurse auf die MD-11 durchgemogelt (Jedenfalls verweigerte Chefpilot Ho Einsicht in Suns Ausbildungskladde). Möglicherweise wollte er nun dem Kopiloten beweisen, dass er sehr wohl mit Aussetzern umzugehen verstand, denn er ließ sich der Reihe nach das technische Handbuch mit der Beschreibung der einzelnen Systeme reichen, dann die Checklisten für Notverfahren. Und während der gute Fen den Fortgang des Fluges überwachte und den Funkverkehr erledigte, blätterte sein Bordkommandant wie wild in den Unterlagen herum, ohne auch nur im entferntesten zu wissen, was er wo suchen wollte. Sein zweiter Fehler: Aus Angst vor Gesichtsverlust wagte er nicht, den Kopiloten nach dessen Meinung zu fragen.

Das Problem an sich lässt sich leicht analysieren:

→ Das Fluglageinstrument als solches funktioniert, denn im Vergleich mit den Anzeigen im Instrument des Kopiloten gibt es hinsichtlich Querlage, Anstellwinkel und Kursanzeigen keine Differenzen.

→ Der Autopilot Nummer eins funktioniert normal. Das heißt, ihm stehen die barometrischen Daten immer noch zur Verfügung.

→ Daraus folgt: Einer der beiden Hauptrechner für die Druckinstrumente (in diesem Falle die Nummer eins) ist ausgefallen.

Die Konsequenz aus diesem Aussetzer: Alles läuft ganz normal weiter, solange der zweite Rechner für die barometrischen Daten funktionstüchtig bleibt. Wenn der allerdings auch noch seinen Geist aufgibt, fallen sofort beide Autopiloten aus, und für Höhe und Geschwindigkeit stehen nur noch die Notsysteme – gespeist von konventionellen Druckdosen – zur Verfügung. Des Weiteren sollte jeder MD-11-Kutscher unbedingt wissen, dass diese wichtigen Rechner vom Cockpit aus nicht mehr reaktiviert werden können (die Entwicklungsingenieure setzten einerseits großes Vertrauen in ihre Baro-Rechner, konnten andererseits aber nicht wissen, dass einmal China-Airlines-Piloten ihr Produkt malträtieren würden).

Suns dritter Fehler: Er entschloss sich, den Flug nach Abu Dhabi fortzusetzen, obwohl bis dorthin noch gut und gerne 4 000 Kilometer zurückzulegen waren. Zugegeben: Die Wahrscheinlichkeit, dass auch noch der zweite Rechner ausfallen könnte, ist relativ gering. Doch gilt es zu berücksichtigen, dass die Maschine nach einer Landung in Abu Dhabi nicht sofort würde repariert werden können; es gab auf diesem gottverlassenen Flughafen der Vereinigten Arabischen Emirate zwar einen Haufen Sandflöhe und tonnenweise zollfreien Wohlstandsmüll, aber ganz sicher keinen Baro-Rechner für eine MD-11. Der Flug – mit immerhin 204 Passagieren an Bord, die alle möglichst schnell nach Rom wollten – würde also so lange in der Wüste kleben bleiben, bis das benötigte Modul samt qualifiziertem Mechaniker aus Zürich, Amsterdam, Long Beach oder Taipei eintreffen würde; denn ein Start mit nur einem Rechner dieser Art ist (auch bei China Airlines) verboten.

Suns vierter Fehler: Nachdem er herausgefunden zu haben glaubte, wo der Systemfehler steckte, machte er sich augenblicklich daran, die ausgefallene Komponente zu reaktivieren. Dazu nahm er sich erst einmal die Druckleitungen und später die statischen Zuleitungen vor, schaltete die normalen Druckgeber ab und die Ersatz-Systeme zu. Da diese Manipulationen nichts brachten – die Geber-Systeme waren ja alle in Ordnung – entschloss sich der Ritter ohne Furcht und Tadel zum nächsten Schritt: Zeitlich begrenzte Unterbrechung der Stromzufuhr. Sun glaubte sich an eine der vielen Weisheiten des legendären, mittlerweile pensionierten Flugingenieurs Hang von der B-747 erinnern zu können; der hatte nämlich steif und fest behauptet, dass man diese verdammten schwarzen Kästen wieder funktionstüchtig machen könne, wenn man sie nur ein wenig abkühlen ließe (Hangs Erkenntnisse stammten sicher noch aus der Zeit, als die Frösche noch Gamaschen trugen, und ein Loch im Flügel – wenn es denn nicht zu groß war – mit Spannlack repariert werden konnte); warum also nicht?!

Der Captain fuhr seinen Sitz zurück, bog seinen Kopf nach hinten und musterte aufmerksam die 162 Druckknopf-Sicherungen, die sich über ihm befanden. Über jeder dieser Sicherungen stand in abgekürzter Form die Bezeichnung der Instrumente oder der elektrischen Endverbraucher, die gegen Kurzschluss, Über- oder Unterspannung sowie gegen Frequenzschwankungen geschützt oder unter Umständen gänzlich stromlos gemacht werden mussten. Das wäre doch gelacht, wenn er sich von diesen albernen Innereien des Fliegers würde den Meister zeigen lassen müssen; er hatte – wenn es wirklich darauf ankam – schon ganz andere Bäume ausgerissen!

Sun hielt das technische Handbuch aufgeklappt auf seinem Schoß. Im Kapitel ‚Elektrisches System' hatte er die schematische Darstellung der Sicherungsleisten entdeckt, die sich da über seinem Kopf befanden. Zum ersten Male nahm er die große Anzahl an Sicherungen so richtig wahr (bis anhin hatte er nur versucht, sich nicht den Schädel an ihnen wundzustoßen, wenn er in seinen Sitz kletterte); da sollte sich einer auskennen! Diese Nichtsnutze von Ingenieuren bepflasterten jeden freien Quadratzentimeter im Cockpit mit Knöpfen, Hebeln, Schaltern, Warnleuchten, Lämpchen Anzeigeinstrumenten oder eben – Sicherungen.

Zunächst versuchte er, sich zu orientieren: Sein linker Zeigefinger machte über einem beliebigen Sicherungsknopf auf der Zeichnung (z.B. D8) halt, dann suchte sein rechter Zeigefinger die tatsächliche Sicherung auf der Sicherungsschiene. Immerhin, die graphische Darstellung der einzelnen Positionen im Buch und die tatsächliche Anordnung der komischen Dinger über seinem Kopf schienen übereinzustimmen; das war ja schon mal was für den Anfang!

Ermuntert durch diese Feststellung wollte der Captain als nächstes den Druckdaten-Rechner stromlos machen. F4. Das war die Sicherung, die für diesen schwarzen Kasten irgendwo in den Eingeweiden seines fliegenden Untersatzes zuständig war. F4, die zog er jetzt – und sah zu seinem Entsetzen, dass augenblicklich zwei seiner Bildschirme ausgefallen waren. Gleichzeitig leuchteten mehrere Warnungen auf: Die Zündanlage für alle drei Motoren war zur Hälfte deaktiviert, die Wahlschalter für die Druckkabine waren außer Funktion gesetzt, und das Trägheitsnavigations-System meldete Stromausfall. Da konnte etwas nicht stimmen! Auch der Not-Höhenmesser war plötzlich nicht mehr beleuchtet, ebenso wenig wie der Not-Horizont.

Sun drückte die Sicherung wieder in ihre Ausgangslage zurück, die Warnungen verschwanden. Als er sich anhand der Graphik nochmals der Position von F4 versicherte und dann mit dem rechten Zeigefinger jeden einzelnen Sicherungsknopf der F-Leiste von links nach rechts abzählte, musste er zur Kenntnis nehmen, dass er F6 anstatt F4 gezogen hatte. Er hatte aus Versehen die gesamte Wechselstromzufuhr der linken Notstrom-Anlage abgeschaltet.

Beim zweiten Versuch klappte es dann. Die richtige Sicherung war gezogen, und – wie nicht anders zu erwarten – es hatte sich nichts geändert. Nach etwa zwei Minuten drückte Sun die Sicherung wieder in ihre Normalposition zurück, doch die hässlichen roten Kreuze über grauem Grund starrten ihn immer noch an, sie wollten und wollten nicht verschwinden.

Kopilot Fen, dem die Hilflosigkeit des Bordkommandanten nicht verborgen geblieben war und der das Problem längst erkannt hatte, schlug vor, die gültigen Daten des rechten Baro-Rechners per Knopfdruck auch auf der linken CockpitInstrumentierung darzustellen; mehr könne man in dieser Situation nicht tun. Das war zwar ein sehr vernünftiger Vorschlag, den Fen hier brachte, doch offenbar vom falschen Mann zum falschen Zeitpunkt angeboten.

„Ich weiß, was ich zu tun und zu lassen habe“, herrschte Sun seinen Assistenten an, und bevor sich dieser versehen konnte, langte der Captain auch schon nach rechts hinüber. Er streckte sich beinahe bis über Fens Nacken und zog die Sicherung F27! Die Sicherung, die den zweiten – und einzig funktionierenden – Druckdaten-Rechner an Bord stromlos machte.

„Halt. Nein! Mein Gott! Warum tun Sie das?“ Kopilot Fen geriet in Panik. Doch da war es bereits zu spät für jede Art von Intervention! Zu spät, um dem aberwitzigen Tun des Captains Einhalt zu gebieten, es zu verhindern oder seine unabdingbaren Folgen zu korrigieren. Denn augenblicklich brach das Chaos im Cockpit aus:

Als Erstes verabschiedete sich mit einem nervtötenden Jaulton der Autopilot. Und noch bevor die Maschine manuell nachgetrimmt werden konnte, war auch schon die automatische Triebwerkssteuerung weg. Die Navigationscomputer meldeten Datenausfall (weil keine gültigen Druckwerte abgeliefert wurden). Der Kabinendruck konnte nur noch manuell gesteuert werden. Auf dem Bildschirm unter den Triebwerksanzeigen häuften sich die Warnungen – ganz wie bei einem Flipperkasten.

Doch es kam noch schlimmer: Nach einer Schrecksekunde hatte Sun angesichts der nicht enden wollenden Prozession an immer neuen Warnmeldungen den Sicherungsknopf F27 wieder in die ursprüngliche Position gedrückt, doch nun hüpfte dieses verdammte Ding mit dem weißen Keramikkragen und dem schwarzen Deckel von selbst heraus. Der Stromkreis ließ sich nicht mehr schließen.

Warten.

Dann noch ein Versuch: Diesmal behielt Sun seinen Finger auf der Sicherung, er drückte nach, wie wenn er etwas mit einem Schnellkleber zusammenkleben wollte. Es nützte alles nichts.

Es klopfte an die Cockpittüre: Der Purser fragte schüchtern, ob etwas nicht in Ordnung sei.

„Was soll nicht in Ordnung sein?“ raunzte der Captain über seine rechte Schulter nach hinten.

„Ich meine nur, äh, wegen des Kabinendrucks. Ein paar Passagiere behaupten, ihnen kämen die Trommelfelle zu den Ohren heraus. Ein paar Kinder schreien fürchterlich.“

„Ach, gehen Sie zum Teufel mit Ihren hypochondrischen Passagieren! Ich sitze im selben Flieger wie die da hinten. Sehen Sie bei mir etwas aus den Ohren quellen? Und geben Sie den Schreihälsen ein paar Kaugummi, dann hören sie von selber auf zu lärmen!“

Und zu Fen: „Starren Sie mich nicht so an! Fliegen Sie die Maschine! Einfach fliegen. Ruhig fliegen. Kleine Korrekturen. Haben Sie verstanden? Wo sind wir überhaupt?“

„Jawohl, Captain, ich fliege die Maschine bereits“, antwortete Fen und „wir haben Kurs Richtung Da Nang.“

Etwas später hatte Sun seinen ersten hellen Moment seit langem. Während er geradeaus starrte sagte er: „Wie kehren um.“

„Jawohl, Captain, wir kehren um“, kam das Echo vom rechten Sitz.

Einfach gesagt: Umkehren. Auf dem Absatz kehrt machen führt direkt in die Katastrophe. Umkehren in einer dichtbeflogenen Luftstraße, in der die oberen Etagen alle besetzt sind. Also erst mal einen gnädig gestimmten Fluglotsen finden, der einen in die Kehre einzufädeln gewillt ist – wenn es sich richten lässt, bitte noch vor den Einflug in vietnamesischen Luftraum, weil es aufgrund von Sprachschwierigkeiten unter Umständen zu Missverständnissen kommen kann. Um die Freigabe zu beantragen, müssen der beabsichtigte Kurs sowie die geplante Flughöhe durchgegeben werden. Dazu die beabsichtigte Geschwindigkeit und der nächste, anzusteuernde Kontrollpunkt. Den Notfall erklären kann man natürlich, doch wenn es nicht unbedingt nötig ist, erspart man sich die nachfolgenden Untersuchungen und den drohenden Papierkrieg.

Zum Glück befanden sie sich gerade noch unter der Bereichskontrolle von Hongkong. Sun beantragte die neue Freigabe in Mandarin (sein Englisch reichte dazu nicht aus), doch der Fluglotse – ein Engländer – sprach kein Mandarin.

Sun disponierte um:

„Ich fliege, ich habe Kontrolle. Sagen Sie diesem Kerl da unten, dass wir zurück nach Taipei müssen! Und finden Sie heraus, ob wir auf Flughöhe 330 steigen können. Geben Sie mir die Triebwerksleistung, die ich setzen muss, und die Geschwindigkeit auf dieser Höhe. Und setzen Sie im dritten Navigationssystem die Koordinaten für den nächsten Punkt auf der Route nach Taipei."

Viele andere Kopiloten wären entweder eingebrochen oder hätten in ihrer Verzweiflung aufmüpfig gefragt, ob das denn schon alles sei, was ihnen da mit dem Schaufellader aufgetragen wurde. Nicht so Fen.

„Jawohl", meinte der nur. Er war schon mit größeren Nieten unterwegs gewesen. Für sich selbst hatte er bereits eine Art Schlachtplan zurechtgelegt, nach dem er vorgehen würde, falls sein Vorgesetzter die Übersicht total verlieren sollte. Als Erstes holte er die Freigabe von der Hongkonger Bodenleitstelle ein; würde er noch zuwarten, käme die Übergabe an Hanoi in weniger als sechs Minuten, und dann könnte es eine kleine Ewigkeit dauern, bis sich die Vietnamesen zu einem Entschluss durchgerungen hatten.

„Die Werte für die Triebwerksleistung. Und die Geschwindigkeit auf der neuen Flughöhe", drängelte Sun, „die Werte, Herrgott, nun machen Sie doch endlich!"

„Jawohl."

Doch dann bestätigte Fen erst mal die Anweisung des Fluglotsen: Kurve nach rechts, absinken auf Flugfläche 290 und Kurs direkt auf die Koordinaten querab Hongkong. Sun, der mitgehört und auch einiges verstanden hatte, schrie Fen unvermittelt an:

„Fläche 330 habe ich gesagt, 330!"

„Jawohl, Captain. Ich habe die Flugfläche 330 beantragt, aber der Fluglotse will uns auf 290 haben."

Sun brummelte etwas Unverständliches vor sich hin, dann leitete er eine Rechtskurve ein und ließ die Flugzeugnase ordentlich unter den Horizont absinken.

Während Fen damit beschäftigt war, die Koordinaten für den nächsten Kontrollpunkt aus der Navigationskarte in den Rechner zu füttern, sauste die gute MD-11 mit unvermindertem Schub nach unten – Sun war entfallen, dass ihm die automatische Triebwerkssteuerung nicht mehr zur Verfügung stand. Ein sich rasch verstärkendes Rumpeln und ein unangenehmes Vibrieren der ganzen Maschine schreckten den Kopiloten auf: Der einzig verfügbare Geschwindigkeitsmesser zeigte 380 Knoten an! 380 Knoten auf dieser Höhe, bei 78% Leistung und einer Sinkgeschwindigkeit von 3 000 Fuß pro Minute bedeutete nichts anderes, als dass sie sich rasend schnell dem transsonischen Geschwindigkeitsbereich näherten.

„Die Geschwindigkeit, Ihre Geschwindigkeit ist zu hoch!" schrie Fen, riss die Leistungshebel auf Leerlaufstellung zurück und zog die Steuersäule nach hinten. Das hatte er in all den fünf Jahren bei China Airlines noch nie getan. Er wusste sehr wohl, wie er sich als Untergebener zu verhalten hatte. Er war sich bewusst, dass er mit einer fürchterlichen Bestrafung rechnen musste, wenn die Sache gut ausgehen würde, doch wie es jetzt aussah, und wenn er jetzt nicht eingriff, ging nichts gut aus. Hier und jetzt ging es ums Überleben, um sein Überleben. Nun bestimmte die nackte Angst sein Handeln – er wollte nicht tatenlos danebensitzen, wenn ein Ausbund an Inkompetenz sich anschickte, ihn und alle Mitinsassen umzubringen. Er wollte nicht in Passivität enden wie sein Airbus-Kollege vor Tayouan.

Ja, er hatte Schiss (das bekannte er hinterher ganz freimütig). Und er wollte nicht abstürzen, er wollte nicht sterben! Wie konnte er wissen, wie sich das Flugzeug bei derart überzogen hohen Geschwindigkeiten verhielt? Und was, wenn Teile abmontierten, wenn die Mühle nicht mehr steuerbar wäre?

Captain Sun hatte offenbar den Überblick gänzlich verloren. Die Kontrolle über die Maschine war ihm ebenso entglitten wie die Beherrschung seiner Nerven. War er auch der räumlichen Orientierung verlustig gegangen? Nach Fens Worten habe erst sein Eingreifen, sein ziehen an der Steuersäule den Captain aus seiner Benommenheit gerissen. Und dann sei es zu der verhängnisvollen Überreaktion gekommen, die er, der Kopilot nicht mehr zu verhindern in der Lage gewesen sei: Sun habe noch mehr Querlage gegeben und dann die Steuersäule äußerst brüsk nach hinten gezerrt, als ob es gegolten habe, einem unmittelbar vor ihnen aufragenden Matterhorn auszuweichen.

Das unkoordinierte und vor allen Dingen unsinnige Manöver hatte besonders im hinteren Teil der Maschine verheerende Folgen. Wer saß und angeschnallt war, kam ungeschoren davon. Doch die Stewardessen, die gerade die Drinks vor dem Essen servierten, wurden durcheinandergewirbelt wie Puppen. Keine vermochte sich angesichts der starken Beschleunigungskräfte auf den Beinen zu halten. Schlimmer noch: Der Getränkekarren im rechten Zwischengang raste ungebremst nach hinten und prallte auf eine Mitarbeiterin, die – soeben mit einem vollen Getränketablett aus der Kombüse kommend – von der Schwerkraft in die Knie gezwungen worden war. Während die kartonierten Behälter mit den verschiedenen Säften einfach auf den Boden plumpsten, knallten die Flaschen mit den alkoholischen Getränken vom Karren gegen die hintere Wand, in der die Öfen zum Aufheizen der Mahlzeiten eingebaut sind und barsten zu einem Gemisch aus Glasscherben, Wein, Schnaps und Mineralwasser, das sich über die hilflos am Boden eingeklemmte Frau ergoss. Ein Teil der Flüssigkeiten spritzte bis in die Verkabelung der Öfen und löste einen Kurzschluss in deren elektrischer Versorgung aus. Die Kollegin, die das Aufheizen der Speisen zu überwachen hatte, schlug der Länge nach seitlich auf den Boden auf und zog sich eine Gehirnerschütterung zu (später wurde auf einer Röntgenaufnahme noch ein Anriss des linken Jochbeins festgestellt).

Es dauerte noch ein paar Minuten, bis die Situation im Cockpit soweit bereinigt war, dass zumindest der Kopilot wusste, was er zu tun hatte: Auf Geheiß des Captains musste er die Leistungshebel bedienen, den Funkverkehr erledigen, den Kabinendruck manuell regulieren, das Wetter einholen und die Anfluggeschwindigkeit für das zu erwartende Landegewicht herausschreiben. Für eine Schadensaufnahme blieb verständlicherweise keine Zeit. Die führte dann der Purser durch:

Zwei schwerverletzte Stewardessen, die nach der Landung in Taipei ins Krankenhaus eingeliefert werden mussten. Ein Steward, der sich beim Versuch, seine Kollegin aus den Glasscherben zu befreien, Schnittwunden an beiden Händen zugezogen hatte und ambulant behandelt werden musste, ebenso wie ein Passagier, dem ein herabfallendes Gepäckstück den Brillenbügel ins Nasenbein gedrückt hatte. Zwei Frauen standen unter Schock und wurden im VIP-Raum von einer medizinischen Fachkraft betreut. Das war's denn auch. Weder der Captain noch ein Mitarbeiter des Passagierdienstes fanden es der Mühe wert, eine Erklärung, geschweige denn eine Entschuldigung abzugeben – man war halt nicht in Rom gelandet. Na und?

Die Aufarbeitung dieses denkwürdigen Fluges erfolgte nach Art des Hauses: Zuerst wurde ausgiebig geschwiegen. Um genau zu sein, Captain Sun begab sich schon bald nach der Landung in Taipei nach Hause und ins Bett – immerhin war Mitternacht schon vorbei. Erst am nächsten Morgen sprach er bei der Einsatzplanung vor – er begehrte zu wissen, wie man seinen Einsatz für die nächsten Tage umzubauen gedenke, da er ja wegen eines technischen Aussetzers nicht nach Rom geflogen, sehr wohl aber daran interessiert sei, diese angeblich so sehenswerte Stadt einmal kennenzulernen. Seine unglaubliche Fehlleistung fand offiziell nirgendwo Erwähnung. Im Bereich Technik und Instandhaltung für die MD-11 wunderte man sich zwar, dass beide Baro-Rechner ausgefallen sein sollten, doch ‚wer viel fragt, geht viel irre'; die beiden Rechner wurden ersetzt, die Systeme einer Kurzen Überprüfung unterzogen und die Maschine gleichentags auf die Reise über Kuala Lumpur nach Frankfurt und Zürich geschickt.

Die vom Zwischenfall direkt betroffenen Bodenstellen bedienten sich der Vorgehensweise, die sich bei China Airlines im Laufe der Jahre angesichts der regelmäßig wiederkehrenden Vorkommnisse als praktikabel und gesichtswahrend erwiesen hatten. Zum Instrumentarium der Spezialisten, die sich mit den gestrandeten Passagieren – wie im Falle des abgebrochenen Fluges CI067 – herumzuschlagen haben, gehören unter anderem Einschüchterung, Täuschung, Bestechung und der obligate Maulkorb für die Angestellten wie für die Presse.

Und das geht so:

Zunächst werden die Passagiere äußerst diskret getrennt: Die Passagiere aus der Ersten und aus der Business-Klasse werden in die VIP-Räume komplimentiert und zunächst einmal verköstigt. Sprachgewandte Mitarbeiterinnen und Mitarbeiter erklären die Situation ohne auch nur einen einzigen Grund angeben zu können, warum umgekehrt werden musste. Sie bestehen einzig und allein auf der (falschen) Behauptung, dass China Airlines keinerlei Schuld treffe. Dann geben sie noch den Zeitpunkt bekannt, zu dem eine neue Maschine mit neuer Besatzung in Richtung Rom starten wird. Von einem asiatischen Reisenden erwartet man, dass er sich mit diesen Erklärungen zufriedengibt. Aufmüpfigen Ausländern bietet man eine Kompensation in Form von Freiflügen oder Hotel-Arrengements an. Beschwerden in schriftlicher Form landen – wie bei anderen Airlines auch – im Papierkorb.

Reisende in der Holzklasse genießen generell weniger Aufmerksamkeit, doch auch hier trennt man Asiaten von Langnasen. Für einen Mitarbeiter im Passagierdienst ist allein schon der Gedanke unerträglich, von einem aufgebrachten Passagier vor den Augen eines anderen Chinesen zusammengestaucht zu werden und so sein Gesicht zu verlieren. Zudem ist bekannt, dass Asiaten besonders in Krisensituationen pflegeleichter sind als die fremden Teufel, die wegen jeder Kleinigkeit aufbegehren und – besonders wenn es sich um Amerikaner handelt – augenblicklich mit dem Anwalt drohen. Ein Chinese, der sich beschwert oder sich gar weigert, die Reise mit mehrstündiger Verspätung anzutreten, muss mit Drohungen und Beschimpfungen rechnen: Er solle froh sein, dass man ihn überhaupt noch mitnehme. Wenn es ihm nicht passe, könne er ja in Taipei bleiben; nur müsse er sich dann darüber im Klaren sein, dass er auf die Auslieferung seines Gepäcks mindestens einen Tag und auf die Rückgabe seines Flugcoupons mindestens eine Woche warten müsse.

Abschied ohne Tränen.

Drei Jahre gehen schnell vorbei. Nach zwei Wochen vor Ort weiß man ungefähr, wie der Betrieb so läuft oder besser, wie er eben nicht läuft. Nach einem Monat sind sämtliche Schwachstellen des Flugbetriebs ausgemacht. Nach vier Monaten meint man zu wissen, wer wofür zuständig ist (doch das ist ein Irrtum). Nach zwei Jahren intensivster Bemühungen drängt sich die Erkenntnis auf, dass man nichts erreicht hat. Dass sich Veränderungen nicht erzwingen lassen – jedenfalls nicht gegen asiatische Mentalität.

Oder doch? War es nicht einen allerletzten Versuch wert, wenigstens einen Anfang zu suchen für eine Entwicklung zum Besseren? Chou hatte es mittlerweile in die Nangking Straße geschafft, in den Olymp, hinter die schweren Teakholz-Möbel auf dem beigen Teppich. Anstatt einer Sekretärin hatte er nun deren zwei. Und lockerer war er geworden.

„Gut, Sie wieder einmal zu sehen! Ich habe gehört, Ihr Vertrag nähert sich seinem Ende. Wollen Sie uns wirklich verlassen?"

„Captain Chou – wenn ich Sie immer noch so nennen darf – ich habe erkannt, dass meine Kräfte nicht ausreichen, um noch etwas Großes für China Airlines zu erreichen."

„Habt Ihr Europäer nicht das Sprichwort: ‚Selbst die Lerche düngt den Acker'? Auch mit vielen kleinen Schritten kann man eine riesige Distanz bewältigen."

„Genau deswegen spreche ich bei Ihnen vor: Wenn die kleinen Schritte unterbleiben, bewegt sich überhaupt nichts mehr. Und wenn auf dem weiten Feld der Cockpitkultur keine massiven Veränderungen herbeigeführt werden, verpuffen auch Ihre persönlichen Bemühungen, so gut sie auch gemeint sein mögen."

„Geht es nicht etwas weniger dramatisch? Also raus mit der Sprache: Woran denken Sie?"

„Nun, ich habe mich während meines ganzen Fliegerlebens mit Sicherheitsaspekten befasst. Es wäre nicht nur vermessen sondern schlicht unwahr, wenn ich behaupten wollte, in Europa läuft in dieser Hinsicht alles viel besser. Die Wiederaufrüstung der Deutschen Luftwaffe nach dem Zweiten Weltkrieg hat Hunderten von Piloten das Leben gekostet. Und auch in der Zivilfliegerei kam es zu haarsträubenden Unfällen. Viele, viele kleine Schritte mussten gegangen werden. Aber, und das erscheint mir wichtig, der Erfolg stellte sich ein."

„Wie?"

„Unsere Psychologen haben Angst als beitragenden Faktor ausgemacht."

„Angst, abzustürzen?"

„Nein. Angst, erwischt zu werden, wenn sich eine Fehlleistung eingestellt hatte."

„Das hat wohl jeder von uns. Sie etwa nicht?"

„Aber natürlich, auch ich. Doch es ist uns gelungen, die Angst abzubauen und gleichzeitig einen Lerneffekt zu erzielen. Sogar nachhaltig!"

„Und?"

„Wir haben ein anonymes Meldesystem eingeführt: Was immer auf einem beliebigen Flug als Fehler, Unterlassung, Regelverstoß usw. identifiziert wurde, musste gemeldet werden."

„Unmöglich! Das gäbe bei uns Mord und Totschlag! Unmöglich!"

„Im Gegenteil: Es funktionierte hervorragend. Die Vorkommnisse wurden ohne Datum, ohne Flugnummer, ohne Flugzeugtyp, ohne Namen gemeldet. Die Meldungen wurden gesammelt, ausgewertet und monatlich in Form eines Bulletins veröffentlicht. Alle Piloten waren eingeladen, ihre Kommentare abzugeben. Und wichtig: Alle haben gelesen, was andere angestellt hatten, was anderen passiert war."

„Wie wollen Sie denn diese angeblichen Erfolge dokumentieren?"

„Ganz einfach: Es gab weniger Fehler, weniger Regelverstöße."

„Seien Sie mir nicht böse, aber bei uns geht das nicht."

„Und warum nicht?"

„Weil der Begriff des ‚Gesicht-Verlierens' tiefer wurzelt, als Sie sich das vorstellen können: Der Mann, der einen Fehler macht, ist sich dessen bewusst. Er schämt sich vor sich selbst, er verliert seine Selbstachtung. Er zweifelt an sich, an seinen Fähigkeiten. Er kann in diesem Augenblick seinen Tod billigend in Kauf nehmen. Aber er könnte seine Unfähigkeit nicht zu Papier bringen – auch nicht anonym."

Das war's dann. Und in gleichem Maße, wie sich die Resignation Raum schafft, entspannt sich das Verhältnis zu bärbeißigen Vorgesetzten wie zu bis anhin unnahbaren Kollegen: Ein fremder Teufel weniger, der die betriebsinterne Ruhe stört, lieb gewordene Bräuche abschaffen und alles auf den Kopf stellen will – bald sind wir ihn los.

Und dann – wie aus heiterem Himmel – die Aufforderung, unmittelbar nach einem meiner letzten Flüge in der Nangking-Straße vorzusprechen. Kopilot James Wong meinte grinsend, ich solle doch unbedingt eine große Tasche mitnehmen, weil ganz sicher ein riesiger Bonus auf mich warte. Nun, Bares wartete nicht auf mich, dafür ein älterer Herr, der sich in akzentfreiem Englisch als Beauftragter des Aufsichtsrates von China Airlines vorstellte.

„Kommen wir gleich zur Sache: Wir im Aufsichtsrat würden uns freuen, wenn Sie der Firma erhalten blieben. Und zwar als Koordinator für Flugsicherheit. Im Range eines beigeordneten Direktors der Geschäftsleitung, versteht sich. Wenn Sie wollen, können Sie auch noch ein paar Stunden pro Monat fliegen. Sie werden nicht mehr im Hotel leben, wir haben für Sie einen Bungalow mit gutem Personal gefunden. Und Ihre (erheblich aufgebesserten) Bezüge laufen weiterhin – steuerfrei – über Vanuatu. OK?"

„Nun, zunächst möchte ich mich bei Ihnen und damit beim gesamten Aufsichtsrat für Ihr Vertrauen bedanken. Sie sprachen von ‚Koordinator für Flugsicherheit', habe ich Sie da richtig verstanden?"

„Ja, Sie haben mich richtig verstanden."

„Ich wäre dann also der Mann, der Ihnen gegenüber den Versicherungsgesellschaften den Rücken freihält, stimmt's?"

„Wenn Sie es so sehen, bis zu einem gewissen Maße, ja."

„Bitte gestatten Sie, dass ich mich angesichts Ihrer Offenheit überrascht zeige; so etwas ist bei China Airlines Mangelware."

„Kann sein. Ich selbst kann mir als Direktor einer Großbank so etwas auch nicht leisten. Aber ich habe Ihre Personalakte durchgesehen und deshalb bin ich hier."

„Das ehrt mich. Doch um es kurz zu machen – ich bitte um Nachsicht für meine undiplomatische Ausdrucksweise – ich kann Ihr Angebot nicht annehmen. Sie können nichts koordinieren, das nicht existiert. Und für endlos lange und unfruchtbare Grabenkämpfe ist mir die Zeit zu schade."

„Ich habe befürchtet, dass Sie so antworten würden. Trotzdem wünsche ich Ihnen alles Gute für Ihre Zukunft. Auf Wiedersehen."

Dann der nächste Knaller: Einer der schlimmsten Ausländerfresser innerhalb der Flotte lädt mich sogar zum Abendessen ein. Bei sich zu Hause – das verstehe, wer will! Sein Englisch hat sich im Verhältnis zum letzten Flug, den wir zusammen abgesessen hatten, immer noch nicht verbessert (mein Mandarin allerdings auch nicht). Aber seine Frau, die in Los Angeles studiert hat, übersetzt bei Bedarf, fügt Erläuterungen bei. Sie widerspricht nicht, als ich den beklagenswerten Standard der Luftwaffenpiloten – die nach ihrer aktiven Dienstzeit Unterschlupf bei China Airlines suchen – zum Thema mache und darauf hinweise, dass sich während der kommenden Jahre unter den gegebenen Voraussetzungen wohl auch nichts ändern werde.

„Sehen Sie", kommt Madame Tsai ihrem Gatten zuvor, „ich

vertrete nach wie vor die Ansicht, dass unser Bildungssystem mit schuld ist am beklagenswerten Zustand von China Airlines."

„Das müssen Sie mir erklären! Ich vermag mir nicht vorzustellen, dass die jungen Menschen in Taiwan dümmer sein sollen als ihre Altersgenossen in Europa, Afrika oder Amerika."

„Das sind sie auch nicht. Doch damit Sie meine Aussage nachvollziehen können, muss ich Ihnen zunächst unser Schulsystem erklären: Alle Grund- und Mittelschulen sind staatlich und gebührenfrei. Nach Abschluss der Mittelschule kann sich jeder Studierwillige zum großen Aufnahmetest für die Universitäten melden; dieser Test findet landesweit jeweils an einem einzigen Tag im September statt. Die Testergebnisse ergeben eine Rangliste, die veröffentlicht wird – wie in Japan. Gemäß dieser Liste werden die vorhandenen Studienplätze an den staatlichen Universitäten verteilt. Ungefähr 25% aller Studienbewerber ergattern auf diese Weise einen der begehrten und gebührenfreien Plätze."

„Nur 25%? Da scheint das Auswahlverfahren noch wesentlich strenger zu sein als bei uns in Europa."

„Sicher. Aber wer den Sprung an die Staatsuni nicht schafft, muss deswegen nicht auf sein Studium verzichten. Eine Anzahl privater Universitäten bietet gegen zum Teil horrende Gebühren beinahe sämtliche Studiengänge an."

„Also Gefälligkeitsdiplome?"

„Nicht unbedingt. Studienabgänger vereinzelter Institute werden von der Industrie regelrecht umworben."

„Und wer weder einen ordentlichen Aufnahmetest hinlegt noch über das nötige Kleingeld verfügt und sich trotzdem weiterbilden möchte?"

„Tja, der meldet sich zur Marine, zum Heer oder eben – zur Luftwaffe. Sie in Europa bezeichnen dies wohl eher als eine Art ‚Zweiten Bildungsweg', wenn ich nicht irre."

Plötzlich fühlte ich mich nicht mehr sehr wohl bei den Tsais's und ich rutschte unruhig auf dem Sofa hin und her: Soeben hatte die Gastgeberin nichts anderes von sich gegeben, als dass ihr Mann auch nicht gerade zu den allerhellsten Leuchten zählte. Aber schon stellte der Hausherr, der meine Verunsicherung wohl bemerkt haben musste, die Sache mit einem Lacher klar:

„Ich war nur zwei Jahre in der Luftwaffe. Wehrdienst. Sie verstehen?" Und dann: „Wissen Sie, ich hatte schon Anteile an China Airlines, lange bevor die Firma an die Börse gebracht wurde, so eine Art Erbschaft von meinem Onkel. Und weil ich gerne fliege, ließ ich mich hier in Taipei von firmeneigenen Fluglehrern ausbilden, gewissermaßen anstelle einer Dividende. Meine Fabrik, in der ich Mikroschalter herstelle, läuft auch ohne meine Anwesenheit ganz gut. So bin ich halt bei der Fliegerei geblieben und mit China Airlines alt geworden. Vielleicht verstehen Sie nun, warum ich mich mit all den Neuerungen nicht mehr so recht anfreunden kann."

„Ich kann Sie versichern, dass ich für Ihre persönliche Sicht der Dinge vollstes Verständnis habe. Aber die Unfälle! Die himmelschreienden Fehlleistungen! Die Disziplinlosigkeit! Es ist doch geradezu ein Wahnsinn, dass sich die Firma praktisch jedes Jahr einen Totalschaden leistet. Wie lange, so glauben Sie, werden die Versicherungen dieses Spiel noch mitmachen? Über kurz oder lang wird sich niemand mehr finden, der sich noch willens zeigt, das Großrisiko zu tragen."

„Sehen Sie, wir haben in China ein altes Sprichwort. Es besagt, dass man erst zum Fluß kommen muss, bevor man sich Gedanken darüber macht, w i e man ihn zu überqueren beabsichtigt."

Das hatte ich bereits einmal gehört. Dem ist nichts hinzuzufügen. Veränderungen werden sich bei China Airlines erst über den biologischen Prozess des Ausalterns der Protagonisten erzielen lassen. Das müssen wohl auch die Verantwortlichen von Singapore Airlines erkannt haben, die im Herbst 1998 einen Schulterschluss mit China Airlines erwogen und zu diesem Zwecke ein paar Topleute ihres Managements nach Taipei schickten. Nach vier Tagen hatten die Emissäre alles gesehen; einziger Kommentar der eiligst Abreisenden: „Hopeless."

In diesem Zusammenhange muss darauf verwiesen werden, dass Singapore Airlines aus der damaligen MSA (Malaysian Singapore Airlines) hervorgegangen ist. Einem der hellsten Köpfe des Juniorpartners aus dem Stadtstaat (er war selbst kein Pilot) missfiel die allgegenwärtige Vetternwirtschaft der militärlastigen Malayen. In wenigen Jahren stellte er eine der stärksten und sichersten Fluggesellschaften auf die Beine. An seinen Grundprinzipien ‚Leistungsbereitschaft und Disziplin' etwas zu ändern, hatte er bis anhin keinen Grund.

Hoffnungslos ist die Situation in der Tat, besonders für die Passagiere, die sich Tag für Tag China Airlines anvertrauen – sie haben nicht die geringste Vorstellung von dem Wagnis, das sie eingehen, wenn sie sich zu einer Flugreise mit dieser Gesellschaft entschließen. Und die, die Bescheid wissen, die tun nichts, um weiteres Unglück zu verhindern: Versicherungsträger, Reiseveranstalter, nationale Luftämter, Flugsicherheitsorganisationen, nationale und internationale Pilotenverbände – sie alle stecken ihre Köpfe in den Sand. Für ein paar wirtschaftlich unbedeutende Landerechte in Taiwan nehmen auch angesehene Fluggesellschaften in Kauf, dass Tausende von Reisenden tagtäglich Gesundheit und Leben aufs Spiel setzen.

Dabei ist es alles andere als schwierig, dem fürchterlichen Treiben einer derartigen Unternehmung ein Ende zu setzen. Der Entzug der Landerechte in den USA, in Japan und in Europa beendete den Spuk von einem Tag auf den anderen. Mehr als 85% der Flotte mit der Pflaumenblüte bleiben dann in Taipei auf dem Boden, die wirtschaftlichen Grundlagen sind nicht mehr gegeben. Gründe, den Laden dicht zu machen, gibt es zuhauf. Die Frage bleibt, warum sich niemand zuständig fühlt, rigoros durchzugreifen; offenbar reichen mehr als 1 000 Tote nicht aus, die Öffentlichkeit aufzurütteln.

+ + + +

Die geneigte Leserin, der geneigte Leser mögen sich nun fragen, woher der Autor seine Informationen bezogen hat. Manche mögen auch dazu neigen, die beschriebenen Vorkommnisse als ‚grob überzeichnet' anzusehen und sie allenfalls als dichterische Freiheit durchgehen zu lassen.

Doch Tonbänder, Computerausdrucke, Fotos und Durchschriften aufgezeichneter Daten kennen keine dichterische Freiheit, sie dulden keinerlei Interpretationen und sie kennen auch keine Emotionen. Die ‚Black Box' zeichnet die relevanten Werte auf, wann immer die entsprechenden Impulse in ihren ‚Innereien' ankommen; ob die Daten dann in der Werft routinemäßig entnommen werden oder erst aus einem Schrotthaufen herausgebuddelt werden, ist für das Gerät selbst nicht mehr von Bedeutung.

Und so wären wir auch schon bei den Informationen angekommen:

Es ist keinesfalls so, dass es bei China Airlines niemanden gibt, der die unguten Entwicklungen innerhalb der Firma nicht nur zu erkennen sondern auch sehr gut zu beurteilen in der Lage ist. Die unteren Kader zum Beispiel: Sie fürchten um ihren Arbeitsplatz. Sie haben Angst, dass die Bude von einem Tag auf den anderen dicht gemacht wird, dass von der traditionsreichen Fluglinie nur noch ein Häufchen Administration und ein paar schlimme Erinnerungen übrigbleiben.

Angst hindert auch die Kopiloten, Vorkommnisse zu melden; sie fürchten, nicht zum Captain befördert zu werden, wenn sie sprechen, wenn sie nach einer gerade noch überstandenen Fehlhandlung ihrer Kommandanten Stellung beziehen und einen Bericht anfertigen. Der Informationsfluss aus diesen Quellen kam erst dann in Gang, als ich glaubhaft darlegen konnte, dass es mir nicht um die Befriedigung von Neugierde ging oder gar um persönliche Vorteilsnahme.

Von der Angst am schlimmsten geplagt sind die Funktionäre: Dürfen sie Fehler eingestehen ohne Gefahr laufen zu müssen, ganz tief zu stürzen? Und wie ist es mit der tief sitzenden Angst vor Erpressung. Wie sollen sie sich verhalten, wenn man von ihnen verlangt, einen fehlbaren Vorgesetzten zu schützen? Wer könnte ihnen helfen, wenn sie sich plötzlich einer Fronde gegenübersehen?

Im Zettelkasten, den ich gleich zu Beginn meiner eher bescheidenen Karriere im Postraum der Piloten aufgehängt hatte, sammelten sich innerhalb von 36 Monaten immerhin 220 Vorkommnisse mit den dazugehörenden Aussagen, technischen Unterlagen, Kopien gefälschter oder getürkter Dokumente, Pressemitteilungen, Gedächtnisprotokollen, vertraulichen firmeninternen Rundschreiben, technischen Bulletins und sonstige Aufzeichnungen an (als Erfolg wertete ich die Tatsache, dass besagter Zettelkasten zweimal gewaltsam geöffnet worden war).

Was nicht von mindestens zwei Personen (oder einem Datenbeleg) bestätigt werden konnte, wurde dem ‚Hörensagen' zugeordnet und konnte keine Berücksichtigung finden. Die Dichte der Geschehnisse rechtfertigt die Vermutung, mit der Darstellung einiger besonders schlimmer Ausreißer allenfalls die sprichwörtliche Spitze des Eisbergs sichtbar gemacht zu haben. Die Anonymität der hilfreichen Freunde zu schützen war oberstes Gebot; andererseits werden sich die allerschlimmsten Vertreter ihrer Zunft mit ihrem wirklichen Namen wiederfinden – sollten sie denn je mit diesem Buch Bekanntschaft machen.

\+ + + +

Wie bereits im Vorwort angedeutet, hatten sich nach meinem Ausscheiden zwei Unfälle ereignet, von denen einer – wieder einmal – als in der Zivilluftfahrt einmalig angesehen werden muss:

→ Eine MD-11 versucht auf dem neuen Flughafen von Hongkong bei sehr starkem Seitenwind zu landen. Bis 300 Fuß über Grund hält der Pilot die Nase der Maschine vorschriftsmäßig in den Wind. Über der Pistenschwelle angekommen stellt er den Flieger gerade, vergisst aber, die rechte Fläche fünf bis zehn Grad ‚hängen' zu lassen und einen leichten Impuls linkes Seitenruder zu geben. Als Folge dieses Versäumnisses erfasst eine starke Böe den rechten Flügel und lässt ihn nach oben schnellen. Das Flugzeug plumpst aus mehreren Metern Höhe auf den linken Flügel, der sich erst durchbiegt und dann bricht, wobei das linke Triebwerk abgerissen wird. Da der Widerstand auf der linken Seite buchstäblich gebrochen ist, steht die rechte Fläche – nun voll unter der Wucht des Seitenwinds – für einen Augenblick wie die Finne eines riesigen Fisches – praktisch senkrecht. Dann überschlägt sich die Maschine, dreht sich – wie ein Käfer auf dem Rücken liegend – um die Hochachse und schlittert in einer Fontäne aus Funken ärschlings die Piste hinunter.

→ Eine B-747 ‚zerplatzt' – so die offizielle China-Airlines-Lesart – auf dem Flug von Taipei nach Hongkong mitten in der Luft. Doch so etwas hatten wir – beinahe – schon am 12.2.1985 (Captain Huang und seine unfreiwillige Akrobatik-Einlage von Seite 51).

→ Und dann startet ein proppenvoller Airbus A340 in Anchorage auf dem Rollweg anstatt auf der Piste – um Haaresbreite wieder ein Totalverlust. Die Piloten – in Taipei wenigstens zur Rede gestellt – warten mit einer eher abenteuerlichen Erklärung auf: „Da müssen böse Geister im Cockpit gewesen sein und uns verwirrt haben."

Ich persönlich glaube nicht an Geister, weder an gute noch an böse. Ich halte es lieber mit der Bibel, und mit Blick auf die Vorkommnisse bei China Airlines fällt mir nur ein einziges, passendes Zitat ein:

„Herr, vergib Ihnen, denn sie wissen nicht, was sie tun!“